COURS THÉORIQUE ET PRATIQUE

D'ARITHMÉTIQUE

PROFESSÉ EN 1833—1834

A L'ÉCOLE NORMALE PRIMAIRE DE RENNES

PAR

MM. RALLIER et DESSAY,

Directeurs des Études Mathématiques dans cet Établissement,

RECUEILLI ET MIS EN ORDRE

PAR

M. CAROFF,

Officier d'Académie, Directeur de l'École Supérieure de Brest,

UN DE LEURS ÉLÈVES,

A l'usage des Classes élémentaires des Colléges, des Cours professionnels, des Pensionnats de Demoiselles et des Écoles d'Adultes, ainsi que des Aspirants et des Aspirantes au Brevet de Capacité

DEUXIÈME ÉDITION

Revue et augmentée de 847 Problèmes.

BREST

Librairie Ve NORMAND, Rue de la Mairie, 35.

Librairie ALLÉGUEN, Rue Saint-Yves, 25.

1860.

COURS

D'ARITHMÉTIQUE.

Cours Théorique et Pratique

D'ARITHMÉTIQUE

PROFESSÉ EN 1833 ET EN 1834

A L'ÉCOLE NORMALE PRIMAIRE DE RENNES

PAR

MM. RALLIER et DESSAY,

Directeurs des Études Mathématiques dans cet Établissement,

RECUEILLI ET MIS EN ORDRE

PAR M. CAROFF,

Officier d'Académie, Directeur de l'École Supérieure de Brest,

UN DE LEURS ÉLÈVES,

A l'usage des Classes élémentaires des Collèges, des Cours professionnels, des Pensionnats de Demoiselles et des Ecoles d'Adultes, ainsi que des Aspirants et des Aspirantes au Brevet de Capacité.

DEUXIÈME ÉDITION

Revue et augmentée de 630 Problèmes.

BREST

IMPRIMERIE E. ANNER, RAMPE 55.

1859.

1860

OBSERVATIONS

SUR CETTE DEUXIÈME ÉDITION.

Depuis 25 ans que j'ai l'honneur de diriger l'École Supérieure de Brest et le Cours d'Adultes de la Société d'Emulation, ce *Traité d'Arithmétique* a exclusivement fait le texte et la base de mon enseignement; je lui dois les résultats satisfaisans que je n'ai cessé d'obtenir, chaque année, dans l'une des branches les plus importantes des connaissances professionnelles.

Je n'ai rien eu à ajouter ni rien à changer aux rédactions que j'ai faites à l'Ecole Normale, et qui m'ont servi à moi-même pour mes examens; car elles formaient un cours complet, et en tout conforme aux explications et aux démonstrations des honorables et savans professeurs qui dirigeaient les études mathématiques dans cet établissement.

J'y ai seulement intercalé, d'une part, la nomenclature exacte des monnaies qui, par un décret récent de S. M. l'Empereur, ont pris cours légal en France; de l'autre, quelques problèmes sur les monnaies étrangères, en ayant égard à leurs valeurs, telles que les donne le Bureau des Longitudes.

J'en ai aussi retranché la théorie et le calcul des nombres complexes, qui ne sont plus enseignés dans aucune école, depuis que le système métrique y a pris la place de l'ancien système des poids et mesures.

Les jurys d'examen qui, depuis 1833, s'occupent, deux fois par an en France, d'apprécier l'aptitude des personnes sollicitant le brevet d'Instituteur ou d'Institutrice, ont livré à la publicité, par les candidats mêmes qui ont pris part aux épreuves, plus de 9,000 problèmes, travail de choix, avidement recherché par le personnel enseignant, et fort goûté des bons élèves de nos Ecoles. Dans cet immense répertoire appartenant donc désormais au domaine public, non-seulement par les intéressés, qui l'ont transmis à leurs amis ou à leurs professeurs (1), pour s'en faire expli-

(1) Les 100 aspirantes ou aspirants que j'ai fait recevoir, m'ont soumis plus de 60 problèmes, donnés par la seule Commission de Quimper.

En voici par exemple quatre :

1. † — Un marchand épicier fait chez un négociant une facture comprenant : 1° 4 tierçons de sucre pesant brut 115 kilog. 25 décagrammes chacun, au prix de 1 fr. 80 c. le kilogramme ; 2° 3 balles de café pesant chacune 125 kilogrammes 50 grammes, à 2 fr. 70 c. le kilogramme ; 3° une pièce d'huile d'olive contenant 198 litres, à 2 fr. 96 c. le litre. Le négociant donne 4 p. 0|0 de tare sur le sucre et le café, et 7 p. 0|0 d'escompte. — Quel sera le total de la facture.

---

2. † — Un vase rempli aux $^3|_7$ contient 503 litres d'eau. — Quel est le volume intérieur.

---

quer les difficultés ; mais encore par les journaux traitant de l'enseignement, qui en ont proposé, comme sujets de devoirs dans les classes, les différents textes à leurs lecteurs, j'ai cherché une première catégorie d'environ soixante questions, propres à fixer l'attention de la jeunesse, à cause de la forme un peu compliquée sous laquelle elles se présentent : elles sont désignées par une †.

D'autres problèmes, précédés d'explications courtes et simples, lesquelles ont été données, soit par des Maîtres habiles d'Ecoles Normales, soit par des Inspecteurs en cours de visite dans les grands établissements d'instruction primaire, viennent s'y mêler ; et l'on y trouvera en outre plusieurs énoncés proposés par diverses administrations, comme matières de concours ou d'examens publics. Cette

3. † — Comme à-compte sur une dette, un commerçant rend les 7|9 de 297 kilog. de sucre, du prix de 19 centimes l'hectogramme ; les 7|13 de 156 kilogrammes de café, du prix de 2 fr. 90 c. le kilogramme, et les 7|11 de 363 litres d'huile, du prix de 0 fr. 275 le décilitre, valeurs que lui avait prêtées en nature un de ses amis : il se propose de payer à ce dernier le reste de sa dette, dans deux mois, en argent, avec intérêts à un demi pour cent par mois.— Que doit-il encore en nature. Que doit-il en argent. Qu'aura-t-il à payer. — On énoncera en outre ce qu'il rembourse aujourd'hui, supposé le paiement fait en argent, et la dette totale qu'il avait contractée, en acceptant le prêt de son ami.

4. † — J'ai dépensé dans un premier voyage 1|6 de la somme que j'avais économisée ; dans un deuxième voyage 1|4 ; dans un troisième 1|8 de cette même somme : il me reste encore 103 fr. 35 c. — Combien avais-je donc économisé en tout, et combien ai-je dépensé à chaque voyage.

deuxième catégorie, qui porte également une annotation, forme encore une soixantaine de problèmes. Quant à la troisième catégorie, comprenant 500 questions sur toutes les règles, je l'ai choisie dans le grand nombre d'exercices de calcul, que j'ai eu occasion de composer pour l'usage de mes cours professionnels.

Un sommaire placé en tête du Cours d'Arithmétique, peut être utilement consulté par le Professeur, pour les devoirs à donner à ses Elèves.

CAROFF.

SOMMAIRE

DU

Cours d'Arithmétique.

Qu'est-ce que l'Arithmétique. — Différence entre le calcul proprement dit et l'Arithmétique.— Qu'appelle-t-on grandeur. — Unité. — Nombre. — Combien distingue-t-on de sortes de nombres. — Définition de chaque sorte. — Qu'appelle-t-on nombre concret. — Nombre abstrait.

Numération en général. — Numération parlée : son objet. — Numération écrite : son objet. — Développement théorique de la numération parlée : formation des divers ordres d'unités. — Ordres ternaires. — Tableau synoptique de la numération parlée. — Manière d'énoncer les nombres compris entre deux collections consécutives. — Irrégularité dans la manière d'énoncer quelques nombres. — Impossibilité de trouver dans la numération écrite un caractère particulier pour chaque nombre. — Convention fondamentale. — Nécessité du zéro. — Valeur absolue et valeur relative d'un chiffre. — Procédés pour lire un nombre. — Pour écrire un nombre.

Définition des décimales. — Comment se forment-elles de l'unité. — Manière de les écrire. — Place qu'elles doivent occuper. — Manière de les énoncer. — Procédé pratique : 1º pour lire ; — 2º pour écrire toute fraction décimale. — Sur quel principe repose la numération des décimales. — Qu'arrive-t-il : 1º quand on ajoute des zéros à la droite d'une fraction décimale ; — 2º quand on avance la virgule d'un, de deux, de trois rangs vers la droite ; — vers la gauche.

Opérations fondamentales. — Signes distinctifs de ces quatre opérations. — Addition des nombres entiers : définition, règle générale et exemple. — Pourquoi commence-t-on l'addition par la droite. — Addition des nombres décimaux : règle générale et exemple.

Soustraction des nombres entiers. — Définition, règle générale et exemple. — Pourquoi commence-t-on la soustraction par la droite. — Soustraction des décimales : règle générale et exemple.

Quelles sont les deux preuves de l'addition. — Exemple de la plus usitée de ces preuves. — Quelles sont les deux preuves de la soustraction : exemple.

Multiplication. — Définition générale. — Définition particulière au cas des nombres entiers. — Multiplication comparée à l'addition. — Nature du produit. — De chacun des facteurs. — Démontrer qu'on peut intervertir l'ordre des facteurs sans troubler le produit. — Formation de la Table de Pythagore. — Manière de s'en servir. — Premier cas de la multiplication : règle générale, exemple. — Deuxième cas : règle générale, exemple. — Démonstration du principe sur lequel repose le deuxième cas. — Exemple d'application. — Troisième cas : règle générale, exemple. — Quatrième cas : règle générale et exemple. — Pourquoi commence-t-on la multiplication par la droite. — Propriété du nombre 9. — Preuve par 9. — Est-elle infaillible. — Usages de la multiplication : 1º pour trouver la valeur de plusieurs unités, connaissant la valeur d'une seule ; — 2º pour réduire un nombre complexe en nombre incomplexe équivalent. — Qu'appelle-t-on multiple d'un nombre. — Multiplication des nombres décimaux : règle générale, exemple. — Que faut-il faire lorsqu'il n'y a pas assez de décimales au produit.

Division : *Trois définitions.* — Démontrer : 1° Que la multiplication peut servir de preuve à la division ; — 2° que la division peut servir de preuve à la multiplication. — Diverses natures d'un quotient. — Qu'arrive-t-il : 1° quand on multiplie ou qu'on divise le dividende par un nombre quelconque ; — 2° quand on multiplie ou qu'on divise le diviseur par un nombre quelconque ; — 3° Quand on multiplie ou qu'on divise à la fois les deux termes de la division par le même nombre. — Division considérée comme une soustraction abrégée. — Démonstration théorique sur un exemple du premier cas de la division. — Règle générale. — Comment connaît-on que l'on a posé un chiffre trop fort ou trop faible au quotient. — Preuve de l'opération. — Pourquoi commence-t-on la division par la gauche. — Explication élémentaire du premier cas de la division. — Remarque relative au procédé employé dans ce cas, et à celui que l'on emploiera désormais. — Démonstration théorique sur un exemple du deuxième cas de la division. — Démonstration du troisième cas. — Du quatrième cas. — Preuve par 9 appliquée à la division. — Usages de la division : 1° pour partager un nombre en parties égales ; — 2° pour trouver la valeur d'une seule unité, connaissant la valeur de plusieurs de même espèce ; — 3° pour réduire un nombre incomplexe en nombre complexe équivalent. — Division des nombres décimaux. — Cas où les deux termes n'ont pas le même nombre de chiffres décimaux, le diviseur en ayant plus que le dividende. — Cas où le diviseur est un nombre entier. — Cas où le dividende a plus de chiffres décimaux que le diviseur. — Moyen d'approcher d'un quotient aussi près que l'on veut. — Règle générale, exemple.

Système métrique. — Acceptions diverses du mot mesurer. — Qu'est-ce que le système métrique. — Avantages qu'il présente : 1° Subdivisions régulières et bien choisies ; — 2° Nomenclature simple et facile à retenir ; — 3° Base fixe et invariable. — Comment a-t-on fait pour trouver cette base. — Définition du **mètre**. — Prouver qu'il est la base du système métrique. — Usages de ses multiples ou sous-multiples. — Comment le calcule-t-on dans le commerce, — Mesures des surfaces. — Définition de l'**are**. — Multiple et sous-multiple. — Comment évalue-t-on la surface d'un carré. — Faire voir qu'il ne peut y avoir ni déciare, ni décare. — Démontrer qu'il faut deux chiffres pour représenter les ares par rapport aux hectares, et les centiares par rapport aux ares. — Usages du mètre carré, de ses multiples et de ses subdivisions. —

Prouver que le mètre carré vaut 100 décimètres carrés, etc. — On ne doit pas confondre le décimètre carré avec le dixième du mètre carré, etc. — Manière d'écrire les décimètres carrés, etc., dans le calcul. — Mesures des solides. — Qu'est-ce que le **stère**. — Multiple et sous-multiple. — Usage qu'on peut en faire. — Mètre cube : définition. — Comment se calcule-t il. — Manière de cuber. — Démontrer à l'aide d'un cube, que le mètre cube vaut 1000 décimètres cubes, etc. — On ne doit pas confondre le dixième du mètre cube avec le décimètre cube, etc. — Manière de représenter dans le calcul les décimètres cubes, les centimètres cubes et les millimètres cubes. — **Litre** : Définition. — Forme. — Multiples et sous-multiples avec leur rapport aux mesures cubiques. — Manière de calculer les capacités dans le commerce. — **Gramme**. — Qu'est-ce que peser. — Définition. — Explications élémentaires sur les diverses parties de cette définition. — Multiples et sous-multiples usités. — Poids tolérés par la loi. — **Franc** : définition. — Sous-multiples usités — Expliquer ce qu'on entend par titre de la monnaie ou des pièces d'orfèvrerie. — Moyens de trouver le poids d'une somme d'argent, ou d'évaluer une somme d'argent d'après son poids. — Série des pièces ayant cours en France. — Combinaisons que l'on peut déduire des diverses indications des pièces de monnaie. — Comparaison de la valeur de l'or à celle de l'argent. — Titres reconnus par la loi pour les matières d'or et d'argent. — Tableau synoptique du système métrique.

Définition des Fractions. — Numérateur et dénominateur. — Comment est-on conduit à la considération des fractions. — Démontrer comment se composera la fraction qui doit compléter le quotient d'une division. — Trouver la vraie valeur d'une fraction. — Comment écrit-on et lit-on une fraction. — Démontrer que dans toute fraction proprement dite, le numérateur est plus faible que le dénominateur. — Expression fractionnaire : moyen d'en extraire les entiers. — Quel changement éprouve une fraction : 1° Quand on multiplie ou qu'on divise son numérateur par un nombre quelconque ; — 2° quand on multiplie ou qu'on divise son dénominateur par un nombre quelconque ; — 3° quand on multiplie ou qu'on divise ses deux termes par un même nombre. — Que devient une fraction quand on ajoute un même nombre à ses deux termes — Addition des fractions qui ont un même dénominateur. — Qui ne l'ont pas. — Réduction de deux fractions au même dénominateur. — Réduction de plusieurs fractions au même dénominateur. — Réduction des entiers en fractions. — Addition des nombres fractionnaires. — Soustraction des fractions quand elles ont le même dénominateur. — Quand elles ne l'ont pas.— Soustraction des nombres fractionnaires. — Moyen de reconnaître laquelle de deux fractions est la plus grande. — Multiplication des fractions. — Démonstration et règle générale. — Pourquoi le produit est-il plus faible que le multiplicande.— Multiplication d'un entier par une fraction ou d'une fraction par un entier. — Multiplication de deux nombres fractionnaires l'un par l'autre. — Division des fractions. — Démonstration et règle générale. — Pourquoi le quotient est-il plus fort que le dividende. — Division d'un entier par une fraction, ou d'une fraction par un entier. — Division de deux nombres fractionnaires l'un par l'autre.

Une fraction peut-elle se présenter sous diverses formes. — Qu'entend-on par plus simple expression d'une fraction, et quel avantage y a-t-il à la connaître.— Indiquer les trois méthodes en usage pour simplifier les fractions. — Qu'est-ce que la divisibilité des nombres — Quand un nombre est-il divisible par 2, par 5, par 10. — Quand l'est-il par 4, par 20, par 25, par 50, par 100.— Quand est-il divisible par 8. — Quand l'est-il par 9, par 3, par 11.— Démonstrations de ces divers cas de divisibilité. — Comment peut-on en faire l'application à la simplification des fractions. — Comment peut-on étendre ces divers cas de divisibilité. — Qu'appelle-t-on nombres premiers. — Premiers entre eux.

Avantage que présente sur la méthode de la divisibilité, celle du plus grand commun diviseur. — Quel est son but. — Démonstration théorique de cette méthode. — Prouver que le plus grand commun diviseur doit diviser exactement les deux termes d'une fraction donnée. — Règle générale. — Faire voir que les deux termes de la fraction divisés par le plus grand commun diviseur, sont simplifiés autant que possible. — Faire voir que dans tous les cas le nombre des divisions n'est pas illimité.

Explication du procédé à employer pour décomposer un nombre en ses facteurs premiers. — Règle générale. — Démontrer qu'un nombre est égal au produit de tous ses facteurs premiers. — Application de la méthode de la décomposition des nombres en leurs facteurs premiers à la simplification des fractions ;

— à la recherche du plus grand commun diviseur; — à la réduction de plusieurs fractions au même dénominateur.

Procédé pour réduire une fraction ordinaire en fraction décimale. — Formes sous lesquelles peut se présenter un quotient. — Comment doit se composer une fraction pour conduire à l'une de ces formes. — Démonstration du cas où la fraction est exactement réductible en décimales. — On peut prévoir combien la fraction décimale résultante aura de chiffres décimaux. — Démonstration du cas où la fraction proposée conduit à une période en général. — Retour d'une fraction décimale à la fraction ordinaire équivalente : 1° quand la fraction est exacte; — 2° quand elle est périodique simple : démonstration, exemple, règle générale; — 3° quand elle est périodique mixte : démonstration, exemple, règle générale.

Définition du rapport. — Combien de sortes de rapports. — **Définition de la proportion.** — Combien de sortes de proportions. — Comment les écrit-on. — Quelques explications à ce sujet. — Comment les lit-on. — Par quoi peut-on les remplacer. — Différents noms donnés aux termes d'une proportion. — Proportions continues. — Démonstration de la propriété fondamentale des proportions géométriques.— Réciproque. — Changements de places aux termes d'une proportion. — Trouver le quatrième terme d'une proportion géométrique — Trouver les moyens d'une proportion géométrique continue. — Simplification des termes d'une proportion par la multiplication ou la division d'un extrême et d'un moyen par un même nombre. — Déduire une troisième proportion de deux autres qui ont un rapport commun ou les mêmes antécédents, ou les mêmes conséquents. — Déduire une troisième proportion de deux autres qui ont les mêmes extrêmes ou les mêmes moyens.—Réduire plusieurs proportions en une seule, en les multipliant toutes terme à terme. — Combinaisons diverses sur les termes d'une proportion ou d'une suite de rapports égaux, au moyen de l'addition et de la soustraction. — Propriété fondamentale des équi-différences. — Trouver le quatrième terme d'une équi-différence dont on connaît les trois premiers. — Trouver les moyens dans une équi-différence continue.

Règle de trois simple. — Définition et démonstration préalable pour la position de la proportion qui doit figurer dans la solution du problème. — *Premier exemple* : Démonstration, solution. — *Deuxième exemple* : Démonstration, solution. — Quand une règle de trois simple est-elle directe ? — Quand est-elle inverse ? — Règle de trois simple sans le secours des proportions : deux exemples. — Etablissement d'une règle de trois simple avec plus de trois termes. — Avec moins de trois termes.

Règle de trois composée. — Définition. — Démonstration du procédé à suivre pour résoudre par proportion une règle de trois composée. — Deux théories différentes. — Remarques sur le résultat obtenu. — La règle de trois composée, effectuée sans le secours des proportions. — Preuve d'une règle de trois composée, effectuée de deux manières.

Règle de société. — Définition. — Démonstration du procédé à suivre pour résoudre théoriquement une règle de société. — Manière d'abréger les calculs. — Usages que l'on peut faire de la règle de société. — Règle de société effectuée sans le secours des proportions.

Règle de société composée. — Démonstration théorique : exemple. — Divers cas de la règle de société : quelquefois, sans se donner les nombres auxquels les parties cherchées doivent être proportionnelles, on peut cependant arriver à la solution d'une règle de société : solution d'un problème. — Au lieu de représenter la partie inconnue par l'unité, on peut la représenter par le produit des dénominateurs connus : exemple. — Solution théorique de deux autres problèmes dans le même genre.

Règle d'intérêt. — Quatre cas : 1° Trouver l'intérêt d'une somme ; — 2° Trouver le temps pendant lequel un capital doit rester en intérêt ; — 3° Trouver le taux de l'intérêt ; — 4° Trouver le capital qu'il faut placer, pour rapporter un intérêt déterminé. — Mêmes questions résolues sans le secours des proportions. — Cinquième cas de la règle d'intérêt : manière de le résoudre. — Présenter ce cas sous forme de règle d'escompte. — Escompte en dedans : explication théorique. — Deuxième escompte, dit escompte en dehors : explication théorique. — Différence existant entre les deux manières d'escompter. — Exemple d'une règle d'intérêt composé. — Preuve de la règle d'intérêt.

Des Caisses d'épargnes. — Statuts qui les régissent. — Quelques résultats démontrant l'avantage des placements qu'on y fait. — Comment se calculent les intérêts de la Caisse d'épargne. — Comment un déposant peut-il vérifier ce que lui doit la Caisse d'épargne : exemple.

Règle d'alliage : 1° Servant à trouver le prix moyen d'une seule quantité, connaissant le prix et le nombre de plusieurs quantités de même espèce, mais de valeur différente. — Solution théorique d'un problème ; — 2° Servant à trouver une moyenne entre plusieurs quantités de même espèce : exemple ; — 3° Servant à découvrir combien on doit prendre de diverses espèces de marchandises d'une valeur connue pour former un mélange d'un prix moyen déterminé. — Solution théorique d'un problème.

Qu'appelle-t-on puissance. — Exposant. — L'élévation d'un nombre à une puissance quelconque est-elle une opération nouvelle? — Qu'appelle-t-on racine? — Indice. — Comment indique-t-on l'extraction d'une racine? — Cette opération réussit-elle toujours ? — Démontrer qu'un nombre qui n'est pas carré parfait, ne peut avoir pour racine un nombre fractionnaire exact. — Racines irrationnelles.

Qu'appelle-t-on carré. — Comment extrait-on la racine carrée d'un nombre qui n'a pas plus de deux chiffres? — Formation du carré d'un nombre composé de dixaines et d'unités. — Loi de formation. — Examen des diverses parties qui entrent dans le carré. — Démonstration théorique de l'extraction de la racine carrée d'un nombre. — Règle générale. — Pourquoi commence-t-on l'opération de l'extraction de la racine carrée par la gauche. — Autre remarque touchant la validité de l'opération. — Preuve. - Extraction de la racine carrée d'un nombre quelconque. — Démonstration théorique. — Extraction de la racine carrée d'une fraction ordinaire. — Cas où le dénominateur est carré parfait. — Cas où il ne l'est pas. — Extraction de la racine carrée d'une expression fractionnaire. — Extraction de la racine carrée d'une fraction décimale. — Remarque sur cette racine. — Extraction de la racine carrée d'un nombre décimal. — Degré d'approximation de la racine carrée des fractions décimales. — Moyen d'obtenir l'approximation d'une racine : 1° à l'aide des fractions décimales ; — 2° à l'aide des fractions ordinaires.

Qu'appelle-t-on cube. — Comment extrait-on la racine cubique d'un nombre qui n'a pas plus de trois chiffres. — Formation du cube d'un nombre composé de dixaines et d'unités. — Loi de formation. — Examen des diverses parties qui entrent dans le cube.— Démonstration théorique de l'extraction de la racine cubique. — Règle générale. — Pourquoi commence-t-on l'opération de l'extraction de la racine cubique par la gauche ? — Autre remarque touchant la validité de l'opération. — Preuve. — Extraction de la racine cubique d'un nombre quelconque. — Démonstration théorique. — Extraction de la racine cubique d'une fraction ordinaire. — Cas où le dénominateur est cube parfait. — Cas où il ne l'est pas. — Extraction de la racine cubique d'une expression fractionnaire. — Extraction de la racine cubique d'une fraction décimale. — D'un nombre décimal. — Degré d'approximation de la racine cubique des fractions décimales — Moyen d'obtenir l'approximation d'une racine : 1° A l'aide des fractions décimales ; — 2° à l'aide des fractions ordinaires.

Définition de la progression par différence — Raison. — Progression croissante. — Manière de l'écrire et de la lire. — Progression décroissante. — Un terme quelconque est égal au premier, plus autant de fois la raison qu'il y a de termes avant lui. — Problème que ce principe aide à résoudre. — Démontrer que dans toute progression arithmétique, la somme de deux termes également distants des extrêmes est égale à celle des extrêmes. — Démontrer que la somme de tous les termes d'une progression par différence est égale à la somme des extrêmes multipliée par la moitié du nombre des termes.

Définition de la progression par quotient. — Raison. — Progression croissante. — Manière de l'écrire et de la lire. — Progression décroissante. — Un terme quelconque est égal au premier multiplié par une puissance de la raison, dont le degré est marqué par le nombre des termes qui précèdent. — Problème que ce principe aide à résoudre. — Démontrer que dans toute progression par quotient, le produit de deux termes pris à égale distance des deux extrêmes est égal au produit des deux extrêmes. — Démontrer que la somme des termes d'une progression par quotient est égale au produit du dernier terme par la raison, diminué du premier terme, et divisé par la raison diminuée de l'unité.

Faire voir que la définition des logarithmes découle de deux systèmes de progressions, l'une géométrique, l'autre arithmétique. — Définition. — Qu'entend-on par tables de logarithmes ? — Observations qui découlent de l'inspection d'une table de logarithmes. — Caractéristique. — Ce qui arrive quand on rend un nombre entier 10, 100, 1000 fois plus fort ou plus faible. — But des logarithmes. — Multiplication, division, élévation à une puissance, extraction d'une racine effectuée par logarithmes. — Trouver le logarithme : 1° d'un nombre qui ne dépasse pas 10000 ; — 2° d'un nombre qui dépasse 10000 ; — 3° d'un nombre décimal ; — 4° d'un nombre fractionnaire quelconque. — Trouver le nombre correspondant : 1° à un logarithme dont la caractéristique est 3 ; — 2° à un logarithme dont la caractéristique est moindre que 3 ; — à un logarithme dont la caractéristique est plus grande que 3. — Logarithmes des fractions.

COURS
D'ARITHMÉTIQUE

NOTIONS PRÉLIMINAIRES.

1. — L'Arithmétique *est la science qui traite des grandeurs représentées par des nombres.*

Elle fournit les moyens d'effectuer sur les nombres toutes les opérations possibles, c'est-à-dire de *calculer*. Cependant il est à remarquer que le calcul proprement dit ne s'occupe que de la pratique des opérations, tandis que l'arithmétique y ajoute le raisonnement et la théorie.

On appelle *grandeur* ou *quantité* tout ce qui est susceptible d'augmentation ou de diminution comme le poids, la longueur, la durée, etc.

2. — L'Unité *est une quantité prise le plus souvent arbitrairement pour servir de terme de comparaison entre des quantités de même espèce.*

Ainsi quand nous disons qu'un mur a 7 mètres, le mètre est l'unité, parce que c'est la quantité déterminée à laquelle nous rapportons la longueur du mur.

Le *nombre* est une collection d'unités, ou de parties d'unités de même espèce. EXEMPLE : trente francs ; cinq sixièmes de mètre.

Il comprend : 1° *le nombre entier*, qui ne renferme que des unités entières. EXEMPLE : 12 ares, 25 grammes ; — 2° le *nombre fractionnaire*, qui se compose de parties d'unité, soit seules, soit jointes à des unités entières. EXEMPLE : $^4|_5$ de mètres, 12 francs 23 centimes ; — 3° le *nombre complexe*, formé d'unités de noms différents, mais qui sont toutes les subdivisions les unes des autres. EXEMPLE : 18 jours, 11 heures, 28 minutes.

Un nombre est dit *concret*, toutes les fois qu'on l'énonce en désignant l'espèce des unités qu'il contient. EXEMPLE : 15 litres, $^3|_4$ de fr. — Il est dit *abstrait*, lorsqu'en l'énonçant on n'indique pas l'espèce de ses unités. EXEMPLE : 12, 5 fois 7, quatre neuvièmes.

NUMÉRATION.

3. — *La* NUMÉRATION *est l'art d'énoncer ou d'écrire les nombres avec une quantité limitée de mots ou de caractères.*

Ces deux expressions, énoncer, écrire, indiquent tout naturellement la division de la numération en deux parties distinctes : la *Numération parlée*, qui enseigne à énoncer les nombres avec une quantité limitée de mots, et la *Numération écrite*, qui apprend à les écrire avec une quantité limitée de caractères ou de chiffres.

NUMÉRATION PARLÉE.

4. — La suite des nombres est illimitée, car on comprend qu'à un nombre, quelque grand qu'il soit, une nouvelle unité peut-être ajoutée. De là l'impossibilité de donner un nom particulier à chaque nombre. On a commencé par en créer *neuf*, et pour cela on a

ajouté l'unité à elle-même, ce qui a donné un nombre appelé *deux*; puis on a ajouté l'unité à *deux*, et l'on a eu le nombre *trois*. On a continué ainsi, en ajoutant toujours l'unité au nombre que l'on venait de former, et l'on a obtenu la série : un, deux, trois, quatre, cinq, six, sept, huit, neuf, dite série des *unités simples* ou du *premier ordre*.

En ajoutant une unité au nombre *neuf*, on a formé le nombre *dix*, qu'on a regardé comme une nouvelle espèce d'unité, appelée *dixaine* ou unité du *deuxième ordre*. On a compté par *dixaines* comme par *unités*, donnant aux collections successivement formées, les noms particuliers : dix, vingt, trente, quarante, cinquante, soixante, soixante-dix, quatre-vingt, quatre-vingt-dix. On est ainsi parvenu à *neuf dixaines* De ces neuf dixaines plus une *dixième dixaine*, on a formé la *centaine*, ou le nombre *cent*, qui est l'unité du *troisième ordre*. On a compté par *centaines* comme par *unités* et par *dixaines* jusqu'à *neuf centaines*.

Ces neuf centaines, augmentées d'*une dixième*, ont donné le nombre *mille*, qui est l'unité du *quatrième ordre*. Parvenu à ce nombre, on est convenu, pour ne pas trop multiplier les mots, de regarder le *mille* comme un ordre d'unités principales, et l'on a créé la *dixaine* et la *centaine de mille*, de la même manière que la dixaine et la centaine d'unités.

De neuf centaines de mille plus *une*, on a formé le *million*, unité du *septième ordre*. On a compté par *millions* comme par *mille*, et l'on a *unités*, *dixaines* et *centaines de millions*.

Ces ordres principaux, *unités*, *mille*, *millions*, sont aussi appelés *ordres ternaires*, parce qu'ils reviennent de *trois en trois*. *Mille millions* forment *un billion*, et *mille billions*, *un trillion*.

Le tableau suivant résume tout le système de la numération parlée que nous venons de parcourir.

Unités.
Dixaines.
Centaines. } Simples, ou du 1er, 2e et 3e ordre.

Unités.
Dixaines. } De mille, ou du 4e, 5e et 6e ordre.
Centaines.

Unités.
Dixaines. } De millions, ou du 7e, 8e et 9e ordre.
Centaines.

Unités.
Dixaines. } De billions, ou du 10e, 11e et 12e ordre.
Centaines.

5. — Examinons maintenant comment on énonce les nombres intermédiaires ou compris entre deux collections consécutives de dixaines, de centaines, de mille, etc. Entre deux collections de dixaines, telles que vingt et trente par exemple, on ajoute à la dénomination vingt, celle des neuf premiers nombres ; ainsi l'on dit vingt-et-un, vingt-deux, etc. ; de même de cinquante à soixante : cinquante-quatre, cinquante-cinq, etc. Entre deux collections de centaines, on ajoute les quatre-vingt-dix-neuf premiers nombres ; entre deux collections de mille, les neuf cent quatre-vingt-dix-neuf premiers nombres, et ainsi de suite.

6. — Nous terminerons l'exposé de la numération parlée, en faisant remarquer une irrégularité usitée dans notre manière d'énoncer les nombres. Après dix, nous disons onze, au lieu de *dix un*, douze pour *dix deux*, treize pour *dix trois*, etc., et cette irrégularité ne cesse que quand on arrive à dix-sept. Alors on trouve la manière régulière d'énoncer les nombres jusqu'à soixante-dix, qu'on devrait appeler *septante*. Là se reproduisent de nouveau les mots onze, douze, treize, etc., joints au mot soixante, jusqu'à soixante-dix-sept. La même chose a lieu entre quatre-vingt-dix et quatre-vingt-dix-sept. Quatre-vingts s'est aussi employé pour *octante*, et quatre-vingt-dix pour *nonante*.

NUMÉRATION ÉCRITE.

7. — De même que dans la *Numération parlée* il était impossible de trouver un nom pour chaque nombre, de même dans la *Numération écrite* on n'aurait jamais pu inventer un signe particulier pour exprimer chaque nombre, puisque la suite en est illimitée. On s'est donc borné aux *neuf* caractères suivants : 1, 2, 3, 4, 5, 6, 7, 8, 9, qu'on a appelés *chiffres*, et qui représentent les neuf premiers noms déjà mentionnés dans la Numération parlée.

8. — Il existe dans la Numération écrite, une convention fondamentale que voici : lorsqu'on place plusieurs chiffres à la suite les uns des autres, le premier chiffre à droite exprime des *unités simples* ou du *premier ordre* ; le chiffre immédiatement à gauche exprime des *dixaines* ou *unités du deuxième ordre* ; le troisième chiffre à gauche, des *centaines* ; le quatrième, des *mille;* le cinquième des *dixaines de mille*, etc. Il en résulte évidemment que le rang d'un chiffre dans un nombre exprime son ordre d'unités, et qu'un chiffre placé à la gauche d'un autre exprime des unités dix fois plus fortes que celui-ci.

9. — Par suite de cette convention, et à l'aide des neuf caractères ci-dessus indiqués, on est parvenu à représenter une foule de nombres, entr'autres 45847, puisqu'il suffisait de placer le 7 au rang des unités, le 4 au rang des dixaines, le 8 au rang des centaines, et ainsi de suite. Mais on était dans l'impossibilité de représenter ceux qui ne renfermaient pas tous les ordres d'unités, comme par exemple, *mille huit*, dans lequel manquaient les unités du deuxième et du troisième ordre. On a donc inventé pour ces sortes de nombres, un dixième caractère appelé *zéro*, n'ayant aucune valeur par lui-même, mais servant à tenir lieu des différents ordres d'unités qui n'y étaient pas énoncés, et l'on a écrit ainsi sans la moindre difficulté 1008, et tous les autres nombres du même genre.

10. — Les 9 premiers chiffres, appelés *chiffres significatifs*, ont deux valeurs : l'une *absolue*, qui leur a été attribuée primitivement ; l'autre *relative*, qu'ils tirent de leur position dans un nombre.

Ainsi dans 59, la valeur relative du 5 est *cinquante*, et sa valeur absolue 5 (*cinq*).

RÈGLES POUR LIRE ET POUR ÉCRIRE UN NOMBRE.

---

11. — Pour lire un nombre, on commence par le séparer en tranches de 3 chiffres, de droite à gauche. La première est celle des *unités* ; la deuxième, celle des *mille* ; la troisième, celle des *millions*, etc. ; puis commençant par la gauche, dont la première tranche peut n'avoir qu'un ou deux chiffres, on lit chaque tranche comme si elle était seule, en lui donnant le nom qui lui convient. Ainsi pour énoncer le nombre 4365002060, partageons-le d'abord en tranches de trois chiffres comme suit : 4,365,002,060, puis nous lirons : 4 billions, 365 millions, 2 mille, 60 unités.

12. — Pour écrire un nombre sous dictée, on commence par poser les plus hautes unités ; à la suite, celles qui viennent immédiatement après, si elles suivent dans l'ordre des tranches, et ainsi de même pour le reste du nombre. Si, dans l'énoncé, on s'aperçoit qu'il manque quelques chiffres, on les remplace par des zéros. Ainsi pour exprimer en chiffres le nombre quatre billions, cinq millions, cent quarante-deux unités, nous mettons le chiffre 4 dans la tranche des billions, deux zéros avant le 5 dans celle des millions, pour remplacer les centaines et les dixaines qui manquent ; trois zéros dans celle des mille, aucun chiffre n'étant énoncé pour cette tranche, enfin 142 dans celle des unités. Il vient donc : 4,005,000,142.

FRACTIONS DÉCIMALES.

13. — *Les* DÉCIMALES, *qu'on appelle aussi fractions décimales, sont des parties de l'unité, de dix en dix fois plus petites les unes que les autres.*

Pour bien comprendre comment se forment les décimales, et quel est leur rapport avec l'unité, considérons cette unité comme divisée en dix parties égales, il est clair que chacune de ces parties sera la dixième partie de l'unité, ou un dixième; supposons de même chaque dixième divisé en dix parties égales, ces nouvelles parties prendront évidemment le nom de centièmes, puisqu'il en faut 10 fois 10 ou 100 pour faire une unité. Par le même raisonnement, on prouverait qu'un centième divisé en dix parties égales, doit donner des millièmes, puisqu'il en faudrait 10 fois 100, ou 1000 pour former l'unité, et ainsi de même pour les autres parties décimales.

14. — Afin de distinguer les décimales des entiers, on les écrit à la droite de ceux-ci, et on les en sépare par une virgule. Ainsi sept unités quarante-six millièmes s'écriront : 7,046. Si le nombre donné ne renferme que des décimales, on met un zéro à la gauche de la virgule pour tenir la place des entiers, ainsi quarante-trois millièmes s'écriront : 0,043.

Observons ici que les dixièmes se placent au *premier rang de droite* après la virgule; les centièmes au *deuxième rang*; les millièmes au *troisième rang*; les dix-millièmes au *quatrième rang*; les cent millièmes au *cinquième rang*; les millionièmes au *sixième rang de droite*, etc.

15. — *Toute fraction décimale s'énonce comme un nombre entier, en ayant soin d'ajouter à la fin le nom du dernier chiffre décimal.*

Pour le découvrir, on parcourt un à un, de gauche à droite, la suite des chiffres, en disant : *dixièmes*, *centièmes*, *millièmes*, *dix-millièmes*, etc., jusqu'à ce qu'on soit rendu au dernier chiffre décimal dont on retient le nom. En procédant ainsi, on trouve que 0,4584 doit s'énoncer : quatre mille cinq cent quatre-vingt-quatre dix-millièmes.

On voit donc que la lecture des fractions décimales, quelque difficile qu'elle paraisse aux commençants, n'exige que deux choses très-simples : bien connaître le nom du dernier chiffre décimal, et savoir lire les chiffres qui composent la fraction, comme si l'on énonçait un nombre entier.

16. — Toute fraction décimale, quel que soit le nombre de ses chiffres, s'écrit sans difficulté, si l'on a soin de bien observer : 1° à quel rang doit se trouver le dernier chiffre décimal de la fraction proposée ; 2° combien il est dicté de chiffres pour la représenter. Ainsi, soit proposé d'écrire quatre mille un millionièmes : — Nous rappelant que les *millionièmes* sont au *sixième rang de droite* après la virgule, et qu'il est dicté quatre chiffres pour représenter la fraction, puisque dans 4001 il y a quatre chiffres, nous ferons précéder le chiffre 4 de deux zéros, comme suit :

0,004001

17. — La numération des décimales repose sur le même principe que celle des entiers. En effet, d'après la convention déjà citée, tout chiffre placé à la droite d'un autre, ayant une valeur relative dix fois plus petite que celui-ci, les *dixièmes* trouvent naturellement leur place à la droite des *unités*, les *centièmes* à la droite des *dixièmes*, les *millièmes* à la droite des *centièmes*, et ainsi de suite.

18. — On peut écrire autant de zéros que l'on voudra à la droite d'une fraction décimale sans en troubler la valeur. En effet, si nous ajoutons un zéro, par exemple, à la droite de 0.25, il y aura 10 fois plus de parties décimales que d'abord dans la nouvelle fraction 0,250 ; mais, d'un autre côté, ces parties sont devenues 10 fois plus faibles, puisqu'elles n'expriment plus que des *millièmes*, tandis que primitivement elles exprimaient des *centièmes*; donc il y a compensation, et la fraction proposée n'a éprouvé aucun changement.

Réciproquement, on peut supprimer à la droite d'une fraction décimale un nombre quelconque de zéros, sans que la valeur de la fraction ainsi modifiée subisse la moindre altération.

Le déplacement de la virgule occasionne, dans un nombre décimal, des changements qu'il est important de faire connaître.

19. — 1° Toutes les fois qu'on avance la virgule d'un, de deux ou de trois rangs vers la droite, on multiplie le nombre décimal par 10, par 100, par 1000, ou en d'autres termes, on le rend 10, 100, 1000 fois plus fort. Soit, pour le démontrer, le nombre 84,56 : avançons la virgule d'un rang vers la droite, et remarquons que, dans le nombre 845,6, chaque chiffre a acquis une valeur relative 10 fois plus forte que dans le nombre proposé. En effet, le 6, qui d'abord exprimait des centièmes, exprime dans le deuxième cas des dixièmes, quantités dix fois plus fortes ; le 5, qui exprimait des dixièmes, représente des unités ; la même chose a lieu pour les autres chiffres. Donc le nombre 845,6 est dix fois plus fort que le nombre 84,56.

20. — 2° Toutes les fois qu'on avance la virgule d'un, de deux ou de trois rangs vers la gauche, on divise le nombre décimal par 10, par 100, par 1000, ou en d'autres termes, on le rend 10, 100, 1000 fois plus faible. Soit le nombre 345,6 : avançons la virgule de deux rangs vers la gauche ; il est évident que chaque chiffre du nombre 3,456 a pris une valeur relative 100 fois plus faible que primitivement. En effet, le chiffre 6 qui d'abord exprimait des dixièmes, n'exprime plus dans le second cas que des millièmes, quantités 100 fois plus faibles ; le 5 qui exprimait des unités , ne représente plus que des centièmes ; il en est de même des autres chiffres. Donc le nombre 3,456 est 100 fois plus faible que le nombre 345,6.

---

21. — *Ajouter, retrancher, multiplier, diviser, sont les quatre opérations fondamentales de l'arithmétique.*

Voici les signes de ces quatres opérations :

Signe de l'addition (+) signifie *plus* ; signe de la soustraction (—) signifie *moins* ; signe de la multiplication (×) signifie *multiplié par* ; signe de la division (:) signifie *divisé par*. On indique encore la division en plaçant le dividende au-dessus du diviseur, et tirant un trait horizontal ou oblique pour les séparer l'un de l'autre. Ainsi $^{312}|_{24}$ signifie 312 divisé par 24. Le signe d'égalité (=) signifie *égale*.

ADDITION DES NOMBRES ENTIERS.

---

22. — *L'addition est une opération qui a pour but de trouver un nombre appelé somme ou total, renfermant à lui seul autant d'unités qu'en contiennent plusieurs autres de même espèce.*

Pour faire cette opération , on écrit tous les nombres donnés les uns sous les autres , de manière que les unités soient sous les unités , les dixaines sous les dixaines, les centaines sous les centaines, les mille sous les mille et ainsi de suite. On tire un trait sous le dernier nombre pour le séparer du total. Puis , commençant l'opération par la droite, on fait la somme de la colonne des unités : si cette somme ne surpasse pas 9, on l'écrit telle qu'on la trouve ; si elle surpasse 9, c'est une preuve qu'elle renferme une ou plusieurs dixaines ; alors on écrit seulement l'excédant des dixaines, et l'on retient les dixaines pour les joindre à la somme de la colonne suivante, où est leur véritable place. On opère de même sur les autres colonnes, et rendu à la dernière à gauche, on en pose le total tel qu'on le trouve.

Exemple. — *Un receveur a reçu en un jour les cinq sommes suivantes : — 5457 fr. ; 381 fr. ; 552 fr. ; 584 fr. ; 67345 fr. On veut savoir combien il a reçu en tout ?*

Il est évident que le montant de sa recette n'est autre que la somme des cinq nombres indiqués dans l'énoncé. Le problème se résout donc par une addition.

```
  5457
   381
   552
   584
 67345
 -----
 74319
```

Après avoir écrit les nombres de manière que les unités de même ordre soient en colonne verticale, comme ci-dessus, nous commençons l'opération en additionnant la première colonne à droite, qui est celle des unités, et nous disons : 7 et 1 font 8, et 2 font 10, et 4 font 14, et 5 font 19 ; comme en 19 unités il y a 9 unités et une dixaine, nous posons 9 et retenons 1 dixaine pour l'ajouter à la colonne suivante.

A la deuxième colonne, qui est celle des dixaines, nous disons : 1 dixaine de retenue et 5 font 6, et 8 font 14, et 5 font 19, et 8 font 27, et 4 font 31 ; en 31 dixaines, il y a 1 dixaine que nous posons, et 3 dixaines de dixaines ou 3 centaines que nous retenons, pour les porter à la colonne suivante.

Nous opérons sur la colonne des centaines, en disant : 3 centaines de retenue et 4 font 7, et 3 font 10, et 5 font 15, et 5 font 20, et 3 font 23 ; 23 centaines contiennent 3 centaines simples que nous posons, et 2 dixaines de centaines, ou 2 mille, que nous portons sur la colonne suivante, en disant : 2 de retenue et 5 font 7 et 7 font 14 ; en 14 mille, nous posons 4 mille et nous retenons 1 dixaine de mille qui, ajoutée aux 6 autres, en donne 7 pour la somme de la dernière colonne à gauche. Nous trouvons donc que le montant des diverses recettes du receveur est de 74319 francs.

23. — Remarque. — Si la somme des chiffres de chaque colonne ne surpassait pas 9, on pourrait aussi bien commencer l'addition par la gauche que par la droite ; mais comme le plus souvent on obtient des sommes qui surpassent 9, on se verrait obligé, si l'on opérait par la gauche, de rectifier un chiffre déjà écrit, en y ajoutant autant d'unités qu'on aurait obtenu de dixaines de la somme de la colonne immédiatement à droite. C'est pourquoi la règle prescrit dans tous les cas de commencer par la droite plutôt que par la gauche.

ADDITION DES NOMBRES DÉCIMAUX.

---

24. — *L'addition des nombres décimaux se fait de la même manière que celle des entiers ; puisque le système de numération est le même de part et d'autre.*

On aura donc soin d'écrire les nombres à additionner de manière que les décimales de même ordre soient dans une même colonne verticale, et l'on opèrera sans faire attention à la virgule ; mais sur la droite de la somme on séparera autant de chiffres décimaux, qu'il y en a dans le nombre qui en contient le plus.

Exemple. — *Trouver le poids total de quatre caisses de savon dont les poids respectifs sont : 545 kilog. 245 ; 8 kilog. 045 ; 894 kilog. 018 ; 87 kilog. 0094 ?*

$$\begin{array}{r} 545,245 \\ 8,045 \\ 894,018 \\ 87,0094 \\ \hline 1534,3174 \end{array}$$

Disposant ces nombres comme il vient d'être dit, et additionnant chaque colonne en commençant par la droite, de la manière prescrite pour les nombres entiers, nous trouvons pour le poids total des quatre caisses de savon, 1534 kilog. 3174.

PROBLÈMES.

NOTA. — Bien que les Problèmes figurant dans cette seconde édition, soient restreints au chiffre de 630, ils peuvent cependant être comptés pour une valeur au moins double, comparés à ceux que donnent presque tous les Auteurs, car ici, dans le plus grand nombre de cas, à un seul énoncé correspondent deux, trois, ou même quatre solutions à trouver. Il suffira donc souvent que le Professeur assigne à ses Elèves, comme exercice journalier, une seule question à raisonner et à calculer.

1. — Dans une caisse publique, divers particuliers ont déposé, savoir : le lundi 3947 fr., le mardi 10788 fr., le mercredi 799 fr., le jeudi 43575 fr., le vendredi 1266 fr., le samedi 25617 fr. — Quel est donc le montant des sommes déposées dans cette caisse pendant la semaine.

2. — Trois négociants livrent une fourniture de drap à l'Etat. Le premier avait soumissionné pour 25200 mètres ; le deuxième pour 1295 mètres de plus que le premier ; le troisième pour une quantité de mètres égale à celle qu'ont fournie les deux autres. — Trouver : 1º les livraisons des deux derniers négociants ; 2º la fourniture totale faite au Gouvernement.

3. — Combien faudra-t-il revendre une marchandise que l'on a payée 12875 fr., et sur laquelle on veut gagner le cinquième du prix qu'elle a coûté.

---

4. — Un oncle en mourant dispose de sa fortune en faveur de ses six neveux, comme suit : il donne au premier 12798 fr., au deuxième autant qu'au premier et au sixième ; au troisième autant qu'au deuxième et au quatrième, au quatrième 15278 fr., au cinquième la moitié de ce qu'il donne aux trois premiers, enfin au sixième autant qu'au premier plus 502 fr. — Indiquer quelles seront les parts du deuxième, du troisième, du cinquième et du sixième héritier, ainsi que la fortune qui est léguée par l'oncle à ses neveux.

---

5. — Je devais une somme que je solde en donnant d'abord à mon créancier 360 fr.; puis successivement la moitié, le tiers, le quart, le cinquième et le sixième de ce premier paiement. — Quel était donc le montant de ma dette.

---

6. — Sur une promenade publique il y a 60 arbres distants l'un de l'autre de 4 mètres 75 centimètres. Un enfant s'amusant à aller du premier au deuxième, puis du premier au troisième, et ainsi de même jusqu'au soixantième arbre, revient chaque fois au point de départ. — Trouver par suite combien de mètres il aura parcourus en tout, lorsqu'il aura terminé son jeu.

---

7. — Une maîtresse de maison, en réglant le compte de ses dépenses pendant une semaine, trouve qu'elle a acheté, savoir : le lundi pour 4 fr. 75 c. de pain, pour 2 fr. 90 c. de viande, et pour 1 fr. 55 de légumes ; le mardi pour 47 fr. 65 de bois à brûler et pour 6 fr. 25 c. de chandelles ; le mercredi pour 7 fr. 75 c. de beurre, pour 3 fr. 75 c. de pain, pour 2 fr. 40 c. de viande, et pour 1 fr. 55 c. de légumes ; le jeudi pour 1 fr. 80 d'huile, et pour 2 fr. 15 c. de fruits ; le vendredi pour 0 fr. 75 c. de fromage, pour 1 fr. 70 c. d'œufs, pour 5 fr. 50 c. de pain, et pour 3 fr. 70 c. de poisson ; le samedi pour 1 fr. 30 c. de lait, et pour 5 fr. 90 c. d'épiceries diverses ; enfin, le dimanche pour 3 fr. 95 c. de volaille, pour 0 fr. 65 c. de salade, et pour 1 fr. 60 c. de pain. — Elle désire connaître le montant de ses dépenses pendant cette semaine.

8. — Un professeur promet un bon point à celui de ses élèves qui lui dira le premier combien il y a d'unités dans 895 millioniėmes, plus 8799 dix millièmes, plus 78 cent millièmes, plus 19763 dix millièmes, plus 777 centièmes, plus 1008 dix millioniėmes, plus 10108 cent millioniėmes.

9. — Quelle est la longueur de quatre règles placées bout à bout, si la première a 1 mètre 365 millièmes, la deuxième 1 mètre 75 centièmes, la troisième 0 mètre 977 millièmes, et la quatrième 0 mètre 217 millièmes.

10. — Une propriété renferme six pièces de terre, dont la première a 1 hectare 3758 dix millièmes, la deuxième 2 hectares 95 centièmes, la troisième, la moitié de la surface de la première, la quatrième autant de surface que la deuxième et la troisième, la cinquième le tiers de la surface de la seconde, et la sixième autant de surface que la troisième et la cinquième. — Trouver la surface totale des six pièces de terre de cette propriété.

SOUSTRACTION DES NOMBRES ENTIERS.

25. — *La soustraction est une opération par laquelle on retranche un plus petit nombre d'un plus grand de même espèce, pour en connaître la différence ; — le résultat prend encore le nom de reste ou d'excès.*

Pour faire la soustraction, on pose le plus petit nombre sous le plus grand, de manière que les unités de même ordre soient en colonne verticale, et l'on souligne le plus petit nombre pour le séparer du reste. Puis, commençant l'opération par la droite, on retranche successivement chaque chiffre du nombre inférieur de son correspondant supérieur. Si le chiffre inférieur est égal au chiffre supérieur qui lui correspond, ou plus petit que lui, l'opération se fait sans difficulté ; mais il arrive souvent que le chiffre inférieur soit plus grand que son correspondant supérieur, alors on augmente celui-ci d'une dixaine, et à la soustraction partielle suivante, au lieu de diminuer le chiffre supérieur d'une unité, on le laisse tel qu'il est, et l'on augmente le chiffre inférieur d'une unité.

Exemple. — *Un ouvrier a fait 5024 mètres d'ouvrage en deux mois, le premier mois il a fait 2932 mètres, combien en a-t-il fait dans le second ?*

L'ouvrage total se compose des ouvrages faits dans les deux mois. Si donc de l'ouvrage total nous retranchons ce que l'ouvrier a fait dans le premier mois, le reste sera évidemment l'ouvrage du deuxième mois. Ce problème se résout donc par une soustraction.

$$\begin{array}{r} 5024 \\ 2932 \\ \hline 2092 \end{array}$$

Plaçant le plus petit nombre sous le plus grand, comme on le voit ci-dessus, nous disons : 2 ôté de 4 reste 2 ; 3 ôté de 2 impossible, il faut donc augmenter le 2 d'une dixaine, 10 et 2 font 12, 3 ôté de 12 reste 9. Augmentant, d'après la règle, le chiffre inférieur 9 d'une unité, nous avons : 10 ôté de 0, impossible ; 10 de 10 reste 0. 2 et 1 font 3 ; 3 ôté de 5 donne 2 pour reste, et l'ouvrage du deuxième mois est 2092 mètres.

26. — Remarque. — Si les chiffres inférieurs étaient moindres que les chiffres supérieurs, on pourrait commencer la soustraction par la gauche aussi bien que par la droite ; mais lorsqu'un chiffre supérieur serait moindre que le correspondant inférieur, si l'on commençait l'opération par la gauche, on se verrait obligé, après avoir augmenté le chiffre supérieur d'une dixaine, de revenir sur ses pas, pour augmenter, d'après la règle, le chiffre inférieur immédiatement à gauche d'une unité, ce qui nécessiterait un changement dans un chiffre déjà posé.

SOUSTRACTION DES NOMBRES DÉCIMAUX.

27. — *La soustraction des nombres décimaux se fait de la même manière que celle des nombres entiers.*

Seulement, il faut avoir soin que les deux nombres aient une quantité égale de chiffres décimaux. Pour cela, on ajoute un nombre suffisant de zéros à la droite de celui qui en a le moins ; puis, l'opération terminée, on sépare sur la droite du reste autant de chiffres décimaux qu'il y en a dans l'un des deux nombres.

Exemple. — *Quelqu'un doit une somme de 5457 francs, il donne à-compte 4927 francs 85 centimes, que lui reste-t-il à payer.*

Il est évident que, si de la dette totale nous retranchons la somme payée, le reste sera la somme encore due.

$$\begin{array}{r} 5457,00 \\ 4927,85 \\ \hline 529,15 \end{array}$$

Après avoir mis deux zéros à la droite de 5457, pour que les deux termes expriment des centimes, nous faisons la soustraction comme s'il s'agissait d'opérer sur deux nombres entiers ; puis, séparant deux décimales sur la droite du reste, nous trouvons qu'il est encore dû 529 francs 15 centimes.

Autre exemple. — *Un flacon plein pèse 3 kilog. 25 centièmes ; vide, il pèse 917048 millionièmes de kilogramme. Quel est donc le poids du liquide contenu dans ce flacon.* — Réponse : — 2 kilog. 332952 millionièmes.

PROBLÈMES.

11. — Le département des Côtes-du-Nord a une population de 632613 habitants, et celui du Finistère une population de 617710 habitants ; on sait, en outre, que le premier de ces deux départements a une superficie totale de 691085 hectares, et que celle du second est de 667064 hectares ; enfin, le dernier recensement fait connaître : 1° que la population des Côtes-du-Nord se subdivise en 303602 hommes et en 329011 femmes ; 2° que la population du Finistère se subdivise en 312931 hommes et en 304779 femmes. — Trouver par suite de ces documents statistiques, la différence de population et de superficie de ces deux départements ; indiquer en même temps dans lequel des deux se trouvent le plus d'hommes, le plus de femmes, et de combien sont les excédants.

---

12. — Quelqu'un me devait 1800 francs. Il me présente un billet de banque de 1000 francs, sur lequel il me prie de lui remettre 251 francs dont il a besoin. — A combien se trouve réduite sa dette après ce premier à-compte.

---

13. — Il s'en est fallu de 595 francs que la vente de la maison de mon oncle, laquelle a été de 40000 francs, ait rapporté 6000 francs de bénéfice. — Combien l'avait-il donc achetée.

---

14. — En supposant que le budget d'un Gouvernement s'élève pour toutes les recettes à 1226000000 de francs, et que les dépenses tant ordinaires qu'extraordinaires montent à 1225749301, on désire savoir quel est l'excédant des recettes sur les dépenses.

---

15. — Si j'avais 19999 francs de plus que j'ai, disait une personne, je pourrais acheter une maison évaluée à 35548 fr., et il me resterait encore 845 francs pour des réparations à y faire. — Combien ai-je donc.

---

16. — Un nombre étant donné, on peut, en l'augmentant de 47 unités 27 millionièmes, le rendre égal à 95 unités un centième. — Quel est ce nombre.

17. — Un marchand drapier, qui a en magasin 347 mètres 5 centimètres de drap noir, 420 mètres 1 dixième de drap bleu, 500 mètres 2 millièmes de drap marron, et 450 mètres de drap gris, a eu à fournir dans une semaine 298 mètres 5 millièmes de chacune de ces étoffes. — Que lui reste-t-il donc alors de mètres de drap noir, de drap bleu, de drap marron et de drap gris.

18. — Une personne laisse une somme de 200000 francs à partager entre trois héritières, elle stipule par son testament que la plus jeune aura 68799 francs 45 centimes ; que la seconde par rang d'âge aura 1999 francs 95 centimes de moins que la plus jeune. — Quelle sera donc, à ces conditions, la part de la plus âgée.

19. — Un libraire, qui a la fourniture d'un pensionnat, produit en fin d'année un mémoire de 1000 fr. 75 c. : on y retranche d'abord une somme de 188 fr. 90 c. pour des livres de prix et de classe qui lui ont été laissés pour compte ; puis après un rabais de 108 fr. 99 c. que le libraire accepte, d'après les clauses de son marché, on lui donne un à-compte de 695 fr. 35 c. — Trouver : 1° le montant dudit mémoire après chaque diminution qu'il a subie ; 2° ce qu'il reste encore à payer au chef du pensionnat pour fin de compte.

20. — Un convoi de chemin de fer est parti avec 12000 kilogrammes de marchandises : à une première station, il laisse 1275 kilog. 75 millièmes, et reprend 995 kilog. 5 dixièmes ; à une deuxième station, il laisse 8977 kilog. 45 dix millièmes, et reprend 5985 kilog. 75 centièmes ; à une troisième, il laisse 1745 kilog. 37 millièmes, et en reprend 4191 kilog. 8449 millionièmes ; enfin, à une quatrième station, il laisse 7845 kilog. 35 centièmes, et ne reprend que 3995 kil. 37 cent millièmes. — Combien de kilogrammes transportait-il au départ de chaque station, et quelle est la différence de charge que l'on trouve à son départ et au terme de son voyage.

† 20 *bis*. — J'ai placé deux sommes chez un banquier : l'une qui est la moindre est à mon compte, et s'élève à 3800 fr. 95 c. Si je prends 113 fr. 50 c. sur l'une, et que j'augmente l'autre de 199 fr. 25 c., j'aurai en tout 8000 fr. — Trouver le chiffre de l'autre somme, qui est au compte de ma femme.

Preuves de l'Addition et de la Soustraction.

28. — *On appelle preuve, en arithmétique, une seconde opération que l'on fait pour s'assurer de l'exactitude de la première.*

La plus simple preuve de l'addition consiste à recommencer l'opération de bas en haut, si on l'a déjà faite de haut en bas (1).

Une deuxième preuve de l'addition consiste à supprimer un des nombres donnés, et à faire la somme des autres, puis à retrancher cette nouvelle somme de celle qu'on a obtenue d'abord, et si l'opération est bonne, on doit retrouver pour reste le nombre négligé.

	879
	6305
	9845
	17029
	16150
Preuve...	879

La preuve ci-dessus est faite d'après ce dernier procédé. On a supprimé le nombre 879, et l'on a obtenu pour somme des deux autres nombres 16150. Retranchant ce deuxième total du premier 17029, le reste a donné le nombre supprimé 879, ce qui fait voir que l'addition était bien faite.

(1) Dans les maisons de commerce on vérifie presque toujours les additions en les recommençant de bas en haut. Cette vérification est basée sur ce qu'en recalculant les nombres par le bas, on n'a pas occasion d'employer les mêmes combinaisons de chiffres qu'on a déjà trouvées en additionnant par le haut, procédé ordinaire. Si donc le total se présente le même de part et d'autre, on est fondé à croire que l'opération primitive est exacte, puisque deux combinaisons différentes d'additions, pratiquées sur les mêmes nombres, conduisent également au même résultat.

29. — *La preuve la plus usitée pour la soustraction consiste à additionner le reste avec le plus petit nombre, et si l'opération primitive est bonne, on doit retrouver le plus grand.*

$$\begin{array}{r} 5049 \\ 3914 \\ \hline 1135 \\ \hline \end{array}$$

Preuve : 5049

Additionnant le plus petit nombre 3914 avec le reste 1135, nous voyons que la soustraction est bien faite, attendu que la somme nous donne le plus grand nombre 5049.

Une deuxième preuve de la soustraction consiste à retrancher le reste du plus grand nombre, et si l'on a bien opéré, le nouveau reste doit égaler le plus petit.

Les preuves de l'addition et de la soustraction des nombres décimaux sont les mêmes que celles que nous venons de donner pour le cas des nombres entiers.

PROBLÈMES.

21. — La population des cinq départements de la Bretagne se composant, savoir : pour l'Ile-et-Vilaine de 574618 habitants; pour la Loire-Inférieure de 535664 habitants; pour le Finistère de 617710 habitants; pour les Côtes-du-Nord de 632613 habitants; pour le Morbihan de 478172 habitants, trouver de combien la population totale de cette province de France est inférieure à celles : 1° de la Belgique 4000000 d'habitants ; 2° du Portugal, 3604000 habitants; 3° des États de l'Église, 3000600 habitants ; 4° du royaume Sarde, 4500830 habitants.

---

22. — Un fripier a acheté dans quatre ventes différentes : 1° une garde-robe 302 fr. 50 c., qu'il a revendue 519 fr. 85 c.; 2° une bibliothèque 1200 fr., sur laquelle il a perdu 79 fr. 85 c.; 3° pour 511 fr. de fournitures de lit qu'il a revendues 727 fr. 38 c.; 4° du linge qu'il a payé 800 fr., et dont il a

reçu 915 fr. 75 c. — Trouver quels ont été ses gains partiels sur le premier, le troisième et le quatrième achat; quelle somme il a reçue pour la revente de la bibliothèque; à combien s'élèvent le total de tous ses achats et celui de toutes ses ventes; enfin, combien il a gagné en tout.

---

23. — Un commis négociant a gagné dans une année 1295 fr. 75 c.; sa femme, 875 fr. 98 c. dans son commerce d'épiceries, et leur fils, qui est mécanicien, 919 fr. 35 c. Les dépenses diverses de leur maison sont : pension, 1379 fr. 05 c.; loyer et gages d'une domestique, 659 fr. 70 c.; achats d'effets d'habillement, 735 fr. 65 c.— Combien ont-ils gagné et économisé en tout.

---

24. — Un de mes amis a bien voulu me prêter sans intérêts 1700 fr. pour une traite que j'avais à solder. Ne pouvant m'acquitter de ladite somme qu'en plusieurs paiements, j'offre pour le premier 189 fr. 35 c. à mon ami, qui accepte, et je lui fais savoir en même temps, qu'à des termes très rapprochés, je lui en ferai d'autres, lesquels s'augmenteront successivement de 17 fr. 75 c. jusqu'au dernier, qui sera nécessairement un peu plus fort que les autres. — En combien de termes pourrai-je ainsi m'acquitter envers mon ami, et de combien sera la dernière somme que je lui donnerai.

---

25. — Par suite d'un héritage, une famille voit son avoir actuel se grossir d'une rente de 1996 fr. 75 c., et atteindre le chiffre rond de 6000 fr. Ce surcroît de bien-être lui a immédiatement permis d'augmenter de 656 fr. 30 c. ses dépenses annuelles, et de consacrer en outre une somme de 156 fr. 20 c. à des aumônes et d'autres bonnes œuvres. Dites quels étaient son avoir et ses dépenses avant son entrée en possession de l'héritage précité.

---

26. — L'employé chargé du relevé de la population se présente dans une maison, où on lui fait savoir que le père est né en 1813, la mère en 1819, l'aîné des enfants en 1837, le cadet en 1841, et le plus jeune en 1847. — Faire le calcul auquel devra se livrer cet employé pour découvrir la différence des âges des personnes précitées, ainsi que l'âge particulier de chacune d'elles en 1859, et dire en même temps de combien la somme de leurs âges est inférieure à 120 ans.

27. — Ayant livré pour 1172 fr. 15 c. les sept dernières barriques de vin que j'avais en magasin, j'achète quatre barriques pour 599 fr. 18 c., dont je cède immédiatement deux pour 345 fr. 90 c. — Combien me restera-t-il d'argent sur mes deux livraisons, après avoir satisfait à une traite de 600 francs.

28. — D'un lingot d'or de 1 kilogramme en fusion, un bijoutier emploie 0 kilog. 245 dix millièmes pour une chaîne ; 45 centièmes de kilogramme pour une tabatière ; 15628 cent millièmes pour deux boîtes de petites montres ; 8356 millionièmes pour une bague ; enfin, 2 dixièmes de kilogr. pour des bracelets. — Combien lui reste-t-il donc, après ces diverses confections, de la quantité d'or qu'il a fondue.

29. — En sortant de chez moi avec ma bourse bien garnie, je me suis rappelé que je devais 700 francs à mon libraire. Cependant l'argent que j'avais n'étant pas suffisant pour payer cette dette, un de mes amis a bien voulu me prêter 180 fr. 45 c. pour y satisfaire ; mais bientôt je me suis aperçu que j'étais plus riche que je ne croyais, puisque, cette obligation soldée, il m'est resté 51 fr. 95 c. dans ma bourse. Ensuite, je me suis rendu au Trésor pour toucher mes appointements du trimestre, soit 647 fr. 75 c. ; puis je suis revenu à la maison après avoir fait une dépense de 85 fr. 45 c. chez mon tailleur, et m'être acquitté envers mon ami. — Combien pensais-je avoir en sortant ? Combien avais-je par le fait? Avec quelle somme suis-je rentré chez moi.

30. — Un négociant doit à quatre créanciers, savoir : 1° au premier, 9108 fr. ; au deuxième, le tiers de cette somme ; au troisième, la moitié de ce qu'il doit au second créancier ; enfin, au quatrième, autant qu'aux deux derniers. Comme il a des fonds en caisse, il se libère avant l'échéance de ses billets, et obtient sur le premier effet à payer 354 fr. 72 c. de réduction ; sur le deuxième effet, le tiers de cette première réduction ; sur le troisième effet, la moitié de la seconde réduction ; sur le quatrième, une réduction égale à la deuxième et à la troisième réunies. — Trouver : 1° le total de sa dette ; 2° le total des réductions qui lui sont faites ; 3° la somme qu'il a à débourser ; 4° ce qu'il paiera à chacun de ses créanciers.

MULTIPLICATION DES NOMBRES ENTIERS.

30. — *La Multiplication est une opération par laquelle on se propose de former un nombre appelé produit, à l'aide d'un nombre nommé multiplicande, de la même manière qu'un autre nombre nommé multiplicateur est formé avec l'unité.*

Cette définition peut s'appliquer également aux nombres entiers et aux nombres fractionnaires. En effet, si le multiplicateur contient 2, 3, 4 fois l'unité, le produit contiendra 2, 3, 4 fois le multiplicande ; si au contraire le multiplicateur n'est que la moitié, les deux tiers, les trois huitièmes de l'unité, le produit ne sera que la moitié, les deux tiers, les trois huitièmes du multiplicande.

31. — Voici une autre définition de la multiplication qui s'applique spécialement au cas des nombres entiers.

La multiplication est une opération par laquelle on répète un nombre nommé multiplicande, autant de fois qu'il y a d'unités dans un autre nombre nommé multiplicateur, pour obtenir un résultat que l'on appelle produit.

Le multiplicande et le multiplicateur se nomment *facteurs du produit.*

32. — *La multiplication n'est qu'une addition abrégée.*

En effet, pour effectuer la première de ces deux opérations par la deuxième, il suffirait de prendre autant de nombres égaux au multiplicande qu'il y a d'unités dans le multiplicateur ; puis de les ajouter ensemble ; mais cette manière d'opérer serait trop longue, surtout si le multiplicateur était composé de plusieurs chiffres ; c'est donc dans les procédés de la multiplication qu'on en trouve l'abréviation.

33. — Le produit est toujours de la même nature que le multiplicande, puisque ce n'est autre chose que ce multiplicande répété un certain nombre de fois.

Le multiplicande peut-être abstrait ou concret ; mais le multiplicateur est toujours essentiellement abstrait, puisqu'il ne fait qu'indiquer le nombre de fois qu'on doit répéter le multiplicande.

34. — *Dans toute multiplication on peut intervertir l'ordre des facteurs, sans troubler le produit.*

Soit donc 3 à multiplier par 7, il s'agit de démontrer que l'on aura l'égalité suivante :

$$3 \times 7 = 7 \times 3.$$

En effet, décomposons 7, l'un des facteurs, en ses unités, et répétons-les autant de fois qu'il y a d'unités dans l'autre facteur, c'est-à-dire trois fois.

1 1 1 1 1 1 1 Si nous additionnons ces unités
1 1 1 1 1 1 1 horizontalement, il vient pour
1 1 1 1 1 1 1 somme de la première colonne 7, pour somme de la deuxième 7, etc. ; en tout 7 répété 3 fois ou 7 multiplié par 3. Si nous les additionnons verticalement, nous obtenons pour somme de la première colonne 3, pour somme de la deuxième 3, etc. ; en tout 3 répété 7 fois, ou 3 multiplié par 7 : comme de part et d'autre nous n'avons additionné que les mêmes unités, il s'ensuit que les deux résultats sont égaux,

et par conséquent $7\times3=3\times7$, ce qu'il fallait démontrer.

35. — *Dans la multiplication, il est indispensable de connaître de mémoire le produit d'un chiffre par un autre chiffre.*

A défaut de mémoire, on peut trouver ces produits tout effectués dans la TABLE DE PYTHAGORE. Pour former cette table, on écrit les 9 premiers chiffres dans une colonne horizontale ; la deuxième colonne horizontale, qui commence par 2, se forme en ajoutant 2 à lui-même, et aux nombres successivement formés ; la troisième colonne se forme de même en posant d'abord 3, puis ajoutant 3 à lui-même et aux nombres successivement formés, et ainsi de même pour les autres colonnes.

1	2	3	4	5	6	7	8	9
2	4	6	8	10	12	14	16	18
3	6	9	12	15	18	21	24	27
4	8	12	16	20	24	28	32	36
5	10	15	20	25	30	35	40	45
6	12	18	24	30	36	42	48	54
7	14	21	28	35	42	49	56	63
8	16	24	32	40	48	56	64	72
9	18	27	36	45	54	63	72	81

Si l'on veut trouver au moyen de cette table le produit d'un chiffre par un autre, on cherche l'un des nombres, le multiplicande par exemple, dans la première colonne horizontale ; puis de ce nombre on descend jusqu'à ce qu'on se trouve vis-à-vis de l'autre nombre, c'est-à-dire du multiplicateur qui est dans la première colonne verticale : le produit se trouve dans la case d'intersection des deux colonnes. C'est par ce procédé qu'on apprend que 7 fois 6 font 42, 8 fois 7 font 56, 7 fois 9 font 63, etc.

36. — *La multiplication renferme quatre cas* : — 1° un nombre de plusieurs chiffres à multiplier par un seul chiffre ; 2° un nombre de plusieurs chiffres à multiplier par un multiplicateur de plusieurs chiffres ; 3° un nombre à multiplier par l'unité suivie de zéros ; 4° un nombre suivi de zéros, à multiplier par un autre nombre suivi de zéros.

PREMIER CAS.

37. — Pour multiplier un nombre de plusieurs chiffres par un multiplicateur d'un seul chiffre, on écrit le multiplicateur sous les unités du multiplicande, on souligne ces deux nombres et l'on commence l'opération par la droite ; on multiplie successivement chaque chiffre du multiplicande par le multiplicateur. Si un produit partiel ne surpasse pas 9, on le pose tel qu'on le trouve ; s'il surpasse 9, il renferme nécessairement des unités et une ou plusieurs dixaines : alors on pose les unités, et l'on retient les dixaines pour les joindre au produit partiel suivant. Rendu au dernier chiffre du multiplicande, on en écrit le produit tel qu'on le trouve.

Exemple. — *Le mètre de drap coûte* 9 *francs, combien coûteront* 2756 *mètres de la même étoffe ?*

Remarquons que puisqu'un mètre de drap coûte 9 fr., 2 mètres coûteront 2 fois 9 fr. ; 3 mètres, 3 fois 9 fr., etc. : par suite, 2756 mètres coûteront nécessairement 2756 fois 9 fr. La question se réduit donc à multiplier 9 fr. par 2756, regardé comme nombre abstrait; mais comme dans tout produit de deux facteurs, on peut intervertir l'ordre des facteurs sans troubler le produit, nous multiplierons 2756 par 9, afin d'abréger l'opération ; en observant cependant que le produit doit être un nombre de francs.

$$\begin{array}{r} 2756 \\ 9 \\ \hline 24804 \end{array}$$

Après avoir placé le multiplicateur 9 au-dessous du multiplicande, et avoir souligné comme on le voit ci-dessus, nous disons : 9 fois 6 font 54, ou 4 unités et 5 dixaines, nous posons 4 sous les unités et retenons les 5 dixaines pour les joindre au produit des dixaines du multiplicande par 9. Ensuite, nous continuons : 9 fois 5 font 45, et 5 de retenue font 50 dixaines, c'est-à-dire 5 centaines et 0 dixaines, nous mettons 0 au rang des dixaines, et retenons les 5 centaines. De même 9 fois 7 font 63 et 5 de retenue font 68 centaines, ou 6 mille et 8 centaines; écrivant 8 au rang des centaines, nous retenons 6. Enfin, 9 fois 2 font 18, et 6 de retenue font 24 mille, que nous plaçons à gauche des centaines, vu qu'il n'y a plus de produits partiels à effectuer. Le produit total nous fait connaître que les 2756 mètres d'étoffe coûtent 24804 francs.

DEUXIÈME CAS.

38. — Pour multiplier un nombre de plusieurs chiffres par un multiplicateur de plusieurs chiffres, on multiplie d'abord tout le multiplicande par le chiffre des unités, puis par celui des dixaines, puis par celui des centaines, etc., du multiplicateur ; et l'on a soin, en posant les produits partiels les uns au-dessous des autres, d'avancer chacun d'un rang vers la gauche, par rapport au précédent. Lorsque tous les produits partiels sont effectués, on les souligne, on en fait la somme, et cette somme donne le produit total.

Exemple. — *Un navire porte* 3745 *ballots de marchandises : quelle est la charge du navire si chaque ballot pèse* 159 *kilogrammes ?*

Cette charge doit être évidemment le produit de 159 par 3745, puisque le nombre total de kilog., doit être formé à l'aide de 159 kilog. poids d'un ballot, comme

3745, nombre de ballots est formé avec l'unité. Intervertissant l'ordre des facteurs, nous multiplierons, pour abréger, 3745 par 159.

```
   3745
    159
 ------
  33705
 18725
 3745
 ------
 595455
```

Ayant disposé l'opération comme on le voit ci-dessus, nous faisons d'abord la multiplication de tous les chiffres du multiplicande par les 9 unités du multiplicateur; il vient pour premier produit partiel le nombre 33705. Multipliant ensuite par les 5 dixaines du multiplicateur, nous obtenons pour deuxième produit partiel 18725, que nous avançons d'un rang vers la gauche ; enfin, nous avancerons encore d'un rang vers la gauche, par rapport au deuxième produit partiel, le produit du multiplicande par le chiffre des centaines du multiplicateur. Faisant ensuite l'addition des trois produits partiels que nous venons d'écrire, il vient pour produit total 595455 lequel exprime le nombre de kilogrammes qui forme la charge du navire.

Principe sur lequel repose le deuxième Cas.

---

39 — Multiplier un nombre par un produit revient à le multiplier par les facteurs de ce produit ; par exemple, multiplier 45 par 6, revient à le multiplier successivement par les facteurs 2 et 3 du nombre 6. En effet, pour multiplier 45 par 6, il s'agit de l'écrire six fois comme ci-dessous, et de faire l'addition.

$$\left.\begin{array}{r}45\\45\\45\end{array}\right\} 45\times 3$$

$$\left.\begin{array}{r}45\\45\\45\end{array}\right\} 45\times 3$$

Or, ces six nombres peuvent former deux groupes, contenant chacun 45 pris 3 fois, ou 45×3. Il ne reste donc qu'à répéter deux fois la valeur d'un de ces groupes ou le produit de 45 par 3. Donc, multiplier un nombre par 6, revient à multiplier ce nombre par 3, puis le produit par 2 ; ou d'abord par 2, puis le produit par 3.

Faisons l'application de ce principe en multipliant 4738 par 785. Tout se réduit à multiplier le multiplicande par les unités, puis par les dixaines, puis par les centaines du multiplicateur.

$$\begin{array}{r}4738\\785\\\hline 23690\\379040\\3316600\\\hline 3719330\end{array}$$

La multiplication par les 5 unités n'offre aucune difficulté, et rentre dans le premier cas. Pour multiplier par 80, on observe que cela revient à multiplier par 8 puis par 10, facteurs de 80. On fera donc le produit par 8, et on le fera suivre d'un zéro. De même pour multiplier par 700, on multipliera d'abord par 7, puis par 100. Les zéros placés à la droite du deuxième et du troisième produit partiel, n'influant en rien sur le produit total, on pourra se dispenser de les écrire, en plaçant au rang convenable le premier chiffre de chaque produit.

En faisant la somme des produits partiels, on trouve bien le produit total, puisqu'il renferme 5 fois + 80 fois + 700 fois le multiplicande.

TROISIÈME CAS.

40. — *Pour multiplier un nombre par l'unité suivie de zéros, il suffit d'ajouter à la droite du multiplicande autant de zéros qu'il y en a au multiplicateur.*

Soit, par exemple, 423×100. Qu'est-ce en effet que multiplier 423 par 100 ? C'est le répéter 100 fois, ou le rendre 100 fois plus fort. Or, on rend un nombre 100 fois plus fort, en ajoutant deux zéros à sa droite. En effet, par cette opération chaque chiffre acquiert une valeur relative 100 fois plus grande que celle qu'il avait d'abord, puisque les unités du multiplicande expriment des centaines au produit, et que de même les dixaines passent au rang des mille, les centaines au rang des dixaines de mille, etc. 42300 est donc bien le produit de 423 par 100.

QUATRIÈME CAS.

41. — *Quand l'un des facteurs de la multiplication ou tous les deux sont terminés par des zéros, on abrége l'opération en multipliant comme si ces zéros n'y étaient pas ; mais on les ajoute ensuite à la droite du produit.*

Soit 34700 à multiplier par 270. Après avoir multiplié 347 par 27, nous ajouterons autant de zéros à la droite du produit qu'il y en a dans les deux facteurs :

```
 34700
   270
 -----
  2429
  694
 -------
 9369000
```

En effet, en négligeant les zéros de 34700 dans la multiplication, nous rendons ce facteur 100 fois trop faible ; ainsi le produit est 100 fois plus petit qu'il ne devrait l'être ; il faut donc le rendre 100 fois plus grand, en ajoutant deux zéros à sa droite. Par un raisonnement analogue, on démontrerait qu'il faut ajouter à la suite de ce produit autant de zéros qu'il y en a au multiplicateur; donc, en définitif, il faut le faire suivre d'autant de zéros qu'il y en a dans les deux facteurs.

Remarques sur la Multiplication.

42. — PREMIÈRE. — Si tous les produits partiels que l'on obtient en multipliant chaque chiffre du multiplicande par le multiplicateur ne surpassaient pas 9, ainsi que dans la multiplication de 4312 par 2, il serait indifférent de commencer l'opération par la gauche, ou par la droite; mais, comme dans le plus grand nombre de cas la multiplication donne des produits contenant des dixaines, on est obligé de commencer par la droite, afin de reporter les dixaines d'un produit à leur véritable place, c'est-à-dire au produit partiel immédiatement à gauche.

43. — DEUXIÈME. — *Le nombre 9 présente une propriété qu'il est bon de connaître.*

Toutes les fois qu'après avoir fait la somme des chiffres d'un nombre, considérés avec leur valeur absolue, on en retranche 9 autant de fois que possible, le reste de cette soustraction est le même que celui que donnerait la division du nombre lui-même par 9. C'est ce dont on peut facilement s'assurer. Cette propriété sert de base à l'opération connue sous le nom de PREUVE PAR 9.

44. — Pour faire cette preuve, on ajoute les chiffres du multiplicande, comme si c'étaient des unités simples; de leur somme on retranche 9 autant de fois qu'il y est contenu, et l'on pose à part le reste de cette soustraction; on suit le même procédé pour les chiffres du multiplicateur, ce qui donne un deuxième reste que l'on pose sous le précédent; on multiplie ces deux restes l'un par l'autre, et de leur produit on retranche

encore tous les 9 qui peuvent s'y trouver. On obtient ainsi un 3e reste qui, si l'opération est bonne, doit être le même que le reste de la somme des chiffres du produit, diminuée de tous les 9 qu'elle peut contenir.

Effectuons la preuve par 9 sur l'exemple suivant : 228×325, dont le produit total est 74100 ; et pour cela traçons deux lignes qui se croisent obliquement, comme ci-dessous :

	3	
3	×	3
	1	

Commençant ensuite par le multiplicande, nous disons : 2 et 2 font 4 et 8 font 12, l'excédant de 12 sur 9 est 3 : ce reste se posera dans l'ouverture supérieure. Passons aux chiffres du multiplicateur, en disant : 3 et 2 font 5 et 5 font 10, l'excédant de 10 sur 9 est de 1. Ce reste étant placé dans l'ouverture inférieure sous le premier reste 3, nous les multiplions entre eux. Une fois 3 donne 3, 3 ne contenant pas 9, nous posons le produit tel qu'il a été obtenu, dans l'ouverture à gauche. Enfin au produit, nous disons : 7 et 4 font 11 et 1 font 12 : comme l'excédant de 12 sur 9 est 3, nous regardons l'opération primitive comme exacte.

Cependant il ne faut pas conclure que la preuve par 9 soit infaillible ; car il peut arriver, dans un produit partiel par exemple, qu'un chiffre soit trop faible d'une unité, tandis qu'un autre chiffre est trop fort d'une unité ; de sorte qu'au produit total il y aurait compensation, par suite de ces deux erreurs, et la preuve réussirait quoique l'opération fût inexacte. Il n'y a donc que probabilité qu'une multiplication soit bonne, quand la preuve par 9 réussit ; mais on a certitude, quand elle ne réussit pas, que l'opération a été mal faite.

45. — Troisième. — La multiplication sert : 1° *à trouver la valeur de plusieurs unités, lorsqu'on connaît la valeur d'une seule de même espèce.*

Par exemple, si l'on demande ce qu'il faut payer pour

212 litres de vin, quand le litre se vend 2 fr., l'opération à faire est une multiplication, car il est évident que la somme à payer doit être composée avec 2 francs prix du litre, comme 212, nombre de litres, est composé avec l'unité.

2° *A réduire un nombre complexe en nombre incomplexe équivalent.*

Par exemple, 3 ans 12 jours 14 heures 28 minutes, en minutes. En effet, chaque année valant 365 jours, les 3 années vaudront 365×3 ou 1095 jours, plus les 12 jours donnés = 1107 jours. Chaque jour valant 24 heures, les 1107 jours vaudront 1107 fois 24 heures, ou 26568 heures, plus 14 heures = 26582 heures. Par un raisonnement semblable, on est conduit à multiplier 60 minutes par 26582 et à ajouter 28 à ce produit, ce qui donne pour résultat définitif, c'est-à-dire pour valeur de 3 ans 12 jours 14 heures 28 minutes : 1594948 minutes.

46. — Quatrième. — On appelle *multiple* d'un nombre le produit que l'on obtient en le multipliant par un nombre entier quelconque. Ainsi 9, 27, 45 sont des multiples de 3, car on les obtient en multipliant 3 par 3, par 9, par 15. Le multiple qui résulte du produit par 2, se nomme *double*; celui qui résulte du produit par 3, *triple*, et ainsi de suite.

MULTIPLICATION DES NOMBRES DÉCIMAUX.

47. — Pour multiplier deux nombres décimaux l'un par l'autre, on opère sans faire attention aux virgules; mais sur la droite du produit on sépare autant de chiffres décimaux qu'il y en a dans les deux facteurs. Soit, par exemple, à multiplier 45,305 par 8,43.

```
   45,305
     8,43
  -------
   135915
  181220
 362440
---------
381,92115
```

Ayant disposé et effectué l'opération comme si les facteurs étaient des nombres entiers, remarquons qu'en négligeant la virgule dans le multiplicande, nous avons multiplié ce facteur par 1000, puisque d'abord il n'exprimait que des millièmes, tandis qu'il exprime maintenant des unités entières ; donc le produit est rendu 1000 fois trop grand par cette opération. Comme de même, en négligeant la virgule dans le multiplicateur, nous multiplions ce facteur par 100, il résulte que le produit est de nouveau devenu 100 fois trop fort. Le produit est donc en tout 100000 fois plus fort qu'il ne devrait l'être ; et pour le rendre à sa juste valeur, il faut le diviser par 100000, ce qui se fait en séparant 5 chiffres décimaux sur sa droite.

48. — 1re *Remarque.* — Si dans la multiplication des décimales, soit entre elles, soit par des nombres décimaux, on ne trouvait pas assez de chiffres significatifs au produit pour séparer le nombre de décimales voulu, on poserait à sa gauche une quantité suffisante de zéros, pour que cette séparation pût se faire.

49. — 2e *Remarque.* — Toutes les fois qu'on multiplie une quantité quelconque par une fraction décimale, le produit est toujours moindre que le multiplicande, puisque, d'après la définition de la multiplication, le produit doit être avec ce multiplicande, dans le même rapport de grandeur que le multiplicateur l'est avec l'unité. Ainsi dans l'exemple suivant $8,729 \times 0,095$, où le multiplicateur n'exprime que les 95 millièmes de l'unité, le produit ne devant être par suite que les 95 millièmes du multiplicande 8,729, sera nécessairement moindre que ce facteur ; et c'est en effet ce qui a lieu, car en effectuant l'opération précitée, on ne trouve pour résultat que 0,829255.

PROBLÈMES.

31. — Une minoterie est mise en mouvement par l'eau de la mer. A cet effet, on a disposé un étang de 149m,75 de long sur 71m,95 de large et 1m,50 de profondeur moyenne, lequel, par des canaux habilement ménagés, peut se remplir à chaque marée montante. On suppose que le service de la minoterie épuise toute cette eau dans l'intervalle d'une marée à l'autre. Sachant qu'il y a deux marées par jour, et que la minoterie fonctionne régulièrement pendant les six jours ouvrables de la semaine, on demande combien de mètres cubes d'eau il faudra pour la marche non interrompue des moulins durant une année entière, les quatre grandes fêtes exceptées.

---

32. — Il est accordé à un architecte une somme de 68 millions de francs pour la construction : 1° d'une cathédrale gothique monumentale; 2° d'un palais archiépiscopal; 3 d'un palais impérial, d'après les plans qu'il a fournis. A cet effet, il confie la préparation des matériaux nécessaires à son entreprise à 125 tailleurs de pierres, qu'il emploie pendant 3 ans (l'année de travail étant de 305 jours), et à 139 sculpteurs en pierres, qu'il garde pendant 7 ans. Pour édifier ensuite les trois monuments, il prend 480 maçons avec 256 manœuvres, qu'il emploie pendant 11 ans, et 152 ouvriers d'autres professions, tels que charpentiers, plombiers, etc., qu'il garde pendant 2 ans. On sait, en outre : 1° que l'achat et le transport des matériaux a coûté 5 fois plus que ce qui est payé aux maçons et aux manœuvres; 2° que les travaux d'ornementation et de décoration intérieures s'élèveront à une valeur 4 fois plus forte que ce qui est payé aux tailleurs de pierres et aux sculpteurs; 3° que 15 contre-maîtres et 18 surveillants fonctionnent sous la direction de l'architecte, pendant les 20 ans employés pour la bâtisse et les travaux intérieurs; 4° que la journée d'un contremaître ou surveillant est de 5 fr. 50 c., celle d'un sculpteur de 6 fr. 30 c., celle d'un tailleur de pierres de 5 fr., celle d'un maçon de 3 fr. 70 c., celle d'un manœuvre de 2 fr., et celle d'un charpentier ou ouvrier d'autre profession de 4 fr. 80 c. De plus, l'architecte réserve 1500000 fr. pour échafaudages, emploi de machines diverses, etc., et 200000 fr. pour dépenses imprévues. Enfin, ses honoraires sont fixés à 10000 fr. par an pour toute la durée des travaux extérieurs et inté-

rieurs (20 ans), et une gratification de 6000 fr. lui est accordée pour les plans qu'il a présentés. — A combien s'élèvera donc la somme nette pour la construction et la décoration totales des trois édifices précités ; et que restera-t-il des 68000000 de fr. pour l'acquisition ; à la cathédrale, d'un orgue, de cloches, d'ornements, de vases sacrés, etc. ; la ville se proposant d'ajouter à la somme restante un crédit suffisant pour qu'il puisse être consacré 300000 fr. à ces derniers achats. — *Sujet de composition, donné dans une Ecole normale.* —

---

33. — On sait que dans une guerre maritime les navires ennemis, capturés avec leurs chargements, sont vendus ; et que le montant en est réparti entre les capteurs. Evaluer par suite la valeur totale des prises opérées par une frégate française : 1° si les officiers au nombre de 13 ont eu 26000 fr. à se partager entre eux ; 2° s'il a été accordé à chacun des 19 maîtres ou adjudants 756 francs, et aux 389 marins de l'équipage 358 francs par homme.

---

34. — Deux ingénieurs français, MM. Dufour et Burnier, ont découvert, par de récents travaux de jaugeage, que le Rhône, quand ses eaux sont très basses, verse dans le lac de Genève 27 mètres cubes d'eau par seconde. En supposant que la quantité ci-dessus soit triplée, lorsque le fleuve est à un niveau moyen, et que ce dernier volume d'eau ne soit que le tiers de celui que le lac reçoit, lorsque les eaux du Rhône sont très hautes. — Combien, dans chacun de ces trois cas, le Rhône jetterait-il d'eau dans le lac de Genève : 1° pendant une minute ; 2° pendant une heure ; 3° pendant un jour ; 4° pendant une année.

---

35. — Un original fit un jour le singulier pari, qu'en multipliant 69 par 98, puis le produit par 76, on n'aurait que la cinquième partie, à quelques unités près, de toutes les lettres contenues dans un gros in-quarto qu'il tenait sous le bras. Quelqu'un accepta le pari, en soutenant que l'ouvrage en question dépassait 3000000 de lettres. Il eut la patience de les compter et gagna le pari, puisqu'en effet il s'y trouvait 3000021 lettres. — De combien le premier s'était-il trompé.

---

36. — Trouver quelle sera la dépense journalière d'un hôtel : 1° en pain ; 2° en viande ; 3° en vin ; 4° en œufs, et

5° en légumes et beurre, si terme moyen il s'y consomme : 159 kilog. 25 millièmes de pain à 0 fr. 45 c. le kilog.; 199 litres 3 dixièmes de vin à 1 fr. 35 c. le litre; 78 kilog. 48 dix millièmes de viande à 0 fr. 95 c. le kilog.; 15 douzaines d'œufs à 0 fr. 45 c. la douzaine; 45 kilog. 9 millièmes de beurre à 2 fr. 25 c. le kilog., et 17 fr. 90 c. de légumes divers. — Quelle serait, de plus, la dépense annuelle de ce même hôtel, si le vendredi et le samedi de chaque semaine, ainsi que les 42 autres jours maigres de l'année, le poisson, remplaçant la viande, n'occasionnait que la moitié de la dépense faite ordinairement pour cet objet de consommation.

---

37. — Un père de famille, contre-maître ébéniste, travaille 6 jours par semaine et gagne 6 fr. 45 c. par jour. D'un autre côté, la dépense d'entretien de sa maison s'élève pour chaque journée à 3 fr. 95 c. Ce qu'il lui est possible d'économiser est versé par lui à la caisse d'épargne.— Quelle somme ce père de famille verra-t-il donc portée sur son livret au bout de 49 semaines.

---

38. — Quel est le nombre qui est composé avec 975 unités 78 dix-millièmes, comme la cinquième partie de 36 fois 9785 millionièmes est composée avec l'unité.

---

39. — Une administration a réglé ses tarifs de telle sorte, que le transport en wagon de toute espèce de marchandises, à grande vitesse, soit de 4 centimes par kilogramme pour le parcours d'un myriamètre. — Que prendra-t-elle donc à trois fabricants qui veulent faire transporter, savoir : le premier, 29 ballots de coton pesant chacun 73 kilogrammes à une distance de 78 myriamètres 75 dix-millièmes; le deuxième, 37 ballots d'étoffe pesant chacun 56 kilogrammes 39 millièmes à une distance de 39 myriamètres 18 centièmes; le troisième, 178 balles de toile pesant chacune 25 kilogrammes 37 millioniémes, à une distance de 56 myriamètres 8 dixièmes.

---

40. — Mon oncle, qui n'est pas très communicatif, me répond toujours, lorsque je lui demande le chiffre de sa fortune annuelle : tu le sauras plus tard, puisque tu dois être mon unique héritier. Cependant, désireux de savoir quels doivent être mes revenus ultérieurs, je me suis appliqué à observer, et de mes observations soigneusement faites, il résulte :

1° que mon oncle économise, chaque année, une certaine somme pour achever de solder notre maison, propriété qu'il a achetée 40000 fr. il y a deux ans, sur laquelle il a d'abord donné 28460 fr., et qu'il aura intégralement payée à la fin de l'année prochaine; 2° qu'il dépense 5 fr. 95 c. par jour pour notre nourriture; 15 fr. 75 c. par mois en bonnes œuvres, et 225 fr. 45 c. par trimestre pour notre entretien; 3° qu'il tient annuellement en réserve une somme de 850 fr. 80 c. pour l'acquit de ses contributions et les gages de sa domestique.— Quel est donc le revenu annuel de mon oncle, en admettant que les appartements que nous occupons, forment l'équivalent d'un loyer de 650 francs.

DIVISION DES NOMBRES ENTIERS.

---

50. — *La division est une opération par laquelle on cherche combien de fois un nombre appelé dividende en contient un autre appelé diviseur.*

La division a aussi pour but *de partager un nombre appelé dividende en autant de parties égales, qu'il y a d'unités dans un autre appelé diviseur*; mais ces deux définitions ne peuvent s'appliquer qu'aux nombres entiers.

En voici donc une troisième plus générale, en ce qu'elle est également applicable aux nombres entiers et aux nombres fractionnaires.

La division est une opération par laquelle, connaissant un produit qui est le dividende, et l'un de ses facteurs qui est le diviseur, on se propose de trouver l'autre facteur. Le résultat de cette opération porte le nom de *quotient*.

51. — *La multiplication peut servir de preuve à la division.*

En effet, d'après la définition que nous venons de donner, diviser un nombre par un autre, n'étant autre chose que trouver un troisième nombre appelé quotient, qui multiplié par le deuxième appelé diviseur, reproduise le premier appelé dividende, il résulte que, le quotient une fois découvert, on fera la preuve de la division en multipliant ce quotient par le diviseur, ou *vice versâ*; et si l'opération a été faite exactement, on devra reproduire le dividende.

52. — *C'est encore d'après la troisième définition que la division peut servir de preuve à la multiplication.*

En effet, si l'on considère le produit comme un dividende, et l'un de ses facteurs, le multiplicande par exemple, comme le diviseur; et qu'ensuite, divisant le premier de ces nombres par le deuxième, on arrive à reproduire exactement au quotient l'autre facteur, c'est-à-dire le multiplicateur dans notre hypothèse, c'est que la multiplication était bien faite dans le principe, et la preuve (qui est celle de la multiplication que nous conseillons comme la meilleure), ne peut plus laisser de doute à cet égard.

53. — Les deux termes de la division pouvant être abstraits ou concrets, ou l'un abstrait et l'autre concret, il en résulte que :

1° Quand les deux termes sont abstraits, le quotient l'est aussi.

Exemple. — *Combien de fois le nombre 5 est-il contenu dans 645 ?*

Réponse : 129 fois.

2° Lorsque les deux termes sont concrets et de même espèce, le quotient est d'espèce différente.

Exemple. — *Un mètre de drap coûte 18 francs, combien aura-t-on de mètres de drap pour 108 francs ?*

Ici le quotient 6 exprime le nombre de mètres.

3° Quand les deux termes sont concrets et d'espèce différente, le quotient est de même espèce que le dividende.

Exemple. — *On distribue une somme de 144 francs entre 36 ouvriers, quelle sera la part de chacun ?*

Le quotient 4 francs indique la somme qui revient à chaque ouvrier.

4° Enfin, si le dividende est concret et le diviseur abstrait, le quotient sera de même espèce que le dividende.

Exemple. — *Quel est le 9e de 243 francs ?*

Réponse, 27 francs

En général, c'est d'après l'énoncé de la question qu'on peut juger de quelle espèce sera le quotient.

Il résulte en outre des diverses définitions de la division, et notamment de la première que :

54. — ***1° Toutes les fois qu'on multiplie ou qu'on divise le dividende par un nombre quelconque, 2 par exemple, on multiplie, ou l'on divise en même temps le quotient par ce même nombre.***

En effet, puisqu'on rend le dividende 2 fois plus fort ou 2 fois plus faible, il devra contenir le diviseur 2 fois plus ou 2 fois moins que d'abord.

55. — ***2° Toutes les fois qu'on multiplie ou qu'on divise le diviseur par un nombre quelconque, 2 par exemple, on divise ou l'on multiplie en même temps le quotient par ce même nombre.***

En effet, le diviseur ainsi devenu 2 fois plus fort ou 2 fois plus faible, sera nécessairement contenu dans le dividende 2 fois moins ou 2 fois plus que d'abord.

56. — 3° *Toutes les fois qu'on multiplie ou qu'on divise en même temps le dividende et le diviseur par un même nombre, 2 par exemple, le quotient ne change pas.*

En effet, si d'un côté, en opérant sur le dividende, on rend le quotient 2 fois plus fort ou 2 fois plus faible ; de l'autre, en opérant sur le diviseur, on rend ce même quotient précisément le même nombre de fois plus faible ou plus fort, ce qui établit la compensation.

57. — *La division n'est qu'une soustraction abrégée.*

En effet, supposons que l'on ait 24 à diviser par 6. N'est-il pas évident qu'autant de fois 6 pourra se soustraire de 24, autant de fois 6 sera contenu dans 24. On voit donc que le quotient est égal au nombre de soustractions que l'on sera obligé de faire pour épuiser le dividende, c'est-à-dire à 4 dans ce cas-ci. Mais cette manière de parvenir au quotient serait trop longue, si le dividende était composé de beaucoup de chiffres par rapport au diviseur. On en a donc cherché l'abréviation et c'est ce qui constitue la division.

58. — *La division présente quatre cas* : 1° un nombre de plusieurs chiffres à diviser par un seul chiffre ; 2° un nombre de plusieurs chiffres à diviser par un diviseur de plusieurs chiffres ; 3° un nombre à diviser par l'unité suivie de zéros ; 4° un nombre suivi de zéros à diviser par un diviseur suivi de zéros.

PREMIER CAS.

59. — **Exemple.** — *Un homme en mourant laisse une succession de 47872 francs qui doit être distribuée entre huit héritiers. — Quelle sera la part de chacun ?*

Raisonnement. — Il est évident que si nous connaissions la part de chaque héritier, en la répétant 8 fois, nous devrions reproduire 47872 fr. Donc, en divisant ce dernier nombre considéré comme un produit, par 8, l'un de ses facteurs, nous trouverons pour quotient la part de chaque héritier qui est l'autre facteur. Ce problème se résout conséquemment par la division.

```
47872 | 8
40    |----
      | 5984
 78
 72
  67
  64
   32
   32
   00
```

Après avoir convenablement disposé les nombres, en écrivant le dividende à la gauche du diviseur, en les séparant par un trait vertical, et en soulignant le diviseur afin de le distinguer du quotient, commençons par chercher à découvrir la nature des plus hautes unités de ce quotient; et pour cela, séparons sur la gauche du dividende 47872 une partie assez grande, pour contenir au moins une fois le diviseur 8. La partie séparée exprimant des mille, il y aura donc au quotient au moins un mille et par suite 4 chiffres, savoir : mille, centaines, dixaines et unités. Dès-lors, il est évident que le dividende, qui n'est autre chose que le produit du diviseur par tous les chiffres du quotient, renferme nécessairement quatre produits : le produit du diviseur par les mille, le produit du diviseur par les centaines, le produit par les dixaines et le produit par les unités du quotient.

Pour connaître le chiffre des plus hautes unités du quotient, c'est-à-dire celui des mille, cherchons combien de fois le diviseur 8 est contenu dans la partie séparée 47, que nous nommerons premier dividende partiel. Nous trouvons qu'il peut y aller 5 fois.

5 est bien le véritable chiffre des mille du quotient. En effet, multipliant le diviseur par 5000, nous obtenons pour produit 40000, nombre qui peut se retran-

cher de 47872. Mais si au lieu de 5, nous mettions 6 pour premier chiffre du quotient, en multipliant le diviseur par 6000, nous aurions pour produit 48000, nombre plus fort que le dividende 47872, et qui par conséquent ne saurait en être retranché. Tout le quotient est donc compris entre 5000 et 6000 ; et comme tous les nombres compris entre 5000 et 6000 commencent par 5, il résulte que 5 est nécessairement le premier chiffre du quotient.

Ayant découvert le chiffre des mille du quotient, si nous le multiplions par le diviseur, et que nous retranchions du premier dividende partiel le produit qui résulte de cette multiplication, le reste ne contiendra plus que le produit du diviseur par les trois derniers chiffres du quotient, et l'opération se trouvera déjà simplifiée. Effectuant, nous trouvons pour reste le nombre 7, qui provient du produit du diviseur par les centaines du quotient, et nous abaissons à sa droite le reste 872 du dividende total.

Le premier chiffre à découvrir au quotient est ensuite celui des centaines : son produit par le diviseur ne pouvant se trouver que dans les centaines du dividende, les deux derniers chiffres 72 lui sont étrangers ; on peut donc se dispenser de les abaisser. Afin de connaître le chiffre des centaines du quotient, cherchons de nouveau combien de fois le diviseur 8 est contenu dans le deuxième dividende partiel 78. Nous trouvons qu'il y va 9 fois. (On prouverait comme précédemment que 9 est le véritable chiffre des centaines du quotient). Multipliant alors le diviseur 8 par ce chiffre 9, nous en retranchons le produit du deuxième dividende partiel 78. Par là, la division se simplifie de plus en plus, puisque le reste 672 du dividende total ne contient plus que les produits du diviseur par les dixaines et par les unités du quotient.

Le troisième dividende partiel 67, qui se forme à l'aide du reste de l'opération précédente et du chiffre des dixaines 7 du dividende total, contient le produit du diviseur par les dixaines du quotient. Pour parvenir à en soustraire ce produit, cherchons encore combien de fois le diviseur 8 est contenu dans 67 : nous trouvons qu'il y est 8 fois. Multipliant le diviseur par ce chiffre 8 du quotient, et retranchant du dividende partiel 67 le produit qui en résulte, nous trouvons pour reste le nombre 3, qui n'est autre chose que le chiffre des dixaines, provenant du produit du diviseur par les unités du quotient. A sa droite, nous abaissons le dernier chiffre 2 du dividende total; puis, en répétant la même série d'opérations pour ce quatrième dividende partiel 32, que pour les précédents, nous arrivons à obtenir pour quotient exact 5984, lequel indique le nombre de *francs* qui revient à chaque héritier pour sa part de l'héritage

60 — *Du raisonnement que nous venons de faire découle la règle générale suivante :*

Pour faire la division, après avoir disposé les nombres convenablement, comme nous l'avons dit plus haut, on sépare sur la gauche du dividende une partie assez grande pour contenir au moins une fois le diviseur ; on cherche combien de fois cette partie séparée contient le diviseur ; on écrit le nombre de fois au quotient, on multiplie le diviseur par le chiffre posé au quotient, et l'on en retranche le produit de la partie séparée du dividende total. A côté du reste, s'il y en a un, on abaisse le chiffre suivant du dividende. On cherche de nouveau combien de fois ce dividende partiel contient le diviseur ; on écrit le nombre de fois au quotient, on multiplie le diviseur par ce deuxième chiffre du quotient, et l'on en retranche le produit du dividende partiel. A côté du deuxième reste on abaisse le chiffre suivant du dividende total, et l'on pratique la même série d'opérations, jusqu'à ce qu'on ait abaissé successivement tous les chiffres du dividende donné. Si à la fin de l'opération il n'y a pas de reste, le quotient est dit exact ; s'il y en a un, le quotient est dit approché à moins d'une unité près, c'est-à-dire qu'il ne s'en faut pas d'une unité pour que le quotient trouvé soit le véritable.

61. — Si dans le cours de l'opération, un dividende

partiel n'est pas assez fort pour contenir au moins une fois le diviseur, on pose zéro au quotient, afin d'y conserver à chaque chiffre sa valeur relative, et d'indiquer en même temps qu'il ne s'y trouve pas de chiffre significatif de l'ordre de celui sur lequel on opère ; puis on abaisse le chiffre suivant du dividende total à côté de ce dividende partiel trop faible.

62. — Si au quotient on posait un chiffre trop fort, on s'en apercevrait immédiatement, parce que dans la multiplication du diviseur par ce chiffre, on obtiendrait un produit plus fort que le dividende partiel duquel il devrait être retranché. De même, si l'on posait un chiffre trop faible au quotient, on s'en apercevrait également, parce qu'en retranchant du dividende le produit résultant de la multiplication du diviseur par ce chiffre, le reste serait plus fort que le diviseur.

63. — Remarque. — S'il était possible de distinguer immédiatement dans quelle partie du dividende se trouvent les produits partiels du diviseur par les unités, par les dixaines, par les centaines, etc., du quotient, il serait indifférent de commencer la division par la droite ou par la gauche. Mais comme cette distinction ne peut se faire, les produits partiels dont nous venons de parler se trouvant fondus dans une même somme qui est le dividende, il faut de toute nécessité commencer la division par la gauche ; car c'est le seul moyen que l'on ait de déterminer, d'une manière précise, dans quelle partie du dividende se trouve le produit du diviseur par les plus hautes unités du quotient.

SIMPLE EXPLICATION DU 1er CAS DE LA DIVISION.

---

64. — Soit proposé le problème suivant :

Six ballots de marchandises pèsent 2724 kilogrammes. — Que pèse chaque ballot ?

Il est évident que puisque les 6 ballots pèsent 2724 kilogrammes, un ballot pèsera 6 fois moins, ou la sixième partie de 2724 kilogrammes. Il suffit donc de prendre le sixième de ce nombre, ou de diviser 2724 par 6.

```
27.24 { 6
24    { 454
--
 32
 30
 --
  24
  24
  --
  00
```

Nous commençons par séparer le dividende du diviseur par une accolade, et nous soulignons le diviseur pour le séparer du quotient. Puis prenant à la gauche du dividende une partie 27 assez grande pour contenir au moins une fois le diviseur, nous disons : en 27 combien de fois 6 ? il y va 4 fois : ce chiffre 4 étant posé à la place marquée pour le quotient, nous multiplions le diviseur 6 par le quotient 4, écrivant le produit 24 sous le dividende partiel 27, et effectuant la soustraction.

A côté du reste 3 nous abaissons le chiffre 2, qui est celui des dixaines du dividende total, et il vient pour deuxième dividende partiel 32 dixaines. Nous continuons alors l'opération, en disant : en 32 combien de fois 6 ? 5 fois. Le chiffre 5, qui exprime des dixaines, se place au quotient à la droite du 4. Multipliant de nouveau le diviseur 6 par le quotient 5, nous posons le produit 30 sous le deuxième dividende partiel 32, et la soustraction nous donne pour reste 2, à côté duquel nous abaissons comme précédemment le chiffre 4, qui est celui des unités du dividende total, puis nous disons : en 24 combien de fois 6 ? 4 fois. Le chiffre 4, qui exprime des unités, se place de même au quotient à la droite du 5. Multipliant le diviseur 6 par le quotient 4, nous obtenons pour produit 24, que nous posons sous le troisième dividende partiel 24, et comme la soustraction de ces deux nombres nous donne zéro, il résulte que 454 est bien le quotient demandé, c'est-à-dire le poids de chaque ballot de marchandise.

65. — Remarque. — Dans toutes les divisions que l'on fait faire aux commençants, afin de leur rendre la méthode plus facile à saisir, on place sous les dividendes partiels les nombres qui doivent en être retranchés, c'est-à-dire les produits résultant de la multiplication du diviseur par les différens chiffres du quotient. Mais lorsque le mécanisme de la division est une fois bien compris, on emploie un moyen plus abrégé pour arriver au résultat. Ce moyen consiste à effectuer la soustraction, à mesure qu'on multiplie le diviseur par chaque chiffre du quotient ; et, lorsqu'il arrive qu'un chiffre, dont on doit soustraire un produit partiel, est moindre que ce produit, on augmente le chiffre en question d'un nombre de dixaines suffisant pour que la soustraction puisse se faire, augmentant d'autant de dixaines le produit partiel suivant, afin d'établir la compensation. C'est ce procédé que nous emploierons désormais pour effectuer la division.

DEUXIÈME CAS,

66 — *Un tonneau de vin se vendant 726 francs, combien aura-t-on de tonneaux du même vin pour 457320 fr ?*

Nous trouvons dans cet exemple, qu'autant de fois 726 francs, prix d'un tonneau, sera contenu dans 457320 francs, prix total, autant on aura de tonneaux de vin. La question se résout donc par une division.

Le raisonnement et la règle déjà indiqués au premier cas, sont également applicables au cas de la division par plusieurs chiffres ; seulement il y a quelques différences dans le calcul, qui est un peu plus compliqué.

```
4573.20 | 726
 2172   |-----
  7200  | 629
   666
```

Séparant sur la gauche du dividende 457320 une

partie assez grande pour contenir le diviseur 726 au moins une fois, et cette partie séparée pouvant s'énoncer 4573 centaines, il s'ensuit qu'il y aura au quotient au moins une centaine, et par conséquent 3 chiffres, savoir : centaines, dixaines et unités. Dès-lors, le dividende, qui n'est autre chose que le produit du diviseur par chaque chiffre du quotient, renfermera nécessairement trois produits : celui du diviseur par les centaines, celui du diviseur par les dixaines, et celui du diviseur par les unités du quotient.

Afin de trouver le premier chiffre, c'est-à-dire le chiffre des centaines du quotient, cherchons combien de fois le premier dividende partiel 4573 contient le diviseur 726. Mais ici nous devons faire une observation très importante, vu qu'elle se reproduira plus d'une fois dans le cours de l'opération : c'est qu'en général les chiffres du quotient ne se découvrent plus avec la même facilité dans ce cas que dans le précédent. Nous serons donc obligés, pour en simplifier la recherche autant que possible, de voir combien de fois le premier ou les deux premiers chiffres à gauche de chaque dividende partiel contiennent le premier chiffre à gauche du diviseur : par là, nous trouverons un chiffre que nous ne poserons au quotient qu'après l'avoir bien essayé.

En effet, il y a souvent à craindre que le chiffre posé au quotient ne soit trop fort, à cause des retenues qui s'obtiennent par la multiplication des chiffres à droite du diviseur, et qui viennent par conséquent grossir le produit du premier chiffre à gauche de ce même diviseur par le quotient trouvé. Il faut donc examiner si la retenue opérée, au moins sur le second chiffre à gauche, ne rend pas ce produit trop fort, pour qu'il puisse être retranché de la partie correspondante du dividende partiel ; et dans le cas où la soustraction ne peut se faire, on est obligé de diminuer le chiffre posé au quotient d'une ou de deux unités.

Nous sommes conduits, par suite de l'observation précédente, à chercher en 45 combien de fois 7 ? 6 fois. Remarquons qu'il ne saurait y avoir de doute à l'égard de ce nombre ; car la retenue, provenant du produit de

2 par 6, ne rendra pas celui de 7 par 6 assez fort pour que la dernière soustraction partielle devienne impossible. 6 est donc le premier chiffre, c'est-à-dire celui des centaines du quotient.

L'ayant trouvé, nous disons, en nous conformant à la remarque citée au *numéro* 65, 6 fois 6 font 36. Ne pouvant retrancher 36 de 3, nous augmentons ce dernier chiffre de 4 dixaines, ce qui donne 43 ; 36 ôté de 43 reste 7, que nous posons au-dessous. Afin de tenir compte des 4 dixaines dont nous avons augmenté le chiffre 3, nous en faisons la retenue pour l'ajouter au produit partiel suivant. Continuant donc notre multiplication, nous disons : 6 fois 2 font 12 et 4 de retenue font 16 ; ne pouvant retrancher 16 de 7, nous augmentons ce dernier nombre d'une dixaine : 16 ôté de 17 reste 1. Enfin, pour le dernier chiffre du diviseur, nous disons : 6 fois 7 font 42, et 1 de retenue font 43 ; 43 ôté de 45 reste 2.

Le reste total est 217. A côté de ce nombre nous abaissons le chiffre 2 du dividende, ce qui donne 2172 pour deuxième dividende partiel, sur lequel nous opérons comme précédemment. Ainsi nous commençons par chercher en 2172 combien de fois 726, ou en 21 combien de fois 7 ? 2 fois. On pourrait croire que 2 est trop faible, et que le chiffre des dixaines du quotient est 3 ; mais si l'on effectue la multiplication par 3, on reconnaît bientôt que les retenues viennent rendre le le produit des 7 centaines du diviseur par ce chiffre, trop fort pour que la soustraction soit possible. 2 est donc le véritable chiffre des dixaines. Multipliant ensuite le diviseur par ce chiffre, et retranchant comme nous l'avons fait pour le premier dividende partiel, nous obtenons pour reste 720, à côté duquel nous abaissons le chiffre zéro du dividende total, pour effectuer sur ce troisième dividende partiel la même série d'opérations que nous avons pratiquée sur chacun des deux autres.

L'opération terminée, nous trouvons pour quotient 629 ; ce qui fait voir que l'on aura 629 tonneaux de vin pour 457320 fr. Comme la dernière soustraction laisse un reste, le quotient est approché à moins d'une unité près.

TROISIÈME CAS.

67. — *Pour diviser un nombre par l'unité suivie de zéros, il suffit de séparer par une virgule, sur la droite du dividende, autant de chiffres décimaux qu'il y a de zéros à la droite de l'unité. La partie à gauche de la virgule devient alors la partie entière du quotient.*

Ainsi le résultat de la division de 4625 par 100 est 46,25. En effet, remarquons que diviser 4625 par 100, c'est rendre 4625 100 fois plus faible. Or on rend un nombre 100 fois plus faible en séparant deux chiffres décimaux sur sa droite. Car, par cette opération, chaque chiffre prend une valeur relative 100 fois plus petite que celle qu'il avait d'abord, puisque les unités du dividende deviennent des centièmes au quotient, et que de même les dixaines passent au rang des dixièmes, les centaines au rang des unités, etc. Donc 46,25 est bien le quotient de 4625 divisé par 100.

QUATRIÈME CAS.

68. — *Enfin, si les deux termes de la division étaient terminés par des zéros, on pourrait supprimer un même nombre de zéros à la droite du dividende et du diviseur, sans troubler la valeur du quotient.*

En effet, dans cet exemple, 54000 à diviser par 900, il est évident que le dividende, qui peut s'énoncer 540 centaines, ne contient pas autrement le diviseur qui peut de même s'énoncer 9 centaines, que 540 unités contiendraient 9 unités, c'est-à-dire 60 fois.

Autre exemple. — *Combien y a-t-il de mètres dans une minute de grade de la circonférence du globe terrestre?* — Réponse : autant qu'il se trouve de fois 400×100 ou 40000 dans 40000000 de mètres. Le quotient, qu'on peut obtenir par une simplification de nombres, = 1000 mètres.

Remarques sur la Division.

69. — PREMIÈRE. — La preuve par 9 peut aussi s'appliquer à la division. Pour cela, lorsque l'opération est terminée, s'il y a un reste, on retranche ce reste du dividende total, ce qui donne le produit exact du diviseur par le quotient, puis on termine la preuve comme pour la multiplication.

70. — DEUXIÈME. — La division sert : 1° *A partager un nombre en parties égales.*

En effet, qu'il s'agisse par exemple de partager 384 fr. entre 8 personnes. Lorsque le partage sera fait, chaque part devra être telle que, multipliée par le diviseur, elle reproduise le nombre 384 fr. qui a servi de dividende. On a donc un produit et l'un de ses facteurs, le quotient 48 donne l'autre facteur.

2° *A trouver la valeur d'un seul objet, lorsqu'on connaît la valeur de plusieurs de même espèce.*

Exemple. — *8 kilogrammes de marchandises ont coûté 40 francs, à combien revient le kilogramme ?*

Puisque les 8 kilogrammes coûtent 40 francs, un seul kilogramme coûtera 8 fois moins, ou la huitième partie de 40 francs ; il suffit donc de partager 40 francs en 8 parties égales, chaque partie, qui est de 5 francs, sera le prix du kilogramme.

3° *A réduire un nombre incomplexe en nombre complexe équivalent.*

Par exemple, 46784 secondes en heures, minutes et secondes.

```
46784 | 60
  478 |---
      | 779 | 60
  584   179 |---
   44    59 | 12
```

Pour résoudre ce problème, cherchons d'abord combien le nombre de secondes proposé contient d'unités immédiatement supérieures ou de minutes. La minute valant 60 secondes, autant de fois 60 secondes seront contenues dans 46784 secondes, autant nous aurons de minutes au quotient. Effectuant, on trouve 779 et 44 secondes de reste. L'heure valant 60 minutes, nous sommes conduits par le même raisonnement à diviser 779 par 60, et après avoir effectué nous avons 12 heures avec 59 minutes de reste. Le nombre proposé vaut donc 12 heures 59 minutes 44 secondes.

DIVISION DES NOMBRES DÉCIMAUX.

71. — *Pour diviser deux nombres décimaux l'un par l'autre, il suffit, si cela n'est pas, de rendre le nombre des décimales le même de part et d'autre, en ajoutant un nombre suffisant de zéros à la droite de celui des deux termes de la division qui en a le moins; puis on supprime la virgule au dividende et au diviseur, et l'on opère comme pour les nombres entiers.*

Soit proposé, par exemple, de diviser 8746,2 par 32,784. Pour faire cette opération, ajoutons deux zéros à la droite du dividende 8746,2, afin que le nombre des décimales y soit le même que dans le diviseur 32,784;

puis, supprimons les virgules de part et d'autre, le quotient n'en sera nullement altéré. En effet, par la suppression de la virgule dans le dividende, nous rendons ce nombre 1000 fois plus fort que d'abord, et par conséquent le quotient 1000 fois trop fort; mais par la suppression de la virgule au diviseur, nous rendons de même ce nombre 1000 fois plus fort, et par conséquent le quotient 1000 fois trop faible; il y a donc compensation au quotient qui ne change pas de valeur. (*Voir les numéros* 54, 55 et 56.)

En outre, l'opération est ainsi ramenée à une division de nombres entiers; car les deux nombres étant devenus des millièmes de part et d'autre, il est évident que 8746200 millièmes ne contiennent pas autrement 32784 millièmes, que 8746200 unités contiendraient 32784 unités.

L'opération étant disposée comme s'il s'agissait de deux nombres entiers, nous l'effectuons d'après la règle donnée au N° 60, et nous obtenons pour quotient approché à moins d'une unité près, 266 unités.

```
8746200 | 32784
        |------
 218940 | 266
 222360
  25656
```

72.— 1re Remarque. — On peut s'écarter de la règle générale que nous venons de donner pour la division des nombres décimaux : 1° *lorsque le diviseur est un nombre entier*; 2° *lorsqu'il renferme moins de chiffres décimaux que le dividende*. Ainsi :

1° Toutes les fois qu'on a un nombre décimal à diviser par un nombre entier, il n'est pas nécessaire de placer des zéros à la suite du diviseur, pour effectuer l'opération : seulement, il faut avoir soin de séparer sur la droite du quotient autant de chiffres décimaux qu'il y en a au dividende. Car, soit pour le démontrer le nombre 347,758 à diviser par 12 : en faisant abstraction de la virgule dans le dividende, nous divisons 347758, nombre 1000 fois trop fort, par le diviseur. Donc (54) le quotient sera aussi 1000 fois trop fort. Donc pour le ramener à sa juste valeur, il faut le rendre 1000 fois plus faible, ce qui se fait en séparant 3 chiffres décimaux sur sa droite.

```
347,758 { 12
        {--------
107     { 28,979
 117
  95
  118
   10
```

73. — 2° Si le dividende avait plus de chiffres décimaux que le diviseur, comme dans la division de 372,9491 par 8,34, on pourrait effacer la virgule du diviseur, en avançant celle du dividende d'autant de places vers la droite qu'il y avait de décimales au diviseur, ce cas serait ainsi ramené au précédent.

```
37294,91 { 834
         {--------
 3934    { 44,71
  5989
   1511
    677
```

En effet, remarquons que, par la suppression de la virgule au diviseur, nous le rendons 100 fois plus grand que d'abord, et par conséquent le quotient 100 fois trop faible. Mais lorsqu'en même temps nous avançons dans le dividende la virgule de deux rangs vers la droite, la compensation s'établit, puisque le dividende devenant par là 100 fois plus grand, le quotient est rendu 100 fois trop fort. Donc ce quotient n'est point altéré, et est le même que celui de 37294,91 par 834, ou que celui de 3729491 par 83400. On voit, sans qu'il soit besoin d'ajouter d'explication, que le cas général de la division des nombres décimaux se trouve simplifié dans les deux cas particuliers que nous venons de donner.

74. — 2e Remarque. — Toutes les fois qu'on divise une quantité quelconque par une fraction décimale, le quotient est toujours plus fort que le dividende. En effet, d'après l'un des principes fondamentaux de la division, le dividende doit être avec le quotient, dans le même rapport de grandeur que le diviseur l'est avec l'unité ; et de là résultent les trois conséquences que voici : 1° lorsque le diviseur est plus grand que l'unité, le dividende est plus grand que le quotient ; 2° lorsque le diviseur est égal à l'unité, le dividende est égal au quotient ; 3° lorsque le diviseur est moindre que l'unité, le dividende est moindre que le quotient. Donc, dans l'exemple suivant : 832 divisé par 0,64, où le diviseur n'exprime que les 64 centièmes de l'unité, le dividende ne devant être par suite que les 64 centièmes du quotient, sera nécessairement moindre que ce terme ; et c'est aussi ce qui a lieu, car en effectuant l'opération précitée on trouve pour résultat 1300.

75. — 3e Remarque. — ***La division des nombres décimaux nous conduit à indiquer le moyen d'approcher d'un quotient aussi près que l'on veut.***

Pour cela, après avoir trouvé la partie entière de ce quotient, on ajoute à la droite de chaque reste successif un zéro, et l'on divise les nouveaux dividendes partiels ainsi formés, par le diviseur primitif ; par là, on obtient des dixièmes, des centièmes, des millièmes, des dix-millièmes, etc., au quotient, dont le degré d'approximation est celui du dernier chiffre obtenu. Soit les nombres 213 et 14 à diviser l'un par l'autre. Nous obtenons d'abord 15 pour partie entière du quotient et 3 pour reste.

```
213 | 14
 73 |15,21428
  30
   20
    60
     40
     120
       8
```

Réduisons ce reste 3 en dixièmes, et pour cela observons qu'une unité valant 10 dixièmes, 3 unités vaudront 3 fois plus, ou 30 dixièmes. Divisant 30 dixièmes par le diviseur 14, nous obtenons pour quotient 2 dixièmes, que nous écrivons à la droite de la partie entière, ayant soin de l'en séparer par une virgule ; et le quotient est approché à moins d'un dixième près, puisqu'il est compris entre 15,2 quotient trop faible, et 15,3 quotient trop fort. Afin d'en approcher à moins d'un centième près, réduisons en centièmes le reste 2 de la division partielle précédente ; et, pour cela, faisons le raisonnement suivant : un dixième valant 10 centièmes, 2 dixièmes vaudront 2 fois plus, ou 20 centièmes. Divisant 20 centièmes par le diviseur, nous trouvons pour quotient un centième, que nous écrivons à la droite des 2 dixièmes précédemment obtenus. On raisonne et l'on opère de la même manière, pour avoir le quotient approché à moins d'un millième, d'un dix-millième, etc., près.

La preuve de la multiplication et de la division des décimales se fait de la même manière que celle des opérations correspondantes pour les entiers.

PROBLÈMES.

41. — La minoterie de Logonna fournit chaque année au commerce 1,000,000 de kilogrammes de farine. Trouver par suite : 1° Combien elle peut en donner par mois de 25 jours, par semaine de 6 jours, enfin par jour (l'année étant de 309 jours ouvrables) ; 2° Combien il faudrait de sacs d'une contenance de 108 kilogrammes chacun, pour distribuer toute cette farine aux boulangers ; 3° Combien de voitures seraient nécessaires pour la transporter, en admettant que chaque voiture pût prendre 15 sacs de la contenance précitée.

---

42. — On sait, d'après les calculs astronomiques, que la distance moyenne de la terre au soleil est de 34500000 lieues. Trouver, par suite : 1° Combien de myriamètres nous séparent de cet astre, si le myriamètre vaut 2 lieues 25 centièmes ; 2° combien de myriamètres la lumière du soleil franchit par seconde, si elle met 8 minutes 13 secondes à parvenir jusqu'à nous.

43. — 9 spéculateurs ont fait un fonds de 578760 fr. pour construire un pont, dont le péage intégral leur est garanti pour une durée de 29 ans. On sait : 1° que le premier a mis le septième de cette somme dans l'association, le deuxième le sixième de la mise du premier, le troisième le cinquième de la mise du second, et les six derniers le reste du fonds total en mises en égales ; 2° que 3600 personnes, terme moyen, passeront par jour sur ce pont, les droits de péage étant fixés par l'administration à 4 centimes par personne ; 3° que les spéculateurs auront à acquitter 2400 fr. par an, pendant leur privilége, pour frais de perception de péage. — Dites quelle est la mise de chaque associé ; et, après une somme de 24640 fr. prélevée par vingt- neuvièmes au profit de l'hospice de l'endroit, quel est son gain, calculé sur la même base que sa mise. Indiquez en même temps quelle sera la part annuelle des pauvres.

44. — Deux amis, désirant se revoir après une absence de plusieurs années, quittent à cet effet le même jour, l'un Paris pour se rendre à Brest, l'autre Brest pour se rendre à Paris, et prennent tous les deux la route d'Alençon. Comme ils voyagent à petites journées pour leur agrément, le premier se contente de faire 3 myriamètres 95 centièmes, le deuxième 3 myriamètres 25 centièmes par jour. Quel temps faudra-t-il à ces deux amis pour opérer leur rencontre, et à quelle distance seront-ils alors de leurs points de départ respectifs, sachant que Brest est éloigné de Paris de 59 myriamètres 4 dixièmes.

45. — Un épicier reçoit une balle de café de 729 kilogrammes, qu'il paie 1931 fr. 85 c. S'il se propose de vendre ce café avec un bénéfice de 85 centimes par kilogramme, quelle somme devra-t-il recevoir : 1° pour le tiers ; 2° pour le neuvième ; 3° pour la vingt-septième partie de son achat ; 4° pour la totalité moins 59 kilogrammes.

46. — Un marchand de vin a 875 litres à 1 fr. 75 c. dont il ne trouve pas le débit. Désirant pourtant s'en defaire, il le mélange avec 548 litres 12 centilitres à 55 centimes, et y ajoute 145 litres d'eau. A combien pourra-t-il céder le litre de ce mélange sans rien perdre sur ses vins, et que recevra-t-il pour la moitié du tout.

47. — La maison Delalain, de Paris, expédie à un libraire

de Brest une caisse contenant : 10 douzaines de grammaires, pour une somme de 150 fr. ; 15 douzaines d'arithmétiques pour 315 fr.; 9 douzaines de géométries pour 243 fr. ; 3 douzaines de paroissiens pour 126 fr. ; et 12 atlas pour 96 fr. En outre, le libraire reçoit un treizième volume gratis par chaque douzaine qu'il fait venir. A combien lui revient donc en réalité chaque volume ; et, s'il veut gagner 45 fr. sur ses grammaires, 75 fr. sur ses arithmétiques, 49 fr. 50 c. sur ses géométries, 30 fr. sur ses paroissiens, 21 fr. sur ses atlas, combien devra-t-il vendre chaque volume ; enfin, quel sera son bénéfice total sur l'envoi qui lui est fait, ainsi que son bénéfice partiel sur chaque volume qu'il vend.

---

48. — Trouver un nombre tel, qu'en le multipliant par la dix-neuvième partie de 513,0665 dix-millièmes, on obtienne pour produit, à moins d'un millionième près, 43 mètres, hauteur de la colonne de la place Vendôme, à Paris.

---

49. — En supposant qu'une diligence, avant la mise en circulation du chemin de fer, fît dans un an 18 voyages de Paris à Marseille avec retour ; qu'elle parcourût 16 myriamètres 89 centièmes par jour ; qu'elle transportât chaque fois 14 voyageurs de Paris et 15 de Marseille ; qu'on changeât les 5 chevaux tous les deux myriamètres, terme moyen ; enfin, que le nombre total de myriamètres qu'elle parcourait dans l'année fût de 3322,8 dixièmes ; dites : 1° quelle est la distance de Paris à Marseille ; 2° combien de jours et d'heures cette diligence employait pour l'aller et le retour ; 3° combien elle transportait de voyageurs pendant l'année ; 4° combien il fallait de chevaux sur la route, pour assurer le service de cette diligence.

---

50. — Mon jeune frère, en faisant ses devoirs, est venu me consulter relativement à un problème qu'il avait à résoudre, et qui était ainsi énoncé : « La hauteur de la plus forte pyramide d'Egypte est telle, qu'en multipliant le nombre de mètres qu'elle contient par 10809 billionièmes, on trouve 1578114 billionièmes de mètres au produit. » Il ne pouvait se figurer qu'à l'aide de nombres relativement si minimes, on arrivât jamais à découvrir une aussi grande élévation, que devait être celle de la septième merveille du monde ; mais je l'ai bien vite détrompé, en lui expliquant le mécanisme de l'opération qu'il avait à faire, et en lui montrant le résultat

qu'elle produisait. Quels sont donc : 1° le raisonnement qui convient à ce problème ; 2° le résultat que j'ai dû trouver, et qui n'est autre que la hauteur de la plus belle pyramide d'Egypte.

---

50 *bis*. — Combien y a-t-il de myriamètres dans la lieue géographique de 25 au degré. — *Donné par un inspecteur dans une école professionnelle.*

PROBLÈMES GÉNÉRAUX D'APPLICATION

Des 4 règles fondamentales.

---

51. — Un vase rempli de vin de Bordeaux pèse 20 kilog. 15 millièmes ; vide, il pèse 9 kilog. 50 millièmes : on sait en outre que le litre de vin de Bordeaux pèse 994 millièmes de kilogramme. Quelle est donc la capacité du vase.

---

52. — Une personne se trouvant aux environs de Quito, sous l'équateur, désire savoir avec quelle vitesse, par seconde, elle est emportée dans le mouvement diurne de la terre ; notre planète étant regardée comme parfaitement sphérique.

---

53. — Sept héritiers doivent se partager la fortune de leur père, laquelle consiste : 1° en une maison de ville estimée 56400 fr. et entièrement payée, moins 7848 fr. 75 c. ; 2° en un mobilier, acheté 12738 fr. 48 c., et qui ne vaut plus que le tiers du prix d'achat ; 3° en une rente de 1208 fr., qui n'est que la 25e partie du capital placé ; 4° en 3 biens ruraux, contenant, le premier, 2290 ares 35 centiares de terres arables, à 18 fr. 75 c. l'are ; le second, 738 ares de prairies, à 15 fr. 80 c. l'are ; le troisième, 935 ares 15 centiares de terres sous landes, à 11 fr. 15 c. l'are. Dites quelle sera la part de chaque enfant, si le défunt a légué une somme de 2400 fr. pour une fondation pieuse.

---

54. — En défonçant une garenne, située près des ruines d'un vieux manoir, des cultivateurs mettent à découvert une boîte en plomb, contenant 396 pièces d'or de 24 livres tournois dont chacune pèse 7 grammes 64853 cent millièmes. Comme cette monnaie n'a plus cours légal, ils la vendent au

poids pour 3100 fr. le kilog. De la somme que produit leur trouvaille, ils restituent la moitié au propriétaire du terrain, réservent 50 fr. pour le bureau de bienfaisance de la commune; et, se partageant le reste, ils se trouvent possesseurs chacun d'un pécule de 774 fr. 11 c. Il ne reste donc plus qu'à nous faire connaître le nombre des cultivateurs qui travaillaient dans la garenne, au moment de la découverte de ce trésor.

---

55. — La fabrication des gants de peau occupe en France un nombre considérable de personnes ; et la dépense qu'elle nécessite aux fabricants, en dehors des matières premières, s'élève, terme moyen, à 11456046 fr. pour 1515350 douzaines de paires de gants, que cette branche de l'industrie française confectionne annuellement. Si l'on suppose que la matière pour ladite confection revienne à 52 centimes par paire ; que les fabricants livrent leurs gants au commerce, à raison de 21 fr. la douzaine de paires, l'une portant l'autre ; qu'une personne emploie pour son usage 3 paires de gants par année, à 2 fr. 25 c. l'une.— Trouver : 1° ce que coûte aux fabricans une paire de gants préparée pour la vente ; 2° ce qu'ils retirent en tout et ce qu'ils gagnent de leur industrie, basée sur les chiffres précités ; 3° ce que la vente totale en rapporte au commerce de détail, et ce que celui-ci gagne, en admettant qu'il n'y ait pas eu de déchet dans l'année; 4° ce qu'il peut y avoir annuellement, dans l'hypothèse ci-dessus, de personnes gantées en peau.

---

55 *bis*. — Etablir le compte suivant : 15 mètres 50 centimètres de drap à 14 fr. 75 c. le mètre ; 6 mètres 5 centimètres de velours, à 21 fr. 50 c. le mètre ; 19 mètres de taffetas à 6 fr. 25 c. le mètre ; 28 mètres 50 centimètres de mérinos à 4 fr. le mètre ; 1/2 douzaine de paires de bas, à 25 fr. la douzaine ; 5 paires de gants, à 17 fr. 25 la douzaine. L'acheteur payant comptant, on lui fait une remise de 3 p. 0/0. S'il donne en paiement un billet de banque de 1000 fr., combien devra-t-on lui rendre. — *Donné par un inspecteur dans une école professionnelle.*

---

56. — On a extrait en 30 jours d'une mine de charbon de terre 2588 tonneaux, contenant chacun 10 hectolitres 95 centièmes. La dépense journalière d'extraction étant de 445 fr. 85 c., trouver le prix de revient d'un hectolitre de ce charbon.

---

57. — L'argent peut être étiré en fils si minces, qu'avec un gramme de ce métal on parvient à façonner un fil de 5 myriamètres de longueur. Quelle serait donc la quantité d'argent nécessaire pour un fil qui irait de la terre au soleil, 15403500 myriamètres, et quelle valeur représenterait ce fil, supposé en argent, si 1000 grammes se paient 222 fr. Rechercher en outre combien on pourrait faire de pièces de 5 fr. avec la quantité d'argent précitée, sachant que ce qu'il faut pour une seule pièce est les neuf dixièmes de 25 grammes.

58. — Un négociant achète un certain nombre de barriques de vin pour 14820 fr. ; s'il en avait acheté 19 de plus, il aurait payé 16625 fr. Trouver : 1° combien il a acheté de barriques de vin ; 2° combien il a payé le litre, la barrique étant de 228 litres ; 3° combien il devra le revendre pour gagner 184 millièmes de franc par litre ; 4° combien il gagnera ainsi sur le tout.

59. — Trois enfants voulant redevenir possesseurs d'une maison qui a appartenu à leur père, et qu'on offre de leur céder moyennant 32424 fr., se cotisent entre eux pour arriver à cette somme. Le plus jeune donne ce que ses moyens lui permettent ; le cadet une part triple de celle qu'apporte son jeune frère ; et l'aîné, qui est le plus riche des trois, achève le capital nécessaire pour le rachat de la maison, en donnant à lui seul autant que ses deux frères. Trouver la somme que chacun a versée dans cette cotisation ; et ce que la rente de ladite propriété donnera à chaque frère, si elle peut être évaluée au vingtième du capital précité.

60. — Un épicier reçoit du négociant avec lequel il est en correspondance, deux balles de café pesant l'une 112 kilog. à 3 fr. 80 c. ; l'autre 139 kilog. à 4 fr. 50 c. A combien doit-il élever le prix d'un kilogramme du tout une fois mélangé, s'il se propose de bénéficier de 141 fr. 15 c. sur la somme qu'il a déboursée ?

†. — 60 *bis*, — Un négociant, satisfait des services de ses 5 commis pendant l'année, leur destine pour étrennes une somme de 500 francs, et décide que le premier aura 30 francs de plus que le deuxième ; le deuxième 24 francs de plus que le troisième ; le troisième 18 francs de plus que le quatrième, et celui-ci 15 francs de plus que le cinquième. — Quelles seront donc les étrennes de chaque commis.

SYSTÈME MÉTRIQUE.

76. — *Mesurer n'est autre chose que comparer une grandeur quelconque à l'unité.*

Or, comme on ne peut établir de comparaison qu'entre des quantités de même espèce, il en résulte que l'unité servant de mesure doit toujours être de l'espèce de la grandeur que l'on veut évaluer. Ainsi l'on mesure les longueurs avec une longueur, les surfaces avec une surface, les solides avec un solide, etc., et quand on dit qu'une longueur a 5 mètres, qu'une surface a 8 ares, on veut faire entendre que la longueur que l'on considère est 5 fois plus grande que l'unité appelée *mètre*; que la surface qu'on vient d'arpenter, présente 8 fois plus de développement que la surface mesure qui a le nom d'*are*, et ainsi de même pour les autres expressions usitées, telles que *cuber*, *peser*, etc. (1).

77. — L'ensemble des mesures que l'on emploie pour les divers usages de la vie, porte le nom de *système mé-*

(1) Cuber, par exemple, c'est chercher combien de fois un solide quelconque contient le cube choisi pour unité. Si donc nous disons qu'un tas de pierres a 3 mètres cubes, nous reconnaissons qu'il a 3 fois plus de volume que le mètre cube que nous avons pris pour unité. De même peser, c'est comparer la pesanteur d'un corps avec celle de l'unité usuelle qui est le kilogramme; et si de cette comparaison il résulte qu'il a fallu 5 kilogrammes pour faire équilibre à l'objet que l'on pèse, on conclut que cet objet est 5 fois plus pesant que le poids unité de mesure, ou que le kilogramme.

trique, parce que le mètre en est la base fondamentale, comme nous le verrons plus tard. On le désigne aussi sous le nom de *système légal des poids et mesures*, parce que c'est le seul autorisé par la loi. Voici les trois principaux avantages qui font le mérite de ce système : 1° Subdivisions régulières et bien choisies ; 2° nomenclature peu compliquée ; 3° base fixe et invariable.

78. — *En premier lieu, nous trouvons que les subdivisions sont régulières*, parce qu'elles sont les mêmes pour les diverses mesures ; en effet, le mètre se subdivise en 10 décimètres, le kilogramme en 10 hectogrammes, le décime en 10 centimes, etc. ; et qu'elles sont bien choisies, parce qu'elles offrent la subdivision décimale qui est celle de notre numération ; en sorte que l'on peut y appliquer le calcul des nombres décimaux.

79. — *En second lieu, nous voyons que la nomenclature en est peu compliquée*, puisque par le moyen de treize mots on peut représenter les nouvelles unités principales, ainsi que leurs multiples et leurs sous-multiples décimaux. Six de ces treize mots désignent les unités principales, savoir :

Mètre, unité des mesures de longueur.

Are, unité des mesures agraires.

Stère, mesure des bois de chauffage.

Litre, unité des mesures de capacité.

Gramme, unité des mesures de poids.

Franc, unité des monnaies.

Les sept autres mots s'ajoutent à ces six noms, pour en désigner les multiples et les sous-multiples décimaux, savoir :

Myria, qui signifie dix mille.

Kilo, qui signifie mille.

Hecto, qui signifie cent.

Déca, qui signifie dix.

DÉCI, qui signifie dixième.

CENTI, qui signifie centième.

MILLI, qui signifie millième.

80. — Avec cette nomenclature si facile à retenir, il n'est point de combinaison qu'on ne puisse faire sur les mesures fondamentales, pour représenter les mesures qui en dérivent. Veut-on, par exemple, donner un nom à un poids de 10000 grammes, il suffit de placer avant le mot gramme le multiple *myria*, et l'on obtient le mot *myriagramme*. De même, pour désigner une capacité de 1000 litres par un nom particulier, on place avant le mot litre le mot *kilo*, et l'on a pour dénomination le mot *kilolitre*. C'est toujours d'après le même principe, qu'une mesure égale à 100 fois le mètre s'appelle *hectomètre*, et qu'un volume de dix stères prend le nom de *décastère*. On n'éprouve pas plus de difficulté pour donner un nom aux mesures plus petites que les unités principales. Ainsi pour représenter par un seul mot chacune des mesures suivantes : un dixième de litre, un centième d'are, un millième de mètre : il suffit de placer avant les mots litre, are, mètre, les sous-multiples décimaux *déci*, *centi*, *milli*, et l'on obtient pour chaque dénomination : *un décilitre*, *un centiare*, *un millimètre*.

81. — *En troisième lieu, nous disons que le système métrique repose sur une base fixe et invariable*, puisqu'elle est représentée par une fraction des dimensions du globe terrestre ; donc les diverses unités qui le composent ne peuvent plus changer de valeur. Pour trouver cette base, deux savants français, MM. Méchain et Delambre, ont mesuré dans un espace d'environ 900 kilomètres, depuis Dunkerque jusqu'à Barcelone, l'arc du méridien passant par Paris, et en ont ensuite calculé la circonférence totale. La dix millionième partie du quart de ce méridien, ou de la distance du pôle à l'équateur, a été prise pour unité de longueur, et appelée mètre.

82. — MÈTRE. — *Nous venons de définir le mètre, la dix millionième partie du quart du méridien terrestre. Nous ajouterons qu'il sert à former toutes les autres mesures nouvelles, et qu'il en est par conséquent la base.*

En effet, l'*are* doit au mètre sa formation, puisque c'est un carré dont chaque côté a dix mètres. Il en est de même du *stère*, qui est un cube dont chaque côté a un mètre, et du litre qui a la contenance d'un cube creux, d'un décimètre de côté. Enfin, le *gramme* et le *franc* sont aussi des dérivations du mètre ; puisque le premier est défini, le poids d'un centimètre cube d'eau distillée ; et que le second n'est autre chose qu'une pièce d'argent, pesant 5 grammes.

83. — Tous les multiples et les sous-multiples décimaux mentionnés plus haut, s'emploient pour calculer les mesures de longueur ; mais voici les usages auxquels ils sont spécialement affectés : le *myriamètre*, le *kilomètre* et l'*hectomètre*, pour les mesures itinéraires; le *décamètre*, le *mètre* et le *décimètre*, pour l'arpentage et l'évaluation des petites distances ; le *centimètre* et le *millimètre*, pour l'appréciation des petites longueurs ou des petites épaisseurs dans le dessin linéaire et dans l'orfèvrerie.

84. — Le mètre sert aussi à mesurer les étoffes ; mais dans le commerce on ne fait pas usage des mots *déca*, *hecto*, etc., pour le calculer ; on compte par dixaines, centaines, et l'on dit : dix mètres, cent mètres de toile, de drap, et non *un décamètre*, *un hectomètre*.

85. — ARE. — On sait que toute surface doit être mesurée par une autre surface prise pour unité. *L'unité de mesure est ordinairement un carré* ; mais il est nécessaire que ce carré soit en rapport avec la grandeur de la surface à évaluer : ainsi l'on ne pourrait employer le même carré pour mesurer un champ, un appartement, une feuille de papier. Trois carrés sont surtout usités comme mesures de surface, savoir : l'*are*, le *mètre carré*, le *décimètre carré*.

L'are, unité des mesures agraires, est un carré qui a dix mètres de côté et cent mètres carrés de surface. Le seul multiple et le seul sous-multiple en usage pour l'are, sont l'*hectare*, qui vaut 10000 mètres carrés, et le *centiare*, qui vaut 1 mètre carré.

86. — Remarquons, en passant, que pour évaluer la superficie d'un carré, il faut multiplier l'un de ses côtés par lui-même, et qu'ainsi un carré de 12 mètres de côté aurait pour superficie 12×12 ou 144 mètres carrés. Nous en conclurons qu'il n'y a ni *déciare* ni *décare*.

En effet, conformément au système décimal, le seul adopté pour les nouvelles mesures, la longueur des côtés des carrés étant de 1 mètre, de 10 mètres, de 100 mètres, les surfaces de ces mêmes carrés sont, d'après le principe géométrique, de 1×1, ou 1 mètre carré (mesure égale au *centiare*), de 10×10, ou 100 mètres carrés (mesure égale à l'*are*), et de 100×100, ou 10000 mètres carrés (mesure égale à l'*hectare*). Il ne peut donc y avoir ni des *déciares* ni des *décares*.

87. — Cette démonstration fait voir en même temps que les carrés, suivant entre eux une progression de 100 en 100 fois plus forte, on peut avoir à représenter dans le calcul, jusqu'à 99 *ares* et 99 *centiares*. Il faut donc deux chiffres, pour représenter chacune de ces deux espèces d'unités. Supposons, par exemple, que la mesure d'un champ nous ait donné 1 *hectare* 4 *ares* 8 *centiares*, voici la manière d'exprimer ce résultat en chiffres 1 hect.,0408 ; le premier zéro après la virgule tenant la place des *dixaines d'ares*, et le second zéro remplaçant les *dixaines de centiares*.

88. — Le *mètre carré*, mesure employée surtout pour évaluer les surfaces dans les travaux de maçonnerie, de menuiserie, de peinture, etc., *est un carré dont chaque côté a un mètre.*

Quelques-uns de ses multiples, tels que l'*hectomètre carré*, le *kilomètre carré*, le *myriamètre carré*, servent dans la topographie, pour évaluer l'étendue d'une contrée, d'une province, d'une ville, etc. ; quant à ses sous-multiples, on fait usage du *décimètre carré*, du *centimètre carré*, du *millimètre carré*, pour évaluer les fractions de *mètre carré*, ou les petites surfaces, telles qu'une feuille de carton, une planche, un carreau de verre, une plaque de fer, etc.

89. — Il est facile de prouver que le mètre carré vaut 100 décimètres carrés, le décimètre carré 100 centimètres carrés, le centimètre carré 100 millimètres carrés. En effet, soit un carré ABCD, dont nous supposons chaque côté de 1 mètre de longueur. Partageons les deux côtés AB, BC en 10 parties égales ; chaque partie aura un décimètre dans notre hypothèse. Menant ensuite, par tous ces points de division, des horizontales et des verticales aux deux côtés opposés CD, DA, nous pouvons compter dans la figure ABCD, que nous regardons comme un mètre carré, 100 petits carrés ayant tous un décimètre, tant sur la hauteur que sur la largeur. Donc le mètre carré vaut 100 décimètres carrés. Le même raisonnement nous ferait voir que le décimètre carré vaut 100 centimètres carrés, et que le centimètre carré vaut 100 millimètres carrés.

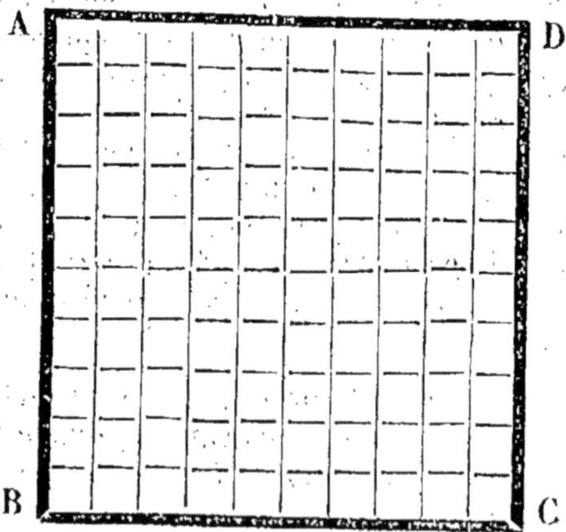

90. — *Par une conséquence tout-à-fait immédiate de ce principe, nous ne pouvons désormais confondre : 1° le décimètre carré, avec le dixième du mètre carré ; 2° le centimètre carré, avec le centième du mètre carré ; 3° le millimètre carré, avec le millième du mètre carré.*

En effet un *décimètre carré* n'étant que la centième partie du mètre carré a 10 fois moins de valeur qu'un *dixième de mètre carré*, qui est la dixième partie de cette mesure. De même, *un centimètre carré* n'étant que la centième partie du décimètre carré, ou la dix millième partie du mètre carré, a 100 fois moins de valeur qu'un *centième de mètre carré*, qui est la centième partie de cette dernière mesure. Enfin, *un millimètre carré* n'étant que la centième partie du centimètre carré, ou la millionième partie du mètre carré, a 1000 fois moins de valeur qu'un millième de mètre carré, qui est la millième partie de cette dernière mesure.

91. — *Au surplus* : un décimètre carré s'écrit : 0,01; et un dixième de mètre carré, 0,1.

Un centimètre carré s'écrit : 0,0001 ; et un centième de mètre carré, 0,01.

Un millimètre carré s'écrit : 0,000001 ; et un millième de mètre carré, 0,001.

Dans le calcul, les *décimètres carrés* se plaçant donc au rang des centièmes ; les *centimètres carrés*, au rang des dix millièmes ; les *millimètres carrés*, au rang des millioniènes ; il faut toujours deux chiffres décimaux après la virgule pour exprimer les décimètres carrés ; quatre pour exprimer les centimètres carrés ; six pour exprimer les millimètres carrés. Ainsi pour représenter par des chiffres : trois mètres carrés, vingt-huit millimètres carrés, nous placerons quatre zéros avant 28, pour que le 8 exprime des millioniènes, et il vient 3,000028 De même quinze mètres carrés, cent trente-six centimètres carrés, s'écrivent : 15,0136.

92. — **STÈRE.** — De même que les surfaces se

mesurent par une surface, de même les solides se mesurent par un solide. Ainsi le *stère*, qui sert à évaluer la solidité des bois de chauffage, est lui-même *un solide du volume de un mètre cube*.

On peut se faire une idée exacte de la forme du *stère*, si on se le représente comme un châssis de bois, ayant une base de 1 mètre de long, laquelle prend le nom de *sole*, et se termine par deux montants de 1 mètre de hauteur. C'est entre ces montants que se place le bois à mesurer, qu'on a eu soin de couper préalablement en bûches de 1 mètre de longueur.

93. — Le *stère* a un multiple qui est le *décastère*; mais dans le commerce, on le calcule par les nombres ordinaires, comme 20 stères, 30 stères, etc., et non deux décastères, trois décastères. Le seul sous-multiple usité est le *décistère*, mesure dont la solidité est égale à 100 décimètres cubes.

94. — D'après la forme que nous avons donnée du *stère*, il est facile à chacun de le construire pour mesurer une quantité quelconque de bois de chauffage. Supposons, par exemple, qu'on veuille vérifier un achat de bois de 5 stères. Il suffit pour cela de mesurer sur un terrain uni une sole de 5 mètres, et de planter bien verticalement aux deux extrémités deux perches ayant 1 mètre de hauteur à partir de la sole. Si les bûches qu'on a soin de bien placer en travers, remplissent exactement l'intervalle compris entre les deux perches, on est certain que les 5 stères sont en totalité.

95. — Pour mesurer les solides tels que les blocs de pierre et de marbre, les bois de construction, les ouvrages de maçonnerie et de terrassement, l'unité usitée est le *mètre cube*, solide qui a la forme d'un dé à jouer, et *qui est compris sous six faces égales, dont chacune est un mètre carré*. Il se calcule par dixaines et par centaines, et non par *déca*, *hecto*, multiples dont les valeurs sont trop considérables pour les usages ordinaires; puisqu'un *décamètre cube* vaudrait 1000 mètres cubes; et un *hectomètre cube*, 1000000 de mètres cubes.

CUBE *servant à la démonstration que renferme le numéro 96.*

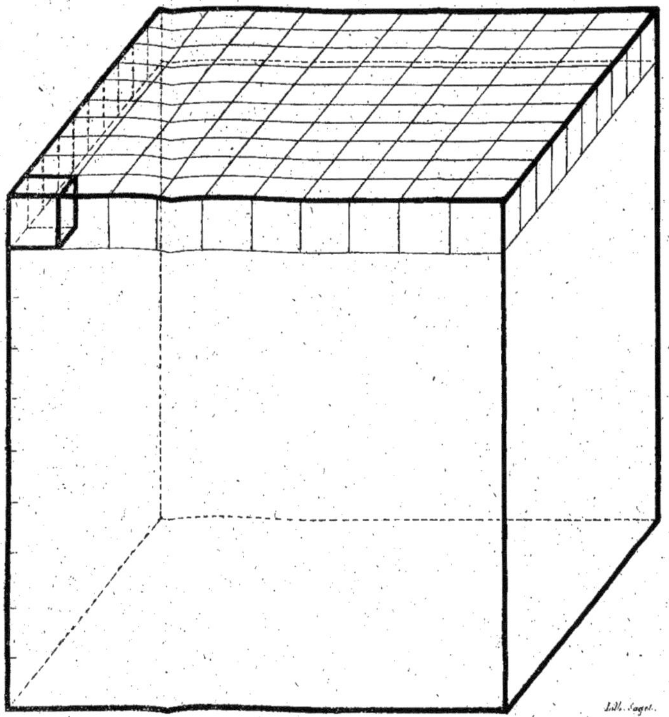

96. — Remarquons ici que, pour cuber un solide il faut multiplier sa longueur par sa largeur, et le produit par sa hauteur; et qu'ainsi la solidité du mètre cube, lequel a 10 décimètres pour chacune de ces trois dimensions, calculée en décimètres cubes, est 10×10×10, ou 1000 décimètres cubes. On peut le démontrer par un raisonnement pratique bien simple : en effet, en parlant des mesures de surface, nous avons dit que le mètre carré vaut cent décimètres carrés; supposons donc la base d'un mètre cube ainsi divisée : après avoir en outre partagé l'une des arêtes de sa hauteur en 10 décimètres, détachons du cube total, par une section parallèle à la base, une tranche d'un décimètre d'épaisseur; cette tranche aura évidemment pour solidité 100×1, ou 100 décimètres cubes; et comme on peut enlever du cube total 10 tranches égales à celles que nous venons d'évaluer, il s'ensuit que la solidité du mètre cube est de 100×10, ou 1000 décimètres cubes. On démontrerait de la même manière qu'un décimètre cube vaut 1000 centimètres cubes, et un centimètre cube 1000 millimètres cubes.

97. — *Il est impossible, par suite de ces explications, de regarder comme équivalents, 1° le décimètre cube et le dixième de mètre cube; 2° le centimètre cube et le centième de mètre cube; 3° le millimètre cube et le millième de mètre cube.*

En effet, un *décimètre cube* n'étant que la millième partie du mètre cube, a 100 fois moins de valeur qu'un *dixième de mètre cube*, qui est la dixième partie de cette unité. De même un *centimètre cube*, n'étant que la millième partie du décimètre cube, ou la millionième partie du mètre cube, a 10000 fois moins de valeur qu'un *centième de mètre cube*, qui est la centième partie de cette dernière unité. Enfin, un *millimètre cube*, n'étant que la millième partie du centimètre cube, ou la billionième partie du mètre cube, a 1000000 de fois moins de valeur qu'un *millième de mètre cube*, qui est la millième partie de cette dernière unité.

98. — *Au surplus* : un décimètre cube s'écrit 0,001; et un dixième de mètre cube, 0,1.

Un centimètre cube s'écrit 0,000001 ; et un centième de mètre cube, 0,01.

Un millimètre cube s'écrit 0,000000001; et un millième de mètre cube, 0,001.

Dans le calcul, les *décimètres cubes* se plaçant donc au rang des millièmes, les *centimètres cubes* au rang des millionièmes, les *millimètres cubes* au rang des billionièmes, il faut toujours trois chiffres décimaux après la virgule pour exprimer des décimètres cubes ; 6 pour exprimer des centimètres cubes ; 9 pour exprimer des millimètres cubes. Ainsi pour écrire en chiffres : trois mètres cubes deux cent soixante-neuf centimètres cubes, nous placerons trois zéros avant 269, pour que le 9 occupe le rang des millionièmes, et il vient : 3,000269. De même pour écrire deux mètres cubes trente-cinq millimètres cubes, nous nous rappellerons que le 5 exprimant des millimètres cubes, doit se trouver au 9e rang après la virgule, nous placerons donc sept zéros avant les chiffres significatifs de 35, et il vient : 2,000000035.

99. — **LITRE.** — ***La nouvelle unité pour mesurer les liquides, comme l'eau, le vin, l'huile etc., et les matières sèches, telles que les grains et la farine, est le litre, mesure dont la capacité est celle d'un décimètre cube.***

Dans le commerce, on a donné au *litre* la forme cylindrique, qui est infiniment plus commode que la forme cubique pour les usages auxquels il est destiné : ainsi le *litre* des débitants de vin est un cylindre creux en étain, dont le diamètre intérieur doit avoir 86 millimètres, et dont la hauteur doit être double de ce diamètre ; et le *litre* des marchands de grains est un cylindre creux en bois de chêne, dont le diamètre intérieur et la hauteur, qui sont les mêmes, doivent avoir 108 millimètres, 4 dixièmes.

100. — Voici la nomenclature des multiples et des sous-multiples usités pour le litre, avec leur rapport aux mesures cubiques : Le *kilolitre*, mesure de 1000 litres, ou de 1 mètre cube creux ; l'*hectolitre*, mesure de 100 litres, ou de 100 décimètres cubes ; le *décalitre*, mesure de 10 litres, ou de 10 décimètres cubes ; le *décilitre*, mesure de $^1/_{10}$ de litre, ou de 100 centimètres cubes ; le *centilitre*, mesure de $^1/_{100}$ de litre, ou de 10 centimètres cubes.

101. — Dans le commerce en gros, les barriques et autres pièces de vin se calculent par *hectolitres* et par *litres* ; c'est ainsi que l'on dit par exemple, qu'une pièce de vin de Bordeaux contient 2 hectolitres, 28 litres. Les fournitures de grains en gros s'évaluent pareillement en *hectolitres* et en *litres* ; mais dans le commerce de détail, la loi tolère l'usage des multiples et des sous-multiples non-décimaux. Ainsi il y a des mesures d'un *demi-décalitre*, d'un *double-litre*, d'un *demi-litre*, d'un *double décilitre*, etc.

102. — GRAMME. — Peser un corps, c'est établir l'équilibre entre ce corps et des poids déterminés ; pour cela, on emploie un instrument appelé balance, dans l'un des plateaux duquel on dépose le corps soumis à l'expérience, et dans l'autre plateau, une quantité suffisante de poids.

La nouvelle unité des mesures de poids est le gramme ; c'est le poids d'un centimètre cube d'eau distillée, pesée dans le vide à la température de 4 degrés centigrades.

103. — On entend par eau distillée de l'eau qui, passant à l'état de vapeur dans une opération chimique appelée distillation, et reprenant ensuite la forme liquide, s'est purgée de toutes les substances étrangères qu'elle pouvait contenir, et qui étaient propres à en augmenter le poids.

104. — C'est sous la cloche de la machine pneumatique, purgée de tout l'air qu'elle pouvait contenir, qu'a été pesée l'eau ainsi purifiée, afin que le résultat de l'expérience, qui ne devait être autre que le poids du gramme, fût indépendant des variations atmosphériques.

105. — Enfin on a choisi la température de 4 degrés centigrades, préférablement à toute autre, parce que c'est à cette température que l'eau atteint son maximum de densité, c'est-à dire que son volume occupe le moins d'espace possible. En effet la pratique et l'expérience prouvent, qu'un cube exactement plein d'eau à 30 ou 40 degrés au-dessus de zéro, ne le serait plus, si l'on abaissait la température jusqu'à 4 degrés, les molécules de l'eau s'étant sensiblement resserrées.

106. — Les multiples et les sous-multiples du gramme sont : le *myriagramme*, poids de 10000 grammes, ou de 10 décimètres cubes d'eau ; le *kilogramme*, poids de 1000 grammes ; (C'est ce multiple que les savants chargés du travail du système métrique ont déterminé, en pesant dans le vide un litre d'eau distillée, à la température de 4 degrés centigrades. Il est devenu l'unité usuelle des poids dans le commerce.) *L'hectogramme*, poids de 100 grammes, ou de 100 centimètres cubes d'eau ; le *décagramme*, poids de 10 grammes, ou de 10 centimètres cubes d'eau.

Le Décigramme, poids d'un dixième de gramme ;

Le Centigramme, poids d'un centième de gramme ;

Le Milligramme, poids d'un millième de gramme :

Ces trois poids, à cause de leur exiguité, ne servent qu'au pesage des métaux précieux, et des doses pharmaceutiques.

Au-dessus du kilogramme, on évalue les grosses pesées en *quintaux métriques*, poids de 100 kilogrammes, ou de 100 décimètres cubes d'eau ; et en *tonneaux de mer ou tonnes*, poids de 1000 kilogrammes, ou d'un mètre cube d'eau chacun. La loi tolère, pour les unités de poids, des multiples et des sous-multiples non décimaux. Ainsi il y a des poids d'un *double kilogramme*, de *cinq kilogrammes*, d'*un demi-kilogramme*, d'*un double hectogramme*, etc. (1).

107. — FRANC. — *Le franc, nouvelle unité monétaire, est une pièce de monnaie d'argent, pesant 5 grammes, et contenant les 9/10 de son poids en argent pur, et l'autre dixième en alliage de cuivre.*

Par cet alliage, qui entre également dans les pièces en or, la monnaie acquiert plus de dureté que si elle était en argent ou en or pur, et devient par conséquent plus propre à résister au frottement.

Le franc n'a aucun des multiples décimaux *déca*,

(1) Relativement aux divers usages auxquels ils sont spécialement destinés, les poids se divisent en trois séries : celle des *gros poids*, celle de *poids moyens* et celle des *petits poids*.

Les *gros poids* de 50 et 20 kilogrammes, construits *en fonte*, ne sont autre chose que des pyramides tronquées, dont les bases sont rectangulaires à angles arrondis, et dont les hauteurs sont déterminées par des règlements : ils sont chacun munis d'un anneau de fer forgé, à l'aide duquel on les soulève. Les autres gros poids, depuis 10 jusques et y compris le kilogramme, également en fonte, affectent la forme de pyramides tronquées à bases hexagonales régulières, avec anneau pour les soulever ; et hauteurs déterminées. On trouve en outre dans le commerce de gros poids cylindriques *en cuivre*, depuis 20 kilogrammes jusqu'à 1 inclusivement.

Les *poids moyens*, depuis le demi-kilogramme jusqu'au demi-hectogramme, lorsqu'ils sont construits *en fonte*, ont, de même que les gros poids, la forme de troncs de pyramides régulières à six pans. Les *poids moyens en cuivre*, depuis un demi-kilogramme jusqu'à un demi-décagramme, ont la forme de cylindres dans lesquels le diamètre du cercle de base est égal à la hauteur : le bouton qui surmonte chaque cylindre est égal à la moitié de sa hauteur.

Les poids de 2 grammes et d'un gramme, quoique cylindriques, peuvent être rangés, par suite de leur légèreté, au nombre des *petits poids*, qui comprennent en outre toute la série depuis le demi-gramme jusqu'au milligramme, et qui ne sont autre chose que de minces feuilles de cuivre carrées.

hecto, *kilo*, etc. : il se calcule par dixaines et par centaines ; mais il a deux sous-multiples, savoir : le *décime*, ou dixième de franc ; et le *centime*, ou centième de franc.

108. — *Dans le commerce, on appelle titre des monnaies ou des pièces d'orfèvrerie, la quantité d'or ou d'argent pur qui y entre.*

Il s'évalue par millièmes. Ainsi quand on dit que le franc est frappé au titre de $^{900}|_{1000}$, fraction du reste équivalente à $^{9}|_{10}$, on veut faire entendre que, sur 1000 parties qui le composent, il y en a 900 de fin et 100 parties d'alliage ; d'où il résulte que le titre des objets en or et en argent est d'autant plus élevé, qu'il se rapproche plus de l'unité représentée par $^{1000}|_{1000}$.

109. — Puisqu'un franc pèse 5 grammes, on trouve facilement le poids d'une somme d'argent évaluée en francs. En effet une somme de 200 francs, pèse 200 fois 5 grammes, ou 1000 grammes, ou 1 kilogramme ; une somme de 3000 francs pèse de même 3000 fois 5 grammes, ou 15000 grammes, ou 15 kilogrammes. Ces deux exemples nous prouvent qu'il suffit de multiplier 5 grammes par la valeur en fr. de la somme d'argent. *Réciproquement* si l'on voulait trouver la valeur d'une somme d'argent, dont le poids est exprimé en grammes, il suffirait de diviser ce poids par 5. Ainsi un sac pesant 20000 grammes, contient 4000 francs.

110. — *Voici la série des pièces de monnaie qui ont cours légal en France.*

OR. — Pièce de 100 fr. pesant 32 grammes 258, et ayant 35 millimètres de diamètre ; pièce de 50 fr. pesant 16 grammes 129, et ayant 28 millimètres de diamètre ; pièce de 40 fr. pesant 12 grammes 9052, et ayant 26 millimètres de diamètre ; pièce de 20 fr.

pesant 6 grammes 4516, et ayant 21 millimètres de diamètre; pièce de 10 fr. pesant 3 grammes 2258, et ayant 19 millimètres de diamètre; pièce de 5 fr. pesant 1 gramme 6129, et ayant 17 millimètres de diamètre.

ARGENT. — Pièce de 5 fr. pesant 25 grammes, et ayant 37 millimètres de diamètre; pièce de 2 fr. pesant 10 grammes, et ayant 27 millimètres de diamètre; pièce de 1 fr. pesant 5 grammes, et ayant 23 millimètres de diamètre; pièce de 50 centimes pesant 2 grammes 50, et ayant 18 millimètres de diamètre; pièce de 20 centimes, pesant 1 gramme, et ayant 15 millimètres de diamètre.

CUIVRE. — Pièce de 10 centimes, pesant 10 grammes, et ayant 30 millimètres de diamètre; pièce de 5 centimes, pesant 5 grammes, et ayant 25 millimètres de diamètre; pièce de 2 centimes, pesant 2 grammes, et ayant 20 millimètres de diamètre; pièce de 1 centime, pesant 1 gramme et ayant 15 millimètres de diamètre.

111. — A l'aide des indications que nous venons de donner, on peut obtenir quelques combinaisons ingénieuses. Nous nous contenterons d'en citer une : c'est celle par laquelle on peut reproduire la longueur du mètre. Si l'on place bout à bout, et en ligne droite, 1° 34 pièces de 20 fr. et 11 pièces de 10 fr.; 2° 32 pièces de 10 fr. et 8 pièces de 20 fr.; 3° 19 pièces de 5 fr. et 11 pièces de 2 fr.; 4° 20 pièces de 2 fr. et 20 pièces de 1 fr, on obtient exactement la longueur du mètre. En effet, prenons au hasard l'une de ces 4 combinaisons, la 4e par exemple :

27 millimètres multipliés par 20, donnent une longueur de......	0m,540	= 1m,000
23 millimètres multipliés par 20, donnent une longueur de........	0m,460	

Nous tirerons encore de ces indications une conséquence importante, savoir : qu'une somme en or pèse 15 fois 1/2 moins que la même somme en argent ; et par suite, que l'or monnayé a 15 fois 1/2 plus de valeur que l'argent à poids égal. En effet, en divisant par 20 le poids d'une pièce de 20 fr. on trouve pour celui d'une pièce de 1 fr. en or : 0 gramme 32258. Comparant ensuite par la division ce poids à celui de 1 fr. en argent, on reconnaît en effet qu'il est 15 fois 1/2 plus faible, ce qui justifie notre assertion. (1)

112. — Dans le commerce, la loi admet l'usage de trois titres pour les ouvrages d'orfèvrerie en or, avec tolérance de deux millièmes d'erreur, savoir : un pre- titre à 0.920 ; un deuxième titre à 0,840 ; un troisième titre à 0,750. Il n'y en a que deux pour les ouvrages en argent, avec tolérance de trois millièmes d'erreur, savoir : un premier titre à 0,950 ; un deuxième titre à 0.800. Ces titres s'indiquent par des poinçons, dont tout objet en or ou en argent doit être frappé dans un bureau de garantie, où l'on a préalablement vérifié son titre.

113. — Nous terminerons l'exposé du système métrique, en faisant remarquer qu'on obtient facilement le poids de tout corps dont a le volume : il suffit en effet de multiplier ce volume par la densité du corps en question. Ainsi, je sais que la densité de l'argent est de 10,5 environ, (ce qui m'explique que le poids d'un centimètre cube d'argent, par exemple, égale 10 fois 1/2 celui du centimètre cube d'eau distillée), et je veux savoir par suite ce que pèserait une boule d'argent, du volume de 30 centimètres cubes. Pour cela, je n'ai qu'à multiplier 10,5, ou plus exactement 10,474 par 30, et j'obtiens 314,220, c'est à-dire 314 grammes 220 milligrammes pour poids de ladite boule.

(1) Voici d'autres rapports qu'il est également bon de ne pas ignorer. En comparant les poids respectifs de deux sommes, l'une en or, l'autre en argent, au poids de la même somme en cuivre, on trouve qu'une somme en cuivre, *nouvelle monnaie*, pèse 310 fois plus que la même somme en or, et 20 fois plus que la même somme en argent. Par suite, l'*or monnayé* vaut 310 fois plus que le *cuivre monnayé*, et l'*argent monnayé* 20 fois plus que le *cuivre monnayé*.

TABLE

Des poids spécifiques ou des densités des principaux corps solides, liquides et gazeux, dressée par ordre alphabétique, pour servir à la solution des problèmes dépendant du N° 113.

1 décimètre cube en	kilog.	1 décimètre cube en	kilog.
Acajou pèse......	1,063	Plâtre (pierre) pèse.	2,168
Acier...........	7,816	Plomb..........	11,352
Albâtre.........	1,874	Pommier.........	0,733
Argent..........	10,474	Porcelaine........	2,145
Briques.........	1,870	Rubis...........	4,283
Bronze..........	8,800	Sable...........	1,900
Buis............	0,912	Saphir du Brésil...	3,131
Cèdre...........	0,561	Sapin...........	0,550
Chêne...........	0,925	Sel marin.......	0,920
Chêne desséché....	1,670	Terre (masse du globe)	5,240
Cristal de roche...	2,653	Terre argileuse....	1,600
Cuivre..........	8,788	Terre vegétale.....	1,400
Diamant.........	5,531	Tilleul..........	0,604
Emeraude........	2,775	Topaze d'Orient...	4,011
Erable..........	0,755	Tuile...........	2,200
Etain...........	7,291	Verre...........	2,488
Fer en barre......	7,788	Zinc............	6,861
Fonte de fer......	7,207	Acide sulfurique...	1,841
Frêne...........	0,845	Alcool..........	0,792
Granit..........	2,900	Eau distillée......	1,000
Grès à paver......	2,416	Eau de mer.......	1,026
Hêtre...........	0,852	Eau de-Vie.......	0,860
Houille.........	1,329	Ether......... ..	0,715
Ivoire..........	1,917	Huile d'olive......	0,915
Liége...........	0,240	Huile de lin.......	0,940
Marbre..........	2,717	Lait............	1,030
Marbre de Paros...	2,837	Mercure.........	13,598
Meule...........	2,484	Vin de Bordeaux...	0,994
Moellon.........	2,240	Vin de Bourgogne..	0,992
Noyer...........	0,671	Acide carbonique..	1,525
Or pur forgé......	19,362	Air atmosphérique..	1,000
Or pur fondu......	19,258	Azote...........	0,976
Peuplier.........	0,383	Hydrogène........	0,069
Pierre ponce......	0,915	Oxygène.........	1,103
Platine..........	20,337	Vapeur d'eau......	0,624

5

TABLEAU SYNOPTIQUE DU SYSTÈME MÉTRIQUE.

UNITÉS PRINCIPALES.

MÈTRE, unité de longueur.	**STÈRE, unité de volume.**	**GRAMME, unité de poids.**
ARE, unité de superficie.	**LITRE, unité de capacité.**	**FRANC, unité des monnaies.**

MULTIPLES ET SOUS-MULTIPLES USITÉS.

Myriamètre				**Myriagramme**	
Kilomètre			**Kilolitre**	**Kilogramme**	
Hectomètre	**Hectare**		**Hectolitre**	**Hectogramme**	
Décamètre		**Décastère**	**Décalitre**	**Décagramme**	
Décimètre		**Décistère**	**Décilitre**	**Décigramme**	**Décime**
Centimètre	**Centiare**		**Centilitre**	**Centigramme**	**Centime**
Millimètre				**Milligramme**	

PROBLÈMES GÉNÉRAUX D'APPLICATION

Du Système Métrique.

61. — Déterminer le prix d'une tonne ou mètre cube de charbon de terre, sachant que 3246 décalitres ont été payés 2164 francs. — *Examens du Commissariat de la Marine.* — 16 *Juin* 1856.

62. — Un chemin de fer prend pour le transport des charbons 95 millièmes de franc par tonne (1000 kilogrammes) et par kilomètre ; on paye en outre un droit fixe de 2 fr. 10 c. par wagon, contenant chacun 3240 hectolitres. A combien reviendront 25375 hectolitres 65 litres, achetés au prix de 2 fr. 75 c. l'hectolitre, et transportés par cette voie de fer à 15 myriamètres 95 hectomètres, l'hectolitre de charbon pesant 132 kilogrammes 9 hectogrammes.— Donnez la raison de chaque opération. — *Examens du Commissariat de la Marine.* — 20 *Avril* 1857.

63. — Un élève se rappelle qu'avec 45 pièces, les unes de 20 fr., les autres de 40 fr., on peut obtenir exactement la longueur du mètre. Il sait en même temps que le diamètre d'une pièce de 20 fr. a 21 millimètres de longueur, et celui d'une pièce de 40 fr. 26 millimètres. Il se demande par suite combien il devra prendre de pièces de chaque valeur, pour résoudre le problème qu'il s'est proposé.

†. — 64. — 35 décimètres cubes, 54 centimètres cubes de fer ont coûté 65 fr. 45 c. ; on admet qu'un volume quelconque de fer pèse 7 fois 788 millièmes de fois plus qu'un égal volume d'eau, et l'on demande le prix de 142 grammes 35 centièmes de ce métal.

65. — Un cultivateur s'étant avisé de peser son froment l'an dernier, au moment de sa récolte, trouva que l'hectolitre donnait au poids 75 kilogrammes 9 décagrammes. Il en avait recueilli 27 hectolitres 73 litres. Comme il n'a vendu son blé que cette année, et que le froment en se desséchant perd la dix-neuvième partie de son poids, on désire savoir : 1° ce que pesait le grain au moment de la récolte ; — — 2° ce que la quantité totale récoltée vaut aujourd'hui, à raison de 44 fr. 20 c. le quintal métrique.

66. — Deux débitants de tabac ont pris en commun à l'entrepôt 19 kilogrammes, dont ils ont besoin pour leur commerce, et cet achat leur revient à 133 francs. En admettant que l'un d'eux garde 4 kilogrammes 8 décagrammes de plus que l'autre, quelle quantité de tabac aura chaque débitant, et quelle somme devra-t-il débourser.

67. — Ces jours derniers, une belle propriété rurale était en vente, et l'on annonçait que l'on traiterait de gré-à-gré, si l'on recevait des offres convenables. L'affiche portait : 1° une maison d'habitation avec bois et jardins, plus une ferme et dépendances, estimées à 30913 fr. 877 millièmes ; 2° 27 hectares 8 ares 5 centiares de terres chaudes, à 21 fr. 75 c. l'are ; 3° 30 hectares 95 centiares de prairies, à 18 fr. 09 c. l'are ; 4° 15 hectares 7 ares de terres froides à 10 fr. 55 c. l'are. Un seul acquéreur s'est présenté, et trouvant l'estimation trop forte, il a consenti à acheter la propriété moyennant 1/29 de diminution sur le prix total des 3 derniers articles de la vente. Ses offres ayant été agréées, on demande : 1° combien la propriété était estimée ; 2° combien l'acquéreur a obtenu de diminution ; 3° combien il a déboursé. Reportant ensuite cette diminution par parts égales sur les articles précités, on recherchera, en terminant, combien le nouveau propriétaire a payé : 1° l'hectare, 2° l'are de terre chaude, de prairie et de terre froide.

68. — Mon relieur m'ayant collé sur toile et verni : 1° 4 grands tableaux d'écriture, de chacun 2 mètres 2 centimètres de long et 415 millimètres de large ; 2° 2 cartes murales ayant chacune 1 mètre 25 millimètres de long, sur 675 millimètres de large ; 3° une autre carte murale de 1 mètre 26 centimètres de long et 916 millimètres de large, me réclame 32 fr. pour son premier travail, 16 fr. pour le deuxième et 10 fr. pour le troisième. De mon côté, je désire savoir combien il a employé de mètres, de décimètres, de centimètres, de millimètres carrés de toile, et combien je lui paie le mètre carré. — Comment dois-je m'y prendre.

69. — Pour fabriquer un objet précieux d'un poids donné, on a mis dans le creuset 2 hectogrammes 3 décigrammes d'or, avec 46 grammes 5 centigrammes d'argent, et 2 décagrammes 18 milligrammes de cuivre. Toute la matière en fusion ayant été employée, on demande le poids de cet objet qui n'est autre qu'une petite statuette. On désire savoir en

même temps quelle quantité de grammes d'or, d'argent et de cuivre entre dans un hectogramme de l'alliage ainsi composé par l'orfèvre ; de plus, quelle est la valeur de ladite statuette, le kilogramme d'or pur se payant 3444 fr. 44 c. ; le kilogramme d'argent pur 222 fr. ; le kilogramme de cuivre 2 fr. 80 c., et la main-d'œuvre étant estimée à la moitié du prix des métaux employés.

---

70. — M. le comte de *** voulant que sa magnifique propriété soit entièrement close, en fait mesurer le pourtour, que l'on trouve être de 4 kilomètres 80 centimètres. Il convient avec son entrepreneur que 10 mètres 80 centimètres seront réservés pour l'entrée principale et les portes latérales ; qu'en outre, le mur d'enceinte aura 675 millimètres d'épaisseur, et 4 mètres 5 centimètres de hauteur. En admettant que 89 ouvriers soient employés à ce travail, on demande : 1° combien chacun d'eux en fera, à moins d'un millimètre cube près, s'ils sont tous de même force ; 2° quelle somme recevra chacun, à raison de 2 fr. 25 c. par mètre cube ; 3° ce qu'il restera à l'entrepreneur pour la fourniture et le transport des matériaux, pour le paiement des manœuvres et pour ses honoraires, s'il a traité à forfait avec M. le comte moyennant une somme de 62000 francs.

---

†. — 71. — Avec 100 kilog. de blé on a fait 108 kilog. de pain. Combien fera-t-on de kilogrammes de pain avec 154 kilog. de blé. — Que coûtera le kilogramme de pain, sachant : 1° que les 154 kilogrammes de blé ont coûté 55 fr. 44 c. ; 2° que les frais de fabrication s'élèvent à 4 fr. 80 c. pour un quintal de grain.

---

†. — 72. — Une pièce de vin de Bourgogne contient 28 décalitres. Sachant que le dixième du mètre cube de ce liquide pèse 992 hectogrammes, on demande : 1° le poids total du liquide contenu dans la pièce à un hectogramme près ; 2° quel volume en litres représenterait un poids de vin de Bourgogne équivalant à 19 kilogrammes 99 centièmes à un demi-décilitre près.

---

73. — En supposant, me disait un jeune tailleur de pierres, qu'un bloc de Kersanton ait 3119 kilog. de poids, pourrai-je en déterminer la solidité, ou si vous aimez mieux le volume en mètres cubes et sous-multiples, si je m'en rapporte aux 2 grammes 90 centièmes que j'ai obtenus pour la pesée d'un

petit dé, d'un centimètre de côté, taillé par moi dans un fragment de ce bloc. Je lui ai immédiatement expliqué que rien n'était plus facile, et il a exécuté sans peine le problème sous mes yeux.

---

74. — Un robinet donne 35 litres 5 dixièmes d'eau par minute. Dites combien il donne de mètres cubes d'eau par jour ; et s'il coulait dans un réservoir de 178 mètres cubes, 15 décimètres cubes, 8 centimètres cubes de capacité, mais à moitié plein, combien il mettrait de jours, d'heures et de minutes à achever de le remplir.

---

75. — On exploite en France une quarantaine environ de bassins houillers, et l'on a constaté qu'en 1852 nos mines ont produit en charbon de terre 49 millions de quintaux métriques. Rechercher par suite : 1° la quantité de mètres cubes de cette substance que les mines françaises ont livré au commerce, pendant l'année précitée, en admettant que l'hectolitre de charbon de terre ait au poids 132 kilogrammes 9 hectogrammes ; 2° la valeur totale de ladite exploitation, si l'hectolitre de charbon se paie 2 fr. 75 c.

---

76. — Sur la note d'un entrepreneur était portée une somme de 637 fr. 65 millimes, pour le parquetage d'une salle de 8 mètres 25 centimètres de long, sur 7 mètres 15 centimètres de large. Le propriétaire, trouvant quelques défauts dans le travail, ne paie que 9 fr. 20 c. le mètre carré. Indiquer la superficie de la salle, et ce que demandait l'entrepreneur pour chaque mètre carré de parquetage ; dire ensuite ce qu'on lui a rabattu de sa note, et la somme qu'il a reçue définitivement. — *Donné par un inspecteur dans une école professionnelle.*

---

†. — 77. — Une vigne, de la contenance de 27 hectares 3 ares, contient 2 ceps par 3 mètres carrés. Chaque cep a rapporté en moyenne 7 décilitres de vin. Chaque barrique de 230 litres ayant été vendue 75 fr., pour quelle somme a-t-on vendu le vin.

---

†. — 78. — Un propriétaire a vendu : 1° 70 toisons de brebis pesant chacune 9 kilog. au prix de 290 fr. le quintal métrique ; 2° 25 pièces de vin de 225 litres chacune, à 30 fr. 53 c. l'hectolitre. Il a employé le cinquième du produit de cette vente à payer ses impositions, et voudrait savoir combien, sur le surplus, il pourrait acheter de moutons, au prix moyen de 43 fr. 05 c.

†. — 79. — Une personne achète une vigne de la contenance de 59 ares 8 centiares, à raison de 4700 fr. l'hectare. Elle donne en paiement, savoir : 1° en espèces, une valeur de 500 fr.; 2° 5 pièces 75 centièmes de toile, renfermant chacune 10 mètres, à 6 fr. 50 c.; 3° 67 stères de bois, à 84 fr. le décastère; 4° 48 sacs de blé, contenant chacun 4 doubles décalitres, à 23 fr. l'hectolitre. — Combien, pour achever de solder le prix de la vigne; cette personne doit-elle livrer de kilogrammes d'une marchandise, estimée 15 centimes le décagramme.

†. — 80. — La population de la France est de 35783059 habitants, qui consomment annuellement 167 litres de blé par individu. L'hectolitre de blé pèse environ 76 kilog., et vaut en moyenne 15 fr. 95 c. On sème par hectare 2 hectolitres 8 litres de blé, et l'on récolte 12 hectolitres 45 litres. Cela posé, on demande : 1° le volume en mètres cubes, le poids en quintaux, et le prix du blé nécessaire pour nourrir pendant une année tous les habitants de la France; 2° le nombre de mètres carrés qu'il faut ensemencer en blé, chaque année, pour suffire à la consommation et aux semailles.

81. — Un épicier a reçu une barrique d'huile d'olive de 2 hectolitres 28 litres, à raison de 21 fr. 49 c. le décalitre, tous frais payés. La table des densités des liquides lui fait connaître en outre que chaque décalitre d'huile d'olive pèse 9 kilogrammes 153 grammes. Il se demande par suite combien il devra vendre soit le litre, soit le kilogramme, pour gagner sur le détail qu'il en fera le dixième de son déboursé.

82. — Combien de stères de bois aurai-je à fournir à mon marchand de vin, demandait un paysan, si je suis convenu de lui donner 100 décimètres cubes de bois à brûler pour 3 décilitres de vin vieux, et si je prends à son magasin deux barriques de 229 litres chacune. — Combien paierai-je ainsi le litre de ce vin, mon bois valant 7 fr. 45 c. le stère.

83. — Combien de décamètres cubes d'eau de mer y a-t-il aux plus fortes marées dans le port de Brest, si la longueur dudit port, depuis l'avant-garde jusqu'à la chaîne de l'arrière-garde, mesure 2861 mètres, sa largeur moyenne étant de 68 mètres, et sa profondeur moyenne de 11 mètres 50 centimètres. — Combien cette énorme quantité de liquide pèse-t-elle, la tonne, ou 1000 kilogrammes, étant prise comme unité de poids, et l'eau de mer ayant 1,0263 de densité.

84. — Pour pouvoir aller de temps en temps pendant la belle saison à la campagne, une personne a acheté, à une demi-lieue de la ville où elle réside, un jardin mesurant 29 ares 7 centiares en superficie. Comme elle désire y avoir une habitation de plaisance, elle prend sur son jardin, qu'elle a payé à raison de 11900 fr. l'hectare, une étendue de 4 décamètres carrés 8 décimètres carrés pour sa maison et sa cour. Dites : 1° ce que vaut l'emplacement qu'elle a distrait de son jardin pour ladite construction ; 2° ce qu'il reste de terrain pour le jardin ; 3° ce que lui coûtent les bâtisses et les embellissements qu'elle a faits à sa propriété, si elle l'estime plus tard à 20000 francs. — Vous commencerez tout naturellement par chercher la somme que l'achat du jardin lui a fait débourser.

---

85. — Deux courriers partent à 7 heures 1/2 du matin, l'un de Paris, l'autre de Sens, pour se rencontrer en route. Sachant qu'ils sont séparés par une distance de 11 myriamètres 10 hectomètres, et qu'ils font à l'heure, savoir : le premier 6 kilomètres 5 dixièmes, le second 580 décamètres, on désire connaître à quelle heure aura lieu leur rencontre, et quelle partie de la route chacun d'eux aura franchie.

---

86. — Deux amis qui ne se sont pas vus depuis long-temps, conviennent entre eux de se rencontrer en un point, déterminé à l'avance, de la route commune qui les sépare, pour dîner ensemble à midi. A cet effet, l'un d'eux part à 8 heures 35 minutes du matin, et fait 580 décamètres à l'heure ; l'autre part à 9 heures 30 minutes et fait 65 hectomètres à l'heure. Quelle distance y a-t-il donc entre les villes qu'ils habitent, et quelle partie de cette distance chacun devra-t-il franchir pour être rendu à l'heure dite au lieu convenu.

---

87. — Les recettes prévues au budget d'un Etat s'élèvent à un milliard. Admettant que cette somme soit en monnaie d'or de France ; sachant de plus qu'un franc en or pèse 322 milligrammes 58 centièmes, vous direz : 1° quel est le poids de l'or pur contenu dans le budget précité, et quel est le poids de cuivre allié à cet or ; 2° combien il serait possible de fondre de dés de 1 mètre cube, de 1 décimètre cube et de 1 centimètre cube, avec la quantité d'or pur que renferme un milliard, le centimètre cube dudit métal pesant 19 grammes 258 milligrammes. — Vous donnerez les solutions analogues, dans l'hypothèse d'un milliard fabriqué avec des pièces d'ar-

ent françaises, le centimètre cube d'argent pesant 10 grammes 474 milligrammes.

---

88. — Une salle d'école, construite dans d'excellentes proportions, a en longueur 11 mètres 75 centimètres, en largeur 8 mètres 30 centimètres, et en hauteur 5 mètres 85 centimètres. Dire ce que pèse l'air contenu dans cette salle, le poids d'un litre d'air étant de 1 gramme 299 milligrammes environ. Si l'on convient de plus qu'il faille 9 mètres cubes 75 centièmes d'air au moins pour chaque personne qui doit y séjourner, combien d'enfants pourront fréquenter cette école dans de bonnes garanties hygiéniques. — Les meilleures conditions d'hygiène sont cependant de 10 mètres cubes 25 centièmes d'air par personne : à combien d'élèves le professeur devra-t-il donc se limiter dans cette seconde hypothèse.

---

89. — Voulant que la plus belle pièce de mon logement soit transformée en salle de réception, je me propose de la faire tapisser et meubler d'une manière convenable. Pour cela, je m'adresse à un peintre ; et, après lui avoir donné les dimensions de cette pièce qui sont les suivantes : 6 mètres 75 de long, sur 5 mètres 80 de large et 4 mètres 20 de haut ; après avoir également choisi un beau papier de tenture dans son magasin, je lui demande ses prix, que j'apprends être de 8 centimes pour chaque mètre carré de papier gris tout collé, et de 2 fr. 35 c. pour la même superficie en place, du papier de tenture auquel je me suis arrêté. Me rendant ensuite chez un tapissier décorateur, je fais choix d'un ameublement complet, moyennant la somme de 5800 francs. De retour chez moi, je cherche à combien s'élève la double dépense que je viens de faire pour la tenture et l'ameublement de ma salle de réception. Dites comment je dois m'y prendre.

---

90. — Le célèbre vin de Rosenwein, récolté il y a environ deux siècles et demi en Allemagne, et si soigneusement conservé dans les caves de l'Hôtel-de-Ville de Brême, vaut aujourd'hui en francs 3500 fois son pesant d'or monnayé. Aussi le regarde-t-on comme un magnifique cadeau princier, et ne figure-t-il ordinairement sur la table de quelques rois privilégiés, que lorsqu'ils traitent un souverain étranger. Les bourgmestres de Brême, seuls, se permettent d'en tirer quelques litres pour leur usage particulier. Sachant que la densité moyenne du vin est de 9927 dix millièmes, et qu'un franc en

or pèse 322 milligrammes 58 centièmes, on se demande : 1° la somme qu'il faudrait débourser pour acheter un litre de ce vin ; 2° le prix qu'en coûterait le verre, supposé la huitième partie du litre.

---

†. — 91. — 18 mètres d'étoffe coûtent autant que 23 hectolitres de vin ; 2 hectolitres de vin coûtent autant que 30 kilogrammes d'une denrée ; 10 kilogrammes de cette denrée coûtent autant que 3 journées de travail d'un ouvrier, et l'ouvrier reçoit 52 fr. pour le prix de 13 journées de travail. — Dites combien on recevrait de mètres d'étoffe pour 920 francs.

---

92. — Par suite d'une adjudication, et à raison de 75 centimes le mètre cube, trois entrepreneurs se chargent d'un travail de terrassement, en y employant chacun une quantité d'ouvriers convenue entre eux. Le premier aurait pu faire exécuter seul l'ouvrage en 460 jours ; le deuxième, en 480 jours ; le troisième, en 500 jours. Combien les trois entrepreneurs, réunissant leurs ouvriers, mettront-ils donc de jours à faire achever ce terrassement, estimé à 30420 mètres cubes, 3 décimètres cubes 56 centimètres cubes, et que recevra chacun d'eux pour ses travailleurs.

---

93. — Le compteur établi à la porte d'un magasin, fait savoir que les deux becs qui en éclairent la montre, consomment 24 décalitres de gaz à l'heure. Si le mètre cube de gaz coûte 45 centimes, quelle sera, pour 155 jours, la dépense de ces deux becs, ainsi que de 4 autres de même grandeur, posés dans l'intérieur du magasin, à raison d'une durée moyenne de 3 heures par jour en éclairage.

---

94. — Pierre et Louis achètent à une vente une prairie de 6 hectares 8 ares 6 centiares, pour un prix dont chacun d'eux acquitte la moitié. L'un des deux propriétaires se ravisant, quelques jours avant que le partage se fasse également entre eux, vient proposer à l'autre une somme de 999 fr. 60 c., à condition que sa part à lui Pierre, contienne 1 hectare 12 ares de plus que celle de Louis. Celui-ci consentant, on déterminera par un calcul la part de chacun, et la valeur de la propriété achetée en commun.

---

95. — En admettant qu'un mètre carré de terrain puisse être entièrement couvert par 16 dalles en pierre, et que 12 de ces dalles, mises en place, reviennent à 15 fr. ; dites combien il en faudra pour une cuisine, une entrée et une cour, présentant ensemble une surface de 135 mètres carrés 5 dixièmes, et ce que l'on devra payer pour ce dallage.

---

† — 96. — Un marchand achète 10 pièces d'étoffe à raison de 8547 fr.; 4 de ces pièces contiennent 325 mètres 60 centimètres d'étoffe; les autres en contiennent 539 mètres 40 centimètres. Le marchand vend les 4 premières à raison de 1 fr. 35 c. le mètre.— On demande à combien lui revient le mètre des 6 dernières pièces.

---

†. — 97. — Depuis l'établissement du système métrique jusqu'en 1854, il a été frappé des pièces d'or de 20 fr. pour une valeur de 1697549720 fr. On demande : 1° le nombre de pièces; 2° le poids total, sachant qu'une pièce de 20 fr. pèse 6 grammes 451 milligrammes; 3° le poids de l'or pur ; 4° le poids du cuivre allié à l'or ; 5° la longueur en kilomètres que l'on aurait, en plaçant ces pièces en ligne droite à la suite les unes des autres, sachant que le diamètre d'une pièce est 21 millimètres; 6° combien il faudrait mettre de pièces à la suite les unes des autres, pour aller de Paris à Orléans, sur une ligne de 121 kilomètres.

---

†. — 98. — La récolte d'une propriété en froment, vendue au prix de 27 fr. 50 c. les 100 kilogrammes, a produit 2941 fr. 40 c. Sachant que l'étendue des terres ensemencées est de 9 hectares 55 ares, on demande quel est le produit de chaque hectare en froment et en argent.

---

†. — 99. — Un confiseur a employé pour faire des confitures 985 hectogrammes de sucre à 1 fr. 95 c. le kilogramme; 10725 décagrammes de groseilles à 8 centimes l'hectogramme; il compte le feu pour 5 fr. 50 c. Il a obtenu 12 myriagrammes 575 millièmes de confitures. — Dites : 1° à combien lui revient le kilogramme ; — 2° combien il doit vendre le pot pour gagner 50 centimes, si chaque pot en verre, d'une contenance de 250 grammes de confitures, lui coûte 85 millimes.

---

100. — Dans le partage d'une propriété, j'ai eu un cer-

tain nombre d'ares que j'estime à raison de 1 franc 75 centimes les 7 mètres carrés. Je les cède à un co-partageant sur le pied de 3 fr. 15 c. pour 9 mètres carrés, et je gagne 4856 fr. 70 c., tout en obligeant l'acheteur, qui désirait vivement avoir ma part pour agrandir la sienne. De mon côté, je me trouve très-bien de cette cession ; car, avec l'argent que j'en retire, je puis acquérir une jolie propriété, dont je ne paie l'hectare que 2450 fr. — Combien avais-je d'ares de terrain dans mon lot ; combien en ai-je retiré, en le cédant à un des co-héritiers, et quelle est la valeur en terres de la nouvelle propriété que j'ai ensuite acquise.

FRACTIONS.

---

115. — *On appelle fraction une ou plusieurs parties de l'unité divisée en parties égales.*

Toute fraction renferme deux termes, le *numérateur* et le *dénominateur*. Le dénominateur indique en combien de parties égales l'unité est divisée ; et le numérateur, combien on prend de ces parties pour former la fraction.

116. — *On est conduit à la considération des fractions par la division toutes les fois qu'elle ne réussit pas exactement.* Qu'il s'agisse par exemple de diviser 25 par 7, le quotient doit être plus grand que 3, et plus petit que 4 : il est donc 3, plus une quantité moindre que l'unité, ou une fraction.

Examinons maintenant comment se composera la fraction qui doit compléter le quotient. Le reste de la division est 4 ; pour quotient on trouve 3, qui multiplié par le diviseur 7, donne 21 pour produit. On peut donc dire que le dividende 25, par rapport au diviseur 7, est formé de deux parties, 21+4 ; et que, par conséquent, le quotient de 25 par 7 est égal :

1° au quotient de 21 par 7, qui est 3 exactement ; 2° au quotient de 4 par 7, quotient qui ne peut s'obtenir, mais seulement s'indiquer ; le dividende 4 ne contenant pas le diviseur 7. On est convenu pour cela, d'écrire le diviseur sous le dividende, en les séparant par un trait vertical de cette manière : 4|7. Le terme supérieur 4, prend le nom de numérateur ; et le terme inférieur 7, celui de dénominateur. Ainsi, *toutes les fois qu'une division ne réussit pas exactement, il faut ajouter au quotient une fraction composée du reste pour numérateur, et du diviseur pour dénominateur.*

117. — Cherchons à découvrir la vraie valeur de cette expression 4|7, qui forme la deuxième partie du quotient de 25 par 7. Si nous avions une unité quelconque divisée en 7 parties égales, chacune de ces parties serait le septième de l'unité ; quatre de ces parties seront par conséquent 4 fois le septième, ou les 4|7 de l'unité. Donc, pour évaluer la grandeur d'une fraction, il faut supposer une unité quelconque divisée en autant de parties égales que l'indique le dénominateur, et prendre autant de ces parties que l'indique le numérateur.

118. — *Pour écrire une fraction, on écrit d'abord le numérateur, et au-dessous le dénominateur, séparés l'un de l'autre par un trait horizontal, vertical ou oblique.*

Ainsi cinq sixièmes s'écrivent 5|6.

Pour lire une fraction, on lit d'abord le numérateur, puis le dénominateur, en y ajoutant la terminaison ième.

Ainsi 5|7 s'énoncent *cinq septièmes.* Il n'y a d'exceptions que pour les fractions qui ont pour dénominateur 2, 3, 4, qui se lisent *demi, tiers, quart.*

119. — Observons que, *dans toute fraction proprement dite, le dénominateur est plus fort que le numérateur.*

Si les deux termes étaient égaux, comme dans $^8/_8$ par exemple, ce ne serait plus une fraction, mais une unité. En effet, nous supposons l'unité partagée en 8 parties égales ; mais puisqu'on les prend toutes, on aura donc pris l'unité tout entière. D'ailleurs le quotient de deux nombres égaux est toujours l'unité.

Enfin, si l'expression fractionnaire avait son numérateur plus fort que le dénominateur, elle surpasserait l'unité, puisqu'on prendrait plus de parties égales qu'il n'en faut pour constituer l'unité. — On trouve la vraie valeur d'une telle expression en divisant le numérateur par le dénominateur : Ainsi $^{24}/_5$, renferme, division effectuée, 4 unités $+ ^4/_5$. Cette opération s'intitule, en arithmétique, extraire les entiers d'une expression fractionnaire.

Changements produits dans une fraction, par l'altération de ses termes.

120. — *Si sans altérer le numérateur d'une fraction, on multiplie son dénominateur par un nombre quelconque, 2 par exemple, la fraction est rendue 2 fois plus faible.*

En effet, l'unité se trouvant partagée en 2 fois plus de parties égales que d'abord, ces parties deviennent 2 fois plus nombreuses, et par conséquent 2 fois plus petites : or comme on en prend le même nombre de part et d'autre, il s'ensuit que la fraction est devenue elle-même 2 fois plus faible.

Par un raisonnement analogue on prouverait qu'une fraction devient 2, 3, 4....... fois plus grande, lorsqu'on divise son dénominateur par 2, 3, 4......

121. — *Si sans altérer le dénominateur d'une fraction, on multiplie son numérateur par un nombre quelconque, 2 par exemple, la fraction est rendue 2* *fois plus forte*, puisqu'on prend 2 fois plus des mêmes parties égales que d'abord.

Par un raisonnement analogue on prouverait qu'une fraction devient 2, 3, 4.... fois plus petite, lorsqu'on divise son numérateur par 2, 3, 4......

122. — De ces principes on peut déduire le suivant : *qu'une fraction ne change pas de valeur, lorsqu'on multiplie, ou qu'on divise ses deux termes par un même nombre*, parce qu'il y a toujours compensation, l'une des deux multiplications ou des deux divisions rendant la fraction proposée le même nombre de fois plus forte ou plus faible, que l'autre l'a rendue plus faible ou plus forte.

123. — On peut se demander ici quel changement subit une fraction, lorsqu'on ajoute un même nombre à ses deux termes. Nous répondrons que, *lorsqu'on ajoute un même nombre aux deux termes d'une fraction, elle devient plus forte, à moins que ce ne soit une expression fractionnaire, auquel cas cette expression fractionnaire deviendrait plus petite*. Car, soit une fraction proprement dite : cette fraction, et celle qu'on obtient, après avoir ajouté un même nombre aux deux termes de la 1re, diffèrent l'une et l'autre de l'unité, de deux fractions ayant le même numérateur. Mais le dénominateur de la seconde différence étant plus grand que celui de la première, il en résulte que cette deuxième différence est la plus petite, et que par conséquent la seconde fraction est plus grande que la première, puisqu'elle approche plus de l'unité.

Soit la fraction $^3|_5$. Ajoutons 2 à chacun de ses termes, il vient $^5|_7$. Nous trouvons que $^3|_5$ diffère de l'unité de $^2|_5$, et que $^5|_7$ en diffère de $^2|_7$. Mais cette seconde différence ayant le plus fort dénominateur, il résulte qu'elle est plus petite que la première; donc la seconde fraction $^5|_7$, qui diffère de l'unité d'une quantité moindre que $^3|_5$, est la plus grande.

Par un raisonnement analogue, on prouverait qu'une fraction devient plus faible, lorsqu'on retranche un même nombre de ses deux termes.

ADDITION DES FRACTIONS.

124. — *Pour additionner plusieurs fractions qui ont le même dénominateur, on fait la somme de leurs numérateurs, donnant pour dénominateur à cette somme le dénominateur commun.*

Ainsi les fractions $^3|_7$, $^2|_7$, $^5|_7$, $^1|_7$, ajoutées ensemble, donnent pour total $^{11}|_7$, et en extrayant les entiers, 1 unité + $^4|_7$.

En effet, des fractions de même dénomination indiquant des collections de parties égales de l'unité, sont des quantités de même espèce : il suffit donc d'additionner les nombres qui indiquent combien on prend de ces parties, c'est-à-dire les numérateurs.

125. — *Si les fractions à ajouter n'ont pas le même dénominateur*, elles expriment des collections de parties inégales de l'unité, et ne peuvent par conséquent se réunir immédiatement en une même somme.

Il faut donc, avant de procéder à l'addition, les réduire au même dénominateur. Pour cela, s'il s'agit seulement de deux fractions, on multiplie les deux termes de la première par le dénominateur de la seconde, et les deux termes de la seconde par le dénominateur de la première.

Par là elles ne changent pas de valeur, les deux termes de chacune étant multipliés par un même nombre ; et de plus elles acquièrent le même dénominateur, produit des deux dénominateurs primitifs.

Soit par exemple proposé de réduire au même dénominateur les deux fractions $\frac{4}{7}$ et $\frac{5}{8}$. En multipliant les deux termes 4 et 7 de la première fraction par le dénominateur 8 de la deuxième, nous obtenons $\frac{32}{56}$; de même, en multipliant les deux termes 5 et 8 de la deuxième fraction par le dénominateur 7 de la première, nous obtenons $\frac{35}{56}$. Les deux fractions proposées sont donc devenues par cette transformation $\frac{32}{56}$ et $\frac{35}{56}$. Leur somme égale $\frac{67}{56}$, ou 1 entier plus $\frac{11}{56}$.

126. — *S'il s'agit de réduire au même dénominateur un nombre quelconque de fractions, on multiplie les deux termes de chacune par le produit effectué des dénominateurs de toutes les autres.*

Les nouvelles fractions ainsi obtenues, conservent respectivement la valeur qu'elles avaient d'abord ; et en outre, le dénominateur commun n'est autre que le produit de tous les dénominateurs primitifs.

Ainsi, soit à réduire à une même dénomination les trois fractions $\frac{3}{5}$, $\frac{4}{7}$, $\frac{3}{9}$. Multipliant les deux termes 3 et 5 de la première fraction par 63, produit des dénominateurs de la deuxième et de la troisième fraction, nous trouvons $\frac{189}{315}$; faisant ensuite le produit des deux termes 4 et 7, par 45, résultat que donne la multiplication des dénominateurs de la première et de la troisième fraction, il nous vient $\frac{180}{315}$; enfin, multipliant les deux termes 3 et 9 de la troisième fraction par 35, produit des dénominateurs de la première et de la deuxième fraction, nous obtenons $\frac{105}{315}$. D'après cela, il vient pour somme de ces trois fractions données,

$$\frac{189}{315}+\frac{180}{315}+\frac{105}{315}=1 \text{ entier } +\frac{159}{315}$$

127. — Première Remarque — On peut encore, pour réduire plusieurs fractions au même dénominateur, commencer par faire le produit de tous les dénominateurs donnés, puis diviser ce produit successivement par les dénominateurs primitifs ; et chaque quotient , pris isolément, n'est autre chose que le nombre par lequel il ne reste plus qu'à multiplier les deux termes de la fraction dont le dénominateur, employé comme diviseur, avait aidé à le découvrir.

Soit, par exemple, proposé de donner une même dénomination aux trois fractions $^1|_2$, $^4|_7$, $^2|_3$. Le produit des trois dénominateurs = 42. Ce nombre, divisé successivement par 2, par 7 et par 3, donne pour quotient-multiplicateur des deux termes de la première fraction, 21 ; pour quotient-multiplicateur des deux termes de la deuxième, 6 ; pour quotient-multiplicateur des deux termes de la troisième, 14. Les produits des numérateurs et des dénominateurs par chacun de ces nombres étant donc effectués dans l'ordre ci-dessus, il vient pour solution du problème les trois fractions $^{21}|_{42}$, $^{24}|_{42}$, $^{28}|_{42}$.

128. — Deuxième Remarque. — La réduction des fractions au même dénominateur est susceptible d'abréviation dans deux cas ; 1° lorsque l'un des dénominateurs donnés est multiple de tous les autres ; 2° lorsqu'on arrive à découvrir un nombre, moindre que le produit de tous les dénominateurs primitifs, et qui soit en même temps multiple de tous ces dénominateurs.

1° Si l'un des dénominateurs est multiple de tous les autres, il suffit de diviser ce dénominateur successivement par celui de chacune des fractions données ; alors chaque quotient devient le multiplicateur des deux termes de la fraction, dont, pour le trouver, on a pris le dénominateur comme diviseur.

Exemple. — *Réduire au même dénominateur les fractions* 7/30, 13/15, 2/3, 1/6 *et* 3/5.

Le dénominateur 30 étant multiple de tous les autres, tâchons de transformer en trentièmes les quatre dernières fractions données, et, pour cela, multiplions : 1° les deux termes 13 et 15 de la deuxième fraction par 2, quotient de 30 par le dénominateur 15 ; 2° les deux termes 2 et 3 de la troisième par 10, quotient de 30 par 3 ; 3° les deux termes 1 et 6 de la quatrième par 5, quotient de 30 par 6 ; 4° les deux termes 3 et 5 de la cinquième par 6, quotient de 30 par 5.

Par suite, voici ce que deviennent les fractions primitives réduites à une même dénomination : $^{7}|_{30}$, $^{26}|_{30}$, $^{20}|_{30}$, $^{5}|_{30}$ et $^{18}|_{30}$. (Le dénominateur commun, d'après la méthode ordinaire, aurait été 4050.)

2° Si, plusieurs fractions à réduire au même dénominateur étant données, il se présente un nombre qui soit divisible à la fois par tous les dénominateurs primitifs, on adopte immédiatement ce nombre pour dénominateur commun ; on en effectue la division successive par chacun des dénominateurs donnés, et alors, comme au cas précédent, chaque quotient vient encore multiplier les deux termes de la fraction, dont le dénominateur a servi de diviseur pour l'obtenir.

Exemple. — *Soient les quatre fractions* 11/21, 15/28, 13/14, 7/12 *à réduire au dénominateur commun le plus simple possible ?*

En examinant attentivement les quatre dénominateurs donnés, nous voyons qu'ils sont les sous-multiples du même nombre 84. Divisant donc 84 successivement par 21, 28, 14 et 12, nous obtenons les quotients-multiplicateurs suivants : 4 pour les deux termes de la première fraction ; 3 pour les deux termes de la deuxième, 6 pour les deux termes de la troisième, et 7 pour les deux termes de la quatrième. Enfin, les multiplications, effectuées à l'aide de ces nombres respectifs, nous donnent pour résultats : $^{44}|_{84}$, $^{45}|_{84}$, $^{78}|_{84}$ et $^{49}|_{84}$. — Si nous nous étions servis de la méthode ordinaire de réduction, nous aurions trouvé pour dénominateur commun 98784.

Autre exemple. — *On a employé successivement* 2/3, 3/4, 5/6, 8/9, 11/12 *de mètre d'étoffe : combien cela fait-il en tout ?*

Observons que 36 peut servir ici de dénominateur commun, et que les fractions deviennent alors $^{24}|_{36}$, $^{27}|_{36}$, $^{30}|_{36}$, $^{32}|_{36}$, $^{33}|_{36}$. Leur somme donne $^{146}|_{36}$ de mètre, ou 4 mètres $^{1}|_{18}$ pour réponse.

Réduction des entiers en fraction.

129. — *Soit proposé d'ajouter l'entier 4 avec la fraction $^5/_7$.*

Avant de procéder à cette addition, réduisons l'entier 4 en septièmes, afin de n'avoir à combiner entre elles que des quantités homogènes. Or puisqu'une seule unité vaut $^7/_7$, 4 unités vaudront 4 fois plus, ou $^{28}/_7$. Ajoutant maintenant $^{28}/_7$ et $^5/_7$ de la manière ordinaire, nous obtenons $^{33}/_7$ pour résultat.

Ce problème, qui s'intitule aussi réduire un entier en fraction, se résout, comme on le voit, en multipliant l'entier proposé par le dénominateur de la fraction qui l'accompagne, ajoutant ensuite le numérateur au produit, et donnant pour dénominateur à la nouvelle expression, le dénominateur primitif.

Addition des nombres fractionnaires.

130. — *Pour additionner des nombres entiers joints à des fractions, on commence par additionner les fractions. Si leur somme renferme des entiers, on les extrait pour les joindre à la somme des entiers qui ne se fait qu'en dernier lieu. Si cette somme n'en renferme pas, on l'écrit telle qu'on la trouve.*

Ainsi, soit le problème suivant :

Un marchand a vendu 4 mètres $^7|_8$, 5 mètres $^3|_5$ et 4 mètres $^1|_2$; combien a-t-il vendu en tout?

Pour le résoudre, nous commençons par réduire les fractions au même dénominateur, et il vient : $^{70}|_{80}$ pour la première ; $^{48}|_{80}$ pour la deuxième ; $^{40}|_{80}$ pour la troisième ; leur somme nous donne $^{158}|_{80}$, ou 1 + $^{78}|_{80}$. Ajoutant ensuite les entiers 4+5+4+1, nous obtenons pour résultat définitif 14 mètres + $^{78}|_{80}$.

PROBLÈMES.

101. — Ma sœur a eu besoin de 4/9, de 5/6, de 5/7 et de 3/4 de mètre de mousseline pour des travaux de broderie ; si elle a fait ces divers achats en quatre différentes fois, dites ce qu'il lui a fallu de tissu en tout pour ses cols, mouchoirs, bonnets, etc.

---

102. — Quelqu'un demandait l'heure à un mathématicien qui tenait sa montre. Vous la connaîtrez facilement, répondit-il à son interlocuteur, en vous donnant la peine de chercher le nombre qui deviendrait égal à une demie, si vous en retranchiez la somme des quatre fractions 7/8, 11/16, 29/32, 34/64.— Quelle heure était-il donc, lorsque le savant s'exprimait de la sorte. — *Donné par un inspecteur dans une école professionnelle.*

---

103. — Si un premier ouvrier tisserand fait 5 mètres de toile en 6 heures, et qu'un deuxième en fasse 7 mètres en 9 heures ; un troisième, 3 mètres en 5 heures ; un quatrième, 10 mètres en 13 heures ; un cinquième, 9 mètres en 11 heures ; enfin, un sixième, 15 mètres en 17 heures, combien y aura-t-il de mètres de toile confectionnés par ces six ouvriers ensemble en une heure.

---

104. — Un élève qui portait un litre de lait à la main droite, et à la gauche un litre d'eau, dans deux vases en ferblanc de même pesanteur, se demandait si l'un des deux liquides qu'il venait de chercher, était plus lourd que l'autre à quantité égale. Arrivé en classe, il saisit le moment où le professeur expliquait le système métrique, pour tâcher d'obtenir, par une question adroitement amenée, le renseignement qu'il désirait. Son maître ne le satisfit pas cependant d'une manière complète, mais se contenta de lui dire que la pesanteur spécifique du lait n'est autre que le nombre qui, diminué de 7/8, égale 31/200. — Que pèse donc un litre de lait, le décimètre cube d'eau pure étant pris pour unité; et de combien de décagrammes l'une des deux substances liquides que portait l'enfant est-elle plus lourde que l'autre. — *Donné par un inspecteur dans une école professionnelle.*

---

105. — Un marchand, à qui il reste quelques petites portions de vins de diverses qualités, en mêle ensemble 1/99 de kilolitre avec 1/11 d'hectolitre, avec 12/19 de décalitre et avec 75/76 de litre. — Dites ce qu'il obtient en tout de litres de vin par ce mélange.

---

†. — 105 *bis*. — Quelle est très approximativement en mètres et centimètres la longueur du nœud, mesure dont on se sert dans la Marine pour apprécier la célérité de la marche d'un vaisseau, si le tiers et la moitié de ladite longueur, augmentés de 455,05 valent 2000 mètres.— Le résultat étant obtenu, conformément à l'énoncé ci-dessus, diminuez-en le dernier chiffre décimal d'un centième, et faites-le suivre d'un 5, vous aurez ainsi la longueur exacte du nœud. — Quelle est-elle donc.

---

106. — Curieux de son naturel, un jeune homme demandait un jour à son oncle quel âge il avait. Ce dernier, voulant laisser à son neveu quelque chose à deviner, se contenta de lui répondre : ôte de mon âge, lorsque tu le connaîtras bien entendu, celui de ta tante qui est de 45 ans 7/8, et tu auras 17 ans 1/3, âge de ton cousin. Après cela, il ne te restera plus que peu de chose à faire pour découvrir le mien, à un jour près.

---

107. — Pour essayer le sucre de trois magasins d'épiceries, une maîtresse de maison a fait dans l'un un premier achat de 1 kilogramme 3/4 le matin, et un deuxième de 3 kilogrammes 1/2 le soir du même jour. La semaine suivante, elle a pris dans un autre magasin 2 kilogrammes 7/8 de plus qu'à ses deux premiers achats. Enfin, quelques jours plus tard, voulant achever sa provision du mois, elle a acheté chez un troisième épicier autant de sucre que les trois pre-

mières fois ensemble, et 11/16 de kilogramme en plus.— De quelle quantité de sucre a-t-elle donc fait emplette : 1° au magasin du premier épicier ; 2° à celui du deuxième épicier; 3° à celui du troisième ; 4° en tout, chez les trois épiciers.

---

108. — Il a été vendu dans un magasin , pendant une heure, les quantités suivantes, savoir : 18 mètres 15/16 de toile, 65 mètres 3/8 de soie, 92 mètres 8/9 d'étoffe ; 46 mètres 4/11 de mousseline , et 108 mètres 1/2 de dentelle. — Dites ce qu'il a été vendu de mètres et de parties de mètres en tout par le marchand. — De plus , en admettant que le prix du mètre de toile soit de 5 fr. 25 c. , celui du mètre de soie de 9 fr. 75 c., celui du mètre d'étoffe de 7 fr. 15 c., celui du mètre de mousseline de 4 fr. , et celui du mètre de dentelle de 15 fr. 25 c., vous chercherez ce qu'a produit ladite vente à la caisse du magasin.

---

109. — Ayant une partie de vin dont je désirais me défaire, disait un marchand , j'en ai cédé en trois différentes fois, au-dessous du cours, les quantités suivantes : 1 hectolitre 3/5, 25 décalitres 7/9 , 135 litres 11/12. Il me reste encore cependant 15 décilitres 1/8 que j'ai pris pour mon usage. — Dites ce que j'avais de litres de vin en tout, puis vous me ferez savoir combien il y a de millilitres dans la fraction que vous aurez obtenue.

---

110. — Un tailleur a employé 4 mètres de drap pour trouver la coupe de 3 gilets , 5 mètres pour faire 12 casquettes , 36 mètres pour confectionner 15 pantalons , et 46 mètres pour tailler 21 vestes. — Que lui a-t-il fallu de mètres de drap en tout, pour fournir à la même personne un seul de chacun de ces vêtements.

---

†. — 110 *bis*. — S'il faut à un tailleur 4 mètres 3/5 pour la façon de trois gilets , 5 mètres 5/9 pour celle de 12 casquettes , 36 mètres 2/3 pour celle de 15 pantalons , et 46 mètres 7/12 pour celle de 21 vestes, que lui fournira-t-on de mètres de drap pour la confection de tous ces objets de vêtement. — Qu'emploierait-il de mètres en tout , s'il n'avait à confectionner qu'un seul de chacun desdits objets — Cette dernière partie de la question devra être traitée par le calcul des nombres décimaux et par celui des fractions ordinaires.

SOUSTRACTION DES FRACTIONS.

131. — *La soustraction des fractions qui ont le même dénominateur s'effectue, en retranchant le plus petit numérateur du plus grand, et donnant au reste pour dénominateur le dénominateur commun.*

Ainsi :

$$\frac{5}{7}-\frac{3}{7}=\frac{2}{7}$$

132. — Si les fractions n'ont pas le même dénominateur, on les y réduit, avant de les retrancher l'une de l'autre, puis on opère comme précédemment ; ainsi :

$$\frac{3}{4}-\frac{5}{8}=\frac{24}{32}-\frac{20}{32}=\frac{4}{32}=\frac{1}{8}$$

Soustraction des nombres fractionnaires.

133 — *Pour retrancher deux nombres fractionnaires l'un de l'autre, on soustrait les fractions entre elles, et les entiers entre eux.*

Si la fraction à soustraire est la plus forte, on augmente d'une unité celle dont elle doit être retranchée, et par là, la soustraction des fractions devient possible ; mais en opérant sur les entiers, il faut avoir soin d'ajouter une unité à celui que l'on soustrait, afin de rendre au reste sa véritable valeur. Soit donc à résoudre le problème suivant :

Un marchand a vendu 7 mètres 9/10 d'étoffe. — Combien lui restera-t-il d'une pièce qui en contient 10 mètres 7/31 ?

Réduisant d'abord les deux fractions au même dénominateur, nous trouvons : $^{279}|_{310}$ et $^{70}|_{310}$. Ne pouvant retrancher $^{279}|_{310}$ de $^{70}|_{310}$, il faut que nous augmentions cette dernière fraction d'une unité qui, réduite en 310es, et ajoutée à $^{70}|_{310}$, donne pour résultat $^{380}|_{310}$. Retranchant alors, d'après la soustraction des fractions, le numérateur 279 du numérateur 380, et donnant 310 pour dénominateur au reste, nous obtenons $^{101}|_{310}$. Enfin 7+1 ou 8 mètres retranchés de 10, donnent 2 pour différence. Le résultat définitif est donc : 2 mètres $^{101}|_{310}$.

134. — S'il s'agissait simplement de soustraire une fraction d'un entier, on prendrait sur cet entier une unité, que l'on réduirait en expression de même dénomination que la proposée, et, ayant obtenu le reste, on y joindrait l'entier diminué d'une unité,

Ainsi : $7 - {}^{9}|_{17} = 6 + {}^{17}|_{17} - {}^{9}|_{17} = 6 + {}^{8}|_{17}$.

135. — La soustraction, ainsi que l'addition des nombres fractionnaires, pourraient également s'effectuer, en réduisant préalablement les entiers en fractions, et y appliquant ensuite la règle générale de chaque opération respective.

136. — Remarque. — *On est quelquefois conduit à se demander laquelle de deux fractions est la plus forte.* Un moyen infaillible de le reconnaître, c'est de réduire les deux fractions au même dénominateur, et la plus forte est alors évidemment celle qui a le plus grand numérateur. Cependant il y a des cas où cette opération préalable n'est pas nécessaire ; par exemple, si les fractions proposées ont le même numérateur, la plus grande sera celle qui aura le plus petit dénominateur. Ainsi l'on voit immédiatement que la fraction $^{4}|_{5}$ de mètre est plus forte que $^{4}|_{9}$ de mètre. On découvrira aussi facilement : 1° que toutes les fois que des deux fractions, l'une a le plus grand numérateur et en même temps le plus petit dénominateur, elle est la plus forte ; 2° que toutes les fois que la différence est la même entre les deux termes de chacune, la plus forte est celle qui a le plus grand dénominateur.

PROBLÈMES.

111. — Si à la contenance d'un premier flacon, laquelle est 289/475 de litre, vous comparez 7/19 de litre, contenance d'un deuxième flacon, vous trouverez : 1° lequel des deux flacons est plus grand et de combien ; développant ensuite en décimales la différence de capacité ainsi obtenue, vous saurez : 2° quelle est la densité du liége.

112. — Pour achever un pantalon d'uniforme, un tailleur aurait encore besoin de 26/125 de mètre de galon d'or ; mais, comme il ne reste à l'orfèvre qu'un mètre de ce galon, le tailleur consent à le prendre en entier. La fraction de mètre qu'il aura de trop étant développée en décimales, vous fera connaître ce que pèse un litre d'alcool absolu, le litre d'eau pure ayant au poids 1 kilogramme. — Cherchez donc cette pesanteur spécifique, et dites-nous le poids de l'alcool renfermé dans un tonneau jaugeant 759 litres.

113. — Une fontaine entièrement desséchée peut, d'après des expériences déjà faites, être remplie en 7 heures, par un robinet qu'on laisse y verser de l'eau ; mais en même temps on ouvre un autre robinet, qu'on sait pouvoir la vider en 11 heures. — Déterminer, par suite, quelle quantité d'eau il y aura au bout d'une heure, les deux robinets ouverts, dans ladite fontaine.

114. — Deux personnes se sont partagé entre elles un mètre d'étoffe de la manière suivante : la première en a pris 19/72 plus 1/3, et a laissé le reste à la seconde. — Trouver laquelle des deux a eu le plus d'étoffe, et combien de plus que l'autre.

115. — Je sais, disait un passementier, que deux personnes m'ont livré ensemble, l'an dernier, 5/8 de mètre de broderie en or ; mais je ne puis me rappeler au juste combien chacune d'elles m'en a fourni séparément. Cependant je possède une donnée que je crois devoir me mettre bientôt sur la voie de la solution que je cherche : préférant le travail de la première ouvrière, je suis bien sûr de lui avoir commandé 3/12 de mètre de plus qu'à la deuxième. — Quelle quantité de broderie ai-je donc fait faire par chacune de ces deux personnes. — *Donné par un inspecteur dans une école professionnelle.*

†. — 115 *bis*. — Un terrassier a fait en trois différentes fois : 1/19, 7/23 et 11/31 de l'ouvrage qu'un entrepreneur lui avait confié. — Quelle portion a t-il donc déjà faite, et que lui reste-t-il encore à achever de toute sa tâche.

---

116. — Une voiture a franchi une distance de 49 kilomètres en 12 heures ; mais le lendemain, les chevaux étant fatigués, et le reste de la route difficile, elle n'a pu en parcourir les 28 kilomètres qu'en 9 heures. — Quelle portion de route a-t-elle donc faite le premier jour de plus que le second, par heure.

---

117. — Un marchand épicier priait, ces jours derniers, un de ses confrères de lui prêter 27 kilogrammes 3/5 de sucre, pour qu'il pût faire une livraison de 50 kilogrammes 1/2 qui lui était demandée sur-le-champ, et afin qu'il lui restât 15 kilogrammes 8/9 pour la vente. — Quelle quantité avait-il donc à ce moment dans son magasin.

---

118. — Pour une fourniture de 748 kilogrammes 6/11 de cuivre en barres à la Marine, un négociant fait venir 456 kilogrammes 2/3 ; et il se trouve alors possesseur d'un surplus de 38 kilogrammes 4/5. — Quelle valeur en poids le négociant avait-il donc dudit métal, avant de soumissionner.

---

119. — Dans un magasin de drap, il y avait une pièce de 157 mètres 1/8, dont le marchand a, suivant inscription sur ses livres de compte, vendu le même jour, en 3 coupons différents, 25 mètres 7/9, 42 mètres 11/12 et 54 mètres 3/17. S'il veut savoir combien il est resté de la pièce après chaque vente partielle, quel calcul devra-t-il faire. Dites-en les résultats.

---

†. — 119 *bis*. — Un premier champ a donné à un cultivateur 1/13 de récolte de plus qu'un deuxième de même grandeur, et celui-ci 2/29 de plus qu'un troisième champ d'égale surface que le second. — Combien la première terre lui a-t-elle donc produit de plus que la troisième.

---

120. — Deux frères réunissant leurs âges, en forment un total de 46 ans 2/12. On sait en outre que l'aîné a 29 ans 119/365, et l'on veut déterminer par suite l'âge du plus jeune, ainsi que celui qu'avait l'aîné, lorsque son frère est né. — *Donné par un inspecteur dans une école professionnelle.*

MULTIPLICATION DES FRACTIONS.

137. — *La multiplication des fractions,* d'après le même principe que celle des entiers, *a pour but de former un produit à l'aide de la fraction multiplicande, de la même manière que la fraction multiplicateur est formée avec l'unité.*

Si donc il s'agit de multiplier $^4|_7$ par $^3|_5$, nous observerons que le multiplicateur n'étant que les $^3|_5$ de l'unité, le produit ne sera que les $^3|_5$ du multiplicande ; d'où il résulte que multiplier $^4|_7$ par $^3|_5$, c'est prendre les $^3|_5$ de $^4|_7$.

Or, si nous n'avions à prendre que le cinquième de $^4|_7$, il suffirait de rendre cette fraction cinq fois plus faible, ce qui se ferait en multipliant son dénominateur par 5, et le résultat serait :

$$\frac{4}{7\times5} \text{ ou } \frac{4}{35}$$

Mais ce n'est pas seulement le cinquième que nous avons à prendre de $^4|_7$, ce sont les $^3|_5$, quantité trois fois plus forte que $^1|_5$. Le résultat $^4|_{35}$ étant donc trois fois trop faible, il faut, pour le rendre à sa juste valeur, multiplier son numérateur par 3, ce qui donne :

$$\frac{4\times3}{7\times5}=\frac{12}{35}$$

Comparant ce produit avec les deux fractions données, on reconnaît que : *pour multiplier deux fractions l'une par l'autre, il faut multiplier les numérateurs entre eux et les dénominateurs entre eux.*

138. — Remarque. — *Toutes les fois qu'on multiplie une quantité quelconque par une fraction, le produit est toujours moindre que le multiplicande.*

En effet, puisque, d'après la définition de la multiplication, le produit doit être formé à l'égard du multiplicande, comme le multiplicateur l'est à l'égard de l'unité; et que, dans notre hypothèse, le multiplicateur se compose d'une fraction, c'est-à-dire d'une quantité essentiellement plus faible que l'unité, le produit sera donc nécessairement moindre que le multiplicande.

On prouverait de même, après avoir au préalable interverti l'ordre des facteurs, que le produit est aussi moindre que le multiplicateur.

On peut encore dire que, d'après l'opération même, le produit doit être plus faible que le multiplicande. En effet, on a multiplié le multiplicande par le numérateur, puis divisé le résultat ainsi obtenu par le dénominateur, qui est évidemment plus fort que le numérateur ; donc en définitif on a plus divisé que multiplié, donc le produit doit être plus faible que le multiplicande.

139. — Si l'on a un entier à multiplier par une fraction, ou une fraction par un entier, on met l'entier sous forme de fraction, en lui donnant l'unité pour dénominateur ; et l'on rentre ainsi dans le cas de la multiplication de deux fractions. — Ainsi :

$$4 \times \frac{5}{6} = \frac{4}{1} \times \frac{5}{6} = \frac{4 \times 5}{1 \times 6} = \frac{20}{6} = 3 + \frac{2}{6}$$

140. — Pour multiplier deux nombres fractionnaires l'un par l'autre, on réduit les entiers en fractions, et l'on applique la règle générale de la multiplication des fractions. — Ainsi :

$$4\frac{3}{5} \times 25\frac{3}{4} = \frac{23}{5} \times \frac{103}{4} = \frac{2369}{20} = 118 \times \frac{9}{20}$$

141. — Il peut arriver qu'on ait à multiplier plusieurs fractions entre elles. Cette opération, désignée par quelques auteurs sous le nom de règle des fractions de fractions, s'effectue en faisant séparément le produit de tous les numérateurs, puis celui de tous les dénominateurs, et donnant le second produit pour dénominateur au premier.

Ainsi les $\frac{2}{3}$ des $\frac{4}{5}$ des $\frac{7}{10}$ de $\frac{1}{2} = \frac{2\times4\times7\times1}{3\times5\times10\times2} = \frac{56}{300}$

Quelquefois la dernière partie de l'énoncé n'est pas une fraction, mais un nombre entier. Alors on la met sous forme de fraction, ayant l'unité pour dénominateur, et l'on opère comme ci-dessus.

Exemple. — *Une personne dit que son âge est les 5/6, des 9/10, des 3/4 de 80 ans.*

Il est clair que l'âge de cette personne égale

$$\frac{5\times9\times3\times80}{6\times10\times4\times1} = 45 \text{ ans.}$$

PROBLÈMES.

121. — Une partie de prise maritime, consistant en un nombre assez considérable de kilogrammes de café Moka, a été distribuée par lots égaux entre 19 des hommes d'un équipage. L'un des matelots acquiert ensuite les lots de 7 de ses camarades ; et, sur la demande du capitaine, lui cède, moyennant une somme convenue entre eux, les 8/11 de tout ce qu'il a de café. — Dites ce qu'il lui en reste encore, et raisonnez l'opération qu'il vous faudra faire. — *Epreuves orales des examens pour le Commissariat de la Marine.* — 1854.

---

122. — L'ordonnance d'un médecin porte que les 2/5 des 7/9 des 9/11 de la moitié de 1 décagramme seront employés d'une certaine substance dans un remède. Combien : 1° en fraction ordinaire ; 2° en grammes et milligrammes, le pharmacien devra-t-il donc prendre de cette substance pour la préparation qui lui est prescrite.

---

123. — Il ne reste plus à un tailleur que les 5/11 d'une pièce de drap noir qu'il avait reçue de Sédan ; pour les vêtements d'une personne, il emploie ensuite les 2/13. — De quelle quantité sera-t-il donc finalement en mesure de dis-

poser, pour satisfaire une autre de ses pratiques qui lui demande diverses confections.

---

124. — Si des 19/20 de 35/36 on retranche une certaine fraction, le résultat final que l'on obtiendra, ne sera autre que l'expression 7/22, rapport approché du diamètre à la circonférence, découvert par Archimède. — Déterminer cette fraction, et celle que l'on obtiendrait, dans le cas où au rapport d'Archimède on substituerait celui de Métius, lequel est 113/355.

---

125. — Un négociant de Bordeaux perdit l'an dernier, dans un naufrage, les 2/7 de la valeur totale du vin qu'il avait sur un navire ; cette année, par suite de la faillite du marchand à qui il avait expédié ce vin, il a perdu les 4/9 de sa première perte. — Quel dommage a-t-il donc éprouvé en tout sur la valeur en vin, sortie de ses magasins à destination de ce marchand. — *Examens oraux du Commissariat de la Marine.* — 1855.

---

126. — J'ai employé pendant quelques jours un ouvrier peu actif, disait un chef d'atelier ; et, malgré toute ma surveillance, je n'ai pu obtenir de lui à l'heure que 1 mètre 7/8 d'un ouvrage très facile ; tandis que chacun de mes autres travailleurs, pendant le même temps, arrivait jusqu'à 3 mètres 11/15. Cependant comme cet homme me paraissait malheureux, je lui ai donné, une première fois, de l'ouvrage pour 13 jours 2/3, à 7 heures 3/5 par jour ; une deuxième fois, pour 11 jours 7/8, à 9 heures 5/6 par jour. — Combien m'a-t-il donc fait de mètres d'ouvrage la première fois. — Combien la deuxième fois. — Combien en tout. — Quelle quantité de mètres faisait dans les mêmes circonstances chacun des autres ouvriers. — Etablissez la différence entre les deux catégories d'ouvrages.

---

†. — 126 *bis*. — 3 garçons de ferme ont bêché un champ de la manière suivante, savoir : le premier les 2/7 de la surface totale, travail pour lequel il a reçu 1 fr. 333 ; le deuxième, les 5/9 de cette même surface ; et le troisième les 1370 mètres carrés qui restaient. — Dites : 1° quelle est la surface totale de ce champ, évaluée en ares et centiares ; 2° quel est le prix total du labour ; 3° quelle étendue de terrain le premier et le deuxième de ces cultivateurs ont bêchée ; 4° quelle somme ont reçue le deuxième et le troisième pour leur travail.

127. — Le testament d'un oncle porte que les 7/12 de son bien, évalué à 129600 fr., seront partagés entre ses trois neveux de la manière suivante : le premier en prendra les 3/15 ; le second, les 4/9 du reste. Quelle sera donc la part du troisième ; et, si l'oncle a décidé que, de la somme réservée par lui sur toute sa fortune, les 5/18 seront employés en bonnes œuvres, les 2/3 du reste, en subvention pour la construction d'une église, que restera-t-il à distribuer également entre ses quatre domestiques, et quelle sera la part de chacun d'eux.

---

128. — Un débitant se propose de faire un mélange avec la moitié des 3/4 des 2/5 des 5/9 d'une première barrique de vin de 230 litres, et avec les 5/6 des 2/7 des 3/8 des 7/9 d'une seconde barrique de 228 litres. De laquelle des deux barriques prend-il plus de vin. — Quelle est la différence entre les deux quantités qu'il en mélange. — Quelle quantité de vin emploie-t-il en tout. — Que reste-t-il finalement de litres dans chacune des deux barriques.

---

129. — Ma grand'mère, disait un petit garçon, doit être bien vieille : cependant elle ne veut jamais dire son âge ; et, lorsque quelqu'un de nous le lui demande, elle répond qu'elle n'aime pas à satisfaire les curieux ; que du reste, si nous voulons le trouver exactement, nous n'avons qu'à prendre les 17/18 des 19/20 des 24/25 de 91 ans 3/4. — Quel est donc l'âge de ma grand'mère, et combien lui faut-il encore d'années, pour avoir vécu un siècle.

---

130. — Un fournisseur pour la troupe a fait venir 253 stères 7/8 de bois de chauffage, à 9 fr. 75 c. le stère. Le vendeur lui abandonne gratis les 2/49 de cette livraison totale, attendu qu'il paie comptant. — Quelle somme devra-t-il donc débourser pour son achat ; et que gagnera-t-il sur la quantité totale qui lui a été expédiée, si son marché avec l'administration de la guerre porte que chaque stère qu'il fournira, lui sera soldé 11 francs.

---

†. — 130 *bis*. — Si trois ouvriers, avec un apprenti qui ne fait que le quart de l'ouvrage d'un ouvrier, ont fait 12 mètres 1/2 d'étoffe en 2 heures 3/4, combien 9 ouvriers de même force en feront-ils en 5 heures 2/3. — Quelle sera la différence entre la paie des premiers et celle des seconds, si le fabricant est convenu de leur donner 2 fr. 75 pour la façon d'un mètre.

DIVISION DES FRACTIONS.

142. — *La division des fractions, comme celle des entiers, a pour but, un produit étant donné, et l'un de ses facteurs, de trouver l'autre facteur au quotient.*

Si donc il s'agit de diviser $^3|_5$ par $^4|_7$, nous nous proposons de trouver le facteur inconnu, c'est-à-dire le quotient qui, multiplié par $^4|_7$, donne pour produit $^3|_5$; et, puisque multiplier le quotient par $^4|_7$ revient à en prendre les $^4|_7$, nous concluons que les $^4|_7$ du quotient égalent le dividende $^3|_5$.

Cela posé, puisque les $^4|_7$ du quotient valent $^3|_5$, le septième de ce quotient vaudra quatre fois moins, ou

$$\frac{3}{5\times 4}=\frac{3}{20}$$

Le quotient tout entier, quantité sept fois plus grande que sa septième partie, devra donc être sept fois plus fort, et aura conséquemment pour valeur

$$\frac{3\times 7}{5\times 4} \text{ ou } \frac{21}{20}$$

Comparant ce résultat avec les fractions données, nous voyons que, *pour diviser deux fractions l'une par l'autre, il suffit de multiplier la fraction dividende par la fraction diviseur renversée.*

143. — Remarque. — *Toutes les fois qu'on divise une quantité quelconque par une fraction, le quotient est toujours plus fort que le dividende.*

En effet, ce quotient doit être tel que, multiplié par le diviseur, opération qui, comme on sait, le diminue, il reproduise le dividende ; donc il faut que le quotient soit plus fort que ce dividende.

On peut encore dire que, d'après l'opération même, le quotient doit être plus fort que le dividende. En effet, on a divisé le dividende par le numérateur, puis multiplié le résultat ainsi obtenu par le dénominateur, qui est essentiellement le plus fort des deux termes, donc la division ne compense pas la multiplication ; donc, en définitif, le quotient est plus fort que le dividende (1).

144. — Si l'on a un entier à diviser par une fraction, ou une fraction par un entier, on met l'entier sous forme de fraction, en lui donnant l'unité pour dénominateur ; et l'on rentre ainsi dans le cas de la division de deux fractions. — Donc :

$$4 : \frac{5}{6} = \frac{4}{1} : \frac{5}{6} = \frac{24}{5} = 4\frac{4}{5}$$

(1) Les plus savants mathématiciens se plaisent souvent à simplifier, autant que possible, les démonstrations qu'ils croient au-dessus de la portée des jeunes intelligences.

Voici, par exemple, comment M. Cirodde, dans un de ses excellents traités, explique la division des fractions :

« Pour diviser une fraction par une fraction, on multiplie la fraction dividende par la fraction diviseur renversée. Supposons en effet qu'on veuille diviser 5/6 par 3/7. Je réduis ces deux fractions au même dénominateur, ce qui donne 5/6=35/42, et 3/7=18/42 ; de sorte que diviser 5/6 par 3/7, c'est la même chose que diviser 35/42 par 18/42. Mais il est clair que 35/42 contiennent 18/42 autant de fois que 35 mètres, par exemple, contiennent 18 mètres, que 35 francs contiennent 18 francs, que 35 unités quelconques contiennent 18 des mêmes unités : donc, le quotient demandé est 35/18 =1,17/18. Or, si l'on avait multiplié 5/6 par 7/3, qui est la fraction diviseur renversée, on aurait trouvé le même résultat 35/18. Donc pour diviser, etc. »

145. — Enfin, pour diviser deux nombres fractionnaires l'un par l'autre, on réduit les entiers en fractions, et l'on applique la règle générale de la division des fractions. — Ainsi :

$$113\frac{2}{3} : 25\frac{3}{5} = \frac{341}{3} : \frac{128}{5} = \frac{1705}{384} = 4\frac{169}{384}$$

Exercice. — *On a payé, d'abord le 1/3 d'une dette, puis les 3/5 du reste, et l'on doit encore 16 fr.— A combien s'élevait la dette ?*

Solution. — Représentons la dette totale par l'unité ou 3/3. Il est évident qu'après le premier paiement on devait 3/3—1/3 ou 2/3 du tout. Le deuxième paiement ayant été les 3/5 du reste 2/3, ou 6/15, on ne doit plus que 2/3 ou 10/15—6/15, soit 4/15 du tout. Mais ces 4/15 figurent dans l'énoncé pour une somme de 16 fr ; donc 1/15 de la dette = 16/4 ou 4 fr. Quant à la dette entière, elle avait une valeur 15 fois plus forte que 4 fr. ou 4 fr.×15=60 fr.

Vérification. — 60 fr. — 20 fr. = 40 fr. — les 3/5 de 40 fr., ou 24 fr. = 16 fr.... 20 fr.+24+16=60 fr.

PROBLÈMES.

131. — Pour faire 3 chaînes de montre qui lui ont été commandées, un ouvrier bijoutier met dans le creuset une certaine quantité d'or, moindre pourtant qu'un kilogramme. Ayant reçu plus tard une nouvelle commande de bagues et de boucles d'oreille, il fait fondre les 91/180 d'un kilogramme du même métal, et il arrive que cette quantité n'est autre chose que les 7/9 de celle qu'il a employée d'abord. — Qu'a-t-il donc pris d'or pour fondre ses 3 chaînes, et quelle pesanteur chacune aura-t-elle en grammes. — *Examens oraux du Commissariat de la Marine.* — 1854.

†. — 132. — Trouvez la différence qui existe entre les quotients de 15217/96000 par 1/6, et de 5/144 par 8/9 : vous nous ferez connaître ainsi, par votre résultat suffisamment développé en décimales, la pesanteur spécifique du bois, celle de l'eau étant prise pour unité, et vous pourrez facilement nous énoncer en kilogrammes le poids d'un mètre cube de bois.

133. — Un écolier disait à un de ses camarades : pour le second billet de satisfaction que j'ai obtenu en classe, mon

père m'a donné les 18/25 de 1 fr., et cette petite somme n'est elle-même que les 8/9 de ce que j'avais précédemment eu pour un premier billet. — Devine donc maintenant ce que m'a valu la première récompense que j'ai reçue de mon professeur, et ce que j'ai en tout de francs et de centimes dans ma bourse pour m'acheter des étrennes.

---

†. — 133 *bis*. — En paiement de 4/9 de mètre de ruban, une personne a donné 5/8 de franc. On désire savoir quelle fraction de mètre du même ruban elle pourrait se procurer, moyennant 14/15 de franc. — On résoudra ce problème : 1° par le calcul des fractions ordinaires ; 2° par le calcul des fractions décimales.

---

134. — Les 2/3 des 4/5 des 7/11 de la quantité de pain qu'on permet journellement à 4 personnes convalescentes d'un hôpital maritime, pèsent exactement 3/4 et demi de kilogramme. — Que mangent-elles donc ensemble de pain chaque jour, d'après le régime qui leur est momentanément prescrit par le Docteur. — Que consomme chacune en particulier.

---

135. — Il a été défoncé en une semaine, par un ouvrier agriculteur, les 3/7 de la superficie qu'avait précédemment défoncée son patron, également pendant une semaine, dans un vaste terrain inculte ; et leur ouvrage réuni n'embrasse encore que les 5/8 de la superficie totale qu'ils ont à retourner, avant de pouvoir la fumer et l'ensemencer. Trouver, d'après ces données, ce que chacun d'eux a défoncé de terrain en une semaine; et ce que le patron, travaillant ensuite seul, mettra de temps à faire le reste du défonçage de la superficie entière destinée, dans ce sol, à être utilisée pour la culture, la semaine étant de 6 jours de travail; et la journée, de 12 heures. — On donnera le raisonnement des opérations diverses qui conduisent à la solution de ce problème. — *Examens de Rennes pour le degré supérieur. — Septembre 1854.*

---

136. — Un robinet peut remplir une fontaine de 350 litres 19/25 en 4 heures 7/12. Il a d'abord coulé pendant 2 heures 1/4 ; puis s'est arrêté, faute d'eau : à une deuxième reprise, il a coulé pendant 1 heure 5/9; et a de nouveau cessé, l'eau qu'il versait s'étant encore tarie. — Quelle partie de la fontaine le robinet a-t-il donc remplie en premier lieu. — Quelle

partie en deuxième lieu. — Que reste-t-il au robinet à verser d'eau, pour que la fontaine soit pleine jusqu'aux bords.

---

137. — On sait qu'il faudrait 7 jours à un premier copiste pour transcrire les 2/3 d'un mémoire de 360 pages de texte ; et qu'un deuxième copiste pourrait en mettre par écrit les 3/4 en 8 jours. — Trouver : 1° combien il faudra de temps à chacun pour achever ce travail séparément ; 2° en combien de jours ils le termineront, s'ils se réunissent pour le transcrire. — *Donné par un Inspecteur dans une école professionnelle.*

---

138. — Dans une classe, on a donné pour composition de mémoire 660 lignes 3/4 de prose à apprendre en 15 jours 1/2, combien est-ce par jour. — Un écolier désirant concourir, avec chance de succès, à l'obtention du prix, tout en conciliant ce travail supplémentaire avec les exigences de ses autres devoirs, apprend 40 lignes 2/3 par jour pendant 8 jours, et désire savoir : 1° combien, après ce temps, il lui reste encore de lignes à apprendre ; 2° combien il devra apprendre de lignes, pendant chacun des jours suivants, pour être parfaitement en mesure, lorsque le moment de la récitation au professeur sera arrivé.

---

139. — Le produit des quotients de 5/12, par 3, 1/2 et de 51/160 par 4, 1/4, doit être une quantité bien petite, puisque la fraction qui l'exprime, étant réduite à sa plus simple expression, n'est autre chose que le rapport de la circonférence de la terre à celle du soleil. — Dites quel est ce produit; puis vous nous ferez connaître combien de fois la circonférence solaire est plus grande que celle du globe terrestre, considérée comme unité ; enfin, vous rappelant la définition de la base de notre système légal des poids et mesures, vous évaluerez en kilomètres (sans beaucoup de peine je le suppose), la longueur de la circonférence du soleil.

---

140. — Sur une frégate, en cours de campagne, le commis aux vivres du bord délivre chaque jour à l'équipage une quantité telle de rations de vin que, si l'on y ajoutait ses 3/8, elle s'élèverait à un total de 690 rations 1/3. — Quelle est-elle donc ; et quel est en même temps le nombre de litres de vin consommé par jour à bord de ce navire, si chaque ration réglementaire est de 69 centilitres. — *Examens oraux du Commissariat de la Marine.* — 1855.

140 *bis.* — Un particulier lègue 1/4 de son bien à une première personne, les 2/5 à une deuxième personne, et les 35000 francs qui restent à une troisième : on demande le montant de la succession et la part de chaque héritier. — *Donné par un inspecteur dans une école professionnelle.*

SIMPLIFICATION DES FRACTIONS.

---

146. — On dit que deux fractions sont équivalentes, lorsqu'elles ont la même valeur sans avoir la même forme. Les quatre opérations sur les fractions peuvent en produire d'équivalentes ; mais c'est surtout la réduction au même dénominateur qui en fait rencontrer le plus souvent dans le calcul, de même que la simplification des fractions, dont il nous reste à exposer la Théorie, met en évidence tout le parti qu'on peut tirer de fractions égales entre elles, quoique sous formes différentes.

147. — D'après le principe qu'*une fraction ne change pas de valeur, quand on multiplie ou qu'on divise ses deux termes par un même nombre*, il suit qu'une même fraction est susceptible de se présenter dans le calcul sous plusieurs formes. Ainsi la fraction 2/3 est équivalente à la fraction 4/6, ou à 6/9, ou à 8/12 et *réciproquement.*

148. — Parmi les diverses formes que peut prendre une fraction quelconque, il en est une qui est la plus simple de toutes, et que l'on appelle pour cette raison *sa plus simple expression.* Elle offre un avantage, pour la plus grande simplification possible du calcul, et nous donne en outre la possibilité d'apprécier plus facilement la grandeur d'une fraction. Il est donc important de savoir la découvrir. Trois méthodes sont employées pour réduire une fraction à sa plus simple expression : 1° la divisibilité des nombres ; 2° la méthode du plus grand commun diviseur ; 3° la décomposition des nombres en leurs facteurs premiers.

Divisibilité des Nombres.

149. — *Le but de cette méthode est de faire voir, à la simple inspection d'un nombre, ou par des calculs très-courts, s'il est divisible par tel ou tel nombre.*

On dit qu'un nombre est divisible par un autre nombre, lorsque leur division se fait sans reste. Lorsqu'un nombre est divisible par un autre, tous ses multiples le sont également.

150. — *Tout nombre est divisible par 2 lorsqu'il a pour dernier chiffre un zéro, ou l'un des chiffres pairs 2, 4, 6, 8.*

En effet, si dans un nombre, 256 par exemple, nous séparons le dernier chiffre à droite, de cette manière : 25|6, ce nombre se trouve décomposé en dixaines et en unités. Or, une dixaine étant multiple de 2, est par cela même divisible par 2; donc toute la collection des dixaines le sera également. Donc il faut, et il suffit en même temps, pour qu'un nombre soit divisible par 2, que son dernier chiffre à droite le soit.— Par un raisonnement semblable, on prouverait qu'un nombre est divisible par 5, lorsque son dernier chiffre est 5 ou 0.

Tout nombre terminé par un zéro, 260 par exemple, est divisible par 10, puisqu'un tel nombre n'est autre chose qu'une collection de dixaines.

151. — *Pour qu'un nombre soit divisible par 4, il faut que ses deux derniers chiffres à droite forment un multiple de 4.*

En effet, si dans le nombre 1324 par exemple, nous séparons les deux derniers chiffres à droite, le nombre se trouve ainsi décomposé en centaines et en unités. Or, une centaine étant divisible par 4, puisque 100 est multiple de 4, toute la collection des centaines le sera pareillement. Il suffit donc que la partie des unités soit divisible par 4, pour que tout le nombre le soit. (Le même caractère de divisibilité s'observe pour les nombres 20, 25, 50 et 100.)

On démontrerait, par un raisonnement analogue, qu'un nombre est divisible par 8, lorsque ses trois derniers chiffres à droite forment un multiple de 8.

152. — *Tout nombre est divisible par 9, lorsque la somme de ses chiffres, additionnés comme unités simples, donne 9 ou un multiple de 9.*

Avant de le démontrer, établissons en principe, que l'unité suivie d'un nombre quelconque de zéros, 1000 par exemple, est divisible par 9 plus un. En effet 1000 est égal à 999+1. La collection des 9 étant un multiple de 9, il en résulte que le nombre tout entier est divisible par 9 plus 1, c'est-à-dire avec 1 pour reste.

Soit maintenant le nombre 5274. Pour faire l'application du principe que nous venons d'établir, au cas de divisibilité dont il s'agit, décomposons ce nombre en 5000, 200, 70 et 4. 1000, ainsi que nous venons de le faire voir, étant un multiple de 9+1, 5000 sera un multiple de 9+5. 100 étant un multiple de 9+1, 200 sera un multiple de 9+2. Par la même raison 70 est un multiple de 9+7, et 4, un multiple de zéro fois 9+4.

Généralement, nous voyons que chaque partie, dans laquelle le nombre a été décomposé, est un multiple de 9, plus son chiffre significatif. Donc le nombre lui-même, qui n'est que la somme de ses diverses parties, formera un multiple de 9, plus la somme de ses chiffres significatifs, ou en d'autres termes, avec la somme de ses chiffres significatifs pour reste. Donc enfin, si cette somme est divisible par 9, le nombre proposé le sera pareillement.

On prouverait de la même manière qu'un nombre est divisible par 3, lorsque la somme de ses chiffres forme un nombre qui soit divisible par 3.

153. — *Tout nombre est divisible par 11, lorsque la différence entre la somme de ses chiffres de rang pair à partir de droite, et celle de ses chiffres de rang impair, est zéro, 11, ou un multiple de 11.*

Avant de le démontrer, établissons : 1° que l'unité suivie d'un nombre pair de zéros, est un multiple de 11+1. En effet 10000, par exemple, n'est autre chose 9999+1. Si nous considérons la collection des 9, qui forme un nombre pair, nous reconnaissons qu'elle est divisible par 11, puisqu'en la décomposant en tranches de deux 9, chaque tranche est multiple de 11. Donc le nombre tout entier est multiple de 11+1.

2° Que l'unité suivie d'un nombre impair de zéros, est un multiple de 11—1. En effet 100000 par exemple = 99999+1. Partageons la collection des 9 en tranches de deux 9, de gauche à droite : chaque tranche étant multiple de 11, le nombre lui-même sera multiple de 11+9+1, ou plus de 10. Mais, dire qu'un nombre est multiple de 11+10, c'est dire qu'il ne lui faut qu'une unité pour être exactement multiple de 11. Donc l'unité suivie d'un nombre impair de zéros, est un multiple de 11—1.

Soit pour démontrer le cas de divisibilité, dont il s'agit, le nombre 73425. Décomposons-le en ses diverses parties, 70000,3000,400,20 et 5. 10000 étant un multiple de 11+1, 70000 sera un multiple de 11 plus 7 ; 1000 étant un multiple de 11 — 1, 3000 sera un multiple de 11—3. Par la même raison, 400 est un multiple de 11+4, 20 est un multiple de 11 — 2, 5 est un multiple de zéro fois 11 plus 5.

Généralement, nous voyons que chaque partie, dans laquelle le nombre a été décomposé, est un multiple de 11 augmenté ou diminué de son chiffre significatif, selon que celui-ci est de rang impair, ou de rang pair. Donc le nombre lui-même sera un multiple de 11, plus la somme de ses chiffres significatifs placés au premier, au troisième, au cinquième rang, moins la somme de ses chiffres significatifs placés au deuxième, au quatrième, au sixième rang. Donc, si la différence entre ces deux sommes forme un nombre divisible par 11, le nombre proposé le sera également.

Somme des chiffres significatifs de rang pair dans le nombre proposé, 2+3=5. Somme des chiffres significatifs de rang impair 5+4+7=16. Différence entre ces deux sommes 11. D'où nous concluons que 73425 est divisible par 11.

154. — Remarque. — *L'application de ces principes de divisibilité à la simplification des fractions est tout-à-fait immédiate.*

En effet, si après examen des deux termes d'une fraction, on reconnaît qu'ils sont divisibles par un des nombres dont nous venons de faire connaître le caractère de divisibilité, effectuant la division, il sera facile de voir que la fraction qu'on vient d'obtenir, est moindre que la proposée. On pourra de même ramener cette fraction à une expression plus simple encore ; et ainsi de suite, jusqu'à ce qu'on ne trouve plus de nombre, par lequel les deux termes de la fraction soient divisibles. Alors la fraction sera réduite à sa plus simple expression.

Prenons pour exemple de cette règle, la fraction $^{2160}|_{5400}$. Les deux termes 2160 et 5400 étant terminés chacun par un zéro, sont divisibles par 10. Faisons conséquemment cette division, en supprimant un zéro de part et d'autre, et il reste $^{216}|_{540}$. L'examen des deux termes de cette nouvelle expression nous fait voir qu'ils sont divisibles par 9. Effectuant par suite cette deuxième simplification, nous trouvons $^{24}|_{60}$; et comme les deux termes de cette dernière fraction offrent encore les caractères de divisibilité indiqués pour les nombres 3 et 4, la division successive par ces deux nouveaux diviseurs, nous donne finalement $^{2}|_{5}$, fraction irréductible, et qui est la plus simple expression de la proposée $^{2160}|_{5400}$.

155. — Nous n'avons fait connaître qu'un nombre assez restreint de cas de divisibilité ; mais ce nombre peut être augmenté à l'aide du principe suivant, qui sera bientôt démontré, savoir : *que si un nombre est divisible successivement par plusieurs autres, il l'est par le produit de tous ces nombres.* D'après cet énoncé, nous trouvons qu'un nombre est divisible par 6, lorsqu'il l'est par 2 et par 3 ; et qu'il est divisible par 15, lorsqu'il l'est par 3 et par 5.

Nous terminerons en observant, qu'on appelle *nombres premiers* ceux qui ne sont divisibles que par eux-mêmes ou par l'unité, et que deux nombres sont dits *prèmiers entre eux*, lorsqu'ils ne présentent aucun diviseur commun.

Méthode du plus grand commun diviseur.

---

156. — Si la méthode de la divisibilité des nombres a l'avantage d'être plus expéditive dans ses procédés de simplification que les autres méthodes qu'il nous reste à expliquer, elle présente aussi quelques imperfections, en ce qu'elle ne conduit ni sûrement ni immédiatement à la plus simple expression de la fraction proposée. Il était donc convenable d'avoir une méthode qui pût apprendre, dans tous les cas, à distinguer si les deux termes d'une fraction ont ou n'ont pas de diviseur commun, et qui, de plus, ramenât la fraction à sa plus simple expression à l'aide d'une division. Telle est *la méthode du plus grand commun diviseur.* Elle *apprend*, comme son nom l'indique, *à découvrir le plus grand nombre qui puisse diviser exactement les deux termes d'une fraction.*

157. — Soit proposé de simplifier $^{299}/_{1793}$ par la méthode du plus grand commun diviseur. Observons tout d'abord que, quel que soit ce plus grand commun diviseur, puisqu'il doit diviser exactement 299 et 793, il ne peut surpasser 299 ; mais il peut lui être égal. Donc, si 299 divise 793, comme il se divise lui-même, ce sera le plus grand commun diviseur ; raisonnement qui nous conduit, comme on le voit, à essayer la division de 793 par 299.

	2	1	1	1	7
723	299	195	104	91	13
195	104	91	13	00	

Cette division laissant un reste, il s'ensuit que 299 n'est pas le plus grand commun diviseur. Nous allons prouver, actuellement, que le plus grand commun diviseur aux deux termes 793 et 299, divisera aussi le reste 195 de leur division.

En effet, on sait que dans la division, le dividende est toujours égal au produit de son diviseur par le quotient trouvé, plus le reste, s'il y en a un ; nous aurons donc ici : $793 = 299 \times 2 + 195$. Il est en outre constant que, toutes les fois qu'on divise les deux membres d'une égalité par un même nombre, les quotients sont égaux. Or, admettons que le diviseur soit dans ce cas le plus grand commun diviseur lui-même, supposé connu, et représenté par l'initiale D, il vient :

$$\frac{793}{D} = \frac{299 \times 2}{D} + \frac{195}{D}$$

Puisque le plus grand commun diviseur doit diviser 793 exactement, le premier quotient sera un nombre entier. Par la même raison, le quotient de 299, et même de tout multiple de 299, 299 × 2 par exemple, par le plus grand commun diviseur, sera aussi entier ; il ne reste donc plus de doute que pour le troisième quotient, c'est-à-dire le quotient de 195 par le plus grand commun diviseur.

Mais si ce quotient n'était pas un nombre entier, ce serait un nombre fractionnaire, et alors nous aurions un premier quotient entier, égal à un deuxième quotient entier, plus un troisième quotient fractionnaire, ce qui est impossible, puisqu'une fraction, quelque grande qu'on la suppose, ne peut jamais égaler un nombre entier. Nous admettrons donc nécessairement que le plus grand commun diviseur aux deux termes 793 et 299, doit aussi diviser le reste 195 de leur division. Devant diviser 195, il ne peut surpasser ce nombre, mais il peut l'égaler; et si 195 divise 299, comme il se divise lui-même, ce sera le plus grand commun diviseur, raisonnement qui nous porte à essayer la division de 299 par 195.

Cette nouvelle division laisse un reste 104, ce qui prouve que 195 n'est pas encore le plus grand commun diviseur; mais, en appliquant au deuxième reste 104 le raisonnement que nous avons fait pour le premier 195, on arrive à conclure de nouveau qu'il faut diviser 195 par 104, ce qui donne pour troisième reste 91. De même, la division de 104 par 91 donne pour le quatrième reste 13; et celle de 91 par 13 se faisant exactement, il s'en suit que 13 est le plus grand commun diviseur.

158. — Remontons maintenant du plus grand commun diviseur 13 aux deux termes de la fraction donnée, et prouvons ainsi qu'il doit les diviser exactement. Pour cela, établissons les égalités suivantes, résultant des divisions que nous avons faites pour arriver au plus grand commun diviseur.

$$793 = 299 \times 2 + 195$$
$$299 = 195 \times 1 + 104$$
$$195 = 104 \times 1 + 91$$
$$104 = 91 \times 1 + 13$$
$$91 = 13 \times 7$$

13 divisant 91 exactement, divise 91+13, puisqu'il a été démontré qu'il doit diviser le reste de chaque division. Mais 91+13=104 : il divise donc 104. Divisant 104, il divise, comme nous venons de le faire voir, 104+91, ou 195. Divisant 195, le plus grand

commun diviseur 13 divise de même 195+104, ou 299. Enfin, divisant 299, il divise aussi tout multiple de 299, 299×2 par exemple +195, par la raison déjà donnée. Mais 299×2+195=793 ; donc en définitif, le plus grand commun diviseur 13 divise les deux termes de la fraction $^{299}/_{793}$.

159. — De ces raisonnements découle la règle générale suivante :

Pour trouver le plus grand commun diviseur entre les deux termes d'une fraction, il faut diviser le plus grand par le plus petit, celui-ci par le reste, s'il y en a un ; le premier reste par le deuxième reste, le deuxième reste par le troisième reste, et ainsi de suite, jusqu'à ce qu'on parvienne à trouver zéro pour reste : le dernier diviseur employé sera le plus grand commun diviseur cherché.

Il peut se faire que dans le cours des divisions, on découvre le reste 1 ; il est inutile alors de continuer la recherche du plus grand commun diviseur, puisqu'on a l'indice certain que les nombres proposés sont premiers entre eux, et n'admettent pas de diviseur commun.

160. — ***Quand on a découvert le plus grand commun diviseur d'une fraction, si l'on divise ses deux termes par ce plus grand commun diviseur, la fraction sera simplifiée autant que possible.***

Pour le démontrer, établissons d'abord le principe suivant, déjà mentionné plus haut, que *lorsqu'un nombre est divisible successivement par plusieurs autres, il l'est par le produit de tous ces nombres* ; c'est-à-dire que si nous divisons 60, par exemple, par 2, puis par 3, puis par 5, nous obtiendrons le même résultat que si nous le divisions tout de suite par 30, produit de ces trois facteurs.

En effet, le quotient de 60 par 2 peut s'indiquer $^{60}/_{2}$. Pour diviser ce quotient par 3, il suffit, d'après les règles connues, de multiplier son dénominateur par

3, ce qui donne $^{60}|_{2\times3}$. De même, si l'on veut diviser ce nouveau quotient par 5, il faut multiplier son dénominateur par 5, et l'on a $^{60}|_{2\times3\times5}$. Donc, après avoir divisé 60 successivement par 2, par 3 et par 5, on arrive au même résultat que si on l'avait divisé par $2\times3\times5$.

161. — Cela posé, si, après avoir divisé par le plus grand commun diviseur le numérateur et le dénominateur d'une fraction proposée, on reconnaissait dans ces deux termes un autre diviseur commun, le nombre 2 par exemple, il s'ensuivrait, qu'ayant été divisés successivement par le plus grand commun diviseur, puis par 2, ils pourraient l'être par deux fois ce plus grand commun diviseur, ce qui est tout-à-fait contraire à la définition que nous en avons donnée plus haut.

Nous conclurons donc, d'après notre énoncé, que toute fraction, dont les deux termes ont été divisés par le plus grand commun diviseur obtenu au moyen des règles établies à cet effet, se trouve simplifiée autant que possible.

En opérant : 299 | 13. . . . . . 793 | 13.

299	13.	793	13.
39	23.	13	61.
00		00	

Nous trouvons $^{23}|_{61}$ pour plus simple expression de la fraction ci-dessus $^{299}|_{793}$.

162. — *On peut se demander si, dans l'application de la méthode du plus grand commun diviseur, le nombre des divisions n'est pas quelquefois illimité ; enfin, si l'on parviendra dans tous les cas au reste zéro.*

Voici la réponse à cette objection : il est évident que dans chaque division partielle, le reste est moindre que le diviseur ; mais ce reste, dans l'opération suivante, doit lui-même servir de diviseur ; il fournira par conséquent un reste moindre que lui. Il en sera de même dans les autres divisions : les restes successifs allant donc toujours en décroissant, finiront nécessairement par atteindre la limite des nombres qui est zéro.

Décomposition des Nombres en leurs Facteurs I.ers

163. — Soit proposé de découvrir tous les facteurs premiers d'un nombre quelconque, 360 par exemple. Après avoir disposé l'opération comme on le voit ci-dessous, nous essayons la division de 360 par le plus petit de ses facteurs premiers qui est 2. Cette division réussit, et donne pour résultat le nombre 180, sur lequel nous effectuons une nouvelle division par 2, d'où nous obtenons 90 ; quotient qui, étant lui-même divisé par 2, donne pour résultat 45. Ici la division par 2 devient impossible ; mais en essayant la division par 3, nous obtenons 15 pour quotient exact. Une nouvelle division par 3, effectuée sur 15, donne pour résultat 5, nombre qui n'est plus divisible que par le facteur premier 5, et nous conduit à la limite de l'opération, c'est-à-dire au quotient 1.

360	2.
180	2.
90	2.
45	3.
15	3.
5	5.
1	

GÉNÉRALEMENT, *pour décomposer un nombre en ses facteurs premiers, on essaie la division par* 2, *et si elle réussit, on l'effectue autant de fois que possible. Lorsque la division par* 2 *ne peut plus se faire exactement, on essaie la division par* 3, *et on la continue jusqu'à ce que le dividende ne soit plus exactement divisible par ce nombre. On essaie ensuite le plus petit facteur premier après 3, qui est 5, puis celui qui vient après 5, ou 7, puis 11, puis 13, etc., jusqu'à ce qu'on trouve l'unité pour quotient; alors l'opération est terminée, et le produit de tous les facteurs premiers de la colonne à droite n'est autre que le nombre proposé.*

164. — En effet, revenons à l'exemple précédent 360. Ce nombre, d'après la définition de la division, peut être considéré comme le produit de son diviseur par le quotient trouvé; d'où résulte l'égalité suivante : $360=2\times180$. Mais $180=2\times90$ par la même raison; on peut donc dans l'égalité $360=2\times180$, remplacer 180 par son équivalent 2×90, et il vient : $360=2\times2\times90$. De même $90=2\times45$. Remplaçant conséquemment dans l'égalité $360=2\times2\times90$, le nombre 90 par 2×45, on obtient : $360=2\times2\times2\times45$. Étendant le même raisonnement aux autres facteurs premiers 3, 3, 5, on conclut que $360=2\times2\times2\times3\times3\times5$, produit de tous ses facteurs premiers.

165. — *Il est très-facile de simplifier une fraction quelconque, $^{390}|_{1620}$ par exemple, au moyen de la méthode de la décomposition des nombres en leurs facteurs premiers.*

390.	2.	1620.	2.
195.	3.	810.	2.
65.	5.	405.	3.
13.	13.	135.	3.
1.		45.	3.
		15.	3.
		5.	5.
		1.	

En effet, faisant l'application de cette méthode sur les deux termes de la fraction donnée, on voit qu'ils peuvent être mis sous cette forme :

$$\frac{2\times3\times5\times13}{2\times2\times3\times3\times3\times3\times5}$$

dans laquelle, supprimant de part et d'autre les facteurs communs; suppression permise, puisqu'elle revient évidemment à la division des deux termes d'une fraction par un même nombre, il reste 13 au numérateur, et $2 \times 3 \times 3 \times 3$ ou 54 au dénominateur, ce qui donne $^{13}|_{54}$ pour la plus simple expression cherchée (1).

166. — *Cette même méthode, qui du reste est rarement employée à cet usage, pourrait faire connaître en même temps le plus grand commun diviseur aux deux termes d'une fraction.*

En effet, pour l'obtenir, il suffirait de multiplier entre eux les facteurs supprimés soit au numérateur, soit au dénominateur; ce qui fait voir que, généralement, *le plus grand commun diviseur de deux nombres, est le produit de tous les facteurs premiers communs de ces nombres.* Dans l'exemple ci-dessus ce serait $2 \times 3 \times 5$, ou 30, le plus grand commun diviseur.

167. — *De toutes les applications de la méthode que nous venons d'exposer, la plus remarquable, sans contredit, est celle qu'on en peut faire pour réduire plusieurs fractions au même dénominateur.*

Soit par exemple les fractions $^{5}|_{6}$, $^{7}|_{9}$, $^{11}|_{12}$, $^{3}|_{8}$, $^{7}|_{18}$, $^{7}|_{24}$, $^{13}|_{30}$, $^{3}|_{10}$ et $^{7}|_{36}$, à réduire au même dénominateur.

Cherchons d'abord le *plus petit multiple possible de tous les dénominateurs*, c'est-à-dire le plus petit nombre divisible par tous les dénominateurs des fractions précédentes. Pour cela, décomposons tous les dénominateurs, ou plus simplement ceux qui sont déjà multiples des autres, en leurs facteurs premiers. Ici tout se réduit à opérer sur 24, 30 et 36.

(1) Dans les calculs de fractions, il est toujours bon d'indiquer les opérations qu'on a à faire, avant de les effectuer; on peut ainsi les simplifier souvent, en effaçant les termes communs au numérateur et au dénominateur.

24	2.	30	2.	36	2.
12	2.	15	3.	18	2.
6	2.	5	5.	9	3.
3	3.	1		3	3.
1				1	

Le plus petit multiple cherché se composera de tous les facteurs premiers différens, entrant dans ces dénominateurs, tels que 2, 3, 5, etc., et pris chacun autant de fois, qu'il entre dans celui des dénominateurs qui le contient le plus. D'après cela, le plus petit multiple dans ce cas-ci sera $2 \times 2 \times 2 \times 3 \times 3 \times 5$, ou en effectuant 360. L'ayant découvert, pour ramener toutes les fractions à ce dénominateur 360, on multiplie les deux termes de chacune par le quotient de 360 par le dénominateur de la fraction, et en effectuant on a :

$$\frac{300}{360}\ \frac{280}{360}\ \frac{330}{360}\ \frac{135}{360}\ \frac{140}{360}\ \frac{105}{360}\ \frac{156}{360}\ \frac{108}{360}\ \frac{70}{360}$$

168. — Remarque. — Il existe encore une autre décomposition ; mais elle est d'une importance tout-à-fait secondaire, et d'une application beaucoup moins fréquente dans le calcul que celle que nous venons de traiter ; *c'est la décomposition des nombres en leurs facteurs correspondants.*

On appelle facteurs correspondants d'un nombre deux quantités telles, que, multipliées l'une par l'autre, elles produisent le nombre proposé.

Pour les découvrir, *il suffit de faire, comme ci-dessous, la division du nombre donné, successivement par 1, par 2, par 3, par 4, par 5 etc.; et de la continuer, de même, par tous les autres nombres qui seraient diviseurs exacts du proposé, jusqu'à ce qu'on trouve deux facteurs de ce nombre, se reproduisant dans un ordre inverse ; c'est-à-dire devenant, l'un le diviseur, l'autre le quotient, après avoir figuré précédemment, dans l'opération, le premier comme quotient, le second comme diviseur. lors la dé com-*

position est terminée, et l'on peut lire en regard les uns des autres, les divers facteurs correspondants du nombre sur lequel il vient d'être opéré.

Voici, au surplus, une question qui se résout à l'aide des facteurs correspondants :

La somme de deux nombres est 77, leur produit est 360 quels sont ces deux nombres ?

Opération.

360	180	120	90	72	60	45	40	36	30	24	20	18
1	2	3	4	5	6	8	9	10	12	15	18	20

Procédant, d'après la règle, à la recherche des facteurs correspondants de 360, nous en formons, comme on peut le voir, une sorte de tableau synoptique, dans lequel se trouvent les éléments nécessaires à la solution du problème précité. En effet, par un examen attentif de ce tableau nous découvrons : 1° que $72+5=77$, 2° que $72\times5=360$. 72 et 5 sont donc évidemment les deux nombres cherchés, et la double solution du problème.

PROBLÈMES.

141. — Quand vous aurez réduit à sa plus simple expression la fraction 10110/81510, vous aurez obtenu deux nombres utiles à retenir, car le numérateur ne sera autre que la quantité de mètres que le son parcourt en une seconde ; et le dénominateur fera connaître exactement ce que pèse en grammes le décimètre cube de marbre. — Dites donc, en vous servant préférablement de la méthode du plus grand commun diviseur, ce que vous trouvez pour la fraction ci-dessus simplifiée autant que possible ; puis vous chercherez les solutions des deux questions suivantes : 1° Quel espace sépare d'un navire en mer un observateur placé sur le rivage, s'il n'a entendu le bruit d'un coup de canon tiré par ce bâtiment que 7 secondes 1/2 après avoir vu la lumière ; — 2° que pèse un bloc de marbre de 2 mètres 5 centimètres de long, sur 1 mètre 25 millimètres de large, et 3 décimètres d'épaisseur.

142. — Le volume de la lune étant les 990/48510 de celui de la terre, exprimez-le par la plus simple fraction possible, en vous servant, pour la découvrir, de la méthode de la divisibilité des nombres ; puis vous calculerez ce volume en mètres cubes, sachant que celui de notre globe est de 1081 millions de myriamètres cubes environ.

143. — Un élève pensait qu'il existait une grande différence entre les deux fractions suivantes : 4620/6930 et 27720/41580. Cependant, trouvant tròp long de les comparer entre elles par la réduction ordinaire au même dénominateur, il se torturait l'esprit pour découvrir un moyen plus abrégé de lever ses doutes à ce sujet ; lorsque survint son père, qui lui fit savoir que la méthode de la décomposition des nombres en leurs facteurs premiers donnait la clef de la solution qui le préoccupait tant. — Le père voulut cependant que son fils, pour le renseignement qui venait de lui être fourni, calculât combien il faudrait écrire sur une ligne horizontale, et ajouter de fractions égales à l'une ou à l'autre de celles qu'il allait obtenir, pour faire autant d'unités qu'en contient le nombre 1152 hectomètres, étendue en longueur de l'isthme de Suez. — Répondez aux deux parties de cet énoncé.

144. — La fraction 27027/108108, réduite à ses moindres termes par l'une des trois méthodes de simplification, et augmentée ensuite de la quantité 1638/24570 également ramenée à sa plus simple expression, donne exactement la partie d'une heure qu'il faudrait à une pierre, tombant de la surface de la terre, pour en atteindre le centre. Dites combien cela fait de minutes. — Sachant de plus qu'une pierre, dans la première seconde de sa chute, parcourt 4 mètres 9 décimètres, et que les espaces parcourus sont entre eux dans le même rapport que les carrés des temps, vous calculerez en mètres le rayon terrestre. — — *Sujet de composition donné dans une école normale.*

145. — Si, après avoir simplifié, autant que possible, les deux fractions 6930/13860 et 33264/77616, on divise la première par la seconde, le résultat qu'on obtiendra sera tel, que développé en décimales à moins d'un millième près par excès, il pourra être considéré comme le produit d'un facteur inconnu par 64, nombre de kilomètres qu'a l'isthme de Panama dans sa plus petite largeur. — Trouver, par suite : 1°

les deux fractions simplifiées ; 2° leur quotient ; 3° l'expression équivalente en décimales ; 4° le facteur inconnu de la dernière division. — *Donné dans une Ecole normale.* — 1834.

146. — Les 9438/14157 de 2268/8316 d'une part, et 181 1/2 de l'autre, étant pris comme facteurs, leur produit indique exactement le nombre d'années qu'avait Alexandre le Grand, lorsqu'il mourut à Babylone, par suite de ses excès. Simplifiez donc d'abord vos fractions pour rendre vos calculs plus courts ; puis vous nous ferez connaître l'âge qu'atteignit le célèbre conquérant Macédonien.

147.— Un tailleur a pris, sur une pièce de drap de 12 mètres 1/4, les dix portions suivantes pour diverses confections, savoir : 7/8, 4/5, 13/14, 1/2, 29/40, 27/32, 17/20, 27/28, 9/10 et 3/4 de mètre. — Il y a donc à rechercher : 1° en faisant, dans le travail de solution, usage du plus petit multiple possible entre tous les dénominateurs, combien il a coupé de mètres de la pièce totale ; 2° combien il lui en reste.

148. — En simplifiant les trois fractions suivantes, savoir : 1° 924/1056 par la méthode de la décomposition des nombres en leurs facteurs premiers ; 2° 1638/9072 par celle du plus grand commun diviseur ; 3° 1764/8400 par la divisibilité des nombres, et additionnant ensuite leurs trois plus simples expressions, à l'aide du plus petit dénominateur commun possible, on trouve pour total une expression fractionnaire telle, que les 1139/118800 de la quantité de mètres qu'a en hauteur la coupole de Saint-Pierre de Rome lui sont égaux. — Déterminer cette hauteur, conformément aux prescriptions de l'énoncé. — *Donné par un inspecteur dans une école professionnelle.*

149. — Le total des 15 fractions suivantes : 1/2, 1/3, 1/5, 1/6, 1/7, 1/9, 1/10, 1/14, 1/15, 1/18, 1/21, 1/30, 1/45, 1/63, 1/90 représente une quantité de grammes et de milligrammes d'or pur, destinée à être convertie en monnaie. Chercher d'abord cette somme par le plus petit multiple entre tous les dénominateurs, puis la développer en décimales jusqu'aux millionièmes inclusivement. Dire ensuite la quantité de cuivre qu'il faudra y ajouter comme alliage légal ; enfin, énoncer le poids du lingot ainsi formé, et calculer la somme qu'il produira, connaissant le poids d'une pièce de 5 francs en or.

149 *bis*. — Le produit de deux nombres est 600 ; leur somme est 83 : quels sont ces nombres. — Quels seraient également deux nombres qui, donnant 600 pour produit, auraient entre eux 38 pour différence. — Enfin, on sait que, la multiplication de deux nombres produisant 540, leur division fait trouver pour quotient 15, et l'on voudrait connaître ces deux nombres. — Faites donc les calculs nécessaires pour arriver à la découverte de toutes les quantités inconnues de cet énoncé.

---

†.— 150. — 3 robinets fournissent de l'eau à une fontaine : le premier peut la remplir en 12 heures ; le deuxième en 8 heures, le troisième en 10 heures ; mais l'eau venant successivement à manquer aux trois conduits, le premier coule seulement pendant 5 heures, le deuxième pendant une heure, le troisième pendant 3 heures : quelle partie de la fontaine remplissent-ils donc, coulant ensemble. — Quelle portion en reste-t-il encore à remplir. — Quelle quantité de cette portion chaque robinet, coulant de nouveau, aura-t-il enfin à fournir, toute proportion gardée avec ce qu'il a déjà donné d'eau à la fontaine. — Traiter ensuite cette question par les décimales, la contenance de la fontaine étant alors supposée de 1200 litres d'eau.

FRACTIONS ORDINAIRES

RÉDUITES EN FRACTIONS DÉCIMALES.

---

169. — Pour réduire une fraction ordinaire en fraction décimale, voici le procédé employé : *on divise le numérateur par le dénominateur, ce qui donne nécessairement zéro pour quotient ; puis on ajoute un zéro à la droite du dividende, et l'on fait une nouvelle division, pour obtenir des dixièmes au quotient. Enfin, ajoutant successivement à la droite de chaque reste un zéro, et divisant toujours par le diviseur primitif, on obtient des centièmes, des millièmes, etc.* ; et l'on parvient ainsi à un quotient exact, ou bien on atteint un degré déterminé d'approximation.

Mais si la manière de faire la réduction est la même, quelle que soit la fraction proposée, le quotient ne se présente pas dans tous les cas sous la même forme. En effet, 1° il peut être *exact* ; 2° il peut être *périodique simple*, c'est à-dire, qu'à partir de la virgule, les mêmes chiffres se reproduisent constamment dans le même ordre ; 3° il peut être *périodique mixte*, c'est-à-dire qu'il offre alors une période, précédée d'une partie non périodique, ou d'un ensemble de chiffres qui ne se reproduisent pas dans le même ordre.

EXEMPLES DES TROIS CAS :

1° $\frac{7}{8}$		2° $\frac{5}{11}$		3° $\frac{5}{12}$	
70	8.	50	11.	50	12.
60	0,875.	60	0,4545...	20	0,41666.
40		50		80	
0		6		8	
Quotient exact.		**Période simple.**		**Période mixte.**	

170. — Examinons comment doit se composer la fraction ordinaire donnée, pour conduire à l'un de ces trois résultats.

1° *Toutes les fois que le dénominateur de la fraction, qu'on a d'abord réduite à sa plus simple expression, ne contient pas d'autres facteurs premiers que 2 ou 5, la fraction est exactement réductible en décimales.*

2° *Si la fraction, supposée irréductible, n'admet à son dénominateur ni le facteur 2, ni le facteur 5, elle conduit à une période simple.*

3° *Enfin si la fraction, toujours supposée réduite à sa plus simple expression, renferme à son dénominateur les facteurs 2 ou 5 combinés avec d'autres facteurs, la fraction équivalente sera périodique mixte.*

171. — Démontrons que toute fraction, qui n'a à son dénominateur que les facteurs 2 ou 5, isolés ou combinés, est exactement réductible en décimales. Soit par exemple $^{11}/_{80}$. Le dénominateur 80, décomposé en ses facteurs premiers, est égal à $2\times2\times2\times2\times5$. Donc la fraction proposée :

$$\frac{11}{80}=\frac{11}{2\times2\times2\times2\times5}$$

Rendons le nombre des facteurs 5 égal à celui des facteurs 2, en introduisant trois facteurs 5 au dénominateur : nous ne troublerons pas la fraction, puisque nous introduisons également trois facteurs 5 au numérateur, alors il viendra :

$$\frac{11\times5\times5\times5}{2\times2\times2\times2\times5\times5\times5\times5}$$

Combinant au dénominateur chaque facteur 2 avec un facteur 5, il en résulte quatre facteurs égaux à 10, ou

$$\frac{11\times5\times5\times5}{10\times10\times10\times10}$$

Effectuant la multiplication de part et d'autre, on a $^{1375}|_{10000}$, ce qui n'est autre chose que 0,1375. Donc toute fraction de cette catégorie est exactement réductible en décimales.

De plus, on peut prévoir combien la fraction décimale, équivalente à la proposée, aura de chiffres décimaux. Elle en contiendra généralement autant, qu'entre de fois dans le dénominateur celui des deux facteurs 2 ou 5 qui s'y trouve le plus souvent. En effet, dans l'exemple précédent, le facteur 2 entrant quatre fois au dénominateur, nous avons dû y faire entrer également quatre fois le facteur 5. Leur combinaison par la multiplication a fourni quatre facteurs égaux à 10, conséquemment quatre zéros au dénominateur, et par suite quatre chiffres décimaux.

172. — Dès qu'une fraction irréductible contient à son dénominateur d'autres facteurs premiers que 2 ou 5, la fraction n'est plus susceptible d'être réduite exactement en décimales. En effet, pour y parvenir, il faudrait ramener le dénominateur à ne contenir que les facteurs premiers 2 et 5. Or, si le dénominateur a quelque autre facteur que ceux-là, le facteur 3 par exemple, la fraction étant d'ailleurs à sa plus simple expression, ce facteur demeurera nécessairement contenu dans le dénominateur de la fraction, et jamais elle ne pourra se présenter sous la forme décimale exacte ; dès-lors le quotient sera illimité, c'est-à-dire qu'il se prolongera indéfiniment.

173. — De ce que le quotient est illimité, on doit conclure qu'il sera périodique simple ou mixte ; en un mot, qu'il y aura retour symétrique des mêmes chiffres. En effet, prenons pour exemple la fraction $^4/_7$: dans sa réduction en décimales, les restes successifs ne pouvant égaler 7, et le reste zéro étant exclu, on ne pourra trouver pour reste que les nombres 1, 2, 3, 4, 5, 6. Par conséquent, après avoir épuisé ces six restes possibles, on devra retomber sur un des restes précédens, lequel reste étant suivi d'un zéro, donnera un dividende déjà employé, et par suite un quotient déjà obtenu. Dès-lors, on aura évidemment la même série de quotiens et de restes déjà trouvés. On voit en même temps, par l'opération faite ci-dessous, que la période aura tout au plus autant de chiffres, qu'il y a d'unités moins une dans le dénominateur.

```
40    | 7
 50   |----------
  10  | 0,571428...
   30
    20
     60
      4....
```

174. — *Nous ne démontrerons pas dans quel cas la période doit être simple ou mixte* : nous ferons seulement observer que, dans le cas où le dénominateur contient les facteurs 2 ou 5, combinés avec quelques autres facteurs, la période se trouve précédée d'autant de chiffres, qu'entre de fois dans ce dénominateur celui des facteurs premiers 2 ou 5 qui s'y trouve le plus souvent.

Soit par exemple : $\frac{7}{75}$ qui équivaut à $\frac{7}{3\times5\times5}$.

Dans cette fraction, réduite en décimales, il y aura deux chiffres avant la période, parce qu'il y a deux facteurs 5 au dénominateur. En effet, si l'on effectue la division, on trouve que $^{7}/_{75}$ équivaut 0,09333...

Fractions décimales en Fractions ordinaires.

175. — *Le retour des fractions décimales aux fractions ordinaires ne présente aucune difficulté, quand la fraction décimale est exacte.*

Il suffit de prendre alors l'ensemble des chiffres décimaux comme numérateur, et de lui donner pour dénominateur l'unité suivie d'autant de zéros qu'il y avait de décimales.

$$\text{Ainsi } 0,0978 = \frac{978}{10000}$$

176. — *Soit proposé de revenir de la fraction périodique simple à sa génératrice, c'est-à-dire à la fraction ordinaire équivalente, et pour démontrer le principe, soit la fraction* 0,327327.....

Avançons la virgule à la droite de la première période, il viendra 327,327327, quantité qui vaudra évidemment 1000 fois la fraction proposée. Retranchant ensuite la première expression de la seconde, on fait disparaître les périodes, et l'on obtient pour reste le nombre entier 327.

En effet :	327,327327
Moins :	0,327327
Egale :	327,000000

Mais, si de mille fois la fraction proposée on la retranche une fois, le reste la contiendra 999 fois. Donc, 327 égalant 999 fois la proposée, celle-ci sera la neuf cent quatre-vingt-dix-neuvième partie de 327 ou $^{327}|_{999}$.

Donc, *pour revenir d'une fraction périodique simple à sa génératrice, il suffit de prendre la période pour numérateur, et de lui donner pour dénominateur autant de 9 qu'il y a de chiffres dans la période.*

177. — *Proposons-nous enfin de réduire une fraction périodique mixte en fraction ordinaire, et soit la fraction* 0,53817817....

Avançons la virgule à la droite, puis à la gauche de la première période, nous obtiendrons les deux résultats suivants : 53817,817 et 53,817817, puis faisons la soustraction, les périodes se détruisent, et il reste 53817—53. Or, le premier résultat valait 10000 fois la proposée ; le deuxième la contenait 100 fois ; le reste la contiendra donc 100000 fois moins 100 fois, ou 99900 fois. Donc la fraction cherchée sera la 99900e partie du reste, ou

$$\frac{53817-53}{99900}$$

D'où il suit que, *pour revenir d'une fraction périodique mixte à sa génératrice, il suffit de placer la virgule successivement à la droite, puis à la gauche de la première période, et de séparer ces deux résultats par le signe moins ; on aura par là le numérateur. Le dénominateur se composera d'autant de 9 qu'il y a de chiffres dans la période, suivis d'autant de zéros qu'il y a de chiffres non périodiques.*

PROBLÈMES.

151. — Quelqu'un a acheté d'une certaine marchandise 71/160 de myriagramme, dont il a payé 1109 grammes 375 milligrammes, à raison de 2 centimes le gramme. Il se demande ce qu'il doit débourser pour cet achat, si le gramme du reste lui revient à 1 centime 1/2. Dites de plus, à quoi est égal, en fraction ordinaire, ce que l'on connaît en grammes, si l'on compare cette quantité à l'emplette totale.

152. — Si mon frère, disait un élève, n'a que la taille voulue pour entrer dans la Marine, moi, qui ai pourtant une envie démesurée de naviguer, j'ai encore du temps à attendre; car ma taille, comparée à la sienne, a 27/360 de mètre de moins. — Cherchez ce que cela fait de millimètres.

153. — On se propose de transformer en décimales, jusqu'aux billionièmes inclusivement, les deux fractions 7/22 et 113/355, afin d'établir la différence qui existe entre le rapport du diamètre à la circonférence découvert par Archimède, et celui de Métius, lequel est plus rigoureux que le premier. — Comment faut-il s'y prendre. — Faire la même série d'opérations sur les deux fractions ci-dessus, préalablement renversées; et dire ce que l'on aura ainsi obtenu.

154. — La fraction 151/900, poussée jusqu'à la septième décimale inclusivement, et multipliée ensuite par 10,000,000, marque, à moins d'un mètre près, la vitesse par heure de la terre, dans son mouvement de rotation diurne. — Déterminer par suite ce qu'est cette vitesse, exprimée en mètres. — Calculer en même temps le diamètre de notre globe, en prenant : 1° les 7/22, 2° les 113/355 de sa circonférence que l'on connaît facilement, à l'aide de la définition du mètre.

155. — Un particulier partage de la manière suivante, entre trois collatéraux, son bien consistant en 37 hectares 9 ares de terrain : il en assigne au premier les 3/7; au deuxième les 13/15 de ce qu'il donne au premier; quelle sera donc, à moins d'un centimètre carré près, la part du troisième héritier. — Faire voir de plus à quel genre de résultat périodique doivent conduire les opérations (*suffisamment développées*) par lesquelles on détermine la part du premier et celle du second collatéral. — *Sujet de composition donné dans une école professionnelle.*

156. — La partie de la route qu'a parcourue un écolier, peut être évaluée à 7211 mètres 7211 dix-millièmes de mètre : quelle fraction ordinaire du myriamètre est-ce, et que lui reste-t-il 1° en fraction décimale ; 2° en fraction ordinaire, de chemin à franchir, pour arriver chez la personne qu'il va visiter à un myriamètre de sa demeure. — Même série de questions, pour le cas où l'enfant aurait déjà fait 8521 mètres 521 millimètres de sa route.

---

157. — Lorsqu'on a préalablement réduit 7,3225225..... en nombre fractionnaire ordinaire, et la fraction qui l'accompagne, à sa plus simple expression, si l'on y ajoute un nombre qu'il s'agit de déterminer, on obtiendra la pesanteur spécifique du mercure, qui est 13, 299/500. — Résoudre ce problème : 1° par le calcul des fractions ordinaires ; 2° par celui des décimales. — Chercher ensuite combien il faudrait mettre de litres de mercure dans l'un des plateaux d'une balance pour faire équilibre à un homme placé dans l'autre plateau, et pesant 75 kilogrammes 500 grammes.

---

158. — Êtes-vous curieux de connaître le poids de la terre en kilogrammes ? Prenez d'abord le centième des 2/8192 des 3/49152 de 5/5120; puis, divisez 67,2213300580655 par le produit ainsi obtenu, après avoir fait préalablement toutes les simplifications possibles dans vos opérations, il ne vous restera plus qu'à rendre votre quotient 10000000000 fois plus fort pour avoir la réponse. Ne vous rebutez pas surtout du travail que vous vous imposez, car il a pour vous un double but : celui de vous exercer à des opérations un peu longues, et celui de vous amener à la découverte d'un renseignement utile.

---

159. — La fraction périodique simple 0,064516129032258, mise sous forme de fraction ordinaire, et ramenée à sa plus simple expression par la méthode du plus grand commun diviseur, n'est autre que le rapport qui existe entre l'argent et l'or. — Déterminer ce rapport aussi simplifié que possible, et dire ce qu'un kilogramme d'argent monnayé vaut de grammes et de milligrammes d'or aussi monnayés.

---

160. — **Un verre d'eau chèrement payé.** — Suivant un usage traditionnel en Russie, à peine la salve de coups de canon, annonçant la débâcle des glaces de la Newa, a-t-elle commencé à se faire entendre, que, soit de jour, soit de nuit, le gouverneur de la forteresse, prenant une coupe de cristal et la remplissant dans le fleuve, se rend aussitôt à la

Cour, revêtu de son grand costume et escorté d'un brillant état-major, pour offrir au Czar le premier tribut de l'eau dégagée des entraves qui s'opposaient à son cours. Sa Majesté reçoit en grande pompe, sur le seuil de son palais, cette ambassade improvisée du dieu Printemps ; et, manifestant toute sa joie de voir les rivières et les mers de son empire se rouvrir à la navigation, il boit, à la santé de sa bonne ville de Saint-Pétersbourg et de ses bien-aimés sujets, le liquide que contient la coupe : puis il remet au gouverneur un certain nombre de ducats, et congédie l'ambassade, heureuse elle-même de la magnifique réception qui lui a été faite. Un touriste prétend, et avec raison, que c'est sans contredit le verre d'eau le plus cher qui se boive dans l'année sur toute la surface du globe : vous pourrez vous-mêmes vous en assurer ; car, en développant en décimales la fraction suivante 19999945/99999000, vous saurez que la partie non périodique contient autant d'unités que l'Empereur de Russie donne de ducats en échange du tribut, si futile en apparence mais si précieux pour lui, qui lui est annuellement offert. — Puis, comme nous serions bien aises de savoir ce que cela fait de francs, vous nous le ferez connaître, sachant que le ducat égale 11 francs 78 centimes. — *Arrangé en problème, d'après un récit du Journal la* Patrie.

PROBLÈMES GÉNÉRAUX D'APPLICATION

Des Fractions.

---

161. — Une personne a acheté en deux différentes fois, mais par parties inégales, 72 mètres 7/8 d'étoffe : elle ne sait plus au juste combien chaque fois ; tout ce qu'elle peut se rappeler, c'est qu'il se trouve 20 mètres 3/4 de différence entre ses deux achats, et elle veut découvrir de quelle quantité de mètres a été chacun. — Comment doit-elle s'y prendre.

---

162. — Une fontaine reçoit de l'eau d'un conduit, qui la remplirait en 3 heures 3/4, et en perd par un robinet inférieur, qui la viderait en 5 heures 11/12. Si l'on suppose la fontaine vide, et que l'on ouvre simultanément, d'un côté le conduit, de l'autre le robinet inférieur pendant une heure de temps, que restera-t-il alors d'eau dans la fontaine. — Combien, aux mêmes conditions, faudrait-il d'heures, de minutes et de secondes pour la remplir en totalité.

163. — Un voyageur doit se rendre d'une ville à une autre en quatre jours de marche. Le premier jour, il fait les 2/7 de son chemin ; le deuxième jour, les 4/9 du reste ; le troisième jour, les 5/11 de ce nouveau reste : quelle portion de route a-t-il encore à parcourir le quatrième jour.

---

†. — 164. — Faire la somme : 1° des 4/5 des 2/3 des 8/9 de 60 fr. ; 2° de 1/2 des 5/6 des 3/7 de 50 fr. ; 3° du quart des 3/4 des 8/11 de 40 fr. , aumônes partielles , données en trois circonstances à 56 pauvres ; et dire : 1° ce qu'il a été distribué en tout de francs et de centimes ; 2° ce que chaque pauvre a reçu dans la première , la deuxième et la troisième circonstance ; 3° ce qu'il a ainsi reçu en tout. — On donnera le raisonnement des diverses opérations que nécessite ce problème.

---

165. — Cinq éleveurs , A, B, C, D, E, ont contribué également à l'achat d'une magnifique prairie. D fait ensuite acquisition de la part de A, et E des parts de B et de C ; enfin E cède à D les 3/7 de ce qui forme son lot intégral après l'achat qu'il a fait. — Dites quelle est la portion qu'il a finalement conservée du tout, et de combien elle diffère de celle de D. — Après avoir terminé le problème à l'aide des fractions précitées seulement , vous en ferez application à des nombres, la prairie étant supposée mesurer 7 hectares 7 centiares, et avoir coûté 18 fr. 30 c. l'are.

---

166. — On a laissé couler pendant 23 heures deux robinets inégaux dans un énorme bassin, et l'on sait que le plus petit, dans ce laps de temps, a dû donner les 7/17 de ce qu'a donné le plus grand. Fermant alors l'un et l'autre robinet , et mesurant la quantité totale d'eau versée par les deux , on a trouvé que les 11/13 du bassin étaient ainsi remplis. On désire par suite connaître ce que chacun de ces conduits a fourni d'eau dans 24 heures ; et, si le bassin a 12 mètres cubes de capacité, combien il a reçu de litres de chaque robinet séparément.

---

167. — On demandait à une personne quelle heure il était, et elle répondit : les 3/4 des 5/6 des 7/8 de celle qu'il est en ce moment , donnent 5 heures ; cherchez donc vous-même l'heure à moins d'une seconde près , et vous aurez en outre l'avantage de vous être livré à un petit calcul qui n'est pas sans quelque utilité. — Quelle heure était-il.

†. — 168. — Un Français, chercheur d'or en Californie a recueilli, dans son excursion aux mines, une certaine quantité de morceaux pesant 6 kilogrammes 20 grammes en tout : il désire savoir combien on pourrait fabriquer de pièces de 5 francs de son pays avec le produit en sa possession ; quelle somme il aurait ainsi acquise, et quelle longueur donneraient toutes ces pièces placées bout à bout en ligne droite.

---

169. — Deux brocanteurs ont acheté en commun 2477 mètres 60 centimètres de toile fine, à la liquidation d'un magasin en gros. Dans une tournée qu'ils ont faite, l'un a opéré le placement des 7/9 de sa part, à raison de 6 fr. 45 c. le mètre; l'autre a vendu de son côté les 8/11 de la sienne, à 6 fr. 50 c. le mètre. On sait que, sur la quantité totale, le premier a pris les 7 1/2 de la part du second, et l'on veut connaître combien de mètres avait chacun dans son lot, combien il en a vendu, et pour quelle somme. — On cherchera, en terminant, combien leur avait coûté toute cette toile à 5 fr. 75 c. le mètre, et combien de mètres l'un des brocanteurs a vendu de plus que l'autre.

---

170. — Une première source remplirait un bassin en 9 heures 45 minutes ; une autre source, en 7 heures 2/3 ; enfin une troisième source ne mettrait que 5 heures 3/5 à le remplir : en combien d'heures et de minutes serait-il donc entièrement plein, si les trois sources y versaient simultanément leurs eaux.

---

171. — Juge de ma joie, disait, le lendemain de la distribution des prix, à son camarade, l'un des meilleurs élèves d'une école professionnelle : mon père m'a donné 6 francs ; et cette somme n'est que l'excès des 7/8 sur les 2/3 de l'argent que m'ont donné mes autres parents. Aussi, avec ce que j'ai reçu en tout, et ce que j'avais d'économies, je vais me faire cadeau d'un dictionnaire des sciences par Bouillet, pour 24 francs, et d'un bel étui de mathématiques coûtant 17 fr., afin de travailler pendant mes vacances. — Comme tu aimes à calculer, tu vas me dire ce que j'ai reçu de toute ma famille, et ce que j'avais mis précédemment de côté.

---

172. — Le commis-marchand d'un magasin en gros a vendu en quatre jours, pour le compte de son patron, savoir : le premier jour, les 5/12 d'une pièce d'étoffe; le deuxième

jour, les 5/8 du reste ; le troisième jour, les 3/4 du reste précédent ; enfin, le quatrième jour, ce qu'il y avait encore de la pièce totale dans les rayons. Calculer, par suite, ce qu'il a vendu chaque jour, ce qu'a rapporté au patron la vente totale, ce qu'a donné de recette la vente de chaque journée, sachant que pour la quatrième le commis a reçu 168 francs ; de plus, ce que ce dernier a reçu du patron pour ladite opération, s'il lui est accordé, à titre d'honoraires, les 2/41 du prix des marchandises qu'il place.

173. — Un autre commis, chargé dans le même magasin de la vente des toiles, a livré à quatre reprises différentes dans un seul jour, savoir : la première fois 2/9, la deuxième fois 2/11, la troisième fois 1/3 d'une pièce totale, dont il a, à la quatrième reprise, expédié le reste, moyennant une somme de 130 francs. — Calculer de même ce qu'ont rapporté : 1° la vente totale ; 2° celle de chacune des parties de la pièce ; ce qu'a reçu de commission l'employé, si son patron lui abandonne le 1/17 du prix des toiles qu'il vend.

174. — Les 7/24 d'une barrique de vin sont évalués à 84 fr. 56 c. : quel sera en conséquence le prix de la barrique entière. — Déterminer de plus le prix d'un tonneau dont cette barrique n'est que les 6/25, et raisonner ses opérations; puis, les deux valeurs en francs indiquées dans l'énoncé une fois connues, on calculera le nombre de litres qu'il y a : 1° dans la barrique, 2° dans le tonneau, sachant que le prix d'un litre de ce vin est de 1 franc 25 centimes.

†. — 175. — Quatre jeunes gens ont à se partager une pièce de drap dont la longueur n'est pas déterminée : le premier prend les 4/9 de la pièce ; le deuxième 1/3 ; le troisième 1/7 ; il reste 20 décimètres au dernier. — On demande combien de mètres contenait la pièce, et quelle est la part de chacun.

176. — Il est parti en même temps de Paris et de Quimper, villes distantes l'une de l'autre de 624 kilomètres, deux diligences qui font, savoir : la première 9 kilomètres 1/7, la seconde 8 kilomètres 11/12 à l'heure. — Dire après quel temps, et à combien de kilomètres de chacune des deux villes précitées aura lieu la rencontre de ces voitures.

177. — Un spéculateur avait placé dans une entreprise commerciale des fonds qu'on ne connait pas. On sait seule-

ment que la première année il a gagné les 3/13 de son capital; et que la seconde il en a perdu les 19/20. Retirant alors son argent, il ne se trouve plus possesseur que d'une somme de 14600 francs.— Combien avait-il donc confié à cette malheureuse entreprise, et combien a-t-il perdu.

178. — Les élèves d'une classe, persuadés que la leçon s'était plus prolongée que de coutume, demandaient l'heure exacte à leur professeur. Celui-ci, tirant sa montre, leur répondit de la manière suivante, en leur assignant sa réponse comme sujet de problème: il n'est pas encore midi et demi, mais il ne s'en faut guère; car si vous augmentez d'un huitième la quantité de minutes et de secondes que je lis sur mon cadran, en plus de 12 heures, vous n'aurez encore que la moitié des 14/15 d'une heure. — Cherchez donc quelle heure il est, et quelle fraction, c'est-à-dire quel nombre de minutes et de secondes, il faudrait y ajouter pour avoir midi et demi, heure où je vous laisserai sortir.

179. — Dans une réunion à laquelle il avait été convoqué, un amateur de statistique assurait ces jours derniers que les 7/8 du nombre des personnes, sur lesquelles il en meurt assez exactement une par année, ne sont autre chose que les 5/6 de 42. — Rechercher par suite ce nombre, et, d'après la moyenne de ce statisticien, calculer combien de personnes cessent annuellement d'exister en France, dont la population est de 34494880 habitants.

†. — 180. — Un particulier a acheté une charge de pommes de terre. Il en cède 1/4 à un de ses amis, 1/3 à un autre, 1/6 à un troisième: il lui en reste encore 2 hectolitres et 1/5. — Combien avait-il d'abord acheté de litres de pommes de terre.

181. — Quatre marchands orfèvres, ayant fait entre eux une association pour une vente de vieux bijoux, ont éprouvé, sur les lots qu'ils ont acquis, une certaine perte, dont le premier a 1/3 à supporter, le second 1/6, le troisième 1/15. — Quelle est la perte totale, et ensuite la perte de chacun des trois premiers orfèvres, si celle du quatrième est de 39 fr. — Calculer en outre l'apport de chaque marchand, si sa perte n'en est que les 3/80.

182. — La date de l'invention de la machine pneumatique par Otto de Guericke, bourgmestre de Magdebourg, forme un

nombre tel, que si l'on augmente ce nombre de son tiers, de son onzième, de son cinquième et de sa moitié, le résultat sera 3505. — Chercher cette date si importante de l'histoire des sciences.

183. — Un héritier obtient, à la mort de son parent, les 8/9 des 7/8 des 3/5 d'un bien fonds, estimé 54000 francs : s'il cède à un autre héritier les 5/9 des 3/4 du tiers de son lot, et qu'il se réserve le reste, se proposant de le faire valoir pour son propre compte. Quelle somme aura-t-il retirée de la cession ci-dessus, et quelle portion : 1° de son lot; 2° de l'héritage total se sera-t-il réservée.

184. — Louis XVIII, après avoir établi, en 1822, un contrôle sévère sur les dépenses de ses cuisines, et avoir fait maison nette d'une foule de serviteurs qui ne cherchaient qu'à gaspiller, sans le moindre scrupule, sa liste civile à leur profit, disait aux habitués des Tuileries : j'ai calculé, qu'avant les réformes introduites par mes ordres dans le service de mon palais, un œuf frais, rendu sur mon assiette ne me coûtait pas moins de la somme énorme de...... (On trouvera cette somme si, après avoir retranché 2 fois 12, 11/15 de 3 fois 11, 1/2, on augmente la différence de 5 fois 4, 29/150. Quelle est-elle donc.

185. — Un premier ouvrier a fait un certain ouvrage en 4 jours, travaillant 4 heures par jour; un second a fait le même ouvrage en 8 jours, travaillant 3 heures par jour ; un troisième ouvrier, en 9 jours, travaillant 2 heures par jour ; un quatrième, en 8 jours, travaillant 6 heures par jour ; un cinquième, en 18 jours, travaillant 8 heures par jour. — On demande en combien d'heures ce travail sera fait, si tous les ouvriers travaillent ensemble — *Examens des Directions de Travaux, au Port de Brest.*

186. — Une première locomotive a parcouru 54 kilomètres 1/3 de plus qu'une seconde, qui n'a fait que les 17/20 du parcours de la première. — Combien chacune d'elles a-t-elle donc parcouru de kilomètres.

187. — Les capitaines de deux bricks du commerce, voulant comparer la marche de leurs navires, partent en même temps du Port de Brest, et, gouvernant dans la même direction, se donnent rendez-vous à une distance de 260 lieues. Il

arrive que le premier brick file avec une vitesse de 19 lieues 7/8 en 5 heures, et que le second parcourt 13 lieues 3/5 en 4 heures. — Quelle avance, par heure, obtient donc le premier brick dans sa marche. — Pendant quel temps, exprimé en heures et en minutes, sera-t-il obligé d'attendre le second brick au but fixé ci-dessus.

---

188. — On a rempli dans un laboratoire 2 flacons, dont le second n'a que les 5/8 de la contenance du premier, avec 3 litres 2/5 de mercure ; et l'on désire savoir : 1° ce qu'il a fallu en mettre dans chaque vase ; ce que pèse chaque quantité de ce métal liquide, la densité du mercure étant de 13,598.

---

189. — Voici un nouvel exemple du gaspillage exercé en grand, à leur profit, par des intendants peu scrupuleux, et abusant de la manière la plus indigne d'une confiance sans bornes à eux accordée par d'illustres personnages. — Cherchez une fraction telle, qu'en l'augmentant de 1326/40000, vous la fassiez égaler, quoique sous une forme plus composée, le produit de 7/40 par 19/100. — Le numérateur, considéré isolément comme nombre entier, vous indiquera la quantité de tonneaux de vin de Tokay qui figura, à la fin d'une année, sur un mémoire de dépenses du palais de l'Impératrice Marie-Thérèse, comme ayant servi à tremper les biscuits des perroquets de Sa Majesté. — Dans le dénominateur, considéré de même, vous trouverez en francs le chiffre non moins exagéré auquel on fit, la même année, s'élever les frais d'entretien de la fauconnerie impériale.

---

†. — 190. — Trouver le nombre dont les 2/7 plus les 0,291 font 0,0027.

---

191. — Un marchand de rubans vend une première fois le sixième d'une pièce qu'il a en magasin ; une deuxième fois, les 3/8 de ce qu'il lui en reste ; une troisième fois, les 2/5 de ce qu'il a conservé après les deux premières ventes ; une quatrième fois, la moitié de ce qu'il a encore. Il mesure alors la partie qui lui reste, et trouve qu'elle a 5 mètres 1/4. — Chercher de combien de mètres était la pièce entière, et ce que le marchand en a vendu chaque fois.

---

192. — A une vente d'immeubles, j'ai acquis les 7/15 de ce qu'a acheté mon frère, et la contenance totale du bien que le notaire nous a adjugé en commun, est de 35 hectares

4 ares 3/13. — Dites, d'une manière aussi exacte que possible, quelle superficie de terrain composera chacune de nos parts.

193. — Pendant les dernières années du règne de Louis XIV, un simple président au Parlement fit faire, pour son château de Maisons, deux portes de fer forgé et poli qui sont aujourd'hui au Louvre, l'une à l'entrée de la grille d'Apollon, l'autre dans le pavillon de Flore. On les regarde comme de précieux chefs-d'œuvre; et un manuscrit du temps rapporte que le propriétaire, M. René de Longueil, les paya une somme énorme renfermant autant de francs, qu'il y a d'unités dans la partie non périodique de la fraction 119880021/999000000, développée suffisamment en décimales, ladite partie non périodique étant détachée du quotient, et considérée comme nombre entier. — Faites-nous connaître cette somme.

194. — La couronne royale, qui fait partie des joyaux de la cour du Portugal, eu égard à la quantité considérable de diamants et d'autres pierres précieuses qui la décorent, est justement regardée comme une délicieuse œuvre de joaillerie. Si vous êtes curieux d'en connaître la valeur, développez en décimales la fraction 20000/37037, et l'ensemble des chiffres d'une des périodes que vous trouverez, pris comme nombre entier, vous donnera en francs le coût de ce magnifique attribut de la puissance souveraine.

†. — 195. — Un nombre est composé de quatre parties. Les trois premières sont 25+1/5, 17+1/4, et 20+1/8; on sait de plus que les 5/8 de la quatrième valent la somme des trois autres. — Quel est la quatrième partie. — Quel est le nombre total. — On résoudra la question en opérant d'abord sur les fractions ordinaires; ensuite en réduisant tous les nombres donnés en fractions décimales. — On prouvera l'identité des résultats obtenus dans les deux cas.

196. — Un marchand en gros cède à 5 débitants, par parties égales, les 3/7 d'une pièce de Rhum; puis, de même, à 4 autres les 5/6 de ce qu'il lui reste. Ensuite il échange les 38 litres 2/3 qu'il possède encore, contre 45 litres 7/8 de vin de Champagne à 2 fr. 75 c. l'un. — Dites : 1° ce qu'il avait de litres en tout dans sa pièce; 2° ce qu'elle valait de francs; 3° ce qu'il vend à chacun des 5 premiers débitants et à chacun des 4 seconds; 4° ce que chacun de ceux-ci lui paie en

argent; 5° ce qu'il lui reste après chaque vente. — *Examens du degré supérieur.* — *Rennes* 1834.

---

197. — Un père, voulant s'assurer si son fils comprenait le calcul des fractions, lui dit : je te donnerai, pour ta tirelire, autant de centimes que tu me trouveras de différence : 1° entre la fraction 3/11, et ses deux termes augmentés de 3 ; — 2° entre la fraction 8/31, et ses deux termes diminués de 7. L'enfant ayant résolu le problème selon les prescriptions de son père, combien reçut-il. — Faites savoir en outre de combien, dans le premier cas, le résultat obtenu surpasse la fraction proposée ; et de combien celle-ci, dans le deuxième cas, diffère de la nouvelle forme que lui donne l'opération indiquée dans l'énoncé.

---

198. — Le propriétaire d'un des principaux vignobles de la Bourgogne a récolté en 1856, 199 barriques 4/5 de vin : il affirme que cette quantité de pièces, dont chacune est de 2 hectolitres 3/8, ne représente que les trois-quarts des deux tiers de la moitié de ce qu'il récoltait avant la maladie de ses vignes. — Combien pourrait-il remplir de tonnes d'un mètre cube de capacité avec sa récolte de 1856. — Combien récoltait-il : 1° de barriques ; 2° d'hectolitres ; 3° de mètres cubes de vin, avant que l'oïdium eût produit des ravages dans ses vignes.

---

199. — D'après le célèbre botaniste Linnée, les plantes peuvent être divisées en un nombre de classes tel, que si l'on diminue les 2/3 de ce nombre de sa moitié, et qu'ensuite on ajoute 4 au reste, le résultat ainsi obtenu ne sera encore que le tiers dudit nombre. — Quelle est donc la quantité de classes que forment les plantes selon Linnée.

---

†. — 200. — La population de l'Asie est les 13/7 de celle de l'Europe, et celle de l'Afrique en est les 3/11. — On demande quelle est la population de l'Afrique, sachant que celle de l'Asie est de 390257000 habitants.

---

201. — Un entrepreneur en maçonnerie a réparti un ouvrage entre quatre de ses meilleurs ouvriers, comme suit : le premier a eu à faire les 3/4 de l'ouvrage du deuxième ; celui-ci deux fois plus que le troisième ; le troisième 2/3 de moins que le quatrième qui, dans son lot, avait 60 mètres d'ouvrage. — Quelle était la quantité totale de mètres de maçonnerie à exécuter, et combien a dû recevoir chaque ouvrier pour

la partie qu'il en a faite, si la somme destinée pour cette œuvre était le quotient de 1/5 par 1/800 exprimé en francs. — *Donné par un inspecteur dans une école professionnelle.*

---

†. — 202. — Un marchand a acheté lundi 1127 mètres 7/10 de toile; il en a vendu les 3/5 mardi, au prix de 11 fr. 45 c. le mètre. Le mercredi il a vendu les 3/8 de ce qui lui restait de la veille, au prix de 8 fr. 24 c. le mètre. Le jeudi, il échange tout ce qui lui restait du mercredi contre du vin, et l'échange se fait sur le pied de 4 litres 1/2 de vin pour 1 mètre 1/2 de toile. — On demande quelle somme et combien de litres de vin il a retirés pour les 1127 mètres 7/10 de toile.

---

203. — Après 90 jours de navigation, le capitaine d'un navire marchand, qui n'a relâché nulle part, veut savoir où il en est de sa route. Par suite des indications que son second lui fournit à cet effet, il trouve en avoir parcouru les 6/10 des 5/9, et 2625 lieues de plus; ce qui, d'accord avec ses appréciations, le met à même de conclure qu'il lui en reste encore le quart à faire. — A combien de lieues de son port de départ était le point de sa destination. — Combien de lieues a-t-il parcourues. — Quelle est la vitesse moyenne par jour et par heure de son navire. — Combien a-t-il encore de jours à tenir la mer, supposé qu'il fasse une relâche de 10 jours 7/8 pour débarquer des marchandises et faire des vivres.

---

†. — 204. — Un courrier a parcouru une distance de 595 kilomètres 1/2 en 23 heures 3/4. — On demande, avec la même vitesse, quelle distance on parcourrait par heure, et quel temps il faudrait pour faire 100 lieues de 4 kilomètres chacune.

---

205. — Jeudi dernier, voulant payer toutes mes dettes, je garnis bien ma bourse, puis je me rendis chez mon libraire, à qui je remis pour solde de ce que je lui devais les 2/9 de l'argent que j'avais sur moi: de là, j'allai chez mon tailleur, dont la note, que je soldai, se montait aux 5/8 de l'argent qui me restait: je rencontrai ensuite mon cordonnier, à qui je savais devoir les 2/5 de la somme que j'avais encore, et que je payai sur le champ. J'avais également le désir d'acheter une chaîne pour ma montre; mais, n'ayant plus que 28 fr., je me vis, dans la nécessité, pour satisfaire ce caprice, de faire chez l'horloger une nouvelle dette égale au cinquième du quart de ce que j'avais pris d'argent en sortant de chez

moi. — Dites ce que ma bourse en renfermait à mon départ, ce que je devais à chacun de mes trois premiers créanciers, le montant de la nouvelle dette que j'ai contractée envers l'horloger, et la somme à laquelle me revient ma chaîne de montre. — *Donné dans une école normale.*

---

†. — 206. — Un marchand augmente chaque année sa fortune du tiers de sa valeur, et à la fin de chaque année, il prélève 1000 francs pour sa dépense ; à la fin de la troisième année sa fortune est doublée ; combien avait-il d'abord.

---

207. — Je sais, disait un vieillard, que les 2/5 de la moitié du prix que me coûtent ma maison et mon jardin font exactement 25000 fr. 25 c. Je ne me rappelle plus au juste ce que j'ai payé pour chacun de ces deux biens en particulier ; mais j'avais calculé dans le temps que, sur l'argent que je dépensais pour les acquérir, les 3/4 des 5/6 de ce que m'avait coûté mon jardin se montaient à 6240 francs, somme qui me restait encore pour l'achat d'un champ que j'étais bien aise d'y joindre, et dont plus tard je me suis rendu propriétaire. — Vous me feriez bien plaisir en m'indiquant à combien me revient ma maison ainsi que mon jardin, et ce que vaut tout mon bien : car je tiens essentiellement à le mentionner sur mon testament. — Chercher les diverses solutions de ce problème.

---

208. — On a 15 flacons de différentes grandeurs pour renfermer une certaine quantité de mercure dans le laboratoire d'une pharmacie : le premier peut en contenir 1/2, le deuxième 3/5, le troisième 2/3, le quatrième 3/7, le cinquième 1/4, le sixième 17/20, le septième 11/12, le huitième 13/21, le neuvième 7/8, le dixième 8/9, le onzième 9/14, le douzième 3/10, le treizième 15/16, le quatorzième 11/18, le quinzième 14/15 de litre. — Quelle quantité totale de mercure aura-t-on ainsi, et que pèsera-t-elle, la densité du mercure étant de 13,5980.

---

†. — 209. — Il faut payer pour le passage d'un pont 0 fr. 15 c. par voiture attelée de 2 chevaux, 0 fr. 10 c. par voiture à un cheval, 0 fr. 05 c. par cavalier, 0 fr. 03 c. par piéton. Dans la quinzaine, le nombre des voitures à deux chevaux a été les 2/5 de celui des voitures à un cheval ; celui des voitures à un cheval les 3/11 du nombre des cavaliers ; le nombre des cavaliers les 5/27 de celui des piétons ; la recette de la quinzaine s'est élevée à 168 fr. 72. — On demande combien il est passé de voitures à deux chevaux, de voitures à un cheval, de cavaliers et de piétons.

Supplément à la Théorie des Fractions.

Démonstrations et Solutions de quelques problèmes ayant pour base le calcul des fractions, et présentant des difficultés aux élèves.(1)

† **178. — Premier problème.** — *On allie $\frac{4}{5}$ de kilogramme d'or avec $\frac{2}{5}$ de kilogramme d'argent et $\frac{1}{5}$ de kilogramme de cuivre : quelle quantité entre-t-il de chaque métal dans $\frac{7}{8}$ d'hectogramme de l'alliage ?*

Raisonnement. — Je commence par ajouter les trois quantités mélangées, ce qui me donne $\frac{4}{5} + \frac{2}{5} + \frac{1}{5} = \frac{7}{5}$, ou 1 kilog. $\frac{2}{5}$ en tout. Puis je remarque que $\frac{7}{8}$ d'hectogramme valent 10 fois moins en fraction de kilogramme, ou $\frac{7}{80}$. Enfin, je réduis mes deux expressions au même dénominateur, pour pouvoir les comparer entre elles, et j'ai, d'une part, $\frac{112}{80}$; de l'autre, $\frac{7}{80}$. — Cela posé, si sur $\frac{112}{80}$ de kilogramme, il entre $\frac{4}{5}$ d'or, sur $\frac{1}{80}$ il entrera 112 fois moins, ou $4:(5\times112)$ et sur $\frac{7}{80}$ il en entrera 7 fois plus, ou $(4\times7):(5\times112)=\frac{28}{560}$, ou $\frac{1}{20}$ de kilogramme. Suivant le même raisonnement, on voit que, sur $\frac{7}{80}$ de kilogramme, il entrera d'argent $(2\times7):(5\times112)=\frac{14}{560}$, ou $\frac{1}{40}$ de kilogr. ; et de cuivre, $7:(5\times112)=\frac{7}{560}$, ou $\frac{1}{80}$ de kilogramme. — On peut s'assurer facilement que les $\frac{7}{8}$ d'hectogr. alliés seront ainsi au complet.

(1) Depuis 25 ans, j'ai été à même de remarquer que des problèmes sur les fractions, dans le genre des suivants, ont toujours embarrassé les élèves qui ne sont pas encore bien familiarisés avec les raisonnemens de l'arithmétique. Aussi, dans cette édition, ai-je cru utile de mettre sous les yeux des jeunes gens, avec les solutions raisonnées, quelques-unes des questions qui se présentent le plus souvent dans les devoirs ou dans les examens, et d'offrir par là à leur bonne volonté des modèles qu'ils puissent consulter au besoin. — (Voir aussi l'exercice qui est à la page 131.)

179. — Deuxième problème. — *J'ai acheté les 5/6 d'un kilogramme de sucre ; si j'en emploie les 3/5, que me restera-t-il encore de mon achat ?*

Raisonnement.— Je commence par chercher la fraction représentant la valeur réelle que j'emploie ; et, pour cela, je me dis : si je ne faisais usage que d'un cinquième de ce que j'ai acheté, la quantité de sucre employée ne serait autre que 5:(6×5) ou 5/30 de kilogr. Mais mon énoncé me prouve qu'elle doit être 3 fois plus forte qu'un cinquième : je me sers, par conséquent, d'une quantité de sucre égale à (5/30)×3 ou à 15/30 de kilogramme = 3/6. Maintenant, que me restera-t-il, par suite, de tout ce que j'ai acheté ? Evidemment la différence entre 5/6 et 3/6 = 2/6 ou 1/3 de kilogramme.

---

† **180.— Troisième problème.** — *On demande à une personne son âge, et elle répond : en y ajoutant son tiers, son sixième et son cinquième, vous aurez 62 ans 1/2.— Combien d'années a donc cette personne ?*

Raisonnement. — Quel que doive être l'âge cherché, représentons le par 1, et alors nous voyons, en réduisant les fractions au plus petit dénominateur commun possible, que les 30/30 de l'âge inconnu, autrement dit l'âge lui-même, + les 10/30 + les 5/30 + les 6/30 ou, en totalité, les 51/30 de ce même âge égalent 62 ans, 5.— Or, si les 51/30 d'un nombre quelconque valent 62,5, un seul trentième, au lieu de 51, vaudra 51 fois moins, ou 62,5/51 ; et les 30/30 (c'est-à-dire le nombre cherché), vaudront 30 fois plus qu'un 30e, ou (62,5×30):51, expression qui, dans notre problème, marque l'âge de la personnne, que, tous calculs effectués, nous trouvons être de 36 ans + 13/17. (Cette fraction se réduirait facilement en jours, en multipliant son numérateur par 365 et divisant le produit par 17, et ainsi de suite pour les heures, si l'on désirait cette dernière approximation.).

---

181. — Quatrième problème. — *Une autre personne répondait à un curieux qui lui demandait encore son* *âge : ôtez-en le tiers et le quart, j'aurai alors 30 ans.— Combien d'années avait donc cette personne ?*

Raisonnement. — Représentons, comme dans le cas précédent, l'âge réel inconnu par 1. Ici, après l'avoir déterminé, on devra le diminuer de son tiers et de son quart pour avoir l'âge fictif 30 ans. Nous sommes donc sûrs, dès-à-présent, que la personne en question a plus de 30 ans. — Considérant ensuite les deux fractions qui figurent dans l'énoncé, on voit qu'elles peuvent se traduire par $^4|_{12}$ et par $^3|_{12}$; leur somme, par $^7|_{12}$, et l'âge réel par $^{12}|_{12}$. Conformément à ce même énoncé, on est conduit à retrancher $^1|_3 + ^1|_4$, ou leur somme $^7|_{12}$, de l'unité exprimant l'âge réel, ou de $^{12}|_{12}$, et il reste $^5|_{12}$, fraction exprimant l'âge fictif précité. Mais si $^5|_{12} = 30$, $^1|_{12} = ^{30}|_5$; et $^{12}|_{12} = (30 \times 12) : 5$, ou 72 ans, âge cherché. — Il est facile de vérifier ce calcul.

---

182. — Cinquième problème. — *Si les 3/8 d'un mètre de galon d'or valent autant que les 5/6 d'un mètre de galon d'argent, combien pour 9/10 de mètre de galon d'argent aura-t-on de galon d'or ?*

Raisonnement.— Puisque, d'après l'énoncé, $^5|_6$ de mètre galon d'argent valent $^3|_8$ de mètre galon d'or, $^1|_6$ de mètre du premier vaudra cinq fois moins que $^5|_6$, ou $3 : (8 \times 5) = ^3|_{40}$ de mètre du second ; et $^6|_6$ (ou un mètre galon d'argent) vaudront 6 fois plus qu'un simple sixième, ou $(3 \times 6) : (8 \times 5) = ^{18}|_{40} = ^9|_{20}$ de mètre galon d'or. — Cela posé, si, pour un mètre de la première espèce de galon, on n'a que $^9|_{20}$ de mètre de la seconde espèce, pour $^9|_{10}$ de mètre, quantité figurant dans l'énoncé ci-dessus en galon d'argent, on n'aura non plus que les $^9|_{10}$ de $^9|_{20} = (9 \times 9) : (20 \times 10)$ ou les $^{81}|_{200}$ d'un mètre en galon d'or.

---

183. — Sixième problème. — *La somme d'argent que j'ai dans mon porte-monnaie est telle, que les 2/5, les 3/8 et les 7/10 de cette somme font juste 147 fr. 50 c. — Combien ai-je donc d'argent sur moi ?*

Raisonnement.— L'argent que je possède est tel, que les $^2|_5$ + les $^3|_8$ + les $^7|_{10}$ de ma somme, c'est-à-dire (addition faite) les $^{59}/_{40}$ de cette même somme égalent 147 fr. 50 c. Mais si les $^{59}/_{40}$ de ce que j'ai valent 147 fr.,50 c. , $^{1}/_{40}$ en vaudra nécessairement 59 fois moins que 147 fr. 50 c , ou 147 fr.,50 c.:59 ; et ma somme entière vaudra 40 fois plus que sa quarantième partie , ou que 147,50: 59, c'est-à-dire (147 fr.,50×40) : 59 = 100 fr.— La vérification est ici des plus faciles.

---

† **184. — Septième problème.** — *Une montre a été vendue par un horloger pour une somme telle, que l'excès de son huitième sur son onzième égale 12 fr. 75 c. — Cherchez par suite le prix de cette montre ?*

Raisonnement. — D'après un examen attentif de ce problème, la première chose qui doit nous occuper, c'est la recherche de la différence entre les deux fractions connues $^{1}/_{8}$ et $^{1}/_{11}$, puisqu'elle doit nous faire connaître un nombre indispensablement nécessaire pour arriver à la solution. Or, $^{1}/_{8}$ — $^{1}/_{11}$ = $^{11}/_{88}$ — $^{8}/_{88}$ ou $^{3}/_{88}$. Nous savons donc actuellement que les $^{3}/_{88}$ du prix de la montre ne sont autre chose que la somme 12 fr. 75 c. mentionnée dans la question. Mais , puisque les $^{3}/_{88}$ du prix cherché valent 12 fr. 75, le 88e n'en vaudra que le tiers de 12 fr. 75, ou 4 fr. 25. Au contraire , les $^{88}/_{88}$, prix total de la montre, vaudront 88 fois plus que 4 fr. 25 c., ou 4 fr. 25×88=374 francs.

---

† **185. — Huitième problème.** — *D'une pièce de vin on a pris 1/4, qu'on a mis dans un premier fût vide ; 1/5 et 1/8 de la quantité totale ont servi en outre à remplir deux autres fûts également vides, et les 340 litres restants, ont été mis en bouteilles. — Combien y avait-il en tout de vin dans la pièce, et combien en a-t-on mis de litres dans chacun des trois fûts vides ?*

Raisonnement, — Il est évident , tout d'abord, que la capacité entière de la grande pièce est figurée par le quart, plus le cinquième , plus le huitième mis dans les trois petits fûts, plus par les 340 litres mis en bouteilles. Si donc nous additionnons les fractions $^{1}/_{4}$, $^{1}/_{5}$, $^{1}/_{8}$, ou leurs équivalentes $^{10}/_{40}$, $^{8}/_{40}$, $^{5}/_{40}$, ainsi réduites au plus petit dénominateur commun possible ; et qu'ensuite nous retranchions leur somme d'une expression fractionnaire égale à 1 pour la totalité des litres inconnus, le reste figurera, sous la forme d'une fraction, la valeur représentative des 340 litres mis en bouteilles, valeur qui nous fera, par un raisonnement facile, connaître le nombre de litres renfermé dans la grande pièce ; d'où se déduiront, aussi facilement ensuite, les valeurs partielles que contiennent les trois petits fûts. — Or, $^{10}|_{40} + {}^{6}|_{40} + {}^{5}|_{40} = {}^{23}|_{40}$...... $^{40}|_{40} - {}^{23}|_{40} = {}^{17}|_{40}$. Mais, si les $^{17}|_{40}$ de la capacité totale valent 340 litres, $^{1}|_{40}$ de cette capacité vaudra 17 fois moins que 340 litres, ou $^{340}|_{17}$; et les $^{40}|_{40}$, qui ne sont autres que la capacité de la grande pièce, vaudront 40 fois plus que $^{340}|_{17}$, ou un nombre de litres exprimé par $(340 \times 40) : 17 = 800$. Maintenant, le premier fût contiendra le quart de la capacité totale, ou de 800 litres = 200 litres. Pareillement, le deuxième devra renfermer le cinquième de 800, ou 160 litres; et le troisième, le $^{1}|_{8}$ de 800, ou 100 litres. — On peut s'en assurer par la vérification.

---

186. — Neuvième problème. — *Trois ouvriers pourraient faire séparément un travail, savoir : le premier en 7 heures, le deuxième en 9 heures, le troisième en 11 heures. — Tous les trois y étant employés ensemble, en combien d'heures et de minutes le termineraient-ils ?*

Raisonnement. — Il est clair que le 1er ouvrier, faisant séparément son travail en 7 heures, en une heure en fera 7 fois moins ou $^{1}|_{7}$. Par la même raison, le deuxième et le troisième ouvrier, travaillant en particulier, feront, du même ouvrage, en une heure, respectivement $^{1}|_{9}$ et $^{1}|_{11}$. Donc, réunis, ils feront en une heure $^{1}|_{7} + {}^{1}|_{9} + {}^{1}|_{11} = {}^{99}|_{693} + {}^{67}|_{693} + {}^{63}|_{693}$, ou les $^{239}|_{693}$ de l'ouvrage entier. — Cela posé, si, pour faire les $^{239}|_{693}$ dudit ouvrage, ils mettent une heure, pour en faire le $^{1}|_{693}$, ils mettront 239 fois moins de temps que pour $^{239}|_{693}$, ou $^{1}|_{239}$ d'heure ; et pour faire $^{693}|_{693}$, ou l'ouvrage tout entier, il leur faudra 693 fois $^{1}|_{239}$ d'heure ou un nombre d'heures et de minutes figuré par l'expression $^{693}/_{239}$. Effectuant, on trouve 2 heures 54 minutes par *excès*. (1)

187. — Dixième problème. — *La somme de deux fractions est 15/16, et leur différence 3/8 ; quelles sont ces deux fractions ?*

SOLUTION. — Pour résoudre ce problème, qui consiste dans une combinaison de nombres, je commence par soustraire la différence $^{3}/_{8}$, ou son équivalente $^{6}/_{16}$, de la somme donnée $^{15}/_{16}$, et j'obtiens $^{9}/_{16}$; puis je prends la moitié de $^{9}/_{16}$, ce qui me donne $^{9}/_{32}$. Cette dernière fraction est la plus petite des deux que l'on cherche. La plus grande s'obtiendra en ajoutant la différence $^{3}/_{8}$, ou son équivalente $^{12}/_{32}$, à la plus petite $^{9}/_{32}$ déjà obtenue. Elle égale, par conséquent, $^{21}/_{32}$.

VÉRIFICATION.

$^{21}/_{32} + {^{9}/_{32}} = {^{30}/_{32}}$, ou son équivalente $^{15}/_{16}$.

$^{21}/_{32} - {^{9}/_{32}} = {^{12}/_{32}}$, ou son équivalente $^{3}/_{8}$.

188. — Onzième problème. — *J'ai dans les deux poches de mon gilet, disait un enfant à son camarade, une somme de 4 fr. 84 c., et la partie de cette somme qui se trouve dans ma poche droite ne forme que les 5/6 de celle qui est dans ma poche gauche. — Devine donc combien ton ami a de francs et de centimes dans chaque poche ?*

(1) Il est bon qu'on sache ce que c'est qu'un quotient obtenu approximativement par *excès* ou par *défaut*. Tout quotient est dit approché par *excès*, lorsque, prévoyant que le chiffre de l'unité décimale ou complexe, inférieure à celle où l'on s'arrête, eût pu contenir plus de la moitié de cette dernière, on a augmenté celle-ci de 1. Il y a donc en effet, alors, *excès* dans un tel quotient, mais, en même temps, diminution d'erreur. — Si au contraire on s'aperçoit que le chiffre de l'unité décimale ou complexe, inférieure à celle où l'on s'arrête, devra contenir moins de la moitié ou seulement la moitié de cette dernière, on laisse le quotient tel quel, et, dans ce cas, il est dit approché par *défaut*. — Il résulte de cette courte observation que, toutes les fois qu'il est possible de *forcer* le dernier chiffre d'un quotient inexact, il vaut mieux le faire que d'agir autrement.

Raisonnement. — Représentons par 1 la somme que cet enfant a dans sa poche gauche, attendu que rien ne la figure sur l'énoncé. Alors 1 + les $^5|_6$ de 1, ou toujours $^5|_6$, total $^{11}|_6$, seront la valeur représentative de ce qu'a cet enfant dans ses deux poches. Donc $^1|_6$ de tout l'argent qu'il a sur lui, vaudra 11 fois moins que 4 fr. 84 c., ou $^{4,84}|_{11}$ = 0 fr., 44 c. ; et $^5|_6$, figurant ce qu'il a dans sa poche droite, vaudront 5 fois 0 fr., 44 c. = 2 fr. 20 c. De même, $^{11}|_6$ — $^5|_6$ ou $^6|_6$, figurant ce que sa poche gauche renferme, vaudront 6 fois 0 fr., 44 = 2 fr., 64 c.

PREUVE : 2 fr. 64 c. + 2 fr. 20 c. = 4 fr. 84 c.

---

† **189.** — **Douzième problème.** — *Un bassin peut se remplir en 2 heures par un premier robinet coulant seul, et en 4 heures par un deuxième ; d'un autre côté, il se vide en 3 heures par un troisième robinet. — On suppose le bassin vide et les trois robinets ouverts : en combien de temps pourra-t-il être entièrement plein ?*

Raisonnement. — Nous remarquons, en commençant, que le 1er robinet remplira la moitié du bassin en une heure, et que le deuxième en remplira le quart. Donc, à eux deux, ils auront, en une heure, rempli $^1|_2$ + $^1|_4$, ou les $^3|_4$ du bassin. Mais, d'un autre côté, la troisième ouverture fait perdre en une heure à ce même bassin $^1|_3$ de l'eau qu'il contient : donc, au bout d'une heure, avec les trois ouvertures fonctionnant, il ne restera de rempli du bassin que les $^3|_4$ — $^1|_3$, ou les $^5|_{12}$ de sa capacité. Si donc, pour remplir, dans les conditions sus-mentionnées, les $^5|_{12}$ du bassin il faut une heure, pour en remplir $^1|_{12}$, il faudra 5 fois moins de temps que pour $^5|_{12}$, ou $^1|_5$ d'heure = 12 minutes ; et, pour en remplir la totalité, il faudra 12 fois plus de temps qu'il n'a fallu pour en remplir la douzième partie, ou 12 fois 12 minutes = 144 minutes : valeur égale, 2 heures 24 minutes.

---

† **190.** — **Treizième problème.** — *Un épicier veut faire quatre lots inégaux d'une certaine quantité de café qu'il*

a en magasin. A cet effet, il renferme les 5/8 de la totalité dans un premier sac, puis les 3/4 du reste dans un deuxième sac ; enfin, il met la moitié du nouveau reste dans un troisième sac, et ne réserve dans une caisse que 24 kilogrammes pour la vente. — Combien a-t-il donc en tout de kilogrammes de café, et quelle quantité en renferme-t-il dans chaque sac ?

Raisonnement. — Le nombre total de kilogr. de café que contient le magasin de cet épicier étant inconnu, représentons le par 1 ou 8/8. Il est évident qu'après la mise en sac des 5/8 du tout, il en reste les 8/8 — 5/8 ou les 3/8 de la totalité. Si ensuite le marchand met en sac les 3/4 de ce premier reste 3/8, ou 9/32 de tout son café, il ne lui en restera plus, sans être ramassé, que 3/8 — 9/32, ou 12/32 — 9/32, c'est-à-dire les 3/32 de sa quantité totale. Mais l'énoncé nous fait savoir en outre que la moitié de ce nouveau reste, ou les 3/64 de tous les kilogrammes, doivent être renfermés dans un troisième sac ; donc, finalement, il ne reste après cette nouvelle opération que 3/32 — 3/64, ou 6/64 — 3/64, soit les 3/64 du tout, lesquels consistent, toujours d'après l'énoncé, en une valeur de 24 kilogrammes, réservée dans une caisse par l'épicier pour la vente. A l'aide de cette dernière fraction, et de la quantité déterminée qu'elle représente, nous allons faire facilement connaissance avec le nombre total de kilogrammes que possède le marchand ; puis, nous en déduirons sans peine les nombres partiels renfermés dans des sacs. — En effet, si les 3/64 de la totalité de ces kilogrammes en valent 24, 1/64 ne vaudra que le tiers de 24 ou 8 kilog. ; et les 64/64 (totalité cherchée), vaudront 64 fois plus que 1/64, ou 8 kilogrammes ×64=512 kilog.

LA CONTENANCE DU

1er sac = par suite les 5/8 de 512, ou 320 kilog.	}	512—320=192 kil
2e sac = de même les 3/4 de 192, ou 144 kilog.	}	192—144= 48 kil.
3e sac = enfin la 1/2 de 48 kilog. ou 24 kilog.	}	48— 24= 24 kil.
Quantité réservée pour la vente. . 24 kilog.		
Total égal.... 512 kilog.		

† **191. — Quatorzième problème.** — *Un commis est chargé de porter deux sacs d'argent chez un banquier ; et*

après avoir, sans les compter, pesé les espèces qu'ils contiennent, il trouve que le plus fort sac pèse 3 kilogrammes 1/2 de plus que le plus petit, dont le poids n'est que les 3/5 de celui du plus fort. — Dites leurs poids respectifs, et ce qu'il y a d'argent dans chaque sac.

Raisonnement.— Représentons par 1 le poids fictif du plus fort sac : celui du plus petit sera évidemment les 3/5 de 1, ou 3/5. Comparant ensuite, par la soustraction, ces deux poids l'un à l'autre, nous trouvons que le poids 1 ou 5/5 du premier sac surpasse 3/5, poids du deuxième, de 2/5, quantité qui n'est autre chose que la valeur représentative des 3 kilogrammes 1/2 d'excédant dont parle l'énoncé ; excédant qui, lui même, entre évidemment, par suite, pour 2/5 dans la composition du poids total 1, ou qui, en d'autres termes, n'est que les 2/5 de ce poids, jusqu'ici indéterminé. Mais, si les 2/5 du poids du plus fort sac égalent, par réciproque, 3 kilogrammes 1/2, ou, si l'on veut $3^k,50$, 1/5 de ce même poids vaudra 2 fois moins que 2/5, ou $3^k,50 : 2 = 1^k,75$; et les 5/5, figurant le poids total dudit sac, vaudront 5 fois plus que 1/5, soit $1^k,75 \times 5 = 8$ kilog. 750 grammes. Quant au poids du plus petit sac, il sera, conformément à l'énoncé, les 3/5 de $8^k,750 = 5$ kilog. 250 grammes.— Maintenant, autant la pesanteur du premier sac, d'une part, et celle du second sac, d'autre part, réduites en grammes, contiendront de fois 5 grammes, poids du franc, autant il y aura de francs dans chacun. — Effectuant, on trouve : 1° 1750 francs ; 2° 1050 francs.

---

192. — Quinzième problème. — *Un notaire chargé d'ouvrir le testament d'un défunt, et d'agir conformément à ses dernières volontés à l'égard de ses cinq neveux, rencontre cette singulière clause : — « Je désire que le plus jeune de mes neveux ait, sur une somme de 261,000 francs que je laisse, 1/2 ; celui qui vient immédiatement après lui, par rang d'âge, 1/3 ; le troisième 1/4 ; le quatrième 1/5, et le plus âgé 1/6. » — Quel sens le notaire doit-il donner à ces paroles, pour opérer le partage de la valeur précitée le plus équitablement possible, tout en tenant compte des intentions du testateur ?*

Raisonnement.— Au prime abord, on pourrait croire

que rien n'est plus facile que de faire ce partage, en se basant sur les nombres qui figurent dans l'énoncé ci-dessus, et en donnant tout simplement au plus jeune la moitié de 261,000 francs ; au deuxième, le tiers de cette même somme ; au troisième, le quart, et ainsi de suite jusqu'au plus âgé ; mais on serait bien vite arrêté dans l'exécution, la somme entière se trouvant déjà plus qu'absorbée par les trois premières parts. Cependant, en réfléchissant attentivement sur le texte du testament, tel qu'il est formulé, qu'y démèle-t-on ? Assurément l'intention bien prononcée de l'oncle de faire bénéficier de sa succession ses neveux, en raison inverse de leur âge, le plus jeune devant avoir relativement plus que celui qui vient immédiatement au-dessus de lui par rang d'âge ; celui-ci, recevant également plus que le troisième, qui est plus âgé que lui, et de même, jusqu'au plus vieux des cinq. Aussi le notaire, croyant bien agir, se borne-t-il, par suite, à diviser ladite somme en parties qui soient entre elles comme les fractions $1/2$, $1/3$, $1/4$, $1/5$, $1/6$, et il a raison : car c'est du reste la seule manière d'opérer qui, tout en commentant aussi clairement que possible cette clause bizarre posée par l'oncle, et en respectant le mieux ses dernières volontés, ne lèze les droits d'aucun des héritiers, et leur accorde réellement ce qui leur revient. — Mettons-nous donc un instant à la place du notaire, et, pour effectuer ledit partage, commençons par chercher, pour toutes les fractions ci-dessus, le plus petit dénominateur commun possible. Un examen attentif des dénominateurs donnés nous fait facilement découvrir que nous pouvons fixer à cet effet notre choix sur le nombre 60. Opérant alors, d'après les règles connues, sur les fractions $1/2$, $1/3$, $1/4$, $1/5$, $1/6$, il nous vient pour leurs équivalentes $30/60$, $20/60$, $15/60$, $12/60$, $10/60$; et pour leur somme, l'expression $87/60$. Enfin, cette expression n'est autre chose qu'un tout, dont $30/60$, $20/60$, etc., sont nécessairement les parties, ayant entre elles une relation croissante. Or, dans l'espèce, le tout c'est la somme consignée au testament, et dont il s'agit de faire la répartition. Si donc, dans notre hypothèse, $87/60$ figurent l'héritage 261,000 fr.

$^{1}/_{60}$ vaudra 87 fois moins que $^{87}/_{60}$, ou 261,000 fr. : 87 = 3000 fr. Et, puisque $^{1}/_{60}$ = 3000 fr., $^{30}/_{60}$, qui figurent la part du plus jeune, vaudront 30 fois plus qu'un seul soixantième, ou 3000×30=90000 fr. Par un raisonnement analogue, on trouve que les autres parts sont, par ordre : 1° 3000×20=60000 fr. ; 2° 3000×15 =45000 fr. ; 3° 3000×12=36000 fr.; 4° 3000×10= 30000 fr. — Total égal : 261,000 francs.

---

193. — Seizième problème. — *On distribue une certaine quantité de pommes à des enfants. Ils reçoivent tous autant l'un que l'autre, soit chacun 12 pommes, qui ne sont autre chose que la moitié des deux tiers des trois-quarts de la quantité totale. — Dites le nombre de pommes distribué, et le nombre d'enfants qui ont pris part à cette distribution ?*

Raisonnement.— Les 12 pommes que chaque enfant a reçues n'étant que la $^{1}/_{2}$ des $^{2}/_{3}$ des $^{3}/_{4}$, ou les $^{6}/_{24}$ de la quantité totale, il en résulte, réciproquement, que ces $^{6}/_{24}$ du tout égalent 12 pommes : mais, s'il en est ainsi, un seul vingt-quatrième du tout égalera, par suite, 6 fois moins que les $^{6}/_{24}$, c'est-à-dire le sixième de 12 pommes, ou 2 pommes. Donc : 1° le nombre de pommes distribué sera nécessairement 24 fois plus fort que sa vingt-quatrième partie, ou 2×24=48 pommes ; et 2° le nombre des gratifiés sera formé d'autant d'unités, que de fois 12 dans 48, c'est-à-dire de 4 enfants.

---

† **194. — Dix-septième problème.**— *Dans une association un commis gagne les 3/8 des fonds qu'il y place. Il confie ensuite ces mêmes fonds, augmentés de leur gain, à une autre association qui est très-malheureuse, puisqu'il y perd les 3/5 de son avoir. Il ne lui reste plus alors que 6,600 fr. — Dire la somme qu'il a confiée à cette dernière affaire, et les fonds qu'il y a perdus. — Rechercher en outre la somme qu'il mit dans la première, et le gain qu'il y fit ?*

Raisonnement.— Puisque, d'après l'énoncé, les 6600 fr. qui restent au commis après la seconde affaire, ne représentent que 1 ou $^{5}/_{5}$, moins les $^{3}/_{5}$ perdus, soit les $^{2}/_{5}$ de son avoir total, il résulte que $^{1}/_{5}$ de ce même avoir vaut nécessairement deux fois moins que $^2|_5$, ou 6600 fr. : 2=3300 fr. ; et que la somme entière, qu'il a si malheureusement hasardée dans la seconde entreprise, était assez importante, attendu qu'elle valait cinq fois plus que sa cinquième partie, ou que 3300, c'est-à-dire 3300×3=16500 francs.

Ceci nous fait connaître en même temps que l'employé précité tenait à sa disposition, après la première affaire qui lui avait réussi, une somme de 16500 francs.

Mais, lisons-nous dans l'énoncé, son gain s'y était élevé aux $^3|_8$ de son capital primitif : donc l'avoir de 16500 francs, dont il était possesseur, se trouvait par suite formé de deux parties distinctes, savoir : 1° de son capital primitif, que nous pouvons représenter par $^8|_8$; 2° du bénéfice $^3|_8$, rapporté par ce capital et qui y était englobé. $^{11}|_8$, c'est à-dire $^8|_8$ + $^3|_8$ serait donc la véritable expression apte à bien figurer le total 16500 fr., dont $^1|_8$ ne vaudrait, par conséquent, que la onzième partie, ou 16500 : 11=1500 fr. Nous en concluons finalement : 1° que le capital primitif du commis valait 8 fois plus que sa huitième partie, ou que 1500 francs =1500 fr.×8=12000 fr.; 2° que le gain qu'il fit, valait de même 3 fois plus que 1500 fr., ou 1500×3=4500 fr. Somme égale 16500 francs.

---

† **195.** — **Dix-huitième problème.** — *On demande de combien de litres est une pièce d'huile, si, lorsqu'on en a ôté les 5|12, il y reste les 7|30 de sa contenance, et 15 litres en sus ?*

Raisonnement. — Quelle que soit la contenance de cette pièce, si je la représente par 1 ou $^{12}|_{12}$, il est clair qu'après qu'on en aura retiré les $^5|_{12}$, je devrai y trouver encore $^{12}|_{12}$ — $^5|_{12}$ = $^7|_{12}$; mais, d'après l'énoncé, je vois qu'au lieu des $^7|_{12}$, valeur en contenance devant exister dans la pièce, il ne s'y trouve effectivement que $^7|_{30}$ et 15 litres en sus. Je suis donc porté tout naturellement à conclure que ce sont les 15 litres précités qui occasionnent la différence entre ce qu'aurait dû contenir encore la pièce, et ce qui existe en réalité ; c'est-à-dire entre $^7|_{12}$, ou son équivalente $^{35}|_{60}$, et $^7|_{30}$, ou son équivalente $^{14}|_{60} = {}^{21}|_{60} = {}^{7}|_{20}$. $^{7}|_{20}$ étant donc ce qu'il faudrait ajouter à la fraction $^{7}|_{30}$ pour qu'elle devînt $^{7}|_{12}$, n'est, par suite, que les $^{7}|_{20}$ de la contenance totale de la pièce ; et, comme elle représente en même temps une contenance partielle déterminée de 15 litres, j'arrive à me faire le raisonnement que voici : puisque $^{7}|_{20}$, dans le nombre inconnu des litres de la pièce en expriment 15, $^{1}|_{20}$ vaudra 7 fois moins que $^{7}|_{20}$, ou que 15 litres, c'est-à-dire $^{15}|_{7}$ de litre ; et les $^{20}|_{20}$, qui ne sont autre chose que l'expression de la quantité totale des litres cherchés, vaudront 20 fois plus qu'un seul vingtième, ou que $^{15}|_{7}$ de litre = 42 litres $^{6}|_{7}$ exactement ; et, en expression décimale, $42^{lit.}$,857 à moins d'un millième près par défaut. — *Composition raisonnée d'arithmétique, faite par un élève de l'Ecole supérieure de Brest.*

---

196. — Dix-neuvième problème. — *Deux pièces de toile ont entre elles la relation que voici : les 15/16 de la longueur de la première se composent d'autant de mètres que les 5/8 de celle de la seconde, et celle-ci est de 33 mètres plus longue que l'autre. — Quelle est donc la longueur de chacune des deux pièces ?*

Raisonnement. — Si les $^{15}|_{16}$ de la longueur de la 1re valent les $^{5}|_{8}$ de la longueur de la seconde, $^{1}|_{16}$ de la première vaudra 15 fois moins que $^{15}|_{16}$, c'est-à-dire la quinzième partie de la fraction $^{5}|_{8}$, ou $5 : (8 \times 15) = {}^{5}|_{120} = {}^{1}|_{24}$. Donc $^{16}|_{16}$, qui ne sont autre chose que la première pièce en totalité, vaudront 16 fois plus que $^{1}|_{16}$, ou 16 fois $^{1}|_{24} = {}^{16}|_{24} = {}^{2}|_{3}$.

Nous savons donc, dès-à-présent, que la première pièce n'est que les $^{2}|_{3}$ en longueur de la seconde. Il en résulte que le tiers qu'on trouve de plus dans celle-ci, figure, d'une manière bien évidente, les 33 mètres qu'elle offre en excédant sur la première ; ce qui s'exprime ainsi : $^{3}|_{3} - 33 = {}^{2}|_{3}$. Le tiers de la seconde pièce égalant donc 33 mètres, la pièce entière égalera 3 fois plus que son tiers, ou $33 \times 3 = 99$ mètres. La première vaudra par suite $99 - 33$, ou 66 mètres.

On peut s'assurer que les $^{15}|_{16}$ de 66 mètres, longueur de la première pièce, égalent les $^{5}|_{8}$ de 99 mètres, longueur de la seconde. Quant à la différence de grandeur entre les deux pièces, elle se voit tout de suite. — *Composition raisonnée d'arithmétique faite par un élève de l'Ecole supérieure de Brest.*

---

† **197.— Vingtième problème.**— *Cinq tailleurs contribuent également à l'achat d'une pièce de drap de 585 mètres. Le quatrième fait ensuite acquisition de la part du premier, et le cinquième des parts du deuxième et du troisième ; enfin, le cinquième cède au quatrième les 5/9 de tout ce qu'il possède. — Que lui reste-t-il du tout, et de combien sa part est-elle plus forte ou moindre que celle du quatrième ? — Opérer d'abord comme si l'on ne connaissait pas le nombre de mètres que mesure la pièce.*

Raisonnement. — Puisque les 5 tailleurs ont, suivant l'énoncé, contribué également à l'achat de la pièce susmentionnée, il s'ensuit que chacun d'eux a droit au cinquième de la totalité. Mais il est dit ensuite que le quatrième acquiert le lot du premier : il aura donc alors $1/5 + 1/5$ ou les $2/5$ du tout. Par la même raison, le cinquième tailleur acquérant les lots du deuxième et du troisième, se trouvera possesseur de $1/5 + 1/5 + 1/5$, ou des $3/5$ de la pièce. L'énoncé, poursuivant, nous apprend de plus que le cinquième tailleur cède au quatrième les $5/9$ de son lot intégral, c'est-à-dire les $5/9$ de de $3/5$ ou $3/5 \times 5/9 =$ les $15/45$ de la quantité totale. Celui-ci se trouve donc avoir, par suite, $2/5 + 15/45 = 18/45 + 15/45 = 33/45$, ou les $11/15$ de toute la pièce. Quant au cinquième tailleur, il est évident qu'il ne lui reste plus que $3/5$, moins ce qu'il a cédé au quatrième, soit $3/5 - 15/45 = 27/45 - 15/45 = 12/45 = 4/15$. Le lot du quatrième surpasse donc celui du cinquième de $11/15 - 4/15$ ou de $7/15$; et les deux lots réunis donnent bien la pièce dans son entier, c'est-à-dire $15/15$.

Appliquant aux seules parts du quatrième et du cinquième tailleur le nombre 585 qui figure dans l'énoncé, nous trouvons : 1° que le quatrième a les $11/15$ de 585 mètres, soit 429; et 2° que le cinquième a les $4/15$ de 585 mètres, soit 156. Total égal 585 mètres. — *Composition raisonnée d'arithmétique faite par un élève de l'Ecole supérieure de Brest.*

---

210. — *Nous allons terminer la série de nos problèmes sur les fractions par un trait dont la lecture vous amusera, et qui, par son piquant, sera pour vous une petite compensation au travail que vous vous imposerez pour effectuer le calcul qu'il nécessite.*

L'Impératrice Catherine de Russie, lorsque les préoccupations gouvernementales lui laissaient quelques instants de loisir, regardait comme une de ses plus importantes obligations de contrôler par elle-même les dépenses de son palais. Vérifiant donc un jour, avec son premier chambellan, des mémoires de fournisseurs, et voyant un chiffre énorme pour livraison de chandelle à la liste civile, elle ne put s'empêcher de s'écrier, d'un ton de colère : « Mais c'est un affreux mensonge que cette note-là ! quel est donc l'audacieux qui s'est permis de porter ainsi de la chandelle pour le service de mon impériale demeure, où l'on ne s'éclaire jamais qu'avec des bougies et des lampes ? J'entends, poursuivit-elle, en s'adressant à l'officier qui l'aidait dans son travail, qu'une enquête à ce sujet soit ouverte sur le champ ; et que, par vos minutieuses et sévères perquisitions, vous me présentiez la vérité dans tout son jour : la Sibérie à perpétuité sera le juste châtiment de celui qui ose abuser à ce point de la confiance que j'ai daigné lui accorder. » — L'enquête terminée, le haut fonctionnaire vint rappeler à Sa Majesté, qu'en effet il avait été acheté de la chandelle ; mais en tout..... *une seule*, et voici à quelle occasion : le grand-duc Alexandre, étant revenu quelque temps auparavant de la chasse, par un temps excessivement froid, avait eu les lèvres toutes gercées, et souffrait horriblement, lorsque quelqu'un s'était avisé de lui indiquer le suif de chandelle, fondu et frotté contre les lèvres, comme un remède souverain pour guérir les gerçures. — Cours donc au plus vite m'en chercher, dit-il à un valet ! — Combien en faut-il à votre altesse, répondit celui-ci ? — Mais parbleu ! autant qu'il en sera nécessaire pour assurer ma guérison. — Le valet s'était contenté d'acheter une chandelle, dont il n'avait pas même fallu le demi-quart pour faire disparaître les souffrances du prince. Mais, réfléchissant en lui-même qu'il serait inconvenant de ne porter qu'une seule chandelle pour le service d'un palais, le drôle fit écrire en mémoire par le fournisseur, le prix de 20 livres de chandelles, lequel lui fut compté en espèces sur sa demande. La note, remise successivement au contrôleur, puis au sous-intendant, et, enfin, à l'intendant des dépenses du palais, avait été, par ces honorables et intègres employés, grossie et arrondie en zéros, de telle façon qu'elle avait atteint une valeur prodigieuse, que vous déterminerez facilement, lorsque vous saurez que l'excès de son dixième sur son douzième = 466 fr. 2/3. Si ensuite du nombre que vous aurez trouvé, et qui exprimera des francs, vous voulez faire des roubles, monnaie russe, il vous suffira d'en prendre le quart. — La chronique ne dit pas si l'Impératrice mit ses menaces à exécution : tout ce que je puis vous affirmer, c'est que les impudents auteurs de ces honteuses déprédations durent passer de fort vilains quarts-d'heure depuis la manifestation de leur culpabilité. —*Arrangé en problème, d'après un récit du journal la Patrie.*

PROPORTIONS.

---

198. — *On appelle en général rapport, le résultat de la comparaison de deux quantités.*

Comme il y a deux manières de faire cette comparaison, selon que l'on veut connaître de combien l'une surpasse l'autre, ou combien de fois l'une contient l'autre, de même il y a nécessairement deux sortes de rapports : le *rapport arithmétique*, ou par différence ; et le *rapport géométrique*, ou par quotient.

199. — *On nomme en général proportion, l'ensemble de deux rapports égaux, et pris dans le même sens.*

Suivant que les rapports sont arithmétiques ou géométriques, la proportion est dite *arithmétique* ou *géométrique*. La première est aussi appelée *équidifférence*, et la seconde *équiquotient*.

200. — Pour écrire une proportion arithmétique, on sépare les deux termes de chaque rapport par un point, et les 2 rapports l'un de l'autre par deux points.

EXEMPLE : 7 . 4 : 8 . 5.

Cette suite de nombres est bien une proportion par différence, puisque le rapport différentiel entre 7 et 4 est le même qu'entre 8 et 5. Elle donne par conséquent lieu à l'égalité suivante : 7—4=8—5.

Dans la proportion géométrique, on double le nombre des points :

EXEMPLE : 6 : 3 :: 10 : 5.

Nous voyons ici que les rapports sont par quotient. En effet, le quotient de 6 par 3 est le même que celui de 10 par 5 ; et la proportion équivaut à $6|_3 = 10|_5$.

L'une et l'autre proportion se lisent : le premier terme est au deuxième, comme le troisième est au quatrième.

Les rapports doivent être pris dans le même sens pour constituer une proportion, c'est-à-dire que, si le premier va en décroissant, le deuxième devra être établi de la même manière, et *vice versâ.* Ainsi les quatre termes 4, 7, 8, 5, pris dans cet ordre, ne formeraient pas une proportion.

201. — Toute proportion renfermant deux rapports, contient nécessairement quatre termes.

On leur donne différents noms : ainsi, le premier terme de chaque rapport, c'est-à-dire le premier et le troisième, se nomment *antécédens* ; et le deuxième terme de chaque rapport, c'est-à-dire le deuxième et le quatrième, se nomment *conséquens*. Le premier et le quatrième terme prennent le nom d'*extrêmes* ; le deuxième et le troisième, celui de *moyens*.

202. — On appelle généralement *proportion continue*, celle dans laquelle les moyens sont égaux.

EXEMPLES : 4 : 6 :: 6 : 9 (*géométrique*).

4 : 7 : 7 . 10 (*arithmétique*).

Le moyen constant 7 de la deuxième proportion se nomme *moyenne arithmétique ;* dans la première, le moyen constant 6 s'appelle *moyenne proportionnelle* ou *géométrique.*

Quelques théorèmes sur les proportions par quotient.

203. — *La propriété fondamentale des proportions par quotient est : que le produit des extrêmes égale celui des moyens.*

Pour le démontrer, soit la proportion :

$$6 : 3 :: 8 : 4.$$

La propriété deviendrait évidente, si les *conséquents* égalaient leurs *antécédents;* De sorte que l'on eût :

$$6 : 6 :: 8 : 8.$$

Or, pour ramener à cet état la proportion donnée, il suffit de multiplier les deux conséquens, c'est-à-dire un *extrême* et un *moyen* par le même nombre 2, quotient constant des deux termes de chaque rapport. Mais, si après cette multiplication le produit des extrêmes et celui des moyens sont devenus égaux, c'est qu'ils l'étaient nécessairement avant la multiplication faite.

204. — (AUTREMENT.) *Soit la proportion* 6:3::8:4. Nous disons que l'on aura :

$$6 \times 4 = 8 \times 3.$$

Cette proportion n'est autre chose qu'une égalité de quotient, et peut se mettre sous la forme

$$\frac{6}{3} = \frac{8}{4}$$

On peut multiplier les deux membres d'une égalité par un même nombre , sans troubler l'égalité.

Multiplions, par exemple dans ce cas-ci, par le produit de 3 par 4, il viendra :

$$\frac{6\times3\times4}{3}=\frac{8\times5\times4}{4}.$$

Dans le premier membre, 3 multipliant et 3 divisant se détruisent; dans le second, 4 multipliant et 4 divisant se détruisent également, et il reste pour premier membre de l'égalité réduite, 6×4; et pour deuxième membre 8×3, ou $6\times4=8\times3$. Or, 6×4 est le produit des extrêmes; 8×3 est le produit des moyens. Donc, dans toute proportion par quotient, le produit des extrêmes égale celui des moyens. (*Voir en outre la remarque de la page* 196.)

205. — Réciproquement. — *Si quatre nombres sont tels, que le produit de deux d'entre eux soit égal au produit des deux autres, ces quatre nombres formeront une proportion géométrique, dans laquelle les facteurs du premier produit, par exemple, seront les extrêmes; et les facteurs du second produit, les moyens.*

Soient les quatre termes 3, 6, 4, 8, tels que $8\times3=6\times4$.

Prouvons qu'on en pourra déduire la proportion :

$$3 : 6 :: 4 : 8.$$

En effet s'ils n'étaient pas en proportion, il ne pourrait y avoir d'égalité entre les deux produits d'*extrêmes* et de *moyens*; car, dans ce cas, pour rendre les *antécédens*, par exemple, égaux à leurs *conséquens*, il faudrait les multiplier par des nombres différens; et les produits d'extrêmes et de moyens devenant ainsi égaux, ils ne pouvaient l'être avant la multiplication faite. Donc, de l'égalité entre les deux produits résulte la proportion entre les quatre termes.

206. — Autrement. — *Soit l'égalité suivante* :

$$8\times3=6\times4.$$

Si nous divisons les produits égaux 8×3 et 6×4 par un même nombre, 6×8 par exemple, les quotients $\frac{3 \times 8}{6 \times 8}$ et $\frac{6 \times 4}{6 \times 8}$ seront égaux. Or, dans la première expression, 8 multipliant et 8 divisant se détruisent, de même dans la deuxième, 6 multipliant et 6 divisant se détruisent pareillement ; il reste donc l'égalité de quotient $^3|_6 = {^4}|_8$, égalité qui n'est autre chose que la proportion :

$$3 : 6 :: 4 : 8.$$

Donc, si quatre termes sont tels, que, etc.

207. — Il suit de là que, *dans une proportion donnée, on peut faire subir aux quatre termes tous les changemens de places qui n'altèrent pas l'égalité entre le produit des extrêmes et celui des moyens.*

Ainsi, par exemple, on peut d'abord intervertir l'ordre des *moyens*, puis celui des *extrêmes*, puis encore celui des *moyens* ; ensuite, mettre les *extrêmes* à la place des *moyens*, et réciproquement ; enfin, effectuer sur cette nouvelle proportion un second changement de places aux *moyens* et aux *extrêmes* entre eux. On compte en tout huit changements possibles, et par conséquent 8 formes différentes, que peuvent affecter quatre termes assemblés en proportion :

1° Proportion donnée.........	3 : 6 : : 4 : 8
2° Moyens changeant de places..	3 : 4 : : 6 : 8
3° Extrêmes changeant de places.	8 : 4 : : 6 : 3
4° Moyens changeant de places..	8 : 6 : : 4 : 3
5° Moyens à la place des extrêmes.	6 : 8 : : 3 : 4
6° Moyens changeant de places..	6 : 3 : : 8 : 4
7° Extrêmes changeant de places.	4 : 3 : : 8 : 6
8° Moyens changeant de places..	4 : 8 : : 3 : 6

208. — *Trois termes d'une proportion étant donnés, trouver le quatrième.*

Si c'est un extrême qui manque, il faut faire le produit des moyens, et diviser par l'extrême connu ; le quotient sera l'extrême inconnu.

En effet, soient les trois termes 18, 37, 108, et un quatrième terme inconnu x, ainsi assemblés :

$$18 : 37 :: 108 : x.$$

Nous avons vu que, dans toute proportion géométrique, le produit des extrêmes égale celui des moyens. Si donc ici nous faisons le produit des moyens, nous aurons en même temps le produit des extrêmes, et l'un de ses facteurs, qui est l'extrême connu. La division nous apprend à connaître l'autre facteur, qui est l'extrême inconnu. Effectuant, nous trouvons que :

$$x = \frac{108 \times 37}{18} = 222.$$

Si c'était un moyen qui manquerait, il suffirait de faire le produit des extrêmes, et de diviser ce produit par le moyen connu, le quotient serait le moyen inconnu.

On peut encore dire, pour la démonstration du problème précédent, que l'extrême cherché, devant être tel que multiplié par 18 il donne un produit égal à celui des moyens, sera nécessairement le quotient du produit des moyens par l'extrême 18.

209. — *On peut se proposer de trouver les moyens d'une proportion géométrique continue, dont on connaît les extrêmes.*

Par exemple, soit la proportion $3 : x :: x : 27$. Le produit des extrêmes devant être égal à celui des moyens, si on fait le produit $3 \times 27 = 81$ des extrêmes, on aura en même temps celui des moyens. Mais les moyens devant être égaux, le produit des extrêmes sera le *carré* de chacun d'eux. Donc chaque moyen sera la *racine carrée* du produit des extrêmes, ou de 81.

Or, $\sqrt{81} = 9$,

Donc, pour résoudre ce problème, il faut faire le produit des extrêmes, et en extraire la racine carrée.

210. — Puisqu'il y a proportion, toutes les fois que le produit des extrêmes égale celui des moyens, il s'ensuit qu'on pourra effectuer, sur les quatre termes d'une proportion, toutes les opérations qui n'altèrent pas l'égalité de ces deux produits.

Ainsi on peut multiplier ou diviser par un même nombre un extrême et un moyen quelconque, sans altérer la proportion.

Soit : $120 : 36 :: 50 : x.$

En divisant un extrême et un moyen par 10, on a :

$$12 : 36 :: 5 : x$$

12 et 36 étant encore divisibles par 12, il vient :

$$1 : 3 :: 5 : x = 15.$$

Si les rapports étaient composés de termes fractionnaires, il faudrait d'abord s'attacher à faire disparaître les fractions, par la faculté que l'on a de multiplier ou de diviser un extrême et un moyen par un même nombre, sans troubler la proportion. Une fois les fractions disparues, on retombe dans le cas précédent.

Soit: $4\frac{1}{5} : 5\frac{1}{4} :: \frac{3}{10} : x.$

Réduisant les entiers en fractions, il vient :

$$\frac{21}{5} : \frac{21}{4} :: \frac{3}{10} : x.$$

Divisant le premier antécédent et le premier conséquent par 21, on a :

$$\frac{1}{5} : \frac{1}{4} :: \frac{5}{10} : x.$$

Divisant $^1/_5$ et $^1/_4$ par 2, on a :

$$\frac{1}{10} : \frac{1}{8} :: \frac{3}{10} : x.$$

Supprimant le dénominateur commun, ce qui revient à multiplier un extrême et un moyen par 10, il vient pour résultat définitif :

$$1 : \frac{1}{8} :: 3 : x, \text{ d'ou } x = \frac{3}{8}.$$

211. — *Si deux proportions ont un rapport commun, on peut en déduire une troisième entre les rapports non communs.*

Par exemple, des deux proportions, 3 : 6 :: 5 : 10, et 5 : 10 :: 7 : 14, on peut déduire immédiatement la troisième, 3 : 6 :: 7 : 14. En effet, les deux rapports 3 : 6 et 7 : 14 étant égaux à un troisième 5 : 10, sont égaux entre eux, et peuvent former proportion.

212. — *De même, si deux proportions avaient mêmes antécédens ou même conséquens, on en pourrait déduire une entre les termes non communs.*

Car il serait très facile, à l'aide des changemens de places permis, de ramener les termes communs à appartenir au même rapport, et alors on rentrerait dans le cas précédent. Ainsi dans les deux proportions 4 : 12 :: 5 : 15 et 4 : 8 :: 5 : 10, si nous changeons les moyens de places, il vient pour la première :

4 : 5 :: 12 : 15,

et pour la seconde :

4 : 5 :: 8 : 10,

et, par conséquent, d'après le principe précédent,

12 : 15 :: 8 : 10.

213. — *Lorsque deux proportions ont les mêmes extrêmes ou les mêmes moyens, il est encore possible de déduire une troisième entre leurs quatre termes non communs ; mais alors, ceux-ci sont réciproquement proportionnels ; c'est-à-dire que, si les deux termes non communs de la première doivent former les extrêmes, les deux termes non communs de la seconde formeront les moyens.*

Soient les deux proportions 4 : 3 :: 20 : 15, *et* 4 : 5 :: 12 : 15, *ayant les mêmes extrêmes.*

Nous disons qu'on en peut déduire une entre les quatre moyens. En effet, établissant dans chacune la propriété fondamentale, nous avons, pour la première proportion, $4 \times 15 = 3 \times 20$; et, pour la deuxième, $4 \times 15 = 5 \times 12$. D'où résultent les deux produits 3×20 et 5×12, égaux entre eux, puisqu'ils sont égaux à un troisième 4×15 ; et, par conséquent, la proportion :

3 : 5 :: 12 : 20.

Enfin, si deux proportions avaient trois termes communs et disposés dans le même ordre, les quatrièmes termes seraient évidemment égaux ; car chacun d'eux serait égal au produit de termes égaux divisé par un même nombre.

214. — ***Etant données plusieurs proportions, on peut les multiplier terme à terme, et les produits ainsi obtenus seront encore en proportion.***

En effet, chaque proportion renfermant deux rapports égaux, il est clair que les produits, résultant de ces rapports combinés deux à deux, trois à trois, seront pareillement égaux entre eux, et par conséquent susceptibles de former une proportion.

215. — Autrement. — *Soient les trois proportions suivantes :*

5 : 10 :: 7 : 14,

6 : 3 :: 4 : 2,

et 4 : 12 :: 5 : 15.

Il s'agit de démontrer qu'on aura cette proportion :

$$5\times6\times4 : 10\times3\times12 :: 7\times4\times5 : 14\times2\times15.$$

Mettons les proportions données sous la forme d'égalités de quotient, il vient :

$$\frac{5}{10}=\frac{7}{14}, \quad \frac{6}{3}=\frac{4}{2}, \quad \frac{4}{12}=\frac{5}{15}.$$

Multipliant ces égalités membre à membre, les produits seront égaux, et l'on aura :

$$\frac{5\times6\times4}{10\times5\times12}=\frac{7\times4\times5}{14\times2\times15}.$$

résultat qui n'est autre chose que la proportion posée plus haut.

216. — Il suit de là qu'on peut élever les quatre termes d'une proportion au *carré*, au *cube*, et généralement à une *même puissance*, sans que la proportion qui résulte de cette opération préalable soit nullement troublée. En effet, s'il s'agit, par exemple, d'élever la proportion 5 : 6 :: 4 : 8 au cube, remarquons qu'élever chaque terme de cette proportion à la troisième puissance, ce n'est autre chose qu'écrire deux fois sous elle-même la proportion donnée, et multiplier ces trois proportions terme à terme : on retombe alors dans le cas précédent. On voit donc qu'il y aura toujours proportion, à quelque puissance qu'on élève la proposée.

Réciproquement, on peut extraire des quatre termes d'une proportion une *racine de même degré*. On pourrait également diviser deux proportions l'une par l'autre terme à terme.

217. — Il ne nous reste plus à examiner que les changemens qu'on peut faire subir aux termes d'une proportion, en procédant par addition ou par soustraction. Nous allons traiter les plus remarquables et les plus essentiels de ces changemens, ainsi que les combinaisons qui en résultent.

1° *D'une proportion donnée, on peut déduire celle-ci : la somme ou la différence des termes du premier rapport, est à la somme ou à la différence des termes du second rapport, comme le premier antécédent est au second, ou comme le premier conséquent est au second.*

En effet, soit la proportion 12 : 4 :: 15 : 5. Si 12 contient 4 un certain nombre de fois, il est évident que 12+4 contiendra 4 une fois de plus, et le premier rapport sera augmenté d'une unité. De même, quel que soit le nombre de fois que 15 contienne 5, 15+5 contiendra 5 une fois de plus, et le second rapport sera pareillement augmenté d'une unité. Mais ces deux rapports étaient égaux primitivement ; donc, ils le sont encore après leur augmentation d'une unité, et la proportion devient :

12+4 : 4 :: 15+5 : 5.

Changeant les moyens de places, nous obtenons la combinaison voulue :

12+4 : 15+5 :: 4 : 5.

On démontrerait d'une manière analogue la combinaison par soustraction.

218. — 2° On peut encore déduire la combinaison suivante : *la somme ou la différence des antécédens, est à la somme ou à la différence des conséquens, comme un antécédent quelconque est à son conséquent.*

Soit la proportion 12 : 4 :: 15 : 5.

Changeons les moyens de places, et appliquons la combinaison précédente à cette nouvelle proportion 12 : 15 :: 4 : 5 ; nous aurons : somme des termes du premier rapport 12+15, est à somme des termes du deuxième rapport 4+5, comme le premier antécédent

12 est au deuxième antécédent 4. Comparant cette proportion avec la proposée, nous voyons qu'elle est déduite conformément à l'énoncé de la seconde combinaison.

219. — 3° *Etant donnée une suite de rapports égaux ainsi liés,* 3 : 6 :: 4 : 8 :: 7 : 14 :: 5 : 10, *on en peut déduire la combinaison suivante : somme de tous les antecédens est à somme de tous les conséquens, comme un antécédent quelconque est à son conséquent, c'est-à-dire :*

3+4+7+5 : 6+8+14+10 :: 5 par exemple est à 10.

En effet, ne considérant d'abord que les deux premiers rapports 3 : 6 :: 4 : 8, et leur appliquant la combinaison précédente, on a :

3+4 : 6+8 :: 4 : 8, ou :: 7 : 14.

Négligeant le rapport 4 : 8, et appliquant à la nouvelle proportion

3+4 : 6+8 :: 7 : 14

la même combinaison de termes, on a :

3+4+7 : 6+8+14 :: 5 : 10,

rapport substitué à celui de 7 est à 14.

Enfin, cette nouvelle proportion donne, d'après la combinaison énoncée au n° 218, le résultat définitif :

3+4+7+5 : 6+8+14+10,

comme l'antécédent 5 est à son conséquent 10, proportion conforme à l'énoncé.

REMARQUE sur le N° **205**. — *On peut encore prouver, par le moyen suivant, que le produit des extrêmes égale celui des moyens.*

Soit la proportion 2:4::3:6 ; mise sous forme d'égalité de quotient, elle devient $^2|_4 = {}^3|_6$, ou, avec ses membres réduits au même dénominateur, $^{2\times6}|_{4\times6} = {}^{3\times4}|_{4\times6}$. Par la suppression des dénominateurs communs, suppression permise, il reste évidemment 2×6, produit des extrêmes = 3×4, produit des moyens, ce qu'il s'agissait de prouver.

PROBLÈMES.

211. — 1° Faire les huit changements de places permis aux quatre termes de la proportion suivante : 18 : 120::29 : x, et chercher ensuite la valeur de l'inconnue x ; — 2° mêmes opérations sur les quatre termes 0,027 : x::0,125 : 72; — 3° mêmes opérations sur la proportion 1/5 : 1/3::x : 19/20.

212. — 1° Chercher le quatrième terme dans la proportion suivante : x : 0,51×8,009::37/40 : 10/11. — 2° même calcul sur la proportion 12+(5×5/6) : x::18×30+(10×1/3) : 56×9,035. — 3° Simplifier autant que possible le calcul dans les deux cas précédents, ainsi que dans la proportion 100 : 96::40 : x dont il s'agit de déterminer le terme inconnu.

213. — Faire toutes les simplifications possibles sur les termes connus de la proportion 7, 2/5 : x::4, 5/8 : 15/16, avant de les faire servir à découvrir l'inconnue. Effectuer les mêmes opérations : — 1° sur la proportion 1632 : 38808::39270 : x; 2° sur la proportion x : 94380/141570::60/180 : 819/9555; 3° sur la proportion 36×2×9 : 72×3×12::180 : x; 4° sur la proportion 3,40×9,60 : x::1,70×2,40 : 19.

214. — 1° Multiplier terme à terme les quatre proportions suivantes : 2 : 4::16 : 32 ; 3 : 9::17 : 51 ; 15 : 12::5 : 4 ; 8 : 6::32 : 24. 2° Effectuer le même calcul sur les trois proportions 3/4 : 1/2::5/6 : 5/9 ; 3/7 : 4/9::7/12 : 49/81 ; 15/32 : 16/27::11/13 : 1, 367/5265, et élever au carré les quatre termes de la proportion 17 : 68::29 : 116.

215. — 1° Elever au cube les quatre termes de la proportion 18 : 63::2 : x, et chercher ensuite l'inconnue x. 2° Faire le carré de la proportion 3/8 : 5/7::7/9 : x, et en évaluer ensuite le quatrième terme. 3° Elever à la quatrième puissance les quatre termes 0,35 : 0,175::0,89 : 0,445.

216. — 1° Diviser terme à terme les deux proportions 36 : 144::63 : 252 ; et 3 : 6::9 : 18. 2° Effectuer sur la suite de rapports égaux 3 : 7::6 : 14::9 : 21::12 : 28::69 : x la somme des antécédents, celle des conséquents ; et prouver ensuite par un calcul que les nombres ainsi trouvés conservent entre eux le même rapport que celui de 3 à 7.

217. — Un américain, tant soit peu original, pariait un jour 500 aigles de 5 dollars qu'il courrait, sans se donner le moindre repos ni jour ni nuit, sur une planche de 10 mètres de long, un peu élevée de terre, et cela pendant un certain nombre d'heures, que vous déterminerez facilement en résolvant la proportion combinée $148+37 : 448+x :: 37 : x$, ramenée tout d'abord à son état primitif; puis, sachant que l'aigle de 5 dollars, monnaie d'or des Etats-Unis, vaut 27 fr. 60 c., vous nous direz le montant de ladite gageure.

---

218. — Un amateur veut ménager dans le parterre de son jardin un espace circulaire, dont la surface soit les 2/37 de celle du parterre entier; quelle portion de terre destinera-t-il donc à ses fleurs de choix, si le parterre n'occupe lui-même que les 2/21 de la surface du jardin, dont les dimensions sont 35 mètres de long sur 30 mètres de large. — Dans la solution de ce problème on fera usage des proportions.

---

219. — Je sais que ma montre que je viens de régler, et qui marque exactement la même heure que l'excellent chronomètre de notre observatoire maritime, retarde en moyenne de 3 minutes 2/3 en 7/8 de jour : si je la laisse marcher sans y toucher désormais, dans combien de temps sera-t-elle de nouveau parfaitement d'accord avec ledit chronomètre qui donne toujours l'heure vraie. — *Examens du Commissariat.*

---

220. — Un ouvrier tisserand s'était chargé de terminer 84 mètres 3/8 de toile en 12 jours 1/2; mais, à la fin du cinquième jour, il s'aperçoit qu'il vient de tisser seulement son 29ème mètre, + 2/3 de mètre; et, jugeant qu'il est resté en arrière de ses prévisions, il accélère son travail de manière à pouvoir le livrer au temps prescrit, ainsi qu'il en était convenu avec son patron. — Quelle sera donc, comparativement à la première, la vitesse nouvelle qu'il devra imprimer à sa navette. — *Examens de Rennes pour le degré supérieur.* — *Septembre* 1834.

---

† 220 *bis*. — En admettant : 1° que dans une forteresse il y ait une garnison de 3000 hommes, pourvus de vivres pour 120 jours, à raison de 704 grammes de pain par homme chaque jour; 2° que le gouverneur, à l'approche de l'ennemi, ait fait venir à la hâte, et sans supplément de vivres, d'autres soldats augmentant le nombre des premiers. — On demande de combien est ce renfort si les vivres, la ration journalière supposée la même que d'abord, ne doivent plus durer que 90 jours pour la nouvelle garnison.

ÉQUI-DIFFÉRENCES.[1]

220. — *La propriété fondamentale des équi-différences est que la somme des extrêmes est égale à celle des moyens.*

Soit, pour le démontrer, la proportion 3. 6 : 5. 8. La propriété serait évidente si chaque antécédent était égal à son conséquent, de telle sorte que l'on eût la proportion sous cette forme : 6. 6 : 8. 8. Mais, pour ramener la proposée à cet état, il suffit d'ajouter aux deux antécédents, c'est-à-dire à un extrême et à un moyen, la même quantité 3, différence constante qui existe entre les termes de chaque rapport. Donc puisque après cette addition, les deux sommes d'extrêmes et de moyens deviennent égales, c'est qu'elles l'étaient auparavant.

Autrement. — Soit toujours la même proportion 3.6 : 5.8. Mettons-la sous la forme d'équi-différence 3—6=5—8. Afin de changer l'égalité de différences en une égalité de sommes, ajoutons à chacun des membres une même quantité, 6+8 par exemple, il vient : 3—6+6+8=5—8+6+8. Dans le premier membre, —6 et +6 se détruisent ; dans le deuxième, —8 et +8 se détruisent également, et l'on a : 3+8=5+6, ou la somme des extrêmes égale à la somme des moyens.

221. — On peut déduire de là que : *si trois termes d'une équi-différence étaient connus, il suffirait, pour trouver le quatrième, si c'est un extrême qui manque, de faire la somme des moyens et d'en retrancher l'extrême connu.* — Soit, par exemple, l'équi-différence 17.39 : 54.x ; il vient pour valeur

(1) L'étude des équi-différences n'offrant qu'un intérêt tout-à-fait secondaire, par suite de leur peu d'emploi dans les calculs, nous les avons indiquées par un caractère différent de celui de l'ouvrage.

d'x, 39+54—17=76. En effet, l'extrême cherché, étant ce qui manque à 17 pour égaler les deux moyens, sera évidemment l'excès de la somme des moyens sur l'extrême 17. On ferait un raisonnement analogue, s'il s'agissait d'obtenir un des moyens.

222. — *Proposons-nous de trouver les moyens d'une proportion arithmétique continue dont les extrêmes sont donnés.* Soit, par exemple, la proportion 9.x : x.23. Remarquons que la somme des extrêmes devant égaler celle des moyens, si l'on fait la somme des extrêmes, on aura en même temps celle des moyens. Mais les moyens devant être égaux, la somme des extrêmes sera le double de chacun d'eux : donc, chaque moyen sera la moitié de cette somme. *Donc, pour trouver une moyenne arithmétique entre deux quantités, il suffit de faire la somme de ces deux quantités, et la moyenne sera trouvée en prenant la moitié de ladite somme.* Dans ce cas-ci, 23+9=32, dont la moitié est 16.

RÈGLE DE TROIS SIMPLE.

---

223. — *On appelle règle de trois simple, toute question, conduisant à une proportion géométrique, dans laquelle trois termes sont connus et le quatrième inconnu.*

Comme on sait déjà trouver le quatrième terme d'une proportion, quand on connaît les trois autres termes, toute la difficulté consiste dans la manière de disposer les nombres qui doivent figurer dans les deux rapports. Or, dans toute règle de trois simple, on distingue deux termes connus de la même espèce, et deux autres, aussi de la même espèce, dont l'un est connu, et l'autre inconnu. Par la nature de la question, il doit y avoir égalité de rapports entre les uns et les autres de ces termes, deux à deux. On posera donc dans le premier rapport les deux termes de l'espèce connue, et, dans le deuxième, les deux termes de l'autre espèce, en ayant soin de réserver la quatrième place pour le terme inconnu.

Il ne reste plus qu'à déterminer le sens du premier rapport. Pour y parvenir, on examinera si le terme cherché doit être plus grand ou plus petit que celui de son espèce, ce que l'on découvrira facilement, d'après le simple examen de l'énoncé de la question. Puis, suivant que le terme cherché devra être plus grand, ou plus petit que celui de son espèce, on posera le premier rapport en croissant ou en décroissant, c'est-à-dire du plus petit terme au plus fort, ou *vice versâ*.

224. — Exemple. — 18 *kilogrammes de marchandise ont coûté* 60 *francs : combien coûteront* 28 *kilogrammes de la même marchandise ?*

Raisonnement. — Représentons par x le prix cherché. Il est évident que si le nombre de kilogrammes doublait, le prix doublerait ; si ce nombre de kilogrammes triplait, le prix triplerait de même. En un mot, autant de fois le second nombre de kilogrammes contiendra le premier, autant de fois le deuxième prix doit contenir le premier. Le prix cherché devant donc être plus fort que le prix connu, nous poserons le premier rapport en croissant, afin que l'autre se présente pareillement dans le même sens, et il vient :

$$18 : 28 :: 60 : x.$$

Divisant l'extrême 18 et le moyen 60 par 6, nous obtenons pour proportion équivalente :

$$3 : 28 :: 10 : x, \text{ d'où } x = \frac{28 \times 10}{3} = 93 \text{ fr. } 33 \text{ c.}$$

225. — Autre exemple. — 12 *ouvriers ont mis* 10 *jours à faire un certain ouvrage : combien* 8 *ouvriers mettront-ils de jours à faire le même ouvrage ?*

Raisonnement. — Remarquons que si le nombre d'ouvriers était deux, trois, quatre fois moindre, dans le deuxième cas que dans le premier, le temps employé devrait être deux, trois, quatre fois plus considérable. Il y a donc encore ici égalité de rapports entre les nombres d'ouvriers et les nombres de jours, seulement ces rapports sont inverses ; et, comme le quatrième terme doit être plus grand que celui de son espèce, nous posons le premier rapport du plus petit au plus grand, comme suit :

$$8 : 12 :: 10 : x$$

Simplifiant cette proportion autant que possible, il vient :

$$1 : 3 :: 5 : x = 15$$

226. — Observation. — Le premier de ces deux problèmes donne lieu à *une règle de trois* dite *directe* ; et le second, à *une règle de trois* dite *inverse* Généralement, une règle de trois est *directe*, quand au plus grand terme de la première espèce, correspond le plus grand terme de la seconde espèce ; ou réciproquement, quant au plus petit terme de la première espèce correspond le plus petit terme de la seconde. Dans le cas contraire, la règle est *inverse* ; mais la manière de chercher l'inconnue est la même dans les deux cas, la proportion une fois posée.

Même règle effectuée sans le secours des proportions.

227. — *La règle de trois simple peut s'effectuer sans le secours des proportions, à l'aide d'un simple raisonnement.*

Soit, par exemple, proposé le problème suivant :

45 mètres d'ouvrage ont été payés 120 francs ; combien paiera-t-on pour 36 mètres du même ouvrage ?

Raisonnement. — Puisque 45 mètres d'ouvrage se paient

120 fr., un mètre du même ouvrage se paiera 45 fois moins, ou la 45e partie de 120, ou 120/45 de franc. — Mais si un mètre est payé 120/45, 36 mètres se paieront 36 fois plus, ou

$$\frac{120 \times 36}{45} = 96 \text{ francs.}$$

228. — **Autre exemple.** — *Trois ouvriers ont fait un ouvrage en 15 heures ; combien 5 ouvriers mettront-ils d'heures à faire le même ouvrage ?*

Raisonnement. — Puisque 3 ouvriers, pour faire cet ouvrage, ont mis 15 heures, un ouvrier mettra trois fois plus de temps à le faire, ou 15 heures × 3. Enfin, les 5 ouvriers employés en dernier lieu, mettront, à faire le même ouvrage, cinq fois moins de temps qu'un seul ouvrier, ou

$$\frac{15 \times 3}{5} \text{ ce qui donne 9 heures.}$$

Cas particuliers de la règle de trois simple.

Pour compléter la théorie des règles de trois simples, il nous reste deux cas à examiner :

1° *Celui où une question, quoique présentant plus de trois termes, conduit néanmoins à une règle de trois simple ; 2° celui où elle y conduit encore, avec moins de trois termes.*

229. — 1° Généralement, toute donnée de même espèce, répétée dans les deux circonstances, est inutile.

Exemple. — *9 ouvriers ont fait en 15 jours 360 mètres d'ouvrage ; combien 12 ouvriers feront-ils de mètres en 15 jours ?*

Raisonnement. — Il est évident, que es ouvriers travaillant pendant le même temps dans les deux circonstances, le temps est une donnée inutile pour la solution de la question ; et que celle-ci dépendra uniquement du nombre d'ouvriers employés. La question peut donc être ramenée à celle-ci : 9 *ouvriers ont fait* 360 *mètres d'ouvrage, combien* 12 *ouvriers en feront-ils ?* et l'on retombe dans la règle de trois simple :

$$9 : 12 :: 360 : x = 480 \text{ mètres.}$$

230. — 2° *Un équipage n'a plus de vivres que pour* 15 *jours, cependant il prévoit qu'il devra tenir la mer* 20 *jours ; on demande à combien faudra réduire les rations journalières?*

Raisonnement. Pour ramener cette question à une règle de trois simple, représentons par un nombre quelconque, 1 par exemple, la ration ordinaire, et par x la ration réduite. Celle-ci devant être évidemment moindre, on posera le premier rapport en décroissant,

$$20 : 15 :: 1 : x = \frac{15}{20} = \frac{3}{4}$$

Ainsi, chaque ration ordinaire sera réduite aux trois-quarts de ce qu'elle était primitivement.

PROBLÈMES.

221. — Une femme de ménage achète 1 kilogramme 350 millièmes de laine pour faire des bas, à 15 fr 60 c. le kilogramme. On lui fait une remise de 2 et demi pour cent, parce qu'elle paie comptant : elle donne les bas à faire à une pauvre femme qui lui prend 2 fr. par paire. — On demande à combien revient la paire de bas, s'il faut employer 2 hectogrammes et 1/4 pour chaque paire de bas. — *Donné par la commission d'examen de Quimper, à la session de Mars* 1858.

222. — Les 3/5 d'une journée d'ouvrage ont été payés à un ébéniste 1 fr. 80 c. : combien devra-t-il recevoir à ce compte pour les 2 semaines 2/3 qu'il a travaillé provisoirement chez un tapissier-décorateur. — Combien lui restera-t-il pour les dépenses de sa maison, si chaque semaine il a l'habitude

de porter 5 fr. à la Caisse d'épargne. Combien aura-t-il enfin à dépenser par jour, si le tapissier l'attache définitivement à son magasin, avec une paie en proportion, pour les 305 jours ouvrables de l'année.

223. — Un négociant expédie par le chemin de fer de Paris à Lyon 50 ballots de marchandises, pesant 75 kilogrammes chacun, au prix de 6 francs 90 c. l'un. Son correspondant n'ayant pu placer dans ladite localité que 38 de ces ballots, lui renvoie les autres par la voie ferrée, après avoir gardé toutefois comme échantillons 15 kilogrammes de chaque ballot restant. Le poids des marchandises au retour étant donc beaucoup moindre qu'au départ, combien le négociant devra-t-il payer à l'administration de la gare de Paris.

224. — Mon tailleur me disait, l'an dernier, qu'il avait employé 4 mètres d'étoffe à 5/4 de large, pour me faire un vêtement : si j'en veux un autre absolument semblable, cette année, combien sera-t-il obligé d'en prendre de mètres, n'ayant plus de la même qualité de drap qu'à 8/9 de large.

† 225. — Un marchand a acheté 185 mètres de drap qu'il espère revendre dans le courant de l'année. Le mètre coûte 18 fr. 75 c.; pour en faire l'acquisition, l'acheteur emprunte de l'argent à 5 du cent par an. A quel prix doit-il revendre le mètre de drap pour réaliser un bénéfice de 8 pour cent sur le prix de revient.

226. — Dans une citadelle se trouve une garnison forte de 1800 hommes, et pourvue de vivres pour 45 jours. Des circonstances particulières peuvent cependant faire craindre qu'on ne reçoive pas d'autres vivres avant 51 jours. Calculer donc : 1° de combien il faudra réduire la ration de chaque homme, pour que la garnison tout entière tienne pendant la deuxième quantité de jours ; 2° combien il faudra renvoyer d'hommes, supposé que la chose soit possible, pour conserver à chaque soldat la ration journalière, à laquelle il avait droit pendant une durée de 45 jours.

227. — Si l'on achète 240 hectogrammes 3/4 d'une certaine marchandise pour la somme de 57 fr. 78 c., 1° combien coûteront 5845 grammes 1/2 de la même marchandise ; 2° combien devra-t-on en recevoir de kilogrammes pour 572 francs 20 centimes.

228. — Je dépense 2645 fr. 40 c. : avec cette somme j'achète 2 hectolitres 4 litres de vin, à 7 fr. 25 c. le décalitre d'une part, et 9 pièces de toile contenant chacune 75 mètres d'autre part. A combien me revient le mètre de toile ; combien devrai-je revendre le litre de vin pour gagner 7 p. 0/0, et le mètre de toile pour gagner 6, 1/4 p. 0/0 sur le prix d'achat; et, si je place le total que je retire de ma vente en rentes 4 1/2 p. 0/0 sur l'Etat, au capital de 93 fr. 55 c., de quel avoir annuel serai-je propriétaire sur le Grand-Livre de la dette publique. — *Donné par un inspecteur dans une école professionnelle.*

---

229. — Pour construire un mur de 280 mètres de long sur 4 mètres 25 de haut et 80 centimètres d'épaisseur, un entrepreneur s'est servi de 35 ouvriers maçons ; ensuite il se demande : 1° combien de mètres cubes feraient dans le même temps 42 ouvriers de même force que les premiers ; 2° combien, toujours pendant le même temps, il devrait employer de maçons aussi capables, pour clore de murs un jardin de 49 mètres de long sur 30 de large, ces murs devant avoir 4 mètres 1/2 de haut et 60 centimètres d'épaisseur.

---

230. — On charge un mécanicien de faire deux roues destinées à engrener l'une dans l'autre : il doit donner 36 dents à la plus petite, et se demande : 1° combien il devra en mettre à la plus grande, si l'on veut que leur mouvement de rotation soit combiné de façon que la grande roue ne fasse que 9 tours, quand la petite en fera 80, 1/4 ; 2° quel sera le rayon de chacune de ces roues, si la dent d'engrenage doit avoir 1 centimètre 1/2 de largeur. — *Donné à un examen de mécaniciens.*

---

231. — Un terrassier avait parié avec un de ses camarades qu'il transporterait un certain nombre de brouettées de terre dans 6 heures de temps ; mais après qu'il eut travaillé pendant 3 heures, arriva l'instant du dîner, qui le força à suspendre sa besogne, et lui fit perdre trois-quarts d'heure. — De combien dut-il donc augmenter ensuite la vitesse de son travail pour parvenir à gagner son pari.

---

† 232. — Il faut 46 mètres 35 centimètres pour faire trois douzaines de serviettes, et 15 mètres 8 centimètres pour faire 4 nappes ; combien faudra-t-il de toile pour faire 56 serviettes et 11 nappes. — Quelle somme déboursera-t-on en outre

pour le second achat, si le prix de la première toile qui était de 4 fr. 20 c. le mètre, ne forme que les 7/9 de celui de la seconde toile. — Effectuer toutes les parties de ce problème par les proportions.

233. — Un conduit d'eau doit remplir un bassin circulaire de 6 mètres 30 centimètres de diamètre, sur 1 mètre 40 centimètres de profondeur : il a déjà coulé pendant 20 heures 1/4, donnant 26 litres 7/8 par minute ; quel temps devra-t-il couler encore, dans les mêmes conditions de vitesse, pour achever de remplir ledit bassin.

234. — Il devait être expédié à un marchand de Brest 35 hectolitres 1 décalitre de vin dans 15 barriques de même capacité ; mais, son fournisseur de Bordeaux, réfléchissant qu'il valait mieux mettre ce vin dans des fûts plus grands, employa pour ledit transport des tonneaux triples des premières barriques pour la contenance. — Dites quelle quantité il en prit, et ce qu'il mit de litres dans chaque tonneau. — De son côté, le marchand de Brest, désireux de réaliser un bénéfice de 20 pour cent sur l'hectolitre de son vin, le vendit 86 fr. 10 c.— Combien lui avait, par suite, coûté ce chargement. Quelle somme en retira-t-il, et quel fut son bénéfice total.

235. — Un marchand de nouveautés gagne, en moyenne, 32 pour cent sur toutes les recettes qui se font dans son magasin. Ses dépenses peuvent être évaluées par an : 1° à 3525 fr. de loyer et d'impositions ; 2° à 2000 fr. d'entretien de maison ; 3° à 3600 fr. de traitement pour ses quatre commis. Ses livres prouvent en outre que, toutes marchandises soldées, il lui reste en caisse, fin d'année, un bénéfice de 3200 fr. A combien s'élève donc sa vente annuelle, et quelle somme paie-t-il à ses fournisseurs.

236. — Un marchand a acheté 27 pièces de drap de 60 mètres chacune, à raison de 23 fr. 75 c. le mètre : il a vendu le tout avec un bénéfice de 7, 1/2 pour cent. — On demande le prix d'achat, le prix de vente et le bénéfice du marchand.

237. — J'ai confié à un dessinateur divers tracés de plans graphiques, dont j'avais besoin dans deux jours pour une construction, et qui exigeaient un travail de 18 heures 1/4.

Le premier jour, il s'y est appliqué dans mon bureau pendant 12 heures 7/8 ; le lendemain il me les a présentés complètement achevés, et m'a demandé pour sa besogne de ce jour 8 fr. 60 c. que je lui ai soldés. Combien m'a donc coûté tout ce travail.

---

238. — La construction d'une belle cathédrale à Marseille, d'après les plans et les devis approuvés par l'administration supérieure, est fixée à la somme de 4568306 fr. ; celle de la cathédrale de St.-Isaac, à Saint-Pétersbourg, livrée à sa destination, s'élève au chiffre énorme de 88000000 de fr. — Dites dans quel rapport sont les prix de revient de ces deux monuments ; et, en supposant les honoraires des architectes calculés à raison de 2 pour cent sur le prix desdites constructions, cherchez : 1° combien devra recevoir l'architecte de la cathédrale de Marseille ; 2° quels ont été les émoluments de l'ingénieur français à qui l'on doit celle de Saint-Pétersbourg.

---

239. — On se sert souvent de l'ombre produite par un objet, pour en mesurer l'élévation ; et cela, à l'aide d'un bâton, de hauteur déterminée, que l'on porte avec soi. Ainsi, par exemple, je sais : 1° qu'un bâton, mesurant 1 mètre 50 centimètres et placé bien verticalement, donne 1 mètre 5 centimètres d'ombre d'une part ; 2° qu'au même moment l'ombre projetée par un arbre, à partir de son pied, est de 8 mètres 29 centimètres ; et je veux évaluer en mètres l'élévation de cet arbre : quel calcul me reste-t-il à faire.

---

240. — Chez les Athéniens on avait établi des tribunaux contre l'ingratitude. Toutefois, ce vice était si rare parmi eux, que les juges n'avaient presque jamais occasion de le punir. L'un d'eux, témoin de l'inutilité de ses séances, fit placer une cloche à sa porte, et attendit patiemment que des plaignants vinssent le distraire de ses occupations domestiques. Mais le repos de la cloche dura long-temps, si long-temps, que l'herbe crut à l'entour, et qu'elle grimpa bientôt le long de la corde destinée à la mettre en mouvement. Un jour, pourtant, elle s'agita d'une manière étrange. L'ingratitude était-elle de retour à Athènes ? Notre juge, tout surpris d'avoir enfin un plaignant, accourt à sa porte. Qu'aperçoit-il ? un cheval, mais un cheval vieux, décrépit, à l'œil morne, à la tête basse, au poil hérissé, à la crinière inculte et flottante ; ce cheval paissait tristement quelques brins d'herbe, et, en paissant, il tirait bien innocemment la corde de la clochette ; de là une

sonnerie saccadée et irrégulière. Le juge, voyant à quel genre de client il avait affaire, interroge les voisins et demande à qui appartient ce cheval. — A personne, lui dit-on ; son maître lui a donné son congé, parce qu'il n'est plus bon à rien. — Vraiment, fit le juge, eh bien ! cette affaire me regarde, car c'est une véritable ingratitude à cet homme de jeter à la porte un vieux domestique, qui a usé sa vie à son service. — Il fit venir le maître ingrat, lui reprocha sévèrement son indigne action, et le condamna à donner, pour l'entretien du cheval, tout le temps qu'il lui resterait à vivre, une somme annuelle, dont la valeur en drachmes approchait probablement de très près d'un des moyens de l'équi-différence continue suivante $69.x : x.371$. — Vous nous donnerez ensuite en francs la valeur trouvée, sachant que le drachme égalait 93 centimes. — *Arrangé en problème, d'après une narration de l'excellent cours lexicologique de* M. Larousse.

241. — Un marchand de vin vend à une de ses pratiques, moyennant 82 francs 50 centimes, 15 litres de vin de Malaga tirés d'une pièce, qu'il vient de recevoir d'Espagne, et qui contient 79 litres 3/4. L'acheteur trouvant ce vin excellent, prie le marchand de lui céder le reste du baril. Quelle somme devra-t-il donner pour le tout, le prix des autres litres restant le même, proportion gardée, que celui des 15 premiers. — Qu'aura-t-il à débourser pour son second achat.

242. —Pour qu'un treuil remplisse le but qu'on se propose en l'employant, il faut que l'effort que l'on fait pour soulever un fardeau, soit au poids de ce fardeau, dans le même rapport que le rayon du cylindre du treuil est au rayon de la circonférence que décrit la manivelle, à l'aide laquelle on met le treuil en mouvement. D'après ce principe, quelle charge pourra-t-on soulever avec un effort égal à 60 kilogrammes, appliqué à la circonférence d'un treuil, le rayon de cette circonférence étant de 50 centimètres, tandis que le rayon du cylindre du treuil ne mesure que 8 centimètres.

243. — De même, pour que le cabestan produise un résultat avantageux dans le trait de lourdes masses, ou dans l'élévation de fardeaux à l'aide de poulies, il est nécessaire que le même rapport existe entre la force à donner et la charge à remuer, qu'entre le rayon de l'arbre vertical du cabestan et la ligne droite qui mesure, sur la barre de fer placée au haut de la machine, la distance du centre de l'arbre au point où l'effort se produit. — Par suite de ce principe, combien de

matelots faudra-t-il mettre à chacun des quatre bouts des deux barres d'un cabestan, pour soulever une ancre de 4320 kilogrammes, si chaque bout de barre a 3 mètres au sortir de l'arbre du cabestan, et que le rayon dudit arbre soit en outre de 24 centimètres. On admet que l'effort moyen, fait par chaque matelot, équivaut à 40 kilogrammes.

---

244. — Un bloc de pierre, pesant 200 kilogrammes, doit être soulevé à l'aide d'un levier, consistant en une barre de fer : le point d'appui peut être placé à 10 centimètres 1/2 du bloc, et la longueur du levier, à partir du point d'appui, est de 75 centimètres ; quel effort faudra-t-il faire à l'extrémité de la barre destinée à remuer ce bloc. — D'après un principe de mécanique pratique, il faut, dans ce cas, que le même rapport existe entre le fardeau à soulever et l'effort à faire, qu'entre la longueur du levier, à partir du point d'appui, et la distance de ce même point d'appui au corps qui fait résistance.

---

245. — Il sera maintenant facile de déduire du principe précédent la proportion à établir pour la solution du problème que voici : — Quelle charge pourra-t-on soulever avec un levier de 56 centimètres à partir du point d'appui, si cet appui est placé à 15 centimètres de la charge, et que l'effort qu'on peut faire à l'extrémité de la barre équivaille à 40 kilogrammes.

---

246. — Dans les arts mécaniques on fait un très-fréquent usage des roues qui s'engrènent les unes dans les autres, à l'aide de dents taillées sur leurs circonférences. Ainsi, soient deux roues, l'une de 48 centimètres de rayon ayant 300 dents ; s'il s'agit de déterminer la quantité de dents qu'a une autre roue de 20 centimètres de rayon, faisant engrenage avec la première, comment devra-t-on s'y prendre, sachant que le nombre des dents, de part et d'autre, est en rapport direct avec les rayons respectifs. — Qu'y aurait-il à faire, d'après le principe précédent, si, le nombre des dents de part et d'autre étant connu, ainsi que le rayon d'une des roues, il s'agissait de trouver le rayon de l'autre roue faisant engrenage avec la première.

---

247. — Dans un système d'engrenage, une première roue a 100 dents, une seconde 40, et une troisième 16 : si la plus grande fait 32 tours par minute, combien, pendant ce temps, en feront : 1° la moyenne ; 2° la plus petite ; sachant que, dans un engrenage, le nombre de tours que font deux roues,

en un temps donné, forme rapport inverse avec la quantité de dents qu'elles portent respectivement ? — Indiquer la vitesse de rotation de la moyenne et de la plus grande roue par minute, au cas où la plus petite exécuterait 150 tours dans ce laps de temps.

248 — On fait tourner dans son écrou, pour opérer une pression quelconque, une vis de 4 millimètres de pas, à l'aide d'une barre de fer de 70 centimètres, placée un peu au dessus de la limite supérieure du filet. Calculer quelle sera la pression opérée, si la personne agissant à l'extrémité de la barre peut produire un effort de 40 kilogrammes, le rapport étant le même entre la circonférence que décrit un point quelconque de la barre et le pas de la vis, qu'entre la pression opérée par l'appareil, et l'effort agissant pour le faire mouvoir. — Indiquer l'effort qu'il faudrait faire à l'extrémité de la barre, toutes les autres données numériques restant les mêmes que précédemment, pour obtenir une pression équivalente à 1,000 kilogrammes.

249. — Un enfant, qui examinait un bûcheron fendant une pièce de bois avec un coin, voulut savoir quelle résistance ce coin avait à vaincre dans l'opération. A cet effet, il compta d'abord les coups de marteau tombant sur l'appareil, et vit la pièce de bois céder au cinquième coup. Estimant ensuite la force moyenne de chaque coup à 35 kilogrammes, et priant le bûcheron de lui permettre de mesurer son coin, il put en apprécier la largeur à 6 centimètres et la hauteur à 20 centimètres. Se rappelant enfin avoir entendu citer en classe le principe suivant : la hauteur d'un coin et la largeur de sa partie supérieure présentent entre elles le même rapport, que la résistance du bois à fendre et la force produite dans l'opération par celui qui fend, il lui fut facile de connaître ce qu'il désirait. Comment dut-il s'y prendre ?

250. — Dans le cric simple, l'effort destiné à soulever un fardeau s'applique à une manivelle, qui fait tourner sur son axe une petite roue dentée, engrenant dans une barre de fer, également dentée, qu'elle force ainsi à monter pour élever en même temps la charge. C'est donc une variété de treuil, dont le principe mécanique est le même que celui qui figure au problème 242. — Application. — Une voiture avec sa charge pèse 3,200 kilogrammes : on veut la soulever avec un cric, pour retirer successivement les roues, et graisser l'essieu ; quel effort faudra-t-il faire, si la barre qui porte la manivelle a 80 centimètres, le rayon de la petite roue dentée de l'appareil étant de 6 centimètres ?

RÈGLE DE TROIS COMPOSÉE.

231. — *On appelle règle de trois composée, toute question conduisant à une proportion, dans laquelle la valeur de la quantité cherchée ne dépend plus du rapport simple de deux quantités de même espèce ; mais bien d'un rapport composé de plusieurs quantités d'espèces différentes, employées comme facteurs, et ayant toutes de l'influence sur le résultat.*

Soit par exemple le problème suivant :

8 ouvriers, travaillant 9 heures par jour, ont mis 10 jours à faire 360 mètres d'ouvrage ; combien 12 ouvriers, travaillant 8 heures par jour, mettront-ils de jours à faire 480 mètres du même ouvrage ?

Raisonnement. — Supposons pour un instant les nombres d'heures et les nombres de mètres égaux de part et d'autre, le problème est alors ramené à celui-ci : *8 ouvriers ont mis 10 jours à faire un certain ouvrage, combien 12 ouvriers mettront-ils de jours à faire le même ouvrage ?* et conduit à une règle de trois simple. Il est évident que si le nombre d'ouvriers doublait, le nombre de jours ne serait que la moitié de ce qu'il est dans le premier cas ; s'il triplait, le nombre de jours ne serait que le tiers de ce qu'il était d'abord. Plus il y a donc d'ouvriers, moins ils mettront de jours à faire le même ouvrage : la règle de trois est inverse, et la quantité de jours inconnue devant être la plus faible de son espèce, la proportion sera établie en décroissant, comme suit :

$$12 : 8 :: 10 : x$$

Si nous obtenions la valeur d'x immédiatement, nous n'aurions pas la véritable inconnue, puisque nous avons regardé comme égales des données qui ne le sont pas. Il faut donc, pour parvenir au véritable résultat, avoir successivement égard aux circonstances du problème qui ont été momentanément négligées. C'est pourquoi nous allons commencer par établir une nouvelle proportion entre les nombres d'heures, x supposé connu, et y nouvelle inconnue. Moins les ouvriers travailleront d'heures par jour, plus ils mettront nécessairement de jours pour faire le même ouvrage. La règle de trois est donc encore inverse, et l'inconnue devant être la plus forte, on posera le premier rapport en croissant :

$$8 : 9 :: x : y$$

Enfin, plus ils auront d'ouvrage à faire dans le second cas que dans le premier, plus ils mettront de temps. Ici la règle de trois est directe, et il vient, en posant le premier rapport en croissant,

$$360 : 480 :: y \text{ supposé connu} : z \text{ nouvelle inconnue.}$$

Si nous multiplions ces trois proportions terme à terme, les produits résultant seront toujours en proportion ; et, en outre, nous pourrons éliminer les facteurs communs aux trois proportions. Il vient, d'après ce principe :

$$12 \times 8 \times 360 : 8 \times 9 \times 480 :: 10 \times x \times y : x \times y \times z.$$

Supprimant les facteurs communs x et y, il reste :

$$12 \times 8 \times 360 : 8 \times 9 \times 480 :: 10 : z.$$

d'où

$$z = \frac{10 \times 8 \times 9 \times 480}{12 \times 8 \times 360}$$

égalité qui, simplifiée autant que possible, donne pour valeur de z, 5×2, ou 10 jours.

252. — Remarque. — *La proportion* $12 \times 8 \times 360 : 8 \times 9 \times 480 :: 10 : z$, *fait voir que, généralement,* *le rapport de la quantité cherchée à celle de son espèce, est égal au produit des rapports simples des quantités connues de même espèce.*

En effet, mettant cette proportion sous forme d'égalité de quotient, il vient :

$$\frac{10}{z}=\frac{12\times8\times360}{8\times9\times480}$$

ce qui n'est autre chose que l'égalité suivante :

$$\frac{10}{z}=\frac{12}{8}\times\frac{8}{9}\times\frac{360}{480}$$

égalité qui prouve bien ce que nous venons d'avancer.

Il suit de là, qu'en résolvant une règle de trois composée, on ne fait que multiplier le terme de même espèce que l'inconnue par le produit des rapports des diverses quantités qui figurent dans l'énoncé, ces rapports étant pris dans le sens convenable.

233. — AUTRE DÉMONSTRATION. — *Soit toujours le même problème.*

RAISONNEMENT. — Si nous regardons, pour un instant, comme égales, les diverses quantités de même espèce, excepté les deux premières, et les deux parmi lesquelles figure l'inconnue, la question se réduit à une règle de trois simple, et conduit à la proportion :

$$12 : 8 :: 10 : x$$

d'où, après avoir simplifié,

$$x=\frac{20}{3}\text{ de jours.}$$

Mais le résultat ainsi trouvé sera inexact, puisque nous avons regardé comme égaux des nombres qui, en réalité, ne le sont pas. Corrigeons donc ce résultat, en ayant égard aux données que nous avons momentanément négligées ; et, pour cela, établissons une nouvelle proportion entre les nombres d'heures, le terme $^{20}|_{3}$ de jour que nous venons d'obtenir, et une nouvelle inconnue x'. Cette proportion sera :

$$8 : 9 :: \frac{20}{3} : x'$$

d'où, après la simplification faite,

$$x' = \frac{60}{8} \quad \text{ou} \quad \frac{15}{2}$$

Ce résultat $^{15}|_{2}$ n'est pas encore celui qui satisfait à la question, puisque nous avons regardé comme égaux les nombres de mètres. Pour le corriger, il faut donc établir une troisième proportion ainsi conçue :

$$360 : 480 :: \frac{15}{2} : x''$$

En simplifiant, on obtient pour valeur de x'', $^{60}|_{6}$, ou 10 jours.

Même règle sans le secours des proportions.

---

254. — *On peut effectuer la règle de trois composée, de même que la règle de trois simple, sans se servir des proportions, au moyen d'un simple raisonnement.*

Soit le problème suivant à résoudre :

6 *ouvriers, travaillant* 9 *heures par jour, ont fait en* 8 *jours* 240 *mètres d'ouvrage ; combien* 9 *ouvriers, travaillant* 8 *heures par jour, en* 4 *jours feront-ils de mètres du même ouvrage ?*

Voici d'abord la manière de disposer les calculs :

6 ouvriers 9 heures 8 jours 240 mètres.

9 ouvriers 8 heures 4 jours x.

---

1 ouvrier 9 heures 8 jours $\frac{240}{6}$

9 ouvriers 9 heures 8 jours $\frac{240 \times 9}{6}$

9 ouvriers 1 heure 8 jours $\frac{240 \times 9}{6 \times 9}$

9 ouvriers 8 heures 8 jours $\frac{240 \times 9 \times 8}{6 \times 9}$

9 ouvriers 8 heures 1 jour $\frac{240 \times 9 \times 8}{6 \times 9 \times 8}$

9 ouvriers 8 heures 4 jours $\frac{240 \times 9 \times 8 \times 4}{6 \times 9 \times 8}$

Raisonnement. — Puisque 6 ouvriers, travaillant 9 heures par jour, en 8 jours ont fait 240 mètres ; un seul ouvrier, pendant le même temps, fera 6 fois moins d'ouvrage que 6 ouvriers, ou $^{240}|_{6}$ de mètre. Les 9 ouvriers du deuxième cas feront évidemment 9 fois plus d'ouvrage qu'un seul ouvrier, ou un nombre de mètres exprimé par $^{240 \times 9}|_{6}$.

Si les 9 ouvriers, au lieu de travailler 9 heures, ne travaillaient qu'une heure par jour, ils feraient 9 fois moins d'ouvrage, ou $^{240 \times 9}|_{6 \times 9}$; mais ce n'est pas une heure qu'ils travaillent, c'est 8 heures par jour ; ils feront donc nécessairement 8 fois plus d'ouvrage qu'en travaillant pendant une heure, ou $^{240 \times 9 \times 8}|_{6 \times 9}$.

De même, si au lieu de travailler pendant 8 jours, les ouvriers ne travaillaient que pendant un jour, ils feraient huit fois moins d'ouvrage, ou $^{240 \times 9 \times 8}|_{6 \times 9 \times 8}$; mais, ce n'est pas un seul jour qu'ils travaillent, c'est 4 jours ; l'ouvrage devra donc être 4 fois plus considérable, et il vient pour résultat définitif le nombre de mètres renfermé dans l'expression

$$\frac{240 \times 9 \times 8 \times 4}{6 \times 9 \times 8}$$

qui simplifiée autant que possible, et calculée, égale 160 mètres. On ferait un raisonnement semblable pour tout autre problème du même genre.

235. — La *preuve* d'une règle de trois composée se fait en effectuant le problème par le raisonnement, si l'on a déjà opéré par la méthode des proportions, et lorsqu'on retrouve en second lieu le résultat primitivement obtenu, on peut regarder les premiers calculs comme exacts. On vérifierait de même l'opération par les proportions, si l'on avait d'abord opéré par le raisonnement.

Soit, par exemple, proposé de faire la preuve du problème précédent :

6 *ouvriers, travaillant* 9 *heures par jour, ont fait en* 8 *jours* 240 *mètres d'ouvrage ; combien* 9 *ouvriers, travaillant* 8 *heures par jour, en* 4 *jours, feront-ils de mètres du même ouvrage ?*

Le raisonnement déjà employé nous donne les proportions :

$$6 : 9 :: 240 : x$$

$$9 : 8 :: x : y$$

$$\text{et } 8 : 4 :: y : z$$

qui, multipliées terme à terme, donnent :

$$6 \times 9 \times 8 : 9 \times 8 \times 4 :: 240 : z$$

d'où

$$z = \frac{240 \times 9 \times 8 \times 4}{6 \times 9 \times 8} = 160 \text{ mètres},$$

résultat déjà obtenu.

236. — On peut encore s'assurer si une règle de trois composée est exacte, en négligeant, après la première opération, une autre donnée de la question primitive, et l'on conclura que la première opération a été bien faite, si, à la fin de la deuxième, on trouve pour résultat la quantité qu'on a négligée à dessein.

Exercices raisonnés sur la Règle de Trois COMPOSÉE.

---

237. — Premier exercice — *Pour transporter 150 kilogrammes à une ville distante du point de départ de 40 myriamètres, on a pris 60 francs 25 centimes ; combien de kilogrammes pourra-t-on transporter à une distance de 70 myriamètres pour 100 francs ?*

Raisonnement. — Puisque pour 60 fr., 25 c. on a transporté 150 kilogrammes à 40 myriamètres, pour 1 franc on en transportera 60 fois 1/4 de moins à la même distance, ou un nombre de kilogrammes exprimé par 150/60,25. Donc pour 100 francs, on transportera 100 fois plus de kilogrammes que pour 1 franc, toujours à la distance précitée, ou 150k.×100/60,25. — Si, au lieu de transporter le nombre de kilogrammes ci-dessus à une distance de 40 myriamètres, on ne le transportait qu'à 1 myriamètre de distance, ce nombre pourrait être 40 fois plus fort que (150×100):60,25, ou (150×100×40):60,25. Mais il est dit dans l'énoncé que c'est à 70 myriamètres, et non à un seul myriamètre, que la quantité sus-mentionnée de kilogrammes devra être remise ; donc, par suite, on pourra y voiturer 70 fois moins que (150×100×40):60,25, ou un total de kilogrammes exprimé par 150×100×40):(60,25×70), ou, en effectuant, 142 kilogrammes 264 grammes, à moins d'un gramme près, par défaut. — *Composition raisonnée d'arithmétique, faite par un Elève de l'Ecole supérieure de Brest.*

† 238. **Deuxième exercice.** — *Pour se rendre dans une ville, distante du lieu où il se trouve de 45 myriamètres, il est accordé 20 jours à un militaire. Au bout du douzième jour, il n'a encore parcouru que 210 kilomètres : de combien doit-il accélérer alors sa marche, pour être rendu le vingtième jour à sa destination ?*

RAISONNEMENT. — Je commence par retrancher la partie de route parcourue en 12 jours par ce militaire, de toute celle qu'il avait à faire ; et je trouve qu'il lui reste encore à parcourir 45 myriamètres, moins 210 kilomètres, ou moins 21 myriamètres = 24 myriamètres en 8 jours. — Représentant ensuite par 1 la vitesse de sa marche primitive, je me fais le raisonnement suivant : si pour 21 myriamètres qu'il a faits, il a employé une vitesse 1, pour 24 myriamètres, qu'il aurait à faire pendant le même temps, il devrait employer une vitesse proportionnellement plus grande ; d'où la proportion croissante 21 : 24 :: 1 : x. Mais ce n'est pas en un temps égal au premier qu'il doit faire le reste de sa route ; c'est en un temps moindre, puisque d'abord il a employé 12 jours, et qu'en second lieu il ne peut disposer que de 8 jours. La proportion à établir entre les temps de marche ira donc encore en croissant, de cette façon, 8 : 12 :: x : y ; car il est évident que, moins ce militaire a de jours devant lui, plus il devra, les autres données supposées égales, augmenter sa vitesse, pour satisfaire aux prescriptions de ses chefs. — Effectuant enfin tous calculs, d'après l'ordre suivi au N° 231, je trouve que la vitesse de cet homme, pendant les 8 derniers jours, devra être 1,7143, à moins d'un dix-millième près par excès ; ce qui indique qu'il devra définitivement accélérer sa marche de 1,7143 — 1, ou de 0,7143. — *Composition raisonnée d'Arithmétique, faite par un Elève de l'Ecole supérieure de Brest.*

---

†. 239. **Troisième exercice.** — *Cinq personnes, se rendant à Paris, pour une exposition des produits de l'industrie, ont, depuis les trois jours qu'elles sont en route, dépensé 45 fr. 90 c. pour leur nourriture. Arrivées dans une ville, elles y trouvent quatre parents qui veulent les accom-*

pagner ; et alors les frais d'entretien, en atteignant la capitale, se sont élevés à 192 fr. 78 c., la dépense par jour d'une personne étant restée la même que d'abord. — Dites combien de temps a duré cette dernière partie du voyage ?

RAISONNEMENT. — Il est hors de doute que, si nous supposons pour un instant les frais généraux d'entretien égaux de part et d'autre, 9 personnes, avec une somme donnée, pourront subvenir à leurs besoins pendant une quantité proportionnellement moindre de jours, que 5 autres, à dépenses égales, avec la même somme. D'où la proportion décroissante 9 : 5 :: 3 : x. Mais il résulte de l'énoncé que notre supposition tombe immédiatement ; et que, dans la seconde partie du problème, les fonds disponibles sont un certain nombre de fois plus forts que dans la première. Admettant donc comme déterminée la valeur de x, c'est-à-dire la quantité inexacte de jours que, si nous la cherchions, nous donnerait la proportion précédente, nous allons corriger ladite quantité par la proportion croissante 45,90 : 192,78 :: x : y, laquelle résulte de cette observation que plus on a d'argent, toutes choses égales, bien entendu, plus de jours on pourra s'entretenir ; et finalement, des deux proportions réunies, nous arriverons à trouver pour résultat, par la marche tracée au N° 231, le nombre réel de jours que nos 9 voyageurs mettront, après s'être joints ensemble, à atteindre la capitale, c'est-à-dire 7 jours. — *Composition raisonnée d'arithmétique, faite par un Elève de l'Ecole supérieure de Brest.*

---

†.| **240. Quatrième exercice.** — *On sait qu'un mètre de dentelle en points d'Angleterre a la valeur de 4 mètres de drap ; que 2 mètres de ce drap en valent 5 de soierie ; qu'enfin, il faut 2 mètres de toile pour faire la valeur d'un demi-mètre de soierie ; et l'on désire savoir combien il faudrait donner de mètres de toile, si l'on voulait acquérir trois mètres de la dentelle précitée ?*

RAISONNEMENT. — Le texte ci-dessus nous fait voir : 1° que, si 2 mètres de drap valent 5 mètres de soierie, un mètre de ce drap vaudra 2 fois moins que n'en valent 2, ou $^5|_2$; et que 4 mètres de drap vaudront 4 fois plus qu'un seul, ou un nombre de mètres de soierie exprimé par (5 × 4) : 2 = 10. Notons, en même temps, qu'un mètre de dentelle vaut par là même 10 mètres de cette soierie ; — 2° dire qu'un demi-mètre de soierie vaut 2 mètres de toile, ou qu'un mètre de soierie en vaut 4 de toile, c'est absolument la même chose. Donc, si un mètre de la première de ces deux marchandises vaut 4 mètres de la deuxième, 10 mètres de soierie, que nous avons trouvé précédemment comme ne faisant que la valeur d'un mètre de dentelle, vaudront d'un autre côté 10 fois 4, ou 40 mètres de toile ; et nous pouvons, par suite, noter encore ici que ce chiffre 40 n'est autre que la valeur en toile d'un mètre de dentelle. D'où il résulte, finalement, que 3 mètres de dentelle, au lieu d'un, valent 3 fois 40, ou 120 mètres de toile. — Ce problème, compliqué en apparence, se résout donc, comme on le voit, par un raisonnement pratique bien simple. — *Devoir raisonné d'arithmétique, fait par une Elève aspirante au brevet de capacité*

---

241. Cinquième exercice. — ***Pour tapisser un appartement, il a fallu 80 mètres de papier de tenture à 5/6 de largeur ; pour tapisser un autre appartement, on a employé 120 mètres à 3/4 de largeur, quel est en conséquence le rapport de grandeur entre ces deux appartements ?***

Raisonnement. — Après avoir réduit au même dénominateur les deux fractions 5/6 et 3/4 = 20/24 et 18/24, je commence par supprimer les dénominateurs communs, opération qui équivaudra, dans une des proportions subséquentes, à la multiplication d'un extrême et d'un moyen par un même nombre 24, et qui, par suite, ne troublera nullement la valeur du résultat définitif : il me reste donc alors la largeur des papiers, figurée, dans le premier cas par 20 et dans le second par 18. Puis je représente la grandeur relative du premier appartement par 1, et par x celle du deuxième. Ces préliminaires une fois posés, j'admets pour un instant que les largeurs des papiers soient les mêmes de part et d'autre ; et, n'ayant plus ainsi à me préoccuper que de leurs longueurs, pour en déduire provisoirement le nombre figuratif de la grandeur du deuxième appartement, je me dis que ce dernier doit être le plus vaste des deux, puisqu'il exige plus de papier de tenture, d'où la proportion croissante 80 : 120 : : 1 : x. Mais je me hâte d'ajouter que la grandeur que j'obtiendrais pour x serait inexacte, puisque je n'ai point fait entrer en ligne de compte les largeurs, dont celle du papier employé en second lieu est la moindre. Cette grandeur, qui aurait x pour expression, doit donc diminuer conformément au rapport de 20 à 18, d'où la proportion décroissante 20 : 18 : : x : y, qui vient ainsi corriger ce que la première a de défectueux quant au résultat du problème. — Reste maintenant à traiter ces deux proportions par la méthode indiquée au N° 231 pour en obtenir l'égalité suivante : y, véritable grandeur du deuxième appartement, celle du premier étant 1, =(1 × 120 × 18) : (80 × 20) égalité qui, simplifiée autant que possible, donne $^{27}|_{20}$; ou, 1,35 ; et nous fait voir en même temps que la différence de grandeur entre les deux appartements précités est, au profit du second, de 1,35 — 1. = 0,35 exactement. — *Devoir raisonné d'arithmétique, fait par une Elève aspirante au brevet de capacité.*

PROBLÈMES.

251. — Six ouvriers, travaillant 9 heures par jour, pendant 15 jours, ont fait 135 mètres d'ouvrage ; combien faudra-t-il employer d'ouvriers, travaillant 6 heures par jour pendant 45 jours, pour faire 540 mètres du même ouvrage ? — Après avoir découvert l'inconnue, on fera la preuve de l'opération en négligeant le premier nombre de mètres.

---

252. — Combien de mètres d'étoffe feront 17 ouvriers en 12 jours, travaillant 10 heures par jour, sachant que 51 ouvriers ont travaillé 10 heures par jour pendant 2 semaines, les dimanches exceptés, pour en faire 264 mètres. — On vérifiera le résultat, en refaisant la règle sans le secours des proportions.

253. — On sait qu'il a fallu 32 jours à 48 terrassiers, travaillant 13 heures par jour, pour terminer un terrassement de 1,170 mètres, et l'on veut savoir, par suite, combien 40 ouvriers de même force seront obligés de travailler d'heures par jour, pendant 30 jours, pour faire un ouvrage de même genre, mais qui ne serait que de 900 mètres. — Le résultat une fois connu, on s'en rendra encore plus certain, en négligeant le second nombre d'ouvriers.

---

254. — Dans un atelier de 16 ouvriers, qui travaillent 11 heures par jour, un certain ouvrage peut et doit être terminé en 14 jours. Ces ouvriers, auxquels il en est joint 8 autres de même force, consentent à travailler 3 heures de plus par jour, parce qu'il leur est donné en même temps un autre ouvrage semblable au premier; et, qu'en outre de l'augmentation de leur paie, il leur est promis une gratification s'ils livrent ces deux ouvrages avant le 15e jour. Gagneront-ils leur gratification dans les conditions de l'énoncé.

---

† — 255. — On a acheté 86 mètres 79 centimètres d'un drap de première qualité pour 1,957 fr. 83 c., calculer le prix de 109 mètres 46 centimètres de drap de seconde qualité, sachant que la seconde qualité ne vaut que les 7/8 de la première?

---

256. — Deux spéculateurs ont réuni leurs fonds pour une fourniture de toile à voiles à l'administration de la Marine. L'un, pour une somme de 10,800 fr. qu'il n'a pu laisser dans cette association que pendant 10 mois 1/2, ayant alors retiré son argent pour divers achats, a eu un bénéfice de 1,026 fr.; l'autre y a laissé pendant une année entière ses fonds montant à 9,600 fr. Quelle a dû être, dans le profit total, sa part calculée proportionnellement à celle de son associé?

---

257. — Une compagnie de 38 ouvriers, travaillant 18 jours et 7 heures par jour, ont fait 832 mètres d'un certain ouvrage. Combien travailleront d'heures 61 ouvriers, pour faire 954 mètres du même ouvrage en 23 jours. — *Examens du Commissariat. — Novembre* 1855.

---

258. — Pendant les 20 derniers jours de la 2e moitié de l'année scolaire, l'économe d'un lycée a dépensé en nourri-

ture et en entretien, pour 160 pensionnaires, une somme de 4,822 fr. : à la rentrée, le 7 octobre suivant, il se demande quelle somme il lui faudra proportionnellement pour ledit mois, le nombre des pensionnaires ayant diminué de 12, et de nouvelles admissions ne paraissant pas devoir se faire avant novembre.

---

259. — 42 ouvriers, travaillant 15 jours et 6 heures par jour, ont exécuté 860 mètres d'un ouvrage dont la difficulté est représentée par 7 : on demande combien 56 ouvriers devront travailler de jours, à raison de 8 heures par jour pour exécuter 1,200 mètres d'un ouvrage dont la difficulté est 5. — *Examens du Commissariat. — Juin 1856.*

---

260. — Dans la citadelle d'une ville assiégée, 1,200 hommes ont des vivres pour 90 jours : 30 de ces hommes tombant gravement malades au bout du 25e jour, sont conduits à l'hôpital ; et le commandant profite de cette occasion, pour demander une augmentation de 70 hommes sur le nombre primitif, augmentation qui lui est aussitôt accordée en raison des circonstances. Prévoyant en outre qu'au lieu du temps primitivement assigné, sa garnison sera obligée de tenir, sans renouveler ses vivres, pendant 3 mois 1/2, dont un de 31 jours, le commandant se demande de combien il devra diminuer la ration journalière de chaque homme.

---

261. — Un ménage a acheté pour draps de lit 7 pièces de belle toile fine, ayant chacune 56 mètres de longueur sur 1 mètre 20 centimètres de largeur, à raison de 14 fr. 75 c. les deux mètres carrés : combien aurait-il dû payer 9 autres pièces de toile, de 49 mètres 60 centimètres de longueur chacune, sur 1 mètre 30 centimètres de largeur; cette dernière toile étant d'une qualité encore supérieure à la première.

---

262. — Pour planchéyer une salle d'école on a employé 112 planches de 4 mètres 20 centimètres de long sur 2 décimètres et demi de large : 1° quelle quantité de planches de 3 mètres de long sur 2 décimètres de large, aurait-il fallu à l'ouvrier pour cette opération ; 2° quelle largeur de planche aurait-il dû choisir, pour faire son travail avec 100 planches de 4 mètres 80 centimètres de longueur.

---

263. — Un entrepreneur, employant 180 ouvriers pendant 90 jours, à raison de 12 heures de travail par jour, est parvenu à leur faire creuser un fossé de 240 mètres de long, sur 12 mètres de large, et 7 mètres de profondeur, dans un terrain dont la difficulté est représentée par 6, la force des travailleurs pouvant se désigner par 4. On demande quelle longueur il pourrait donner à un second fossé, dans un terrain dont la difficulté serait 8, ledit fossé devant avoir 16 mètres de largeur et 8 mètres de profondeur, si pour ce travail il employait pendant 120 jours, 10 heures par jour, 270 ouvriers dont la force relative serait exprimée par 5. — Le problème, une fois résolu par les proportions, on en fera la preuve en opérant par le raisonnement.

---

264. — Si un roulier, pour voiturer 300 kilogrammes de marchandises à une distance de 540 kilomètres, a reçu 310 fr., combien demandera-t-il de frais de transport à un marchand, qui désire se rendre de Paris à Brest, 564 kilomètres, pour faire le déballage de 30 ballots d'étoffes, soieries, toiles etc., chaque ballot pesant 180 kilogrammes.

---

265. — Au commencement de la guerre de Crimée, des armemens très pressés motivèrent dans certains ateliers des ports de Brest et de Toulon une besogne non interrompue de jour comme de nuit, et pour laquelle se succédaient des escouades d'ouvriers. Supposons, par exemple, 1° que dans tel atelier, 70 ouvriers aient été occupés pendant 75 jours, à raison de 14 heures par jour à un ouvrage spécial, et qu'ils soient parvenus à produire une somme de travail que, pour mieux fixer les idées, nous désignerons par 5,250 ; 2° que dans le même atelier, 50 ouvriers aient été employés 60 nuits et 8 heures par nuit : quelle somme de travail auront produite ces derniers, en admettant, d'une part, que leur force à l'ouvrage ait été deux fois plus grande que celle des ouvriers de jour ; d'autre part, que la difficulté d'un travail de nuit ne permet généralement à l'ouvrier d'exécuter, dans un temps donné, que les 3/4 de l'ouvrage qu'en ferait, pendant la même quantité d'heures dans la journée, un autre d'une force égale à la sienne.

---

266. — Quatorze barriques de vin, d'une contenance de 228 litres chacune, ont été payées 2100 francs : quelle devra être la contenance de 20 autres barriques de vin, même qualité,

et dont le prix de chacune est à celui d'une des premières comme 7 est à 6. — *Proposé dans un examen pour l'emploi de Magasinier.*

---

267. — Un navire, destiné pour un service régulier entre Marseille et Alger, 197 lieues de 4 kilomètres, est pourvu d'une machine à vapeur qui serait capable de lui imprimer une vitesse de 264 nœuds en 24 heures, le nœud en marine valant 1853 mètres 935 millimètres ; mais on suppose que la résistance de l'eau ne permettra à l'hélice de rendre en effet utile que les 3/4 de la force motrice. 1° en combien d'heures ce navire fera-t-il donc le trajet entre les deux villes précitées ; 2° en quel temps l'aurait-il fait, si on l'avait pourvu d'une machine assez puissante pour lui conserver à la mer la vitesse de 264 nœuds en 24 heures, et quelle aurait été dans ce cas la force motrice réelle de sa machine.

---

268. — En supposant que 12 mètres d'étoffe vaillent autant que 20 mètres de soierie ; que 25 mètres de soierie aient la même valeur que 72 mètres de toile ; que 40 mètres de toile soient évalués au prix de 100 mètres de colonnade, et que le mètre de cette dernière marchandise coûte 80 centimes, dites : 1° ce qu'il faudrait payer pour un mètre d'étoffe ; 2° quelle somme on débourserait pour 8 mètres 25 centimètres d'étoffe, 15 mètres 90 centimètres de soierie, et 60 mètres et demi de toile des qualités énoncées plus haut.

---

269. — Dans une Scierie mécanique, à l'axe du volant de la machine, qui fait 175 tours en 3 minutes 1/2, est adaptée une roue d'engrenage de 160 dents, par laquelle on en fait marcher une autre de 8 dents, et celle-ci imprime elle-même le mouvement de rotation à un appareil circulaire, dont le contour très-effilé est taillé en scie, et peut scier une planche de 12 mètres en 4 minutes 1/4 : quelle longueur de planche ledit appareil pourrait-il scier en 6 minutes, l'épaisseur du bois étant supposée double, si le volant faisait 204 tours en 4 minutes, et que le système d'engrenage comportât 156 dents à sa première roue, et 9 à sa deuxième. — (*Donné par un Inspecteur dans une école professionnelle.*)

---

† 270. — 35 ouvriers ont élevé en 6 jours un mur qui a 15 mètres de longueur, 75 centimètres d'épaisseur et 4 mètres 50 centimètres de hauteur ; combien 42 ouvriers mettront-

ils de temps pour élever un mur ayant 51 mètres de longueur, 3 mètres de hauteur et 1 mètre 20 centimètres d'épaisseur.

271. — Pour la doublure d'un tapis on a employé 45 mètres d'une toile de 80 centimètres de largeur, coûtant 117 francs : quelle largeur de toile faudra-t-il prendre, pour doubler un autre tapis, 3 fois plus grand que le premier, si la deuxième pièce doit avoir 112 mètres 1/2 de longueur; et à combien reviendra cette doublure, le mètre carré étant estimé au prix de celui de la précédente toile.

272. — Dans un atelier on a payé à 15 ouvriers, pour 18 jours de travail, une somme de 1080 fr., la journée étant de 12 heures. Trouver : 1° combien on devra donner à 21 autres ouvriers du même atelier, dont la force est à celle des premiers dans le rapport de 5 à 3, pour 16 jours de travail de 11 heures chacun; 2° combien de jours les ouvriers de la deuxième catégorie, c'est-à-dire les plus forts, devront travailler, pour gagner 3000 fr., leur journée n'étant que de 10 heures.

† 273.— Un tailleur se demande combien il devra prendre de mètres de drap, de 8/9 de mètre de large, pour habiller 25 pensionnaires d'un Lycée, si, l'année précédente, pour confectionner 17 vêtemens complets de même grandeur, il a employé 75 mètres d'un drap de 5/6 de mètre de large.

274. — On vient d'embarquer à bord d'un navire trois pièces de vin de Bordeaux ; et l'on sait que la capacité de la première est à celle de la deuxième comme 5 est à 6, que celle de la deuxième est à celle de la troisième comme 4 est à 7. Cette dernière contenant 600 litres, quelle est donc la capacité de la première ? Quelle est de plus la valeur totale du vin embarqué, le litre de cette troisième pièce étant estimé à 95 centimes, et la qualité des vins contenus dans la deuxième et dans la première, croissant par rapport à la qualité du vin de la troisième pièce, comme les chiffres proportionnels mentionnés ci-dessus.

275. — Un petit marchand ayant placé chez un banquier, pour une durée de 4 ans 4 mois, une somme de 3869 fr., 40 c., fruit de ses économies, trouve qu'elle lui a rapporté

un intérêt de 838 fr. 37 c. ; plus tard il désire savoir quel capital il lui faudrait placer à égal taux, dans la même maison de banque, pour avoir, au bout de 6 ans 3 mois, 2000 fr. d'intérêt.

276. — D'après une commande qui lui a été faite, un négociant expédie de Paris en province, à 125 kilomètres de distance, 5 ballots d'étoffe pesant chacun 145 kilogrammes pour 128 fr. Quelle quantité d'étoffe pourrait-il faire passer à un autre de ses clients, habitant à 75 kilomètres de distance, s'il ne déboursait que 100 fr. 25 c. A quelle distance de Paris ferait-il passer 2 caisses, pesant chacune 458 kilogrammes, moyennant un déboursé de 160 fr.

277. — Un marchand de nouveautés de Brest fait venir de Paris, pour la saison, deux pièces d'étoffe de soie : l'une, de 429 mètres, lui coûte 2145 fr. ; et il paie 3187 fr. 50 c. l'autre pièce, qui mesure 375 mètres. Dans quel rapport numérique sont donc les qualités de ces deux étoffes ? Que deviendra ce rapport pour les clients, si le marchand vend ses deux pièces, avec un gain de 18 p. 0/0 sur la première, et avec un gain de 15 p. 0/0 sur la seconde.

278. — Lors de l'exposition universelle, 6 personnes s'étant rendues de la province à Paris, y dépensèrent, pour 15 journées de séjour, une somme de 1125 fr. Trouver, par suite, 1° combien de personnes auraient formé une autre société qui, séjournant 20 jours, y eût dépensé 2750 fr. ; 2° pendant combien de jours une famille de 4 personnes eût pu rester à Paris, en dépensant 1250 fr. Il est bien entendu que la dépense de chaque personne par jour est la même dans le deuxième et le troisième cas que dans le premier.

279. — Deux jardins ont, le premier 75 mètres de long sur 90 mètres de large, le second 110 mètres de long sur 80 mètres de large. On voudrait en faire l'acquisition, et le propriétaire les offre pour une somme de 12410 fr. 25 c. On sait en outre que la qualité du terrain est, dans le premier jardin, à la qualité du terrain dans le second, comme 4 est à 3. Cependant, avant de se décider, on serait bien aise de connaître quelle est la valeur réelle de chaque jardin considéré isolément. Quelle marche a-t-on à suivre pour cela.

280. — Un commissionnaire avait parié qu'il ferait 13 commissions en 10 heures 3/4 ; mais, au bout de la septième

heure, il s'aperçoit qu'il a flâné, puisqu'il n'en a fait que 7, et qu'il est seulement au quart de son chemin pour la huitième. Il accélère donc sa marche, pour pouvoir gagner son pari ; et l'on se demande quelle sera, comparativement à la première, la vitesse nouvelle qu'il devra employer. On suppose tout naturellement que les divers points où il doit s'arrêter, sont également distants les uns des autres.

RÈGLE DE SOCIÉTÉ.

242. — *Le but le plus général de la règle de société est : de partager un nombre en parties qui soient entre elles comme des nombres donnés.*

Les applications les plus fréquentes ont lieu, lorsque plusieurs associés, s'étant réunis pour faire en commun une entreprise, il s'agit, après l'entreprise terminée, de répartir entre eux le gain ou la perte résultant de leur association. C'est ce cas particulier de la règle qui lui a fait donner le nom de règle de *règle de société ou de compagnie.*

Supposons, par exemple, que trois spéculateurs, ayant mis en commun, l'un 1500 francs, l'autre 1200 francs, et le troisième 2100 francs, leur bénéfice total, à la fin de l'entreprise, ait été de 710 francs, on demande quelle est la part de chaque associé ?

Raisonnement. — Il est clair que, pour que la question puisse se résoudre, il faut que les gains soient proportionnels aux mises ; en sorte que l'on aura la suite de rapports égaux. 1er mise : 1er gain :: 2e mise : 2e gain :: 3e mise : 3e gain. Si nous y faisons la combinaison connue, somme des antécédents est à somme des conséquents, comme un antécédent quelconque est à son conséquent, nous aurons : 1re mise + 2^e^ mise + 3^e^ mise, ou mise totale 4800 francs : 1er

gain + 2e gain + 3e gain, ou gain total 720 francs, comme chaque mise particulière est à son gain correspondant, c'est-à-dire :

$$4800 : 720 :: \begin{cases} 1500 : x = 225 \text{ fr.} \\ 1200 : y = 180 \text{ fr.} \\ 2100 : z = 315 \text{ fr.} \end{cases}$$

Preuve de l'opération..... 720 fr.

Calculant chacune de ces trois proportions, on obtient pour quatrièmes termes les gains des trois associés. Le problème étant résolu, on peut vérifier la règle, en faisant la somme des gains ; et si l'on a bien opéré, on doit trouver pour résultat le gain total.

243. — La propriété qu'ont toutes les proportions d'une règle de société d'avoir deux termes communs, mise totale et gain total, fournit le moyen de simplifier le calcul, dans le cas où il y aurait un grand nombre de mises. En effet, pour résoudre ces diverses proportions, il faut multiplier chacune des mises par le gain total, puis diviser par la mise totale. Si donc on commençait par obtenir exactement, ou avec une grande approximation, le quotient du gain total par la mise totale, il suffirait de multiplier ensuite par ce quotient constant chacune des mises ; et, de cette manière, il n'y aurait à faire qu'une seule division, et autant de multiplications qu'il y aurait de mises.

244. — *La règle de société est particulièrement utile dans les questions de faillite, dans les règlemens de prises de marine, et dans la répartition des impôts et contributions.*

Généralement, toutes les fois qu'il s'agira de partager un nombre en parties proportionnelles à des nombres donnés, on pourra regarder ceux-ci comme des mises, et le nombre à partager comme un gain ; dans cette hypothèse, on posera comme précédemment la proportion : mise totale est à gain total, comme chaque mise particulière est à gain correspondant.

Exemple. — *Partager 360 en parties proportionnelles aux nombres 3, 4, 5, 6 ?*

Faisons la somme de ces nombres $3+4+5+6=18$, et établissons la proportion ci-dessous :

$$18 : 360 \left\{ \begin{array}{l} :: 3 : x = 60 \\ :: 4 : y = 80 \\ :: 5 : z = 100 \\ :: 6 : a = 120 \end{array} \right.$$

dans laquelle on obtient, pour parties proportionnelles aux 4 nombres donnés, 60, 80, 100, 120, dont la somme égale 360, ce qui prouve que l'opération a été bien faite.

Même règle sans le secours des Proportions.

---

245. — Soit proposé le problème suivant :

Les mises de trois associés sont 300 francs, 500 francs, et 700 francs ; le gain total est 4500 francs ; quel est le gain de chaque associé ?

Raisonnement. — Commençons par faire la somme des mises, ce qui donne 1500 francs ; et faisons ensuite le raisonnement suivant : si 1500 francs rapportent un bénéfice de 4500 francs, 1 franc rapportera 1500 fois moins ou $4500/1500$, ou 3 francs. Mais puisqu'un franc en a rapporté 3 dans l'association,

300 fr. rapporteront 300 fois plus qu'un franc ou 300×3 fr. = 900 fr.
500 fr. rapporteront 500 fois plus qu'un franc ou 500×3 fr. = 1500 fr.
700 fr. rapporteront 700 fois plus qu'un franc ou 700×3 fr. = 2100 fr.

Autre exemple. — *Quatre négociants se sont associés pour faire une entreprise commerciale : le premier a fourni 2400 francs ; le deuxième 3000 francs ; le troisième 3600 fr., le quatrième 4800 francs. Ils ont éprouvé une perte de 1800 francs ; quelle part de cette perte chacun doit-il supporter ?*

En effectuant les calculs soit par proportions, soit par le raisonnement, on trouve que le premier perdra 313 fr. 04 c. ; le deuxième 391 fr. 30 c. ; le troisième 469 fr. 57 c. ; le quatrième 626 fr. 09 c.

RÈGLE DE SOCIÉTÉ COMPOSÉE.

246. — *La règle de société est dite composée, toutes les fois que l'on a à tenir compte du temps pendant lequel les associés ont laissé leurs fonds en commun.*

Alors on commence par rendre ce temps le même pour tous les associés, afin de pouvoir négliger cette circonstance de la question.

Exemple. — *Trois associés se sont réunis : le premier a mis* 1500 *francs, qu'il a laissés pendant deux ans; le deuxième* 2000 *francs pendant* 18 *mois ; le troisième* 3000 *francs pendant* 9 *mois ; ils ont fait un bénéfice de* 1100 *francs ; combien revient-il à chacun ?*

Raisonnement. — Tâchons de ramener les trois mises à un temps exprimé par l'unité, afin de faire abstraction du temps, et pour cela remarquons que 1500 francs laissés pendant deux ans ou vingt-quatre mois, doivent rapporter le même bénéfice qu'une somme vingt quatre fois plus forte, laissée pendant un temps 24 fois moins long, ou un mois. Le même raisonnement s'applique aux autres mises. Par suite, voici quelles vont être les nouvelles sommes pendant la même unité de temps : pour le premier, 1500 francs ×24=36000 fr. ; pour le deuxième, 2000 fr.×18= 36000 fr. ; pour le troisième, 3000 fr.×9=27000 fr. Tout reviendra donc à partager le gain total 1100 francs en parties proportionnelles aux nombres 36000, 36000 et 27000. Résolvant le problème par la méthode des proportions ou du raisonnement, on trouve pour la première part 400 fr.; pour la deuxième part 400 fr. ; pour la troisième part 300 francs.

PROBLÈMES.

281. — On veut partager une somme de 1580 fr. entre les hommes d'un équipage de la manière suivante : on convient de donner 5 parts au capitaine, 3 parts au second, une part à chacun des matelots qui sont au nombre de cinq, 2/3 de part au novice et 1/2 part au mousse. Calculer, à moins d'un centime près, ce qui revient à chacun d'eux. — *Examens du Commissariat. — Juin* 1856.

---

282. — Six commerçants s'étant réunis pour un achat important, ont fait les mises de fonds suivantes : le premier a fourni à l'association une somme de 1800 fr., le deuxième 250 fr. de plus que le premier, le troisième autant que le premier et le quatrième, qui a fait un apport de 1220 fr. Quant au cinquième et au sixième, ils ont mis savoir : le premier 2400 fr., le second le 5e des sommes fournies par tous ses co-associés. Calculer la part de chaque commerçant : 1° dans le gain produit par cette association, supposé qu'il se soit élevé au quart de la mise totale ; 2° dans la perte, en admettant que cette société, au lieu de bénéficier, ait perdu le 12me de l'apport total fait par ses membres.

---

283. — Trois voituriers ont reçu pour des transports de marchandises une somme de 1250 fr. Le premier avait transporté 2540 kilogrammes à 28 kilomètres de distance; le deuxième, 4300 kilogrammes à 42 kilomètres; enfin la charge du troisième avait été de 3645 kilogrammes, et la distance qu'il avait parcourue de 32 kilomètres. Que revient-il à chacun d'eux dans la somme précitée. — *Examens du contrôle de la Marine. — 16 janvier* 1856.

---

284. — Les cinq communes composant un canton doivent, d'après un arrêté préfectoral, fournir au recrutement mili-

taire un contingent de 215 hommes. La quantité de jeunes gens, jugés propres au service, se trouve être dans la première commune de 156, dans la deuxième de 90, dans la troisième de 204, dans la quatrième de 12, et dans la cinquième de 828 ; comment se fera donc entre ces cinq communes la répartition des recrues pour l'armée.

285. — Quatre négociants ont fait une entreprise dans laquelle ils ont mis, le premier 40000 francs, le deuxième 30000 fr., le troisième 25000 fr., le quatrième 22000 francs. Le bénéfice total a été de 12000 fr. Les fonds du premier négociant sont restés 18 mois dans la société ; ceux du deuxième 20 mois ; ceux du troisième 22 mois, et ceux du quatrième 24 mois. Au bout de ce temps la société s'est dissoute. Trouver quelle sera la part de chaque associé dans le bénéfice ci-dessus. — *Examens du commissariat.* — 11 *avril* 1855.

286. — Le bureau de bienfaisance d'une ville est chargé par une personne charitable de répartir une somme de 100 francs entre quatre des plus pauvres familles qu'il assiste : la volonté du donateur est que le nombre des membres de chaque famille serve de base à ladite répartition. Le bureau choisit quatre ménages dignes de toute sa bienveillance, et composés, savoir : le premier de cinq personnes, le deuxième de 6, le troisième de 8, le quatrième de 9. — Quelle part du don précité aura donc chacune des familles désignées par les administrateurs.

287. — Partager 640 francs entre trois personnes, de manière que la part de la première soit triple de celle de la deuxième, et que la part de la troisième soit double de celle de la première. — *Examens du Contrôle de la Marine.* — 16 *janvier* 1856.

288. — La vente ordonnée par jugement du tribunal de commerce chez un marchand de vin en gros dont la faillite avait été préalablement prononcée, a produit, tous frais payés, une somme de 26000 francs. Quatre négociants lui avaient fourni, savoir : le premier de l'eau-de-vie pour 18500 fr. ; le deuxième des liqueurs et des vins fins pour 15800 francs ; le troisième du vin de Bordeaux pour 20000 fr. le quatrième du vin de Champagne pour 6000 fr. Comme il ne leur avait encore rien payé de leurs créances, lors de la

fermeture de ses magasins, on demande ce qui revient proportionnellement à chaque négociant de l'avoir laissé par cette faillite ; et ce que chacun perd pour cent, sachant que le failli possédait, en outre, un immeuble qui a été également saisi et vendu moyennant 8000 francs.

---

†. — 289. — Partager 1845 francs entre quatre personnes de manière que la part de la première soit à celle de la deuxième comme 4 est à 5 ; que celle de la deuxième soit à celle de la troisième comme 2/3 est à 4/5 ; et que celle de la troisième soit à celle de la quatrième comme 2, 1/4 est à 3.

---

290. — Deux marchands bouchers ayant soumissionné pour la fourniture de la viande nécessaire à un corps de troupes pendant son séjour au camp, firent entre eux une mise de fonds de 28000 francs, et réalisèrent, au bout des 4 mois que dura leur marché, un bénéfice, qui était au capital constitué par eux comme 1 est à 14, 2/7. On sait que l'un, pour mise et bénéfice réunis, retira de cette association une somme de 14000 francs, et l'on se demande : 1° quels furent son apport et son bénéfice séparés ; 2° quels furent de même l'apport et le bénéfice de l'autre boucher.

---

291. — Trois entrepreneurs ont à se partager, proportionnellement aux ouvriers employés par chacun d'eux, la somme de 16800 fr. qui leur a été allouée pour une entreprise. Le premier y a fait travailler 12 hommes, le deuxième 18 hommes, le troisième 30 hommes. — Dire : 1° ce qu'est estimé dans l'entreprise le travail de chaque ouvrier ; 2° ce que recevra en tout chaque entrepreneur. — *Sujet de concours pour une admission d'Elèves à l'Ecole primaire supérieure de Brest.*

---

292. — Le chef d'un atelier, voulant récompenser ses ouvriers à l'occasion du premier de l'an, leur accorde une gratification de 98 fr. 25 c. qui devra être, d'après sa volonté, répartie entre eux de la manière suivante : le contre-maître en prendra 3 parts 1/2, l'aide 2 parts 1/4, chacun des 18 ouvriers 1 part 1/3, et chacun des 4 apprentis 3/4 de part. — Quelle sera donc la somme qui reviendra à chacun dans le partage de cette gratification.

---

†. — 263. — Trois marchands se sont associés pour fournir à un régiment : le premier, 510 mètres de drap rouge ; le deuxième, 2000 mètres de drap bleu ; le troisième, 3900 mètres de toile ; la qualité du drap bleu est les 4/5 de celle du drap rouge, et le prix de la toile est le 1/8 de celui du drap bleu. — Que revient-il à chacun sur un bénéfice de 3750 fr.

---

294. — Quatre spéculateurs, voulant établir une communication directe entre deux ports de commerce importants, s'associent pour deux ans, à l'effet de faire construire deux bateaux à vapeur destinés au transport des marchandises et des voyageurs d'une ville à l'autre. Le premier spéculateur met d'abord 26000 francs, et tous les quatre mois, jusqu'au vingtième compris, 8000 francs ; le deuxième met d'abord 40000 francs, et six mois après 12000 francs ; mais au bout du quinzième mois, il en retire 16000 francs, pour remettre ensuite 30000 francs le dix-huitième mois ; le troisième ne met ses fonds que huit mois après avoir signé l'acte d'association, et fait à cette date un versement de 70000 francs, dont il retire trois mois après 11000 francs, et 13000 francs cinq mois avant la fin de la société ; le quatrième met 10000 francs le premier mois, et pareille somme le cinquième, le douzième, le seizième et le vingt-unième mois. Au bout de deux ans, les steamers étant en état de commencer le service, une maison de la capitale en sollicite l'achat des quatre négociants, et leur offre un bénéfice de 90000 francs. Ceux-ci acceptant, on désire savoir de quelle manière s'en fera la répartition entre eux.

---

†. — 265. — Un homme a laissé par testament 220500 francs à partager entre quatre parents. Les conditions sont telles que, quand le premier prendra 2 francs, le second en prendra 3, quand le second prendra 4 fr., le troisième en prendra 5 ; quand le troisième en prendra 6, le quatrième en prendra 7. — Quelle est la part de chacun.

---

296. — Il a été établi, par quatre frères, une société pour le commerce de toile ; mais elle n'a duré que dix mois, au bout desquels ils réalisaient déjà un bénéfice de 1600 francs, qui a été immédiatement partagé entre eux. Le premier, qui avait mis 1200 fr. 75 c., a eu pour sa part 300 fr. 50 c. — Trouver quelle était la mise des trois autres, sachant que le bénéfice du second a été de 500 fr. 40 c ; que celui du troisième a été de 700 fr. 35 c., et que le quatrième a eu le reste du bénéfice total.

297. — Trois ouvriers de même force, ont travaillé à un certain ouvrage : le premier pendant 10 jours, à raison de 5 heures par jour ; le second pendant 5 jours, à raison de 8 heures par jour ; le troisième pendant 6 jours, à raison de 10 heures par jour. Ils ont gagné 600 francs. — On demande ce qui revient à chacun d'eux. — *Examens pour le grade de commis des directions, à Brest.*

---

298. — Dans une étude de notaire, une minoterie, avec tout le matériel propre à l'exploiter, était en vente : elle a été cédée sur d'autres concurrents à deux frères, moyennant une somme de 152000 francs, plus les charges, estimées à 6, 1/2 pour cent de toute ladite valeur. On sait que dans l'association commune des acquéreurs, l'aîné avait mis 20800 francs de plus que le cadet, et qu'au bout de l'année ce dernier cède à son frère sa part de la propriété ; combien recevra-t-il donc en tout, si le gain des douze premiers mois a été le quinzième du prix d'achat ? — On cherchera, par la même opération, la mise du plus âgé des deux frères, et son gain pendant le temps précité.

---

299. — Une somme de 600 fr. doit être partagée entre quatre personnes qui ont droit, savoir : la première à 2 parts ; la deuxième à une part 1/3 ; la troisième à une demi-part, et la quatrième à trois-quarts de part : que reviendra-t-il donc à chacune. — *Donné aux examens pour l'admission dans les bureaux de la douane, à Brest.*

---

300. — Quatre marchandes de fruits avaient réuni entre elles une somme de 70 fr. 50 c., pour acheter les pommes d'un jardin. La première avait mis les 3/5 de la somme de la quatrième ; la seconde, les 3/4 de celle de la première, et la troisième, les 2/3 de celle de la seconde. On sait que la vente de ces fruits terminée, elles ont obtenu un bénéfice de 18 fr., 60 c. ; et l'on désire connaître : 1° quelle avait été la mise de chacune ; 2° quel a été son gain.

---

300 *bis*. — Dans un ouvrage important qui leur avait été confié, et pour lequel ils ont reçu 22000 francs en paiement de main-d'œuvre, leurs honoraires leur ayant été soldés séparément, quatre entrepreneurs avaient employé, le premier 72 hommes, le deuxième 76, le troisième 80, le quatrième

68. Les 3/4 des hommes de chaque troupe étaient ouvriers, le reste se composait de manœuvres. Chacun de ceux-ci ne recevant qu'un franc de salaire journalier, tandis que la paie d'un ceux-là s'élevait à 4 francs. — On établira d'après ces bases les recettes séparées desdits entrepreneurs. — *Donné à un examen d'écrivains des Directions de Travaux.*

---

†. — 301. — Trois personnes se sont associées pour une entreprise commerciale : la première a mis 1200 fr. 95 c. ; la deuxième, 6752 fr. 50 c. ; la troisième. 1902 fr. 80 c. ; elles ont perdu en tout 5000 fr. — Quelle est donc la perte de chacune d'elles.

---

302. — Dans une compagnie d'assurances maritimes, un actionnaire qui avait pris 25 actions de 1000 fr. chacune, a reçu 2800 fr. pour sa part du bénéfice total d'une année ; un deuxième actionnaire a de même eu 3136 fr. ; un troisième, 3472 fr. ; un quatrième, 4144 fr. — Combien chacun de ces quatre associés avait-il pris d'actions ; et quel a été le bénéfice total de la compagnie pendant les douze premiers mois, sachant qu'il y a encore 15 associés, ayant 10 actions chacun à s'en partager le reste.

---

†. — 303. — Si l'on a, par suite du testament d'un riche cultivateur, 28000 francs et 60 hectolitres de blé à partager entre ses cinq neveux, de telle sorte que le second ait la moitié de la part du premier ; le troisième autant que le premier et le deuxième ensemble ; le quatrième, les 3/4 de la part du troisième ; enfin le cinquième, cinq fois autant que le second. — Combien recevront-ils chacun.

---

304. — Quatre négociants se réunissent pour acheter en commun une récolte de vin formant 312 hectolitres, à 1 fr. 20 c. le litre ; ils bénéficient d'un tiers sur le prix d'achat, en la revendant à l'étranger. — Evaluer par suite : 1° la mise ; 2° le gain de chacun, sachant que la mise du quatrième est à celle du troisième comme 4 est à 5 ; que la mise du troisième est à celle du deuxième comme 7/8 est à 9/10, et que la mise du deuxième est à celle du premier comme 0,75 est à 1.

---

305. — Un riche propriétaire, content des services de ses cinq domestiques, et voulant leur faire contracter des habi-

tudes d'économie, dépose pour eux à la caisse d'épargne une somme de 360 francs, laquelle, d'après ses intentions, doit être répartie sur leurs livrets respectifs, en raison inverse des appointements annuels de chacun. — De combien ce maître gratifie-t-il donc chaque serviteur, si le premier reçoit 300 fr. de gages par an, le deuxième 260 fr., le troisième 220 fr., le quatrième 170 fr., et le cinquième 120 fr.

---

†. — 306. — Sur une somme de 24800 francs, résultant de la vente nécessitée par une faillite, on retire d'abord 4, 1/2 pour cent de frais de saisie, de jugement, d'expertise, etc., et l'on prélève également sur toute ladite valeur, 1/2 pour mille comme dette d'assurances du magasin ; puis le reste est distribué de la manière suivante entre quatre négociants, conformément aux créances respectives qu'ils ont produites : la part du premier est à celle du deuxième, comme 12 est à 18 ; la part du premier est à celle du troisième, comme 20 est à 9 ; quant au deuxième, sa part est à celle du quatrième, comme 7 est à 21. On sait que la créance totale des négociants s'élevait à 72000 francs. — Que revient-il à chacun. — Que perd chacun. — Quelle est la perte pour 100 dans cette faillite.

---

277. — Venant d'hériter d'une somme de 12000 fr., j'apprends du notaire chargé de me les remettre, que je puis en faire un placement avantageux, par l'achat de deux fermes qu'il me propose ; la première devant me rapporter 3, 3/4 p. 0/0, et la deuxième 4, 1/2 p. 0/0, soit en tout une rente annuelle de 502 fr. 50 c. — Combien veut-il donc me vendre chaque ferme, si la rente produite par le taux le plus élevé surpasse l'autre rente de 127 fr. 50 c.

---

308. — Deux dames s'associent pour prendre des billets à une loterie de bienfaisance, et en choisissent 38, à 1 fr. 75 l'un. Il arrive qu'elles gagnent le lot donné par Leurs Majestés, c'est-à-dire une montre en or, à répétition, de 399 fr. La première a droit, dans cette valeur, à une part plus forte de 84 francs que la deuxième. — Combien chacune avait-elle donc pris de billets ; et, si la dame qui a la plus forte part dans le lot gagné, le garde avec l'agrément de l'autre, combien aura-t-elle à remettre à celle-ci.

---

†. — 309. — Trois frères achètent un beau terrain et font bâtir une maison avec l'intention de l'habiter en com-

mun. Le premier donne pour sa part les 2/3 de la somme fixée par l'acte de vente et les devis ; le deuxième fait un apport de 9000 fr. ; le troisième complète l'association, en fournissant le 1/5 de tout l'argent nécessaire. A peine l'édifice est-il achevé, que le premier et le deuxième sont obligés de quitter l'endroit par la nature de leurs fonctions, et le troisième consent à acheter la part de chacun de ses frères, pour devenir seul possesseur de toute la propriété. — Combien doit-il donc rembourser à chaque partant, si la maison, avec ses dépendances, est estimée par expert à 81000 fr. On fera connaître par écrit la mise et le gain séparés des trois frères.

Cas particuliers de la Règle de Société,

Formant un supplément, où des Problèmes, qui présentaient des difficultés, sont résolus au moyen d'analyses raisonnées qui peuvent servir de modèles aux Elèves.

Examinons divers cas où, sans se donner immédiatement les nombres auxquels les parties cherchées doivent être proportionnelles, on remarque entre les quantités qui figurent dans chaque énoncé des relations de nature a conduire aux nombres inconnus.

247. — Premier Problème. — *Soit proposé, par exemple, de partager 750 en trois parties telles que la première soit les 2/3 de la seconde, et celle-ci les 4/5 de la troisième ?*

Raisonnement. — Tout dépend ici de la troisième, qu'on ne connaît pas : représentons-la par un nombre arbitraire, 1 par exemple. La deuxième devant être les $^4/_5$ de la troisième, sera les $^4/_5$ de 1, ou $^4/_5$. La première devant être les $^2/_3$ de la seconde, sera les $^2/_3$ de $^4/_5$, c'est-à-dire $^2/_3 \times {}^4/_5 = {}^8/_{15}$. Réduisant au même dénominateur les trois nombres, 1, $^4/_5$ et $^8/_{15}$, il vient $^{15}/_{15}$,

$^{12}/_{15}$ et $^{8}/_{15}$. L'opération se réduit donc maintenant à partager le nombre 750 en parties proportionnelles aux nombres $^{15}/_{15}$, $^{12}/_{15}$, $^{8}/_{15}$, ou encore, en parties qui forment les conséquents d'une suite de rapports égaux, dont les antécédents seraient les numérateurs 15, 12, 8 ; et l'on rentre dans le cas général de la règle de société, laquelle effectuée, donne les 3 résultats suivants : pour la première partie cherchée, 321 fr.,427 ; pour la deuxième, 257 fr.,142 ; pour la troisième, 171 fr.,428 ; et pour somme de ces trois parties 749 fr.,997.

Remarque. — *Au lieu de représenter la partie inconnue par l'unité, on pourrait la représenter par un nombre entier tel, qu'en exécutant sur lui les opérations indiquées par l'énoncé de la question, on obtienne les diverses parties exprimées en nombres entiers. Le nombre entier le plus convenable est ordinairement le produit des dénominateurs des fractions.*

---

248. — Deuxième Problème. — *On voudrait partager 710 francs en quatre parties telles, que la deuxième partie soit les 2/5 de la première ; que la première soit les 3/4 de la quatrième, et la quatrième les 2/3 de la troisième?*

Raisonnement. — Toutes les parties dépendant de la troisième qui est inconnue, représentons-la par 60, produit de tous les dénominateurs. La quatrième en étant les $^{2}/_{3}$, sera les $^{2}/_{3}$ de 60, ou $60 \times ^{2}/_{3} = 40$. La première devant être les $^{3}/_{4}$ de la quatrième, sera les $^{3}/_{4}$ de 40, ou $40 \times ^{3}/_{4} = 30$. Enfin la deuxième sera les $^{2}/_{5}$ de la première, ou de 30, ce qui donne 12. Ainsi tout se réduit à partager 710 en parties proportionnelles aux nombres 30, 12, 60, 40.

Le calcul s'effectue, conformément à la règle du No 244, et donne pour première partie 150 francs ; pour deuxième partie 60 fr. ; pour troisième partie 300 fr. ; pour quatrième partie 200 fr. — Total égal, 710 fr.

249. — Même Problème présenté sous une forme différente. — *Partager* 710 *francs en quatre parties, telles que la deuxième soit à la première comme* 2 *est à* 5 ; *que la première soit à la quatrième comme* 3 *est à* 4 ; *et que la quatrième soit à la troisième comme* 2 *est à* 3.

Il est facile de ramener cet énoncé aux termes du précédent. En effet, dire que deux nombres sont entre eux comme 2 : 5, c'est dire que l'un est les $^2|_5$ de l'autre. De même, dire que deux nombres sont entre eux comme 3 : 4, c'est dire que l'un est les $^3|_4$ de l'autre. Le même raisonnement s'applique aux autres parties du texte.

---

250. — Troisième Problème. — *Partager* 700 *fr. en quatre parties telles, que la première soit les* 3|7 *de la troisième, que la troisième soit les* 2|5 *de la deuxième, et que la quatrième soit égale à la demi-somme de toutes les autres?*

Raisonnement. — Tout dépend ici de la seconde que l'on ne connaît pas, représentons-la comme précédemment, soit par l'unité, soit par le produit des dénominateurs des fractions connues, qui est 35. Ce dernier nombre est en effet tel, qu'il se prête à tous les calculs préparatoires de l'énoncé, et qu'il nous permet d'en obtenir les diverses parties en nombres entiers.

Soit donc la deuxième partie représentée par 35. La troisième devant être les $^2|_5$ de la deuxième, sera les $^2|_5$ de 35, ou 35 × $^2|_5$, ce qui donne 14. La première, devant être les $^3|_7$ de la troisième, sera les $^3|_7$ de 14, ou 14 × $^3|_7$, ce qui donne 6. Enfin, la quatrième devant être la demi-somme des trois autres, =(35+14+6):2, ou $^{55}|_2$, ce qui donne pour résultat 27,5. Tout se réduit ensuite à partager 700 francs en parties proportionnelles aux nombres 6; 35; 14; 27,5; et l'on retrouve les éléments d'une règle de société, qui peut s'effectuer, soit par le calcul des proportions, soit par le raisonnement.

Les diverses opérations étant faites, on trouve pour la première partie 50 fr. 91 c.; pour la deuxième, 296 fr. 97 c.; pour la troisième, 118 fr. 79 c.; pour la quatrième, 233 fr. 33 c. Il est facile de s'assurer, par les résultats obtenus, que tous remplissent les conditions de l'énoncé. En effet, la première 50 fr. 91 c. est bien les $^3|_7$ de la troisième 118 fr. 79 c.; de même celle-ci est bien les $^2|_5$ de la deuxième 296 fr. 97 c.; enfin, la quatrième 233 fr. 33 c. est bien la demi-somme des trois premières parties. Si on les réunit en une même somme, on trouve le nombre à partager, ce qui est une preuve de plus que les calculs sont exacts.

---

251. — Quatrième Problème. — *Partager 12730 fr. entre 3 personnes, de telle sorte que le lot de la première soit à celui de la deuxième comme 5 est à 8; et que le lot de la première soit à celui de la troisième comme 4 est à 3?*

RAISONNEMENT. — On peut rapporter entièrement ce problème à celui du N° 249; car il n'existe entre eux qu'une légère différence de texte, qu'il est très facile de faire disparaître. En effet, dire que le lot de la première est à celui de la deuxième comme 5 est à 8, c'est dire que la première personne aura les $^5|_8$ de la deuxième. — L'élève est ensuite embarrassé, quand il voit de nouveau que la part de la première est à celle de la troisième comme 4 est à 3; mais il ne le sera bientôt plus, lorsqu'après avoir réfléchi, il aura découvert qu'en vertu du principe du N° 207, il peut, dans la proportion : 1re : 3e :: 4 : 3, mettre les moyens à la place des extrêmes, et déduire ainsi, réciproquement, que 3e : 1re :: 3 : 4. Alors il saura, comme précédemment, que la troisième personne doit avoir les $^3|_4$ de la première, et toute difficulté sera résolue pour lui. — Reste maintenant à ramener par l'explication du N° 248, tous les calculs à ceux d'une règle de société ordinaire. Représentons pour cela, par le produit des dénominateurs 8 et 4 ou par 32, le nombre proportionnel au lot de la deuxième personne, qui ferme l'inconnue de la question : celui de la première sera alors les $^5|_8$ de 32, ou 20; et celui de la troisième les $^3|_4$ de 20, ou 15. Effectuant enfin le partage précité, d'après le N° 244, c'est-à-dire en parties proportionnelles à 20, 32 et 15, nous trouvons que la première personne doit avoir 3800 fr. ; la deuxième, 6080 fr. ; la troisième, 2850 fr.

---

252. — Cinquième Problème. — *Trois négociants avaient réalisé une somme de 100000 francs pour une fourniture de bois de construction à la Marine. On ignore le montant de leurs gains particuliers et le montant de la mise de chacun d'eux : tout ce que l'on sait, c'est que sur 40 francs ils en ont gagné 5. — Trouver le bénéfice et la mise de chacun de ces 3 négocians, si, sur 32 francs le premier a retiré, à la liquidation, savoir : en gain, 10 francs, et en mise le même chiffre ; le deuxième 14 francs, et le troisième 8 francs.* — Examens oraux du Commissariat de la Marine.

Raisonnement. — Puisque 40 francs de mise totale figurent, dans cette association, un gain de 5 francs, pour 100000 francs, que les trois spéculateurs ont réalisés, on devra trouver un bénéfice proportionnellement plus fort que 5 francs ; d'où la proportion croissante 40 : 100000 :: 5 : x, et, par suite, pour valeur d'x, un bénéfice total s'élevant à 12500 francs. — L'énoncé nous faisant savoir ensuite que, sur 32 francs, valeur fictive en gain total, le premier négociant a retiré 10 fr., il en résulte évidemment pour nous que, sur le bénéfice réel 12500 francs il a dû retirer proportionnellement plus, ou le résultat de la proportion croissante 32 : 12500 :: 10 : $x = 3906$ fr., 25 c. Basé sur des considérations semblables, le gain particulier du second s'est trouvé être le terme inconnu de la proportion 32 : 12500 :: 14 : x', ou 5468 francs 75 centimes ; et, de même, celui du troisième a dû consister en une somme de 3125 francs, valeur déterminée de x'' dans la proportion 32 : 12500 :: 8 : x''. — Quant aux mises partielles, nous nous contenterons d'indiquer qu'elles sont, par ordre, 31250 fr., 43750 fr., 25000 fr., et nous ajouterons simplement que leur recherche entre dans le cas du N° 244, à l'aide de la mise totale 100000 francs, et des nombres figuratifs 10, 14 et 8. — *Composition raisonnée d'arithmétique, faite par un Elève de l'Ecole supérieure de Brest.*

253. — Sixième Problème. — *21 personnes formèrent entre elles une société pour une partie de campagne. On sait : 1° qu'il y avait deux fois moins d'enfants que d'hommes, et deux fois moins d'hommes que de femmes ; 2° qu'ils dépensèrent en tout 39 francs. — Dites le nombre d'enfants, d'hommes et de femmes, ainsi que la dépense de chaque personne, si la cotisation des hommes fut trois plus forte que celle des femmes, et la cotisation des femmes trois plus forte que celle des enfants ?*

Raisonnement. — Il est évident, d'après l'exposé ci-dessus, que, pour 2 enfants, il y avait 2 fois 2, ou 4 hommes, et 2 fois 4, ou 8 femmes ; que, par conséquent, pour 1 enfant, il devait y avoir 2 hommes et 4 femmes : donc, sur 21 personnes, quantité donnée, les enfants formaient, par suite, le septième, ou le nombre 3 ; les hommes, les $^2|_7$ ou le nombre 6 ; et les femmes les $^4|_7$; ou le nombre 12. — Total égal 21.

Reste maintenant à répartir la somme de 39 francs entre ces 21 personnes, de la manière indiquée par l'énoncé. Pour y parvenir, faisons une supposition, à savoir : que si la cotisation d'un enfant eût été fixée à 1 fr., celle d'une femme aurait été 3 fois plus forte qu'un franc, ou 3 francs ; et celle d'un homme, 3 fois plus forte que 3 francs, ou 9 francs. Donc, puisque, sur 1+3+9 ou 13 francs, un enfant, une femme et un homme eussent dû dépenser les sommes précitées, sur la valeur donnée 39 francs, laquelle contient 3 fois 13 francs, la cotisation aurait été 3 fois plus grande, soit : enfant, 3 francs ; femme, 9 francs ; homme, 27 francs. — Total égal 39 francs.

Telle est, en effet, la répartition de dépense qui a été attribuée, non pas seulement d'une manière fictive, à un enfant, à une femme, à un homme ; mais, en réalité, aux 3 enfants, aux 12 femmes, et aux 6 hommes admis à la partie de campagne. Aussi, la part effective de chaque enfant est elle bien le tiers de 3 fr., ou 1 franc ; celle de chaque femme, le douzième de 9 fr., ou 75 centimes ; celle de chaque homme, le sixième de 27 francs, ou 4 francs 25 centimes.

254. — Septième Problème. — *Deux frères, cultivateurs, font entre eux la somme nécessaire pour acheter un jeune cheval évalué 120 francs. Après l'avoir bien élevé, ils le vendent, au bout de 3 ans, avec un gain de 480 francs.— Dites ce qu'ils ont confié chacun, en argent, à cette petite association, et ce que le second a de gain, si l'aîné reçoit en tout 380 francs ?*

Raisonnement. — La somme 120 francs ayant rapporté un bénéfice de 480 francs, il résulte qu'elle devient, dans l'association des deux jeunes paysans, égale à 120+480 ou à 600 francs. Si donc 600 fr. sont ce que deviennent 120 fr. augmentés de leur gain, 380 francs seront ce que deviendra une mise proportionnellement plus faible ; d'où la proportion 600 : 380 :: 120 : x=76 fr. apport de l'aîné. 120 francs, mise totale, — 76 francs, l'une des mises partielles, = 44 francs, apport du plus jeune. De même, 380 francs, mise et gain de l'aîné, — 76 francs, sa mise, = 304 francs, son gain. Enfin, 480 francs, gain total, — 304 francs, l'un des gains, = 176 francs, gain du plus jeune des deux frères.

---

255. — Huitième Problème. — *Une barrique d'huile d'olive vient d'être achetée par cinq épiciers, que nous nommerons A, B, C, D, E. C dit à ses co-acquéreurs : dans les 420 litres que cette pièce renferme, ma part, jointe à celle de A, égalerait 120 litres ; jointe à celle de B, elle égalerait 130 litres ; jointe à celle de D, elle égalerait 140 litres ; enfin jointe à celle de E, elle en vaudrait 150. — Dites-moi donc combien nous allons nous distribuer de litres à chacun ?*

Raisonnement. — Dans le texte de ce problème, la part de C se trouve mentionnée quatre fois ; tandis que celles des autres ne le sont qu'une fois chacune : c'est même cette combinaison, quelque peu singulière, qui tend à faire de la contenance totale de la barrique une somme de litres égale à 540 litres, au lieu de 420 litres que je sais y exister, et y représenter les cinq parts inconnues des épiciers. Donc, puisque la part de C répétée trois fois en trop, vient accroître la quantité réelle de litres à distribuer de 540—420 litres ou de 120 litres,

C, selon toute apparence, ne doit avoir que le tiers de 120 litres, soit 40 litres : il reste, par suite, 380 litres à répartir entre A, B, D, E. Pour trouver le lot de chacun d'eux en particulier, il ne s'agit plus, en conformité avec le dispositif même de l'énoncé, que de soustraire successivement le lot connu de C du lot de chaque épicier joint à celui du susdit C ; et l'on trouve : 1° que A doit avoir 120 — 40 = 80 litres ; 2° que B aura 130 — 40 = 90 litres ; 3° qu'il échoit à D 140 — 40 = 100 litres ; 4° qu'enfin la répartition attribue à E 150 — 40 = 110 litres. — La vérification ferait voir que les 420 litres de la pièce d'huile sont ainsi partagés en totalité et de la manière voulue. — *Composition raisonnée d'arithmétique, faite par un Élève de l'École supérieure de Brest.*

---

256. — Neuvième Problème. — ***Trois frères, excellents élèves d'une école professionnelle, voulant enrichir leur bibliothèque d'ouvrages scientifiques, font une bourse commune, dans laquelle le cadet met la moitié de la mise de l'aîné plus 10 francs ; et le plus jeune, les 7/8 de celle du cadet moins 5 francs. — Pour combien chacun contribue-t-il donc à cette bourse montant à 75 francs 75 centimes ?***

Raisonnement. — Je désigne par 1 la mise inconnue de l'aîné ; et, en réfléchissant bien sur le sens de l'énoncé, je découvre : 1° que, dans cette hypothèse, le cadet devra mettre la moitié de 1 = $1/2$ + 10 fr. ; 2° que, de même, le plus jeune mettra les $7/8$ de $1/2$, ou $7/16$, + les $7/8$ de 10 fr., ou 8 fr., 75 — 5 fr. Puis, réunissant en un tout les trois mises ainsi formulées, savoir : mise de l'aîné 1, + mise du cadet ($1/2$ + 10 fr.), + mise du plus jeune ($7/16$ + 3 fr., 75, excédant de 8 fr., 75 sur 5 fr.), j'ai 1 + $15/16$, plus la somme 13 fr., 75 c. des deux parties 10 et 3,75, de laquelle les deux plus jeunes frères devront, suivant les conditions du problème, augmenter leurs mises respectives. Si donc je retranche des 75 fr., 75 c. de l'énoncé, ce surplus 13 fr., 75 c., pour en faire plus tard l'usage précité, il ne s'agira désormais pour moi que de chercher, à l'aide de 75,75 — 13,75, ou du nombre 62 et des mises figurées 1, $1/2$,

$^7|_{16}$, les mises réelles des trois frères (tenant toujours compte, bien entendu, du correctif ci-dessus). Or, en opérant d'après le raisonnement du N° 248, je trouve que l'aîné doit mettre 2 fois 16 francs, ou 32 francs ; le cadet 2 fois 8 francs, ou 16 fr.+10 fr.=26 francs ; le plus jeune, 2 fois 7 fr. ou 14 fr.+3 fr.,75=17 fr.,75. Total égal 75 francs 75 centimes, obtenu à l'aide de parties formées dans les conditions de l'énoncé. — En effet, pour les deux premières mises il n'y a pas la moindre ambiguité : elles ressortent dans l'opération, telles que les fait le texte même du problème. Quant à la troisième, si je cherche les $^7|_8$ de 26, j'obtiens 22.75, d'où, en retranchant 5, ainsi que le veut l'énoncé, ressort pareillement le nombre 17 fr.,75 c. L'opération ne laisse donc rien à désirer. — *Devoir raisonné d'arithmétique, fait par une Élève aspirante au brevet de capacité.*

---

257. — Dixième Problème. — ***Trois mètres, dont l'un de toile, l'autre de belle soie, et le troisième de dentelle en points d'Angleterre, achetés à Paris, ont coûté en tout 62 fr. On ignore le prix du mètre de toile ; mais on sait que le mètre de soie vaut le triple du prix de la toile et 2 francs en plus, et que le mètre de dentelle vaut aussi le prix de la soie et 2 fr. en plus. — Dites le prix du mètre de chacune de ces marchandises ?***

Raisonnement. — Je représente par 1 le prix du mètre de toile. Celui du mètre de soie sera alors 3 fois 1 +2 fr. Quant au prix du mètre de dentelle, il sera égal à 3 fois 3, ou 9 fois 1+3 fois 2 fr. ou 6 fr.+2 fr. Ainsi, en me résumant, je vois que le mètre de toile coûtant 1, celui de soie coûtera 3 fois 1+2 fr. ; et celui de dentelle 9 fois 1+8 fr. Donc, trois mètres, l'un de toile, l'autre de soie, le troisième de dentelle, coûteraient, si l'on voulait les acheter, 1 fois+3 fois+9 fois ou 13 fois autant que vaut le mètre de toile ; et, en sus même, 2 fr.+8 fr. ou 10 francs, qui sont les excédants déterminés, existant sur un mètre de chacune des deux dernières espèces de marchandises, en dehors de leurs rapports avec le prix du mètre de toile. Si, maintenant, je soustrais de 62 francs, prix total, ces 10 fr. d'excédant, lesquels serviront plus tard à rendre à leur juste valeur les prix respectifs de la soie et de la dentelle, le reste 52 francs me représentera, non-seulement, le prix total, moins les excédants, d'un mètre de toile, d'un mètre de soie et d'un mètre de dentelle ; mais encore, et c'est à ce point de vue que je m'en servirai, le prix total que coûteraient 13 mètres de toile : d'où un seul mètre coûtera évidemment 13 fois moins que 52 fr., ou 52 fr. : 13 = 4 francs. — La valeur du mètre de toile une fois déterminée, le reste du problème ne donne lieu qu'à un calcul bien simple. Ainsi le prix d'un mètre de soie est égal à 4 fr. × 3 + les 2 francs d'excédant, = 14 fr. ; et celui d'un mètre de dentelle, qui, d'après mon raisonnement, vaut 9 fois plus que le prix du mètre de toile et 8 fr. en sus, est égal à 4 fr. × 9 + les 8 fr. d'excédant, ou à 44 fr. Total égal, 62 francs. — *Devoir raisonné d'arithmétique, fait par une Elève aspirante au brevet de capacité.*

---

258. — Onzième Problème. — ***Pour solde de certains travaux faits en commun, trois entrepreneurs, A, B, C, doivent se partager une somme dans laquelle : 1° A a droit au quart et en sus au douzième des valeurs que doivent recevoir B et C ; 2° B a droit au huitième, et en sus au sixième des valeurs revenant à A et à C. — Dire ce qui leur est payé en tout, et combien à chacun, si l'on remet en paiement à C une bourse contenant 2400 francs.***

Raisonnement. — Je suppose que je sois la personne chargée de remettre à chaque entrepreneur ce qui lui revient ; et, en cette qualité, je me fais le raisonnement que voici : d'après le texte ci-dessus, l'entrepreneur A a gagné, dans la totalité de la somme inconnue, le $1/4$; et, en sus, le $1/12$ (de ce que renferme encore ladite somme après qu'il en a prélevé son quart, soit) des $3/4$ de la somme entière = $3/48$; sûr donc de la justesse de ma combinaison, je règle son compte par $1/4 + 3/48 = 12/48 + 3/48$, c'est-à-dire par $15/48$ du prix de revient des travaux exécutés. Je vois en outre, dans l'énoncé, que l'entrepreneur B a gagné, dans la totalité de la même somme inconnue, le $^{1}|_{8}$; et, en sus, le $^{1}|_{6}$ (de ce que renferme encore ladite somme après qu'il en a prélevé son huitième, soit) des $^{7}|_{8}$ de la somme entière $= {}^{7}|_{48}$. Aussi résumé-je son solde dans $^{1}|_{8} + {}^{7}|_{48} = {}^{6}|_{48} + {}^{7}|_{48}$, c'est-à-dire dans $^{13}|_{48}$ du prix total des travaux précités. J'en conclus qu'à A et à B je donne ainsi $^{15}|_{48} + {}^{13}|_{48} = {}^{28}|_{48}$ de la valeur affectée à cette dépense. Mais $^{48}|_{48}$, ou la somme totale à dépenser, moins $^{28}|_{48}$, ou l'une de ses parties payée à A et à B $= {}^{20}|_{48}$, autre partie du même tout revenant à C. $^{20}|_{48}$ égalent donc 2400 fr., puisque je remets en paiement à C une bourse ainsi garnie. Par suite, $^{1}|_{48}$ égalera la vingtième partie de 2400 fr. = 120 fr.; et le total de la dépense égalera 48 fois 120 fr. = 5760 fr., dont A doit avoir les $^{15}|_{48}$, ou 15 fois 120 fr. = 1800 fr.; et B les $^{13}|_{48}$, ou 13 fois 120 fr. = 1560 fr.

PREUVE :

1800 fr. + 1560 fr. + 2400 fr. = 5760 fr. Total égal.

---

259. — Douzième Problème. — *Un jardinier voulant régaler un certain nombre d'enfants, tous frères, y destine le produit d'un prunier. A cet effet, il donne à l'aîné 3 prunes et 1/5 du reste ; au deuxième par rang d'âge, 6 prunes et 1/5 du reste ; au troisième 9, et 1/5 du reste : de même aux autres jusqu'au plus jeune. — Dites combien ils étaient de frères, combien chacun a eu de prunes, tous étant régalés d'autant de ces fruits les uns que les autres ; enfin combien il y avait de prunes sur l'arbre?*

SOLUTION. — Nous ne donnerons pas de raisonnement sur cette question, qui est surtout du ressort de l'algèbre : nous nous contenterons de citer les deux formules algébriques qu'appliquent tous les auteurs aux divers cas de ce genre, dans lesquels les fractions jointes aux entiers ont 1 pour numérateur. — Appelant donc x le dénominateur d'une des fractions ; N la quantité, en nombres entiers, donnée au plus âgé ; ABCD.... le nombre des enfants, L le lot de chacun, il vient : 1° $x-1 = \text{ABCD}\ldots$; 2° $N \times (x-1) = L$.

D'où il résulte qu'il y avait quatre frères présents à cette répartition, et qu'ils ont eu chacun 12 prunes ; en tout, par conséquent, 48 prunes sur l'arbre.

---

260. — Treizième Problème. — *Un héritage de 200000 francs doit aller à trois branches d'héritiers : la première a droit aux 5/3 de ce qui, en parts égales, revient aux deux autres branches réunies. — Quelle est donc la part de chaque branche dans la somme précitée ?*

RAISONNEMENT. — Puisque, d'après l'énoncé, la première branche doit emporter, à elle seule, les 5/3 de ce qui fera le lot réuni des deux autres branches, et qu'ensuite ce dernier lot sera lui-même divisé en deux sommes égales, comparée à chacune de ces deux dernières parts, la première formera, quant à la valeur, les 10/3 de l'une d'elles. Les trois parts à faire dudit héritage sont, par conséquent, proportionnelles aux nombres 10/3, 1 et 1 ; ou encore, aux nombres trois fois plus forts 10, 3, 3, dont la somme est 16. On peut donc maintenant regarder les 200000 francs comme formés de 16 portions égales, dont l'une est 12500 francs ; et dont la première branche d'héritiers emportera 10, c'est-à-dire 125000 francs, chacune des deux autres recevant 3 portions, ou 125000×3=37500 francs.

---

261. — Quatorzième Problème. — *A une vente de drap, deux tailleurs achètent une pièce pour 640 francs. Ils l'emploient ensuite à faire des pantalons pour la Marine, et gagnent ainsi 500 francs, sur laquelle somme le premier prend 112 francs de plus que le deuxième. — Dites l'apport de chaque tailleur dans l'achat du drap précité ?*

RAISONNEMENT. — Conformément à l'énoncé, il est évident : 1° que, si 500 francs sont produits par un apport total de 640 francs, 1 franc sera produit par une somme 500 fois moindre que 640 francs, ou par 640/500 = 1 fr.,28 ; et 2° que 112 fr., au lieu de 1 fr., seront produits par une somme 112 fois plus forte que 1 fr.,28 c., ou par 1 fr.,28×112=143 fr.,36 c. ; d'où il résulte que l'apport du premier tailleur a été plus fort de 143 francs 36 centimes que celui du deuxième. Si donc nous retranchons, maintenant, 143 fr ,36 c. de 640 francs , le reste 496 fr.,64 c. sera ce , qu'ils ont apporté dans l'association en parts égales , et dont la moitié, ou 248 francs 32 centimes, constitue la somme versée par le deuxième tailleur. Il ne restera plus, par conséquent , pour trouver ensuite celle du premier , qu'à augmenter de 143 fr.36 c. l'une des parts égales 248 fr., 32 c. ; ce qui donne 391 francs 68 centimes. — Une fois les apports partiels découverts, on peut s'assurer, par une règle de société ordinaire , que les gains sont, savoir : de 306 francs pour le premier tailleur, et de 194 francs pour le deuxième tailleur.

---

262. — Quinzième Problème. — *Un chef de convoi a pris à Paris , dans le wagon de première classe , 18 personnes, qu'il croit devoir transporter à Tours (distance de 235 kilomètres), moyennant 26 fr.,085 par personne. Arrivé à Orléans (121 kilomètres de Paris), on se trouve dans la nécessité d'y laisser 5 personnes ; mais à Blois (58 kilomètres d'Orléans) , 9 personnes prennent place audit wagon avec celles qui y sont encore, et l'on arrive ainsi à Tours, 56 kilomètres de Blois , et lieu de destination du convoi. — Cherchez quelle a été la recette pour ce wagon, en tenant compte, bien entendu, des sorties et des entrées survenues pendant le parcours.*

Raisonnement. — Je remarque , tout d'abord , que le wagon en question a transporté 18 personnes à 121 kilomètres de Paris ; qu'ensuite, il ne contenait que, 18 moins 5, soit 13 personnes, pour un parcours de 58 kilomètres ; qu'enfin, ce dernier nombre de voyageurs s'est augmenté de 9, formant alors un total de 22 personnes pendant 56 kilomètres. Puis, après avoir cherché le prix du parcours d'un kilomètre pour une seule personne, ce que j'obtiens par 26 fr.,085 : 235 = 0 fr,111, je me fais le raisonnement suivant : d'après les conditions de l'énoncé, 18 personnes, pour 121 kilomètres, doivent payer autant que 121 fois plus de personnes, ou que 18×121=2178 personnes pour un kilomètre, c'est-à-dire 0 fr.,111×2178=241 fr.,758. De même, 13 personnes, pour 58 kilomètres, doivent payer autant que 58 fois plus de personnes, ou que 13×58 = 754 personnes pour un kilomètre, c'est-à-dire 0 fr.,111×754=83 fr.,694. Enfin, 22 personnes, pour 56 kilomètres, doivent payer autant que 56 fois plus de personnes, ou que 22×56=1232 personnes pour un kilomètre, c'est-à-dire 0 fr., 111×1232=136 fr., 752. — Total égal 241 fr.,758+83 fr ,694+136 fr.,752, ou 462 fr.,204. — Si les 18 personnes, parties de Paris, avaient toutes tenu le wagon jusqu'à Tours, l'administration aurait fait une recette égale à 26 fr ,085×18, ou à 469 fr.,530. Par les revirements de sorties et d'entrées dans le parcours, elle a donc perdu en réalité 469 fr.,530—462 fr.,204, c'est-à-dire 7 fr.,326.— *Composition raisonnée d'arithmétique, faite par un Elève de l'Ecole supérieure de Brest.*

REMARQUE. — Voici quelques questions qui, sans renfermer des répartitions de sommes en parties proportionnelles à des nombres donnés, traitent cependant de partages à faire, avec des combinaisons de nature à embarrasser les Elèves. Dans un but d'utilité pratique, nous allons donner à chacune sa solution raisonnée.

263. — Premier Exemple. — *Un père voulant récompenser ses trois fils, à l'occasion du premier de l'an, y destine la somme de 20 francs, et invite l'aîné à en calculer le partage sur les bases suivantes : lui, l'aîné, devra avoir 5 francs de plus que le cadet, et celui-ci 3 francs de plus que le plus jeune.*

RAISONNEMENT. — On voit que, conformément à l'énoncé, l'aîné doit avoir 5 francs de plus que le cadet; et le cadet, 3 fr. de plus que le plus jeune : l'aîné aura donc, par le fait, une somme de 8 francs d'excédant sur la part de ce dernier; et le cadet, 3 francs d'excédant sur cette même part; en tout, la gratification des deux plus âgés surpassera, par suite, celle du plus jeune de 8+3, ou de 11 fr. Cet excédant retiré du total 20 francs, restent 9 francs, qui figurent la somme que l'on pourrait répartir également entre les trois ; et alors, chaque part égale, dont l'une doit, au surplus, être en réalité celle du plus jeune, serait le tiers de 9 francs, ou 3 francs. En revenant sur ce que nous avons dit des conditions du partage précité, il est facile de remarquer maintenant que le cadet devra avoir 3+3=6 francs ; et l'aîné 3+8=11 francs. — SOMME ÉGALE, 20 francs.

264. — Deuxième Exemple. — *Comment fera-t-on le partage de 400 francs entre quatre personnes, de telle façon que la première ait 20 francs de moins que la deuxième ; celle-ci, 30 francs de moins que la troisième ; et la troisième, 40 francs de moins que la quatrième ?*

RAISONNEMENT. — Cette question n'est autre que celle que nous venons de traiter ; seulement, elle se présente sous une forme renversée. En effet, si l'on examine attentivement l'énoncé, il est évident qu'on reconnaîtra : 1° que la deuxième personne doit avoir 20 francs de plus que la première ; 2° que la troisième doit avoir 30 francs de plus que la deuxième, ou 30+20=50 francs de plus que la première ; 3° que la quatrième doit avoir 40 francs de plus que la troisième ou 40+50=90 francs de plus que la première. Il résulte de ces excédants partiels, qu'en tout les parts des trois dernières personnes surpasseront, par suite, celle de la première de 20+50+90, ou de 160 francs, excédant total qui, retranché des 400 francs, nous laisse de disponible une somme de 240 francs à partager également entre les quatre personnes, et dont le quart, 60 francs, sera, en réalité, la part de la première. La deuxième, dont la part est plus forte de 20 francs, aura alors 60+20=80 francs. La troisième, dont la part est plus forte de 30 francs que celle de la deuxième, aura de même 80+30=110 francs ; et, finalement, la quatrième, dont la part est plus forte de 40 francs que celle de la troisième, aura 110+40=150 francs. — Il est facile de s'assurer que le partage, ainsi fait, est encore conforme à ce que demande l'énoncé.

265. — Troisième Exemple. — *Un jeune homme achète un habit, un chapeau et un pantalon Les prix de l'habit et du pantalon, réunis, font une somme de 120 francs; ceux de l'habit et du chapeau, une somme de 105 francs ; enfin, ceux du pantalon et du chapeau, une somme de 45 francs. — Cherchez, entre les valeurs contenues dans cet énoncé, quelque peu embrouillé, une répartition telle, que vous sachions clairement à combien reviennent : 1° le chapeau ; 2° le pantalon ; 3° l'habit ?*

Raisonnement. — En examinant attentivement le dispositif de ce problème, nous trouvons que chaque effet acheté y est mentionné deux fois ; d'où il résulte que 120+105+45, ou leur somme 270 francs, égale une dépense deux fois plus forte que celle qu'a faite l'acheteur. La somme que lui coûtent les trois objets de toilette précités, n'est réellement, par suite, que la moitié de 270 francs, soit 135 francs. Or, de cette somme, en en retranchant les prix réunis de l'habit et du pantalon, c'est-à-dire 120 francs, se déduit alors, tout naturellement, le prix du chapeau, qui est 135—120=15 francs. De la même somme 135 francs, en en retranchant encore les prix réunis de l'habit et du chapeau, c'est-à-dire 105 francs, se déduit aussi facilement le prix du pantalon, qui est 135—105=30 fr. Enfin, 30 fr.+15 fr., prix du pantalon et du chapeau, réunis et retranchés du total 135 francs, donnent pour valeur de l'habit une somme de 90 francs.

---

266. — Quatrième Exemple. — *Un professeur, content du travail de quatre de ses Elèves dans une composition d'arithmétique, distribue à l'un le tiers des points de satisfaction qu'il tient en main, plus trois autres qu'il tire d'un calepin ; à un deuxième, le tiers de ce qui lui reste en main, plus trois autres, comme au premier ; d'un troisième, le tiers du deuxième reste, plus trois, et à un quatrième, les 16 points qu'il a encore. — Combien de points de satisfaction a-t-il ainsi distribués en tout, et combien à chacun des trois premiers ?*

Raisonnement. — Représentons par l'unité le nombre des points que donne ce professeur, sans y comprendre toutefois pour le moment les excédants 3+3+3= 9. Le premier récompensé aura le tiers de 1, ou $^1|_3$ + 3, et il reste au maître $^3|_3$ — $^1|_3$ = $^2|_3$. Le deuxième recevra de même le tiers de $^2|_3$, ou $^2|_9$ + 3. Restent alors $^2|_3$, ou $^6|_9$ — $^2|_9$ = $^4|_9$. Le troisième obtiendra à son tour, le tiers de $^4|_9$, ou $^4|_{27}$ + 3; et de $^4|_9$ ou de $^{12}|_{27}$ si l'on retranche $^4|_{27}$, restent $^8|_{27}$. Le quatrième étant enfin gratifié des 16 derniers points que tient en main le professeur, il s'en suit que les $^8|_{27}$ de la généralité (les excédants omis) valent 16 points. Mais, si les $^8|_{27}$ de tous les points que le maître distribue sans excédants égalent 16 points, $^1|_{27}$ égalera 8 fois moins que 16, ou 2; et $^{27}|_{27}$ vaudront 27 fois plus que 2, ou 54 points, auxquels nous pouvons ajouter maintenant les 3+3+3, ou les neuf de surplus, pour avoir en définitif les 63 points réellement répartis entre les quatre élèves. — D'où il résulte que, conformément à l'énoncé, le premier a $^1|_3$ de 54 points ou 18, plus 3 d'excédant, pris sur les 9 précités, = 21. Mais, 54—18 égalent 36 points, dont le deuxième a $^1|_3$ ou 12 et, avec son excédant 3, 12+3=15 points. De même, 36—12=24 points, dont le troisième a $^1|_3$ ou 8, plus 3 = 11 points. Enfin, 24 — 8 = les 16 points accordés au quatrième élève. Il est facile de voir que toutes les conditions imposées par l'énoncé existent dans le partage des points de satisfaction ainsi combiné. — *Composition raisonnée d'Arithmétique, faite par un Elève de l'Ecole supérieure de Brest.*

---

267. — Cinquième Exemple. — ***Un épicier se propose de vendre, moyennant 42 francs, 11 kilogrammes de café et 6 kilogrammes de sucre. Le kilogramme de café est estimé 1 fr. 50 c. de plus qu'un kilogramme de sucre. — Partager, par suite, le prix total 42 francs en deux parties telles, que l'une indique le coût du café, l'autre le coût du sucre; et chercher, en même temps, le prix d'un kilogramme de chaque marchandise ?***

Raisonnement. — Supposons, pour un instant, que l'épicier, au lieu de faire une livraison de 17 kilogrammes de deux marchandises différentes, vende 17 kilogrammes d'une seule épicerie, de café par exemple, il devra alors, au lieu de 42 francs, comme dans le principe, recevoir 42 francs plus 6 fois la différence des prix 1 fr.,50 c., ou en tout 51 francs. Donc, puisque 17 kilogrammes de cette denrée coûteraient à un acheteur une somme de 51 francs, si toutefois il voulait en faire l'acquisition, 1 kilogramme de café sera payé par lui 17 fois moins que 17 kilogrammes, ou 51 : 17=3 fr. Connaissant le prix du kilogramme de café, nous allons calculer facilement les autres valeurs du problème. En effet, 11 kilogrammes de café vaudront 11 fois 3=33 fr. Maintenant, 33 francs retranchés de 42 francs donnent pour reste, ou pour prix des 6 kilogrammes de sucre, 9 francs. D'où 1 kilogramme se vendra 6 fois moins que 6, ou 9 fr. : 6=1 fr.,50 c. — Cette solution répond pleinement, comme on le voit, aux prescriptions diverses de l'énoncé. — *Composition raisonnée d'arithmétique, faite par un Elève de l'École supérieure de Brest.*

---

310. — ***Bizarrerie de caractère de certains anglais.*** — On est habitué à lire des traits d'excentricité anglaise; mais en voici deux dont on n'a pas encore eu d'exemple : 1° Un riche gentleman consacrait, dans ces derniers temps, tous ses soins, toute sa fortune à des acquisitions d'araignées; il parvint même à en posséder un nombre fabuleux, puisque 1/25 du huitième du quart de sa collection égalait 6, 1/4; et encore, à chaque arrivage de navire, lui en apportait-on des pays les plus lointains. Pour apprivoiser ces gracieux insectes, M. W.... employait la musique, à laquelle, comme on sait, les araignées sont très sensibles. Il parvint ainsi à des résultats extraordinaires et presque inespérés : à peine les premiers sons d'une polka s'étaient-ils fait entendre, que les singuliers élèves de notre gentleman quittaient leurs toiles, cessaient leurs occupations, et s'endormaient aux mélodies du piano avec la même grâce qu'un financier met à ronfler aux périodes sonores d'un discours académique. — 2° A peu près vers la même époque, une vieille dame de Londres disposait, par son testament, savoir : en faveur de son perroquet, de 1/30 d'une somme qu'elle indiqua, plus 1/20 de la part de son chien et de sa domestique; en faveur de son chien, de 1/25 de cette même somme, plus 1/40 de la part du perroquet et de la domestique; en faveur de sa domestique, pour

soins à continuer à ces deux bêtes, d'une valeur de 10252 fr. en livres sterlings. — Présumant que vous serez curieux de connaître par vous-mêmes, d'une part, combien d'araignées formaient la ménagerie du Gentleman ; de l'autre, quelles furent la somme léguée par la vieille anglaise dans son singulier testament, et la part de chaque individu y désigné, je suis sûr que vous raisonnerez ces deux questions, et qu'avec votre raisonnement vous m'en présenterez les résultats exacts. — *Arrangé en Problème, d'après un récit de Journal la Patrie.*

RÈGLE D'INTÉRÊT.

---

268. — Dans toutes les questions relatives à la règle d'intérêt, il entre quatre quantités, savoir : la somme prêtée, appelée *capital* ; le *taux* de l'intérêt, c'est-à-dire l'intérêt de 100 francs pendant un temps déterminé, un mois, six mois, un an par exemple ; le *temps* pendant lequel le capital a été prêté, enfin l'*intérêt* rapporté par ce capital. On peut se donner trois de ces quantités et se proposer de trouver la quatrième, ce qui donne lieu à quatre problèmes que nous allons successivement résoudre.

PREMIER CAS.

269. — *Un capital de 2400 francs, prêté à 5 pour cent, a été laissé pendant quatre ans en intérêt. — On demande quel intérêt a dû produire ce capital ?*

Raisonnement. — Cherchons d'abord l'intérêt annuel ; et pour cela remarquons que si 100 francs produisent 5 francs par an, 2400 francs rapporteront proportionnellement plus.

On aura donc la proportion :

$$100 : 2400 :: 5 : x = 120 \text{ francs.}$$

Sachant ce que le capital a rapporté au bout d'un an,

il est facile d'en déduire ce qu'il rapportera au bout de quatre ans. Il suffit, pour cela, de répéter quatre fois la valeur de l'intérêt annuel, ce qui donne 120×4, ou 480 francs pour l'intérêt demandé.

DEUXIÈME CAS.

270. — *Combien de temps faudrait-il laisser en intérêt la somme de 2400 francs, à 5 pour cent, pour en retirer un bénéfice de 400 francs?*

Raisonnement. — Cherchons encore l'intérêt annuel ; nous l'obtiendrons de la même manière que dans le premier cas, c'est-à-dire en posant la proportion :

$$100 : 2400 :: 5 : x = 120 \text{ francs.}$$

Puisque le capital rapporte 120 francs par an, autant de fois 120 seront contenus dans 400, autant d'années la somme devra rester en intérêt.

$$\frac{400}{120} = 3 \text{ ans } 4 \text{ mois, ou } 3 \text{ ans } \frac{1}{3}$$

TROISIÈME CAS.

271. — *A combien pour cent faudrait-il prêter 8000 francs, pour en retirer 2000 francs d'intérêt au bout de cinq ans?*

Raisonnement. — Tâchons de déterminer l'intérêt annuel. Pour cela, remarquons que si le capital produit 2000 francs, au bout de 5 ans, au bout d'un an il produira 5 fois moins, ou 2000 divisés par 5=400 fr. Nous pouvons actuellement poser la proportion suivante : si 8000 fr. rapportent 400 fr. par an, 100 fr. rapporteront proportionnellement moins, ou

$$8000 : 400 :: 100 : x$$

d'où $$x = 5 \text{ p. } 0/0.$$

QUATRIÈME CAS.

272. — *Quel est le capital qui, placé à 5 p. 0/0 par an, rapporte 4800 francs d'intérêt en six ans ?*

Raisonnement. — Déterminant encore l'intérêt annuel, comme au troisième cas, nous trouvons que si le capital produit 4800 francs au bout de six ans, en une année il produira 6 fois moins ou 4800 : 6 = 800 fr. Ayant trouvé l'intérêt d'un an, nous pouvons établir la proportion ; puisque 5 francs sont produits annuellement par 100 francs, 800 francs seront produits pendant le même temps par le capital inconnu, qui doit être plus fort que 100 francs.

ou $$5 : 800 :: 100 : x = 16000 \text{ fr.}$$

Même Règle sans le secours des Proportions.

---

273. — *Quel est l'intérêt de 2400 francs, à 5 pour cent, pendant quatre ans ?*

Raisonnement. — Si 100 francs au bout d'un an produisent 5 francs, un franc au bout du même temps produira cent fois moins, ou 5 divisé par 100.

2400 francs en un an produiront 2400 fois la valeur d'un franc, ou

$$\frac{5 \times 2400}{100}$$

En 4 ans, ce capital de 2400 francs produira encore quatre fois plus que pendant un an, ou

$$\frac{5 \times 2400 \times 4}{100} = 480 \text{ fr.}$$

274. — *Au bout de quel temps 2400 francs, placés à 5 pour cent, rapporteront-ils 400 francs d'intérêt.*

Raisonnement. — Puisque 100 francs au bout d'un an

produisent 5 francs d'intérêt, un franc pendant le même temps produira 100 fois moins, ou $^5|_{100}$. 2400 francs en un an produiront 2400 fois plus qu'un franc, ou

$$\frac{5 \times 2400}{100} = 120 \text{ francs.}$$

Autant de fois 120 francs, intérêt annuel, seront contenus dans 400 francs, intérêt total, autant d'années le capital devra rester en intérêt. Effectuant la division de 400 par 120, on trouve 3 ans $^1|_3$, ou 3 ans 4 mois.

275. — *A quel taux faut-il prêter 8000 francs, ponr avoir un intérêt de 2000 francs en cinq ans ?*

Raisonnement. — Commençons par chercher l'intérêt de 8000 francs pendant un an. Si 8000 francs rapportent 2000 francs d'intérêt pendant cinq ans, au bout d'un an ils produiront 5 fois moins, ou 2000 divisés par 5 = 400 francs. Si le capital 8000 francs rapporte 400 francs d'intérêt par an, un franc pendant ce temps rapportera 8000 fois moins, ou 400 divisés par 8000. 100 francs en un an rapporteront 100 fois l'intérêt d'un franc, ou

$$\frac{400 \times 100}{8000}$$

ce qui donne 5 francs pour le taux de l'intérêt.

276. — *Quel est le capital qui, placé pour six ans à 5 pour cent, produit 4800 francs d'intérêt ?*

Raisonnement. — Cherchons d'abord l'intérêt annuel. Pour cela, opérons comme dans le cas précédent, en divisant 4800 francs, intérêt total, par 6, nombre d'années que le capital est resté en intérêt. Le quotient 800 indiquera l'intérêt annuel, puis nous ferons le raisonnement suivant ; si 5 francs sont produits par 100 francs en un an, un franc sera produit pendant ce temps par une somme 5 fois moindre ou par 100 divisés par 5. 800 francs seront rapportés annuellement par un capital

800 fois plus fort que 100 divisés par 5, c'est-à-dire par l'expression

$$\frac{100 \times 800}{5}$$

ce qui donne 16000 francs pour le capital cherché.

Cinquième cas de la Règle d'Intérêt ou Règle d'Escompte.

277. — Au lieu de se donner, ainsi que dans le quatrième cas, l'intérêt total produit par un capital inconnu, on considère quelquefois cet intérêt comme joint au capital, et l'on pose la question de cette manière :

Quel est le capital qui, placé à 5 pour cent, deviendrait au bout de 3 ans 4 mois, ou 3 ans $^1|_3$, 2800 fr. par exemple, intérêt et capital réunis.

Raisonnement. — Pour résoudre cette question, cherchons d'abord ce que deviendraient 100 fr. au bout de 3 ans 4 mois, si l'on y joignait l'intérêt. Puisque 100 fr. rapportent 5 francs par an, au bout de 3 ans 4 mois, ils rapporteront trois fois un tiers plus, ou 5 francs multipliés par 3 $^1|_3$, ce qui donne $^{50}|_3$ de franc. Les 100 francs de capital, augmentés de leur intérêt, deviendront donc $100 + {}^{50}|_3 = {}^{350}|_3$ de franc. Posons maintenant la proportion : de même que $^{350}|_3$ de franc sont ce que deviennent 100 francs, au bout de 3 ans $^1|_3$, de même 2800 francs sont ce que devient le capital inconnu x au bout du même temps, c'est-à-dire,

$$^{350}|_3 : 2800 :: 100 : x. \quad \text{d'où} \quad x = 2400 \text{ francs.}$$

278. — Ce problème peut aussi être formulé dans les termes suivants :

Un billet de 2800 francs n'est payable que dans 3 ans 4 mois On demande sa valeur actuelle, l'intérêt, qui prend le nom d'escompte, étant prélevé à raison de cinq pour cent.

On y remarque que la valeur actuelle du billet doit être un capital tel, que, prêté dès ce moment à 5 pour cent, il devienne en 3 ans 4 mois ou 3 ans $^1|_3$, 2800 fr., intérêt et capital réunis ; et cette règle, qui s'intitule *règle d'escompte*, nous ramène, d'après notre raisonnement, au cinquième cas de la règle d'intérêt.

279. — Les banquiers donnent à la manière d'escompter que nous venons de faire connaître, le nom d'*escompte en dedans* ; et, quoique ce soit la plus rationnelle, c'est la moins usitée. On lui préfère communément le mode appelé *escompte en dehors*, qui rentre dans le premier cas de la règle d'intérêt. Par exemple, pour résoudre la question précédente, *escompte en dehors*, on part de ce principe ; si l'on payait actuellement la somme de 2800 francs portée au billet, on perdrait l'intérêt que cette somme rapporte pendant 3 ans $^1|_3$. On doit donc donner en moins l'intérêt produit pendant ce temps par 2800 francs, et l'on trouve le résultat à l'aide du premier cas de la règle d'intérêt. $100 : 2800 :: 5 : x =$ 140 francs, intérêt annuel qui, multiplié par 3 $^1|_3$, donne 466 fr., 66 c., pour l'escompte à déduire du billet, lequel, après cette soustraction, devient 2333 fr. 34 c.

280. — Cette seconde manière d'escompter est évidemment plus expéditive que la première ; aussi est-elle toujours employée dans le commerce, à moins de conventions contraires : elle est en même temps plus avantageuse pour les banquiers ; puisque, par l'escompte en dehors, on défalque du capital, non-seulement l'escompte qui doit porter sur la valeur actuelle du billet 2400 francs, mais encore l'escompte pris sur l'intérêt 400 fr., que produirait le capital 2400 francs. En effet, si l'on calcule l'intérêt rapporté par 400 francs pendant 3 ans $^1|_3$, on verra que cet intérêt, que l'on trouve être de 66 fr., 66 c., est précisément la quantité dont l'escompte en dehors 466 fr., 66 surpasse l'escompte en dedans 400 francs. Il résulte de là que les 66 fr. 66 c. d'excédant sont en pure perte pour le possesseur du billet.

281. — Dans toutes les questions que nous avons traitées jusqu'ici, nous n'avons eu égard qu'aux intérêts simples. Les intérêts deviendraient composés, si le capital variait chaque année, en s'accroissant des intérêts de l'année échue. Il est évident qu'alors l'intérêt annuel augmenterait de plus en plus, en même temps que le capital. Voici, au surplus, un exemple du calcul des intérêts composés.

Une somme de 20000 *francs est placée à quatre pour cent; trouver ce qu'elle vaudra en 4 ans, si l'on a égard aux intérêts composés, c'est-à-dire aux intérêts des intérêts de ladite somme, pendant ce temps.*

Raisonnement. — Remarquons tout d'abord que 4 fr. intérêt annuel, ne sont que les $^4|_{100}$ ou le $^1|_{25}$ de 100 fr., et qu'en général, l'intérêt d'un capital quelconque, placé à quatre pour cent, n'est autre que la vingt-cinquième partie de ce capital.

Cela posé, il est clair que 20000 francs valent au bout de la première année une fois 20000 francs, plus $^1|_{25}$ de cette somme, ou les $^{26}|_{25}$ de 20000 francs, ou enfin 20000 fr. $\times\,^{26}|_{25}=$20800 fr. Un raisonnement analogue nous fait voir que le nouveau capital 20800 fr., à la fin de la deuxième année $=$20800 fr. $\times\,^{26}|_{25}$; et en remplaçant 20800 fr. par son équivalent 20000 fr. $\times\,^{26}|_{25}$, il nous vient 20000 fr. $\times\,^{26}|_{25}\times\,^{26}|_{25}$. Pareillement, nous aurions pour 3 ans $20000\times\,^{26}|_{25}\times\,^{26}|_{25}\times\,^{26}|_{25}$.

Donc finalement, au bout de 4 ans, le capital primitif vaudra : $20000\times\,^{26}|_{25}\times\,^{26}|_{25}\times\,^{26}|_{25}\times\,^{26}|_{25}$, ou

$$\frac{20000\times 456976}{390625} = 23397 \text{ fr. } 1712.$$

La *Preuve* d'une règle d'intérêt simple se fait, en négligeant une donnée autre que celle relativement à laquelle on vient d'opérer; et la première opération sera bonne, si, à la fin de la deuxième, on trouve la circonstance qu'on a négligée à dessein.

Pour les intérêts composés, la preuve se fait en employant le calcul par proportions.

PROBLÈMES.

311. — Je fis l'an dernier acquisition de 18 quintaux 1/2 de pommes de terre, à 4 francs les 50 kilogrammes. Ayant trouvé à les vendre 9 mois après, je vis en les visitant, que 100 kilogrammes de ces tubercules étaient gâtés : combien me fallut-il vendre le reste, pour gagner 6 pour cent sur le prix de la vente, sachant en outre que je désirais avoir un intérêt de 3, 1/2 pour cent sur l'argent que j'avais dépensé pour acheter ces pommes de terre.

---

312. — Une personne a acheté pour 12000 francs une habitation non loin de la ville, et la revend au bout de 7 ans 3 mois à une de ses connaissances, moyennant 20000 francs. On sait qu'elle y a demeuré durant tout le temps mentionné ci-dessus. A quel taux cet achat lui a-t-il donc fait placer son capital, si l'on tient compte, non-seulement du bénéfice que lui rapporte la vente de sa propriété, et qui peut être considéré comme l'intérêt total des 7 ans 3 mois, mais encore du prix du loyer de ladite maison, que nous supposerons égal à la moitié de l'intérêt annuel, et qu'elle aurait eu à payer, si elle en avait habité une autre. — *Donné par un inspecteur dans une école professionnelle.*

---

†. — 313. — Quel capital représente une rente de 170 francs en 4, 1/2 pour cent, au cours de 92 fr. 50? Quelle sera l'augmentation que recevra le capital, si le cours de la rente s'élève à 95 fr., à 97 fr., à 100 fr. ; ou, en d'autres termes, quel bénéfice réalisera le prêteur, s'il revend ses titres de rente au cours de 95 fr., de 97 fr., ou de 100 francs.

---

314. — Un marchand de bois, ayant trouvé le 2 avril une belle coupe à acheter, moyennant 18250 francs, s'adresse à un de ses amis pour en obtenir le quart de cette somme qui lui manque. L'ami consent à lui prêter ladite valeur, à condition qu'elle lui soit remboursée le 15 octobre suivant, avec les intérêts à 3, 3/4 pour cent. — De combien le marchand de bois sera-t-il donc alors redevable à la personne qui l'oblige. — Quelle somme lui aurait-il due, si l'intérêt avait été établi au denier 28 (*vieux style*) ; et la date du paiement, fixée au 9 janvier de l'année suivante.

---

†. — 315. — Quelle idée doit-on avoir de la manière d'agir d'un fermier, à qui son voisin demandait une somme de 42 francs en prêt pour cinq semaines, et qui se contenta de répondre : « Oui, je peux bien vous obliger, mais à une condition, c'est qu'au bout de ce temps vous me paierez 30 sous d'intérêt. » Était-ce consciencieusement là un taux équitable, et doit-on regarder ce prêt comme un service rendu. — Faites-le nous savoir d'après votre solution.

---

316. — Ayant l'intention de prendre un commerce de vin en gros, lorsque j'aurai réalisé une somme de 35000 francs, je vends une petite propriété pour la somme de 25840 fr., et je place mon argent à intérêts. Combien de temps serai-je donc obligé d'attendre pour monter mon magasin, ne voulant rien emprunter : 1° si mon capital est constitué à 5, 1/2 pour cent, 2° si j'en retire le denier 19.

---

†. — 317. — Un marchand a acheté 185 mètres de drap qu'il espère revendre dans le courant de l'année. Le mètre coûte 18 fr., 75 c. ; pour en faire l'acquisition l'acheteur emprunte de l'argent à 5 pour cent par an. — A quel prix doit-il revendre le prix de son drap, pour réaliser un bénéfice de 8 pour cent sur le prix de revient.

---

318. — On propose à un capitaliste des actions dans l'entreprise de l'éclairage d'une ville au moyen du gaz, et il se décide à en prendre 19 à 250 francs l'une. Au bout de 3 ans 8 mois il demande à rentrer dans ses fonds : à cet effet, il écrit aux administrateurs de la société qui, après délibération, lui font remettre par le caissier une somme de 6000 fr., tant pour capital que pour intérêts de sa participation à ladite entreprise. — A quel taux et à quel denier avait-il donc placé son argent.

---

319. — Mon oncle achète le premier janvier une maison pour la somme de 25000 francs ; et il n'est tenu, par le contrat, d'en effectuer le paiement qu'au 31 décembre même année, avec intérêt de 5, 1/2 pour cent. Il préfère se libérer d'une autre manière, c'est-à-dire en donnant 5000 francs au 1er mars, 10000 francs au 1er mai, 6000 francs au 1er octobre, et le reste du prix de la maison avec tous les intérêts au 31 décembre. — A combien se montera la somme de ces in-

térêts, et quel sera par suite le chiffre de son dernier paiement.

320. — Un négociant désirant être en possession, dans 4 ans 3 mois, d'une somme de 56000 fr., 75 c., qu'il devra employer à acheter la maison où il demeure, et dont la vente lui est proposée pour cette époque, verse aujourd'hui dans la caisse d'un banquier un capital que vous déterminerez, en supposant : 1° qu'il rapporte 4, 3/4 pour cent ; 2° qu'il soit placé au denier 21.

321. — Notre père, me disait dernièrement l'un de mes camarades, a placé depuis 4 ans 5 mois en hypothèques sur une propriété, au taux de 5 fr., 75 c. pour cent, une somme que nous ne connaissons pas, mais qui a rapporté un intérêt tel, que s'il la laissait encore pendant 72 jours, il aurait 6000 francs à recevoir. — Calcule-moi donc : 1° quel est le montant du capital susceptible de produire un intérêt de 6000 francs aux conditions établies ci-dessus ; 2° combien il aurait fallu placer, si le taux, au lieu d'être de 5 fr., 75 c. pour cent, avait été fixé au denier 17.

†. — 322. — Calculer le prix moyen qu'un débitant a payé pour une bouteille de vin de champagne, en supposant 1° qu'il ait acheté 240 bouteilles ; 2° qu'il ait vendu 1/6 de ces bouteilles à 3 fr. l'une, 1/5 à 3 fr., 10 c., 1/8 à 2 fr., 50 c., 1/4 à 4 fr., et le reste à 2 fr., 80 c. ; 3° qu'il se soit fait, en tout, sur cette vente, un intérêt de 9 fr., 75 c. pour cent.

323. — Un brocanteur, ayant acheté dans une vente publique un beau mobilier en acajou, trouve à le placer 20 jours après, avec un gain égal au huitième de la somme qu'il a déboursée pour son achat. Marché conclu, on lui compte 6300 francs. — A combien lui revenait ce mobilier, et combien pour cent a-t-il, par son acquisition, retiré de son argent, le gain qu'il fait en étant considéré comme l'intérêt.

324. — J'avais placé dans trois maisons de commerce différentes, savoir : dans la première les 3/10 de mes fonds à 5, 1/2 pour cent ; dans la deuxième les 2/5 de ces mêmes fonds à 6 pour cent ; dans la troisième le reste à 4 pour cent. Le tout réuni me faisait une rente de 2100 francs. Mais, au bout

de l'année, j'ai retiré mes trois sommes ; et, attendu qu'un nouveau placement que je trouvais, mais seulement à 5 pour cent, me paraissait plus sûr que les trois précédents, j'en ai profité, ne faisant plus ainsi qu'un seul dépôt de la totalité de mon capital, dont vous aurez à déterminer le montant. — Combien de temps me faudra-t-il attendre désormais pour toucher un intérêt équivalant à ceux qui, auparavant, devaient m'être payés à la fin de chaque année. — *Donné aux examens de comptabilité.*

---

325. — Beaucoup de personnes qui ont des capitaux disponibles, achètent des rentes sur l'Etat ; c'est en effet le meilleur et le plus sûr placement qu'on puisse faire de son argent. Il y a aujourd'hui en France deux cours principaux, que le télégraphe électrique fait journellement connaître de Paris dans les départements, savoir : celui de la rente 4, 1/2 pour cent, et celui de la rente 3 pour cent. Ainsi, quand vous apprenez, par exemple, que la rente 4, 1/2 pour cent est cotée à 93 francs, c'est comme si l'on vous disait : confiez 93 fr. à l'Etat, et au bout de l'année de votre dépôt, vous aurez droit à 4 fr., 50 c. d'intérêt. De même, si vous voyez dans les journaux, que la rente 3 pour cent est à 67, cela signifie que 67 francs placés aujourd'hui sur l'Etat, rapporteront dans un an 3 francs de rente. — Ces simples notions énoncées, supposons donc qu'à un jour donné, au 21 juillet 1858 si nous voulons, le cours de la rente 4, 1/2 ait été de 95 fr., 70 c., et celui du 3 pour cent de 68 fr. 30 c : 1° lequel aura été le plus avantageux d'acheter du 4, 1/2 ou du 3 pour cent ; 2° combien, ce jour-là, auront rapporté de rente deux achats de 3800 francs chacun ; l'un en 4, 1/2, l'autre en 3 pour cent ; 3° combien en capital auront valu, à la même date, deux ventes, l'une d'une rente de 250 francs en 4, 1/2, l'autre d'une rente équivalente, en 3 pour cent. — *Donné dans une école normale.*

---

326. — Mon oncle ayant, ces jours passés, vendu une maison qu'il possédait à la campagne, réalisa une somme de 49941 francs, qu'il voulut immédiatement placer en rentes sur l'Etat. Son capital lui procura une rente de 2416 fr. 50 c. — Quel était donc alors le cours du 4, 1/2 pour cent ; et si, aujourd'hui qu'il est coté à 96 fr. 10 c., cette rente venait à être vendue, quel bénéfice en retirerait-on.

---

327. — Présumant que je n'aurais pas de sitôt besoin

d'une valeur de 17000 francs qui m'était rentrée par suite de créances sur lesquelles je comptais peu, et croyant en outre faire un bon placement de cette somme, je l'employai l'an dernier à acheter du 3 pour cent au cours de 67 fr. 50 c. Aujourd'hui il m'arrive des traites pressées, et je veux vendre mon coupon de rente pour y satisfaire ; mais, les fonds ayant baissé, le 3 pour cent ne se cote plus que 65 fr. 20 c. — Quelle perte éprouverai-je donc en réalisant mon capital.

---

328. — On se demande : 1° quel doit être le cours du 4, 1/2 pour cent qui corresponde à celui du 3 pour cent, de telle sorte qu'il soit indifférent d'acheter de l'une ou de l'autre rente en égale quantité, le cours du 3 pour cent étant annoncé par le télégraphe à 69 fr. 75 c. ; 2° quelle baisse subirait proportionnellement le 3 pour cent, coté d'abord à 70 fr. 50 pour correspondre au 4, 1/2 qui de 105 fr., 75 c. est descendu à 78 fr., 20 c.

---

329. — Une personne dispose d'un capital de 20000 francs dont elle trouve le placement à 4 fr., 65 c. pour cent ; mais, avant de se décider, elle s'informe du cours des rentes. On lui répond que le 4, 1/2 est à 95 fr., 90 c., et que le 3 pour cent représente un capital de 68 fr., 30 c. Elle cherche, par suite, quel est le taux le plus fort des trois modes de placement qu'elle est à même de faire, et adopte celui qui lui présente le plus d'avantages. — Quel est-il donc ; et quelle rente annuelle aurait-elle d'après chacun considéré isolément.

---

330. — Un marchand de nouveautés reçoit au 1er juillet le tiers d'une somme qui lui est due ; au 15 du même mois, 1/4 de cette même somme ; et le reste, c'est-à-dire 2400 fr., au 1er août. Prévoyant n'avoir besoin de ces fonds qu'au 30 septembre suivant, il les place, à mesure qu'ils rentrent, dans une caisse publique où ils lui rapportent intérêt à 3, 1/2 pour cent. — Quelle somme retirera-t-il donc en tout, fin septembre, de ladite caisse.

---

331. — Une marchandise d'un poids brut de 576 kilogrammes 5 grammes a coûté 868 fr. 50 c. La tare est de 2,5 pour cent. — On demande : 1° le poids net de cette marchandise ; 2° le poids d'un kilogramme ; 3° combien il faudra revendre le kilogramme pour faire un bénéfice de 15 pour cent. — *Examens de Quimper*. — 1856.

---

† — 332. — Une personne ayant acheté une terre de 68 hectares 33 ares, à raison de 1520 francs l'hectare, a dû, pour payer son acquisition, emprunter pour un an, à 5, 1/2 pour cent, la somme qu'elle devait ; mais pendant ce temps, la terre lui a rapporté 2, 1/4 pour cent de sa valeur. — On demande : 1° à combien revient cette propriété ; 2° à quel taux cette personne aura placé ses capitaux, si elle loue cette terre 3680 francs par an.

† — 333. — Un travail communal est mis en adjudication au rabais sur un devis s'élevant à 15061 fr. 50 c. ; un soumissionnaire offre de le faire pour 14844 fr. 45 c. ; un autre offre un rabais de 3, 1/2 pour cent. — Auquel des deux doit être adjugé le travail, et quel est le taux du premier rabais.

334. — Dans une vente à la criée, 5 champs m'avaient été adjugés, et je pensais déjà avoir fait une bonne acquisition, l'are ne m'étant revenu qu'à 24 fr. 75 c., lorsqu'en effet l'événement m'a bientôt confirmé dans mon opinion ; car, le propriétaire des terrains contigus, regrettant de n'être pas arrivé assez tôt pour poursuivre à son profit l'achat de ce fonds de terre, m'a offert une somme ronde de 1485 francs, comme total d'un gain de 12 pour cent sur chaque are que je possédais. Marché conclu, je voudrais bien savoir : 1° de combien d'ares de terrain j'ai fait cession ; 2° quelle est en ares la contenance de chaque champ, supposé que celle du premier soit à celle du deuxième comme 4 est à 5, que la contenance du deuxième soit à celle du troisième comme 1 est à 2, que celle du troisième soit à celle du quatrième comme 3 est à 4, et que le quatrième champ ne soit que les 7/8 du cinquième ; 3° enfin, combien j'avais payé moi-même ces cinq pièces de terre ensemble et séparément.

335. — Quelques jours avant les fêtes qui eurent lieu à Brest le 10 et le 11 août 1858, à l'occasion de la visite de LL. MM. II. au premier port maritime de France, un marchand fit venir de Paris pour 3900 francs, 600 mètres de soieries diverses, dont il vendit les 7/9 pour le prix que le tout lui avait coûté. — Que retira-t-il donc du mètre, et à quel taux plaça-t-il ainsi son argent.

336. — Dans les comptes de commerce, on s'est appliqué à chercher des moyens abrégés, pour calculer l'intérêt produit par une somme pendant tant de jours ; et cela, en raison du nombre considérable d'opérations que les négociants et les banquiers ont très-souvent à faire. Ainsi, par exemple, pour avoir l'intérêt d'un capital quelconque à 6 pour cent par an, pendant un certain nombre de jours, on en prend d'abord le centième que l'on multiplie par les jours, puis on divise ce produit par 60, diviseur correspondant au taux précité. — Ce diviseur 60, ainsi que les autres ci-dessous établis, est en effet tel, que son produit par le taux donné égale 360, nombre de jours de l'année financière. S'il s'agissait du taux 5 p. 0/0, avec l'année à 365 jours, le diviseur correspondant à prendre, serait le nombre 73. — Voici de même les diviseurs correspondants à d'autres taux au-dessous et au-dessus de 6 p. 0/0 : à 5 p. 0/0, par exemple, c'est le nombre 72 ; à 4, 1/2 p. 0/0, 80 ; à 4 p. 0/0, 90 ; à 3 p. 0/0, 120 ; à 2, 1/2 p. 0/0, 144 ; à 2 p. 0/0, 180 ; à 1, 1/2 p. 0/0, 240 ; à 1 p. 0/0, 360. A 7, 1/2 p. 0/0 ce serait le nombre 48 ; à 8 p. 0/0, 45 ; à 9 p. 0/0, 40, etc. — On peut encore, après avoir préalablement cherché l'intérêt d'une somme à 6 p. 0/0, le diminuer de son 1/12 pour obtenir le 5, 1/2 p. 0/0 ; de son 1/6, pour le 5 p. 0/0 ; de son 1/4, pour le 4, 1/2 p. 0/0 ; de son 1/3, pour le 4 p. 0/0 ; de sa 1/2, pour le 3 p. 0/0, et ainsi de suite. Si au contraire, il s'agissait de taux supérieurs à 6 p. 0/0, on augmenterait l'intérêt, calculé à ce taux, de son 1/12, pour obtenir le 6, 1/2 p. 0/0, de son 1/6, pour obtenir le 7 p. 0/0 ; de son 1/4, p. le 7, 1/2 p. 0/0 ; de son 1/3, p. le 8 p. 0/0, de sa 1/2, pour le 9 p. 0/0. — Ces simples notions une fois comprises, je désire savoir combien j'aurai d'intérêts à recevoir au 1er décembre, pour cinq sommes que j'ai placées dans le commerce aux époques et aux taux suivants, savoir : 2400 francs à 6 p. 0/0, le 1er mars ; 3000 francs à 5 p. 0/0 le 10 avril ; 1000 francs à 7 p. 0/0, le 1er mai ; 1500 francs à 8 p. 0/0, le 1er juin ; 5400 francs à 4, 1/2 p. 0/0, le 15 juillet, et ce qu'il me restera de mes capitaux et intérêts, après avoir payé, avec les intérêts à 3 p 0/0, une traite de 6000 francs que j'ai souscrite pour la même date, le 1er août. — *Explications et problème donnés dans une école normale.*

---

337. — J'ai placé chez M. Lerond, banquier à Nantes, la somme de 2720 fr. le 1er Mars de cette année, et 2000 fr. le 5 Avril ; retiré la somme de 1800 francs le 10 Mai ; remis 1500 francs le 15 juin ; retiré 1200 francs le 20 Août ; remis

3000 francs le 2 septembre, et retiré 800 francs le 30 du même mois pour payer mon loyer. — Faire mon compte courant et d'intérêts, à 4, 1/2, aujourd'hui 30 décembre avec ce banquier.

---

338. — Quelquefois, dans le commerce, on convient de payer à une seule date plusieurs sommes, qui ne devaient être soldées qu'à des échéances différentes; de manière cependant que cette convention ne soit préjudiciable, ni à celui qui se propose de faire ainsi un paiement unique, ni à celui qui est soldé, quant à leurs intérêts réciproques; tel serait, par exemple, le cas suivant : — Je devais au négociant qui me fournit du vin, un total de 3600 francs payables, savoir : 800 francs dans 3 mois, 1200 francs dans 6 mois, 1000 fr. dans 9 mois, et le reste dans un an. Il me laisse m'acquitter du tout en une seule fois; dans combien de mois sera-ce, pour qu'il n'y ait préjudice, quant aux intérêts, ni à l'un, ni à l'autre de nous ? — La solution de ce problème, et de tous autres du même genre, exige : 1° qu'on fasse le produit de chacune des sommes dues, par le temps au bout duquel elle est payable; 2° qu'on totalise tous les produits obtenus; 3° enfin, qu'on divise le résultat de cette dernière opération par le total des sommes primitives; et la réponse, c'est-à-dire la date à laquelle on devra payer, sera donnée par le quotient. — *Explications et problème donnés dans une école normale.*

---

339. — D'autres fois, c'est une combinaison différente, convenue entre un débiteur et son créancier, pour que celui-là arrive au paiement intégral d'une somme due à celui-ci. Le débiteur avait d'abord, par exemple, son échéance à telle date; mais le créancier consent à ce que des à-comptes lui soient donnés à des termes intermédiaires, et alors le premier cherche tout naturellement de combien, au-delà de l'échéance primitive, il pourra reculer son solde de fin de compte, pour compenser les paiements partiels effectués par lui; tel serait encore le cas suivant : — Je devais à mon fournisseur de bois de chauffage une somme de 1500 francs payable dans 9 mois; mais, dans l'intervalle, je lui ai payé, savoir : 400 fr. au bout de 4 mois, et 2 mois après 600 fr. Quand me faudra-t-il solder le reste, en compensation des à-comptes que j'ai donnés. — La solution de ce problème et de tous autres du même genre, assez usités dans les transactions commerciales, exige : 1° qu'on fasse le produit de la dette par le temps au bout duquel elle était payable; —

2° qu'on fasse également les produits des à-comptes par le temps écoulé jusqu'au paiement de chacun d'eux ; — 3° qu'après avoir obtenu la somme de ces produits, on la retranche de celui de la dette par le temps de son échéance ; — 4° enfin, qu'on divise cette dernière différence par le restant à solder ; et la réponse, c'est-à-dire le temps où il faudra acquitter le reste de la dette, sera donnée par le quotient. — *Explications et problème donnés dans une école normale.*

---

† — 340. — Une personne qui veut placer 26500 francs hésite entre les trois partis suivants : — 1° acheter une maison qui lui rapportera 4 fr. 50 c. pour cent, mais dans laquelle il faudra faire tous les ans des dépenses de réparations qu'on évalue à 10 p. 0/0 du revenu ; — 2° acheter une terre qui rapportera 4 p. 0/0 net de tous frais ; — 3° acheter de la rente 3 p. 0/0 au cours de 68 fr.,40 c. — Calculer le revenu pour chacun de ces trois placements, et dire par suite quel parti adoptera cette personne, comme étant le plus avantageux pour elle.

Supplément aux Règles d'Intérêt et d'Escompte.

Exercices raisonnés sur la règle d'intérêt simple, ainsi que sur les escomptes en dedans et en dehors.

---

282. — Premier Exercice. — *Une somme de 20000 francs, placée à 4 francs 50 c. pour 0/0, ayant rapporté en trois ans un intérêt de 2700 francs, quel capital faudrait-il pour obtenir le même intérêt, dans un temps égal, le taux n'étant que de 3 p. 0/0.*

Raisonnement. — L'intérêt annuel de chacun des deux capitaux, l'un connu, l'autre inconnu, étant égal à $^{2700}/_{3}$, se traduit en un chiffre de 900 francs. Or, il est évident qu'à 3 p. 0/0 il faudra un capital proportionnellement plus fort qu'à 4, 1/2, pour produire cette somme annuelle, d'où la proportion $3:4,50::20000:x=(20000\times4,50):3=30000$ francs, capital cherché.

283. — Deuxième Exercice. — *Un marchand de nouveautés, ayant à remplir des obligations, emprunte au premier janvier une somme de 1000 francs, qu'il se propose de solder dans l'année en quatre paiements égaux, chacun à la fin d'un trimestre; le paiement du dernier trimestre devant être augmenté des divers intérêts simples à 3 p. 0/0. — Faire connaître la valeur de la somme que ledit marchand devra débourser au 31 décembre.*

RAISONNEMENT. — Puisque, d'après l'énoncé, 100 francs produisent 3 francs d'intérêt en 12 mois, en un mois ils produiront $^3/_{12}$ ou $^1/_4$ de franc; et en 3 mois, 3 fois $^1/_4$ ou $^3/_4$ de franc. Donc les 1000 francs, remis 31 mars au créancier, attendu qu'ils représentent une valeur 10 fois plus forte que 100 francs, laisseront $^3/_4 \times 10 = 7$ fr., 50 c. d'intérêt à ajouter au dernier paiement. Par la même raison, les 1000 francs payés à la fin du deuxième trimestre, quantité de mois double de la première, laisseront en intérêt $^3/_4 \times 10 \times 2 =$ 15 francs, à reporter sur le paiement du 31 décembre; et ainsi de suite du troisième et du quatrième à-compte. Donc les derniers 1000 francs viendront s'augmenter de une fois 7 fr.,50 c., pour l'intérêt du premier trimestre, + de deux fois 7 fr.,50 c., pour l'intérêt du deuxième trimestre, + de trois fois 7 fr.,50 c., pour l'intérêt du troisième trimestre, + de quatre fois 7 fr., 50 c., pour l'intérêt du quatrième trimestre; en tout, de 75 francs, ce qui revient à dire que la somme déboursée, fin décembre, par le marchand de nouveautés, sera de 1075 francs. — *Composition raisonnée d'arithmétique, faite par un Élève de l'École supérieure de Brest.*

---

284. — Troisième Exercice. — *On propose à une personne, qui a touché 20000 francs au premier janvier pour la vente d'une propriété, de lui prendre, pendant toute l'année, ladite somme à 3, 1/2 p. 0/0. Elle refuse ce placement, espérant en trouver un plus avantageux. En effet, au premier mars, on lui fait une seconde proposition d'accepter son capital à 4, 1/4 p. 0/0 par an, pendant les 10 mois restants. — Si elle y consent, a-t-elle bien agi en refusant le premier placement pour agréer ensuite le second?*

RAISONNEMENT. — Cette question se résout facilement par la recherche et la comparaison de l'intérêt qu'aurait produit la somme ci-dessus, placée au 1er janvier, avec celui qu'elle a réellement produit, n'étant placée qu'au 1er mars. — Or, dans le premier cas, il n'y a à s'occuper que de l'intérêt annuel, que l'on trouve tout de suite par la proportion $100 : 20000 :: 3,50 : x = 700$ fr. — Pour le second cas, il suffit d'abord, comme pour le premier, de chercher encore l'intérêt annuel, qui est le résultat de la proportion $100 : 20000 :: 4,25 : x = 850$ fr. ; puis, de se dire : 850 francs étant, pendant un an, l'intérêt du capital de cette personne, pour un mois ledit intérêt serait 12 fois moindre que 850 fr., ou $^{850}|_{12}$ de fr. ; et, pour 10 mois, il sera nécessairement 10 fois plus fort que $^{850}|_{12}$, ou $^{8500}|_{12} = 708$ francs 33 centimes. — Comparant enfin les deux intérêts, on conclut que la personne a suivi une bonne inspiration, en ne mettant son argent à intérêts qu'au 1er mars, puisqu'elle a bénéficié de 8 francs 33 centimes. — *Devoir raisonné d'arithmétique, fait par une Élève aspirante au brevet de capacité.*

---

285. — Quatrième Exercice. — *Une personne qui a un certain capital, et qui en trouve le placement par parties ou en totalité, se demande s'il est préférable pour elle d'en placer un tiers à 4, un quart à 4, 1/2, et les 10000 fr. restants à 6 p. 0/0, ou de placer le tout à 5 p. 0/0.*

RAISONNEMENT. — La première chose à faire, c'est de constituer l'avoir de cette personne. (*Consulter à cet effet la démonstration du N° 185*). Voici le calcul auquel donne lieu cette partie du problème. $^1|_3 + ^1|_4 = ^4|_{12} + ^3|_{12}$, ou $^7|_{12}$... $^{12}|_{12} - ^7|_{12} = ^5|_{12}$.... $^5|_{12} = 10000$ fr. ; $^1|_{12} = 10000 : 5 = 2000$ francs ; $^{12}|_{12} = 24000$ francs, avoir total, dont $^1|_3 = 8000$ francs, et $^1|_4$, 6000 francs. — Or, par l'explication du premier cas de la règle d'intérêt, nous savons qu'il faut : 1° pour trouver l'intérêt d'un an, à 4 p. 0/0, du capital 8000 francs, établir la proportion $100 : 8000 :: 4 : x = 320$ francs ; — 2° pour trouver l'intérêt d'un an, à 4 fr., 50 c. p. 0/0, du capital 6000 francs, établir la proportion $100 : 6000 :: 4,50 : x =$

270 francs ; — 3° pour trouver l'intérêt d'un an, à 6 p. 0/0, du capital 10000 francs, établir la proportion 100:10000::6:x=600 francs ; — 4° pour trouver l'intérêt d'un an, à 5 p. 0/0 du capital 24000 francs, établir la proportion 100:24000::5:x=1200 francs. — Récapitulant les résultats précédents, nous trouvons, d'une part, que les placements par parties du capital 24000 francs, à taux divers, rapporteraient en intérêts annuels à leur propriétaire 320 fr.+270 fr.+600 fr.= 1190 francs ; de l'autre, que le placement intégral de la même somme à taux unique, lui rapportera 1200 francs; donc, c'est ce dernier mode qui lui est le plus avantageux, puisqu'il donne sur le premier un excédant de 10 francs.

---

† **286. — Cinquième Exercice.** — *Le même notaire, qui avait antérieurement rédigé le contrat d'achat d'une propriété du prix de 36000 francs, et qui, plus tard, en a négocié et assuré la vente, a reçu pour ses honoraires 1200 francs, soit 1, 1/4 p. 0/0 de la valeur de l'acquisition, et 1, 1/2 p. 0/0 de la valeur de la cession. — Quelle somme a-t-on donc retirée de la propriété à cette deuxième vente ?*

Raisonnement. — Remarquons : 1° que, si 100 fr., pour le contrat d'achat, ont rapporté au notaire 1 fr.,25 d'honoraires, 36000 francs ont dû lui rapporter proportionnellement plus que 100 francs; d'où la proportion 100:36000::1,25:x=450 francs. Restent donc, par suite, comme honoraires du notaire précité, pour avoir assuré la vente de la propriété, 1200—450, soit 750 fr., valeur représentative du 1,50 p. 0/0 qu'il a exigé du vendeur. Donc 2° si 1 fr.,50 sont ce que lui vaudrait une vente montant à 100 francs, 750 francs seront ce que lui rapportera une vente évaluée à une somme proportionnellement plus forte que 100 francs, d'où la proportion 1,50:750::100: x = 50000 francs. Ce qui fait voir que le propriétaire, qui avait acheté ce bien 36000 francs, en a retiré une somme de 50000 francs ; et par conséquent un bénéfice de 14000 francs.— *Composition raisonnée d'arithmétique, faite par un Elève de l'Ecole supérieure de Brest.*

287. — Sixième Exercice. — *On a donné aux Elèves d'une école professionnelle la composition suivante d'arithmétique raisonnée : — 1° un officier de marine a acheté un coupon de 1800 francs de rente 4, 1/2 p. 0/0, le cours étant de 97 fr.,50 c.; avant qu'il parte de France, survient une hausse de 30 centimes, et il profite pour vendre son inscription. — De combien a-t-il bénéficié. — 2° le cours du 4, 1/2 étant de 95 fr.,80 c., quel doit être le cours correspondant du 3 pour cent ?*

Raisonnement. — 1° Quand on dit que le cours du 4, 1/2 p. 0/0 est à 97 fr.,50 c., on veut faire entendre que, pour avoir un coupon de 4 francs 50 centimes de rente, il faut dépenser 97 francs 50 centimes. Si donc 4 fr.,50 c. d'intérêt représentent 97 fr.,50 c. de capital, un intérêt ou une rente de 1800 francs représentera un capital proportionnellement plus fort que 97 fr.,50 c. D'où la proportion 4,50 : 1800 :: 97,50 : x=39000 francs, prix d'achat de l'inscription de 1800 francs.

2° Le cours haussant ensuite de 30 centimes, signifie que 4 fr.,50 c. de rente ont plus tard appartenu à un capital de 97 fr.,80 c., c'est-à-dire plus fort de 30 centimes que le précédent. Or, puisqu'en vendant alors une inscription de 4 fr.,50 c. on aurait 97 fr.,80 c. de capital, en vendant 1800 francs de rente, on aura x capital, ou le résultat de la proportion croissante 4,50 : 1800 :: 97,80 : x=39120 francs. D'où l'on voit finalement que l'officier de marine a bénéficié de 39120 fr. — 39000 francs, ou de 120 francs.

Nous venons de faire l'analyse raisonnée de la première partie de l'énoncé. Quant à celle de la seconde, elle consiste tout simplement en ceci : puisque 4,50 p. cent correspondent à un capital de 95 fr.,80 c., 3 p. 0/0, rente ou intérêt moins fort que 4 fr.,50 c., devront correspondre à un capital proportionnellement moindre que le précité. D'où la proportion 4,50 : 3 :: 95,80 : x= 63 fr., 86 c. 2/3. — Il en résulte que pour changer, sans perte ni gain, telle inscription de rente 4, 1/2, que l'on voudra, une de 2000 francs par exemple, contre une de même valeur, mais en 3 p. 0/0, il faudrait que, le cours de la première rente étant à 95,80 celui de la seconde fût à 63,86 2/3.

233. — Septième Exercice. — *Autre sujet de composition d'arithmétique raisonnée dans une école professionnelle.* — 1° *Une personne dispose d'une somme de 27000 fr. qu'elle voudrait employer en rentes sur l'Etat. Elle est indécise sur l'espèce qu'elle choisira ; seulement elle sait que le cours du 4, 1/2 p. 0/0 est à 98 fr.,10 c., et le cours du 3 p. 0/0 à 69 fr.,30 c. Auquel des deux taux, 3 ou 4, 1/2, doit-elle donner la préférence, comme lui étant le plus avantageux ? — 2° J'ai un coupon de 600 fr. de rente en 4, 1/2 p. 0/0 ; je veux le changer en rente 3 p. 0/0 au cours de 69 francs ; à quelle inscription aurai-je droit, le cours du 4, 1/2 pour 0/0 étant à 93 fr.,60 c. ?*

Raisonnement. — Pour la première partie de l'énoncé, tout revient à chercher ce que produirait dans les deux taux le capital 27000 francs, aux cours spécifiés ; puis à comparer, par la soustraction, les résultats obtenus. Or, relativement au 4, 1/2, si 98 fr.,10 c. de capital produisent 4 fr.,50 c. de rente, une somme de 27000 francs, produira proportionnellement plus de rente que 98 fr.,10 c. ; d'où la proportion $98,10:27000::4,50:x=1238$ fr., 53 c. De même, en ce qui concerne le 3 p. 0/0, si 3 francs de rente correspondent, d'après le cours, à 69 fr., 30 de capital, x' rente, quantité évidemment plus forte que 3, correspondra à 27000 francs; d'où la proportion $69,30:27000::3:x'=1168$ fr.,83 c. Enfin, l'excédant 69 francs 70 centimes d'une rente sur l'autre étant donné par le 4, 1/2, il s'en suit que le placement à ce taux est le plus avantageux pour la personne qui achète.

Pour la seconde partie de l'énoncé, tout se borne à refaire, au cours indiqué, le capital qui, en 4, 1/2, produit 600 francs de rente ; puis à chercher combien, pour ce capital, et d'après la Bourse, on pourra acquérir de rente en 3 p. 0/0. Or, si 4 fr.,50 c. de rente répondent à un capital de 93 fr.,60 c., 600 fr. de rente répondront à un plus fort capital que le précité. D'où la proportion $4,50:600::93,60:x=12480$ francs. Maintenant, si pour 69 francs on peut acheter une inscription de rente de 3 fr., pour 12480 francs, on pourra s'en procurer une plus forte, qu'indiquera la valeur du quatrième terme de la proportion $69:12480::3:x'$; et ladite inscription sera, par suite, de 542 fr. 60 c.

289. — Huitième Exercice. — *Un ouvrier place à raison de 5 p. 0/0 par an, dans un comptoir du département, une somme de 500 francs chaque année, pendant 8 ans consécutifs. — Calculer les intérêts qui lui sont dus en tout, et établir une règle générale pour ces sortes de questions ?*

Solution. — Voici d'abord la disposition des calculs à faire.

ANS.	Valeurs en jours multipliant les sommes placées.	PRODUITS.
8 ans.	=360 jours ×8=2880 j. 500 fr.×2880=	1440000 fr.
7 ans.	=360 jours ×7=2520 j. 500 fr.×2520=	1260000 fr.
6 ans.	=360 jours ×6=2160 j. 500 fr.×2160=	1080000 fr.
5 ans.	=360 jours ×5=1800 j. 500 fr.×1800=	900000 fr.
4 ans.	=360 jours ×4=1440 j. 500 fr.×1440=	720000 fr.
3 ans.	=360 jours ×3=1080 j. 500 fr.×1080=	540000 fr.
2 ans.	=360 jours ×2= 720 j. 500 fr.× 720=	360000 fr.
1 an.	=360 jours ×1= 360 j. 500 fr.× 360=	180000 fr.

Total des Placements. 4000 fr.	6480000	7200
Report des intérêts. 900 fr.	000000	900 fr. intérêts acquis.
Somme à recevoir, intérêts compris 4900 fr.		

Remarquons ensuite que le total des intérêts acquis à cet ouvrier se compose évidemment de ceux que rapportent 500 fr. pendant 8 ans ou 2880 jours, plus de ceux de 500 fr. pendant 7 ans ou 2520 jours, plus de ceux de 500 fr. pendant 6 ans ou 2160 jours, etc. En employant donc le mode de calcul des intérêts dit commercial, lequel consiste à multiplier les capitaux par le nombre de jours qu'ils sont restés placés, à faire ensuite la somme des produits trouvés s'il y en a plus d'un, enfin à diviser le total ainsi obtenu par le diviseur correspondant au taux, nous découvrons ici, pour total des divers produits figurant au tableau synoptique ci-dessus, le nombre 6480000, lequel, divisé par 7200, valeur représentative du taux d'intérêt 5 p. 0/0, nous fait savoir que l'ouvrier précité peut disposer d'une somme d'intérêts égale à 900 francs, en plus de l'avoir 4000 fr. qu'il a su économiser.

---

290. — Neuvième Exercice. — *Un négociant, ayant un paiement à faire le 2 Mai, se fait escompter à 6 pour cent, le premier dudit mois, par un banquier, quatre billets payables, savoir : le premier, de 4800 francs, au 15 juin ; le deuxième, de 3200 francs, au 1er août ; le troisième, de 4000 francs, au 10 septembre ; le quatrième, de 1200 francs, au 1er octobre. — Quelle diminution subira-t-il, et à combien s'élèvera la somme qui lui sera comptée par le banquier? — Faire usage de la méthode commerciale.*

Raisonnement. — J'observe, tout d'abord, qu'entre la date où le négociant réalise les billets sus-mentionnés, et celle où ils sont payables, il y a, pour le premier, 45 jours d'intervalle ; pour le deuxième, 92 jours ; pour le troisième, 132 jours ; pour le quatrième, 153 jours.

Or, d'après la marche tracée dans le problème précédent, en multipliant

4800 fr. par 45 nombre de jours, on trouve	216000	pour produits.
3200 fr. par 92 nombre de jours, on trouve	294400	
4000 fr. par 132 nombre de jours, on trouve	528000	
1200 fr. par 153 nombre de jours, on trouve	183600	
13200 fr. de capital. **Total des produits.**	1222000	6000,
203 fr. 67 c.		203 fr. 67 c.
12096 fr. 33 c.		

Il résulte de cette série de calculs que l'escompte à prélever par le banquier est de 203 fr., 67 c., et la somme à remettre au négociant, de 12996 fr., 33 c.

---

† **291. — Dixième Exercice. —** *Pour le mariage de la fille d'un riche seigneur de Saint-Pétersbourg, une maison de Paris fournit une corbeille de dentelles et de tissus précieux, contre la livraison de laquelle elle reçoit une traite à six mois*

d'échéance. Après avoir gardé cette traite en portefeuille pendant quatre mois, elle la transmet à un banquier de la capitale Russe, qui prélève sur le tout un change de 1 fr.,50 c. p. 0/0, et un escompte de 1/2 p. 0/0 sur le reste, puis fait passer à la maison de Paris une somme de 50000 francs. A combien s'élevait la traite précitée ?

RAISONNEMENT. — 1/2 p. 0/0 par mois, n'étant autre chose, comme nous l'avons déjà vu, que 6 p. 0/0 par an, nous allons d'abord chercher la somme qui, escomptée à ce taux, pour les deux mois restants jusqu'à l'échéance de la traite, a produit les 50000 francs indiqués dans l'énoncé. Or, 100 francs, au bout de deux mois, valent, dans les conditions du problème, 101 fr., si on vient à les augmenter de leur intérêt ; donc 50000 francs, également augmentés de l'escompte qu'a prélevé le banquier, doivent valoir proportionnellement plus, ou le résultat de l'équi quotient 100 : 101 :: 50000 : x = 50500 francs. — On voit que nous connaissons maintenant le chiffre de la traite, diminué du change ; et ce change, d'après l'énoncé, est de 1 fr.,50 c. p. 0/0 sur la somme intégrale. Par conséquent, puisque 101 fr.,50 c. représenteraient une valeur de 100 francs avant le change, x', terme plus fort que 50500, représentera aussi cette dernière valeur dans une circonstance semblable ; d'où la proportion croissante : 100 : 50500 :: 101,50 : x' = 51257 francs 50 centimes. — Récapitulation faite du calcul auquel nous nous sommes livré, nous trouvons : 1° que le montant primitif de la traite expédiée de Paris au banquier russe était de 51257 francs 50 centimes ; 2° que celui-ci a retenu pour change 757 fr.,50 c., et pour escompte 500 francs.

---

† **292. — Onzième Exercice.** — *Un épicier a acheté pour 2000 francs de café, et on lui a assigné, comme époque de paiement, 18 mois ; mais il lui est spécifié que, s'il paie avant ce terme, il jouira d'un escompte de 5 p. 0/0 par an en dedans. — Il veut savoir à quelle date il devra effectuer son paiement, pour n'avoir à donner que 1960 francs ?*

RAISONNEMENT. — Je commence par remarquer que

2000—1960=40 francs. C'est donc une diminution de 40 francs sur le prix du café qu'il a acheté, que le marchand veut obtenir. Puis je me dis : si l'épicier ne payait sa marchandise qu'à la fin du dix-huitième mois, il aurait à débourser la somme primitive de 2000 fr. ; ne voulant, au contraire, donner que 1960 francs, il faut, comme le dit du reste l'énoncé, qu'il paie quelques mois avant l'échéance. Combien de mois ? autant évidemment qu'il en faudrait à 1960 francs pour produire 40 francs ; parce qu'on doit admettre que lorsqu'il paiera le négociant qui lui a vendu, celui-ci ait, à son tour, un temps suffisant pour que, s'il le juge à propos, en plaçant les 1960 francs qu'il a reçus, il puisse lui-même, au moyen des intérêts de ladite rentrée, parfaire la somme ronde de 2000 francs, sur laquelle il avait droit de compter. La question se borne donc maintenant, comme on le voit, à chercher en combien de temps on obtiendra 40 francs d'intérêts d'une somme de 1960 francs placée à 5 p. 0/0. — Opérant, par suite, conformément au deuxième cas de la règle d'intérêt simple, je trouve 4 mois et 27 jours, en forçant un peu le dernier chiffre. Ainsi, c'est 4 mois et 27 jours avant l'échéance que l'épicier devra effectuer son paiement, pour jouir de la remise précitée.

---

293. — Douzième Exercice. — *Une autre fois, le même épicier a acheté pour 2850 francs de sucres de diverses qualités, à 15 mois de crédit, et il sait que, s'il paie avant cette époque, il obtiendra un escompte en dehors de 1/2 p. 0/0 par mois. En s'acquittant, il n'a déboursé que 2700 francs. — A quelle date a-t-il donc effectué son paiement ?*

Raisonnement. — Tout taux à 1/2 p. 0/0 par mois, équivalant à 1/2×12 ou à 6 p. 0/0 par an, j'observe, en commençant, que c'est une diminution de 2850 — 2700, ou de 150 francs, à ce taux, qu'a voulu obtenir l'épicier en payant avant terme. Puis, je suis conduit à me faire le raisonnement suivant : si sur 100 francs, en un an, on a pu, d'après les conditions de l'énoncé, obtenir une diminution de 6 francs, sur 2850 francs on a dû nécessairement obtenir une diminution plus forte, d'où la proportion $100 : 2850 :: 6 : x = 171$ francs. Cela posé, si, pour se voir diminuer 171 francs sur un billet, il faut payer un an ou 12 mois avant le terme voulu ; pour se voir diminuer seulement un franc, il faudrait payer à une époque 171 fois plus rapprochée de l'échéance, ou marquée par $^{12}|_{171}$ d'année ; donc, pour avoir droit aux 150 francs d'escompte précités, il a suffi d'effectuer le paiement à une date 150 fois plus éloignée du terme que $^{12}|_{171}$, ou égale à $^{12}|_{171} \times 150$, c'est-à-dire à 10 mois et 16 jours de l'échéance mentionnée dans l'énoncé.

† **294. — Treizième Exercice.** — *Je devais une somme de 4000 francs payable à 8 mois de date, mais mon créancier m'a accordé un escompte en dedans tel, que je ne suis obligé de lui rembourser que* 3800 *francs.* — *Dites le taux de l'escompte dont je jouis ainsi ?*

Raisonnement. — De même que dans le cas précédent, la diminution consentie par le créancier $= 4000 - 3800$, ou 200 francs. Il s'agit donc de calculer la quotité de l'escompte en dedans pour 100 francs, à l'aide de laquelle puisse s'obtenir cette diminution. — Pour cela, je me dis que le taux cherché doit nécessairement être tel, qu'en plaçant aujourd'hui le capital 3800 fr. à ce taux, on ait, en 8 mois, les 200 francs d'intérêt nécessaires audit capital, pour égaler la somme primitive 4000 francs. Tout se borne par suite, comme on le voit, à chercher à combien pour cent il faudrait placer 3800 fr., pour en retirer 200 francs d'intérêt au bout de huit mois. — Or, si 200 francs sont le résultat de huit mois d'intérêt pour 3800 francs, cette même somme, en un mois, produira 8 fois moins que 200 francs, ou $^{200}|_{8}$ de franc ; et, en 12 mois, 12 fois la valeur $^{200}|_{8}$ ou $^{200 \times 12}|_{8} = 300$ francs. Enfin, si 3800 francs produisent un intérêt de 300 francs, en un an, 100 francs, pendant le même temps, produiront proportionnellement moins ; d'où la proportion décroissante $3800 : 100 :: 300 : x = 7$ fr. 895 millimes pour taux d'escompte en dedans, accordé par le créancier à son débiteur.

295. — Quatorzième Exercice. — *Un tailleur doit à un négociant de Sédan une somme de 3000 francs pour étoffe. Il lui est promis un escompte en dehors s'il paie avant l'échéance, qui est à 10 mois. Profitant de cette faculté, il rembourse son créancier avant terme. De combien pour cent était l'escompte dont il a joui, s'il n'a fait passer à son créancier qu'une valeur de 2500 francs ?*

Raisonnement. — Comme au No 292, je commence par remarquer que 3000 — 2500, ou 500 francs, forment la diminution accordée au tailleur. Ensuite, continuant mon raisonnement, je me dis : si, sur 3000 fr., payables en 10 mois, ou en $^{10}|_{12}$ d'année, l'acheteur a obtenu 500 fr. de diminution, combien obtiendra-t-il sur 100 francs pendant le même temps ? Evidemment moins : d'où la proportion $3000 : 500 :: 100 : x = {}^{50}|_{3}$. — Mais, si sur 100 francs l'escompte est $^{50}|_{3}$ de franc pour 10 mois ou $^{10}|_{12}$, ou encore $^{5}|_{6}$ d'an, pour $^{1}|_{6}$ d'année il sera 5 fois moindre que $^{50}|_{3}$, ou $^{50}|_{15}$ de franc ; et, pour toute l'année, ou $^{6}|_{6}$, l'escompte de 100 francs sera 6 fois plus fort que $^{50}|_{15}$, ou $^{300}|_{15} = 20$. C'est donc un escompte de 20 p. 0/0 en dehors qui est, par suite, accordé au tailleur.

---

† **296. — Quinzième Exercice.** — *Un marchand de vin en gros paie à son fournisseur de Bordeaux une certaine somme, pour livraison à lui faite de plusieurs tonnes de Médoc. Il pouvait différer le solde desdites pièces à 18 mois, et comme il s'expédie le jour même où il les reçoit, il obtient un escompte en dedans de 3000 fr., basé sur le taux de 5/6 p. 0/0 par mois. — De combien était sa dette ?*

Raisonnement. — Observons tout d'abord que, quand on dit qu'un taux est à $^{5}|_{6}$ par mois, c'est comme si l'on disait qu'il est établi à 12 fois $^{5}|_{6}$, ou à 10 p. 0/0 par an. — Cela posé, une somme de 100 francs, augmentée de son taux 10 pour un an, ou $10 + 5 = 15$ pour 18 mois, devenant 115 francs, et donnant une diminution de 15 francs en un temps connu, x, pour la même raison, représentera, capital et intérêts réunis, la valeur qui donnera, au bout du même temps, 3000 francs, escompte figurant dans l'énoncé. D'où la proportion 15:115::3000:x. En calculant la valeur de l'extrême x, au moyen de l'égalité suivante $x = {}^{3000\times115}|_{15}$, nous trouvons que la somme due par le marchand de vin au fournisseur de Bordeaux s'élevait à 23000 francs.

---

297. — Seizième Exercice. — *Combien devait un libraire à son correspondant de Paris, si sa dette était payable à 9 mois de date ; et si, ayant obtenu un escompte en dehors égal à 6 p. 0/0 par an, il n'est ensuite obligé de payer comptant qu'une somme de 2700 francs ?*

Raisonnement. — Puisque le taux de l'escompte, c'est-à-dire la diminution sur 100 francs, est de 6 francs pour un an, pour un mois cette diminution sera 12 fois moindre, ou la douzième partie de 6 francs, soit ${}^{1}|_{2}$ franc, et pour 9 mois, temps mentionné dans l'énoncé, elle sera 9 fois plus forte que ${}^{1}|_{2}$, ou ${}^{9}|_{2}$ fr, ce qui égale 4 francs 50 centimes. Donc 100 — 4,50, c'est-à-dire 95 fr.,50 c., étant la valeur actuelle d'une somme de 100 francs, payable dans 9 mois à 6 p. 0/0 par an, 2700 francs seront, par suite, la dette du libraire, diminuée dans les conditions du problème. La somme qu'il devait primitivement étant, comme on le comprend bien, plus forte que la valeur escomptée 2700 francs, nous poserons en croissant la proportion suivante 95,50:100::2700:$x = {}^{2700\times100}|_{95,50}$ ou 2827 fr.,225 millimes, dette que le libraire aurait payée, s'il avait attendu l'échéance.

---

298. — Dix-septième Exercice. — *Pour les valeurs commerciales l'escompte est souvent prélevé à 6 p. 0/0 par an, et l'on connaît, d'une manière pratique, dans les transactions, qu'il s'agit de l'escompte en dedans, toutes les fois que sur 106 francs on convient avec le preneur d'opérer une réduction de 6 francs, en lui remettant 100 francs ; tandis que, par l'escompte en dehors, celui-ci subit, sur 100 fr. une réduction de 6 francs, ne recevant ainsi que 94 francs. — Ces principes une fois connus, on propose de déterminer, à l'aide de l'escompte en dedans et de l'escompte en dehors, 6 p.*

0/0 par an, la diminution à exercer sur une valeur de 9000 francs, payable à 5 mois de date ?

RAISONNEMENT. — 1° 6 p. 0/0 en un an ou 12 mois, font, comme nous l'avons déjà dit, 6/12 ou 1/2 franc en un mois, et, en 5 mois, 5 fois 1/2 ou 2 fr.,50 c. Ainsi au lieu de 100 francs qu'on aurait à payer aujourd'hui, il faudrait, d'après les conditions de l'énoncé, payer 102 fr.,50 c. dans 5 mois. — Cela posé, si 102 fr.,50 c., soldés à 5 mois d'échéance, équivalent à 100 francs payés comptant, 9000 francs, payables à la même date, équivaudront à une somme x, plus faible que 9000 dans le rapport de 102,50 à 100 francs, et payée aujourd'hui; d'où la proportion décroissante 102,50:100::9000:x= 8780 francs 49 centimes, et la diminution à opérer sur 9000 francs, escompte en dedans, est, par suite, 9000—8780,49=219 francs 51 centimes.

2° L'escompte en dehors de 100 francs, payables à 5 mois de date, rendant, d'après l'énoncé, cette somme plus faible de 2 fr.,50 c. quant à sa valeur actuelle ; et le preneur ne devant recevoir, en conséquence, que 100 — 2,50 = 97 fr.,50 c., nous raisonnons ainsi : si 100 francs, à solder au bout de 5 mois, sont passibles d'une réduction de 2 fr.,50 c., étant remboursés aujourd'hui, la somme de 9000 francs, plus forte que 100 francs, sera, dans les mêmes conditions, passible d'une réduction proportionnellement plus forte que 2 fr.,50 c.; d'où la proportion croissante 100:9000:: 2,50:x=225 francs, et la valeur actuelle de 9000 fr., escompte en dehors, devient, par suite, 9000 moins la diminution 225=8775 francs,

---

299. — Dix-huitième Exercice. — *Il est facile de mettre sous la forme de fractions bien simples les valeurs pour un jour des taux 3, 4, 5, 6, affectés à 100 francs pour un an, surtout dans l'année commerciale, laquelle est évaluée à 360 jours. Qu'il s'agisse donc d'apprécier le taux de 100 fr. pour une seule journée, les précédents s'exprimeront aussitôt 1° par 3/360=1/120; 2° par 4/360=1/90; 3° par 5/360=1/72; 4° par 6/360=1/60. — Cette courte remarque trouve son ap-*

plication dans le problème suivant : — Un billet de 9000 fr., souscrit le premier avril par un orfèvre de Brest à un négociant en bijouterie de Paris, comme payable au premier novembre suivant, a été converti en espèces, le 15 juin, par le négociant dans un comptoir de la capitale. Celui-ci a gardé ledit effet jusqu'au premier octobre, moment où il s'est fait payer par une Maison de Brest. Enfin, le billet a été alors mis en portefeuille dans cette dernière maison, qui en a touché le montant au jour de l'échéance. — On désire savoir combien le comptoir a remis au négociant, combien la Maison de Brest au comptoir, et combien revient à la Maison de Brest, l'escompte en dehors étant à 5 p. 0/0 par an ?

Raisonnement. — Supposons, pour un instant, que ce fût la somme de 100 francs, au lieu de 9000 francs, qui eût pu être payée le jour de la souscription du billet ; elle aurait évidemment produit, pour le débiteur, une diminution d'autant de fois $^1/_{72}$, qu'il y aurait eu de jours à s'écouler du 1er avril au 1er novembre ; soit $^1/_{72} \times 210$ jours $= {}^{210}/_{72}$ de franc, ou 2 fr.,917 millimes, et, à cette condition, 100 francs, payables au 1er novembre, n'auraient valu, au 1er avril, que $100-2{,}917 = 97$ francs 083 millimes. Mais, ce ne sont pas 100 fr. qui se sont trouvés dans le cas de pouvoir être payés à cette date, par l'orfèvre ; ce sont 9000 francs. Admettant donc que le paiement de ladite dette ait été réellement fait le 1er avril, nous raisonnons ainsi : de même que 100 fr., avec le taux donné, diminuent de 2 fr.,917 au bout d'un certain temps, de même aussi, toutes causes maintenues, 9000 francs doivent diminuer dans un rapport égal au précédent. D'où la proportion $100 : 2{,}917 :: 9000 : x = 262$ francs 53 centimes. Il en résulte : 1° que la dette réelle de l'orfèvre, au jour où il a souscrit le billet, n'était donc que de $9000-262{,}53=8737$ francs 47 centimes ; 2° que les 262 fr.,53 c., formant la différence entre la valeur consignée au billet, et la valeur réelle de la dette au jour de la souscription dudit billet, n'est autre que l'escompte en dehors 5 p. 0/0 pour 210 jours, pris sur l'effet, afin d'être réparti entre les intéressés, dans les maisons desquels il a passé, et en raison du temps qu'ils l'ont eu entre les mains. Ainsi, nous voyons, tout d'abord, que le négociant de Paris l'a retenu pendant 75 jours, avant de le changer pour des espèces au comptoir ; ensuite, que le comptoir en a été possesseur pendant 105 jours, avant de l'expédier contre de l'argent à la Maison de Brest ; enfin, que celle-ci n'en a perçu le montant que 30 jours après l'avoir reçu. — Par suite : le négociant a droit : 1° à 8737 fr.,47 c., valeur escomptée du billet ; 2° aux 75|210 de 262 fr.,53 c, valeur en francs, représentative de l'escompte en dehors de 9000 francs, pour 75 jours, = 93 fr.,75 c. Total égal 8831 fr.,22 c. — Le comptoir reçoit : 1° 8737 fr.,47 c. ; 2° les 105|210 de 262 fr.,53 c., valeur en francs de la portion de cet escompte intégral équivalente à 105 jours = 131 fr.,23 c. Total égal 8868 fr.,72 c. — Enfin, il revient à la Maison de Brest : 1° 8737 fr.,47 c. ; 2° 37 fr.,50 c., figurant les 30|210 de 262 fr.,53 c., ou l'escompte de 30 jours à prendre sur cette diminution intégrale. Total égal 8774 fr.,97 c.

---

† **500. — Dix-neuvième Exercice.** — *Le café, payé le jour même de l'achat, revenant à 3 francs le kilogramme, un marchand en gros veut savoir à combien il devra fixer le kilogramme de cette denrée coloniale pour une de ses pratiques, qui en demande une certaine quantité à 8 mois de crédit ; ledit négociant exigeant alors 5 p. 0|0 par an comme compensation.*

Raisonnement. — Puisque, d'après l'énoncé, si le détaillant achetait aujourd'hui pour 100 francs de café, il aurait, dans un an, à débourser 105 francs ; pour une valeur de 3 francs, c'est-à-dire pour un seul kilogramme qu'il prendrait à ce jour au magasin du négociant, il devrait également payer dans un an plus de 3 francs, ou une quantité de francs, augmentée au-delà de trois dans le rapport de 100 à 105. D'où la proportion 100 : 105 : : 3 : x=3 francs 15 centimes. — Mais je remarque, toujours d'après l'énoncé, que ce n'est pas à un an de crédit que le petit marchand demande au négociant une certaine quantité de café, c'est 8 mois. Si donc, pour une année de crédit, sa livraison de café devait subir 15 centimes d'augmentation par kilogramme, sur le prix payé comptant, pour 8 mois, qui forment les $^8|_{12}$ ou les $^2|_3$ de l'année, l'augmentation du prix du kilogramme ne doit être définitivement que les $^2|_3$ de 15 centimes, ou 0 fr., 10 c. — Je conclus, par suite, que le négociant a fixé pour ce commerçant, dans les conditions du problème, le prix de son café à 3 fr., 10 c. le kilogramme. — *Composition raisonnée d'arithmétique, faite par un Élève de l'Ecole supérieure de Brest.*

---

301. — Vingtième Exercice. — *On veut solder une dette de 3000 francs, par deux billets de 1550 francs chacun, payables l'un et l'autre à 180 jours de distance de celui ou on les remet en paiement. — Combien donnera-t-on ainsi d'argent en trop ou en trop peu, si, le taux étant à 6 p. 0/0, et l'année évaluée comme commerciale à 360 jours, le premier billet porte l'indication de l'escompte en dedans, et le second, celle de l'escompte en dehors.*

Raisonnement. — 1° 100 francs, souscrits aujourd'hui en billet par un débiteur, vaudront pour son créancier, dans un an, escompte en dedans, 106 francs; et, dans 180 jours ou une demi-année, 103 francs. — Or, de même que 103 francs sont ce que deviennent 100 francs, en 180 jours à 6 p. 0/0 par an, de même 1550 francs seront ce que deviendra x, somme proportionnellement plus faible que 1550 francs dans le rapport de 103 à 100, d'où la proportion décroissante $103 : 100 :: 1550 : x = 1504$ francs 85 centimes. — La partie du paiement, représentée par la valeur actuelle de 1550 francs, escompte en dedans pris dans les circonstances du problème, est donc de 1504 fr. 85 c.

2° 100 francs, payables en un an escompte en dehors 6 p. 0/0, se réduisant à $100 - 6$ ou à 94 francs si on les paie aujourd'hui ; il en résulte que le terme de l'échéance, devenu de moitié plus rapproché du jour où le billet a été souscrit, produira pareillement une diminution moitié plus faible que d'abord sur le capital précité. Ainsi, la même somme de 100 francs payée aujourd'hui, au lieu de l'être dans 180 jours, subira, seulement la réduction de 3 francs, et deviendra 97 fr. —

Cela posé, si 100 francs, payables dans 180 jours, ne valent que 97 francs aujourd'hui, 1550 francs, dans les mêmes circonstances, ne vaudront non plus que x, somme évidemment moins forte que 1550 francs dans le rapport de 100 à 97, d'où la proportion décroissante 100:97::1550:x=1503 francs 50 centimes. — La partie du paiement, représentée par la valeur actuelle de 1550 francs, escompte en dehors pris dans les circonstances du problème, est donc de 1503 fr.,50 c.

Or, 1504,85+1503,50 égalant 3008 francs 35 centimes, c'est-à-dire une somme plus forte que la dette, l'excédant 8 fr.,35 c., les billets acceptés, revient de droit à leur ex-possesseur. — *Devoir raisonné d'arithmétique, fait par une Elève aspirante au brevet de capacité.*

---

340 *bis*. — Terminons ces exercices sur les règles d'intérêt et d'escompte par un trait, dont la lecture amusante vous rendra sans doute curieux de connaître la solution du problème que nous y avons intercalé.

TESTAMENT D'UN AVARE. — M. de Nébonne était si avare, qu'il frissonnait en entendant prononcer le mot *donner*. Calculant, long-temps avant de mourir, à combien lui reviendrait son enterrement, il s'avisa d'écrire pour cela à un entrepreneur de pompes funèbres. « Imaginez-vous, lui mandait-il, que je sois mort, et venez, je vous prie, régler avec moi le prix de mes funérailles. » Rendu officieusement à cette singulière invitation, l'agent énuméra, article par article, le compte dont il s'agissait. « Mon cher Monsieur, dit-il à l'avare, il faudra tant pour la bière, tant pour la cire et les chandeliers, tant pour la tenture, tant pour la croix d'argent, tant pour les prêtres, tant pour le droit d'assistance de M. le Curé, tant pour le Suisse, tant pour les Bedeaux, tant pour les Sonneurs, tant pour les Enfants de Chœur, tant pour les pauvres ; et le tout se montera à...... *c'est-à-dire à une somme qui, placée à* 3 *p.* 0/0 *pendant* 3 *ans* 3 *mois et* 3 *jours, l'année étant, comme dans le commerce, de* 360 *jours, et le mois de* 30, *rapporterait* 9 *francs* 77 *centimes* 1/2 *d'intérêt. — Quelle est-elle ?*

— Juste ciel ! s'écria M. de Nébonne, le cœur tout serré... Ah ! bourreau, vous n'y pensez pas : un pauvre diable comme moi, mais, en vérité, c'est écorcher vifs les gens après leur mort ! — Il est impossible de vous enterrer à moins, et encore n'ai-je pas tenu compte de certains petits accessoires pour notre entreprise. — Mais songez donc à la forte contribution que vous m'imposez, même lorsque je ne serai plus ! — C'est le prix le plus modique pour un homme tel que vous ! — Quelle somme ! quelle somme ! répétait en faisant de grands soupirs M. de Nébonne.

L'entrepreneur ne voulant pas rabattre une obole des frais funéraires qu'il avait réduits à leur dernière valeur, notre avare se sentit tout-à-coup saisi d'une fièvre mortelle, et fut obligé de se mettre au lit. Dans ce pressant danger, on le détermina, non sans peine, à faire venir un notaire. Celui-ci étant arrivé, demanda au moribond qui il voulait faire son héritier, « Quoi ! répondit-il en suffoquant, et les larmes aux yeux, je me dépouillerais ainsi avant ma mort ! non jamais, non, non ! — Faites donc attention, lui fit observer le notaire, que celui à qui vous léguerez votre bien, n'en jouira qu'après votre décès. — Oh ! n'importe, reprit l'avare à demi-mort.— Songez donc, que vous fassiez un testament ou non, que vos héritiers directs auront des droits incontestables. Il en est que vous pouvez en conscience favoriser. — Incontestables ! incontestables ! reprit notre avare. Eh ! bien, puisqu'il faut absolument instituer un héritier, « c'est moi-même que j'institue. » Il n'en voulut pas démordre, et mourut en prononçant à voix basse. Incontestables ! Incontestables !.....» — *Arrangé en problème, d'après un récit tiré du recueil de compositions françaises par M. Emile Lefranc.*

Intérêts composés de 1 franc à divers taux.

1 franc à 3 p. 0/0 rapporte		1 franc à 5 p. 0/0 rapporte	
	en 2 ans 0 fr. 060900		en 2 ans 0 fr. 102500
	en 3 ans 0 fr. 092727		en 3 ans 0 fr. 157625
	en 4 ans 0 fr. 125500		en 4 ans 0 fr. 215506
	en 5 ans 0 fr. 159274		en 5 ans 0 fr. 276282
	en 6 ans 0 fr. 194052		en 6 ans 0 fr. 340096
	en 7 ans 0 fr. 228874		en 7 ans 0 fr. 407100
1 franc à 4 p. 0/0 rapporte		**1 franc à 6 p. 0/0 rapporte**	
	en 2 ans 0 fr. 081600		en 2 ans 0 fr. 123600
	en 3 ans 0 fr. 124864		en 3 ans 0 fr. 191016
	en 4 ans 0 fr. 169859		en 4 ans 0 fr. 262477
	en 5 ans 0 fr. 216653		en 5 ans 0 fr. 338226
	en 6 ans 0 fr. 265319		en 6 ans 0 fr. 418519
	en 7 ans 0 fr. 315932		en 7 ans 0 fr. 50363

RÈGLES DE MÉLANGE, DES MOYENNES OU D'ALLIAGE.

302. — *La règle d'alliage a pour but : connaissant la valeur et le nombre de plusieurs quantités de même espèce, mais de valeur différente, de trouver le prix moyen de l'une de ces quantités.*

Exemple. — *On a mélangé 12 kilogrammes de sucre à 2 fr.,50 c., avec 8 kilogrammes à 2 fr.,20 c., avec 20 kilogrammes à 2 fr., et avec 15 kilogrammes à 1 fr.,90 c. — Quel sera le prix moyen d'un kilogramme du mélange.*

12 kilog. à 2 fr. 50 c. = 30 fr.
8 kilog. à 2 fr. 20 c. = 17 fr. 60 c.
20 kilog. à 2 fr. 00 c. = 40 fr.
15 kilog. à 1 fr. 90 c. = 28 fr. 50 c.

Les 55 kilog. coûtent..... 116 fr. 10 c.

Raisonnement. — Commençons par calculer le prix de tous les kilog. Or, un kilog. de la première espèce valant 2 fr.,50 c., 12 kilogrammes vaudront 12 fois plus, ou 30 francs. De même les 8 kilogrammes de la deuxième espèce à 2 fr.,20 c., vaudront 17 fr.,60 c.; les 20 kilogrammes de la troisième espèce, à 2 fr., vaudront 40 fr.; et enfin les 15 kilogrammes de la quatrième espèce, à 1 fr.,90 c., vaudront 28 fr., 50 c. ; en sorte que les 55 kilogrammes mélangés valent 116 fr., 10 c., abstraction faite de leurs qualités, que nous savons être différentes. Donc un seul kilogramme ne vaudra que la 55e partie du prix total ; et si nous divisons 116 fr., 10 c., par 55, il viendra, pour prix moyen, 2 fr.,11 c., à moins d'un centime près.

303. — *La règle d'alliage s'emploie aussi pour découvrir une moyenne entre divers résultats donnés par l'expérience, ou l'observation, et qui ne s'accordent pas entre eux.*

Exemple. — *La distance d'un point à un autre ayant été mesurée à quatre reprises, a donné les résultats suivans ;* 500 *mètres ;* 498 *mètres* 50 *centimètres ;* 497 *mètres ;* 499 *mètres* 10 *centimètres. — Quelle est la distance à prendre entre ces deux points ?*

Règle. — Pour trouver une moyenne entre plusieurs résultats différens, on en fait la somme, et l'on divise cette somme par le nombre des résultats additionnés. Ici, la somme des longueurs est 1994 mètres 60 centimètres, qui, divisée par 4, donne 498 mètres 65 centimètres, pour la mesure la plus exacte de la distance qui sépare les deux points en question.

$$\begin{array}{r} 500^{m},00 \\ 498^{m},50 \\ 497^{m},00 \\ 499^{m},10 \\ \hline 1994^{m},60 : 4 = 498^{m},65 \end{array}$$

304. — *La règle d'alliage sert enfin à indiquer combien il faudrait prendre de quantités de chaque espèce de plusieurs marchandises, dont on veut composer un mélange ; la valeur de chacune d'elles et le prix moyen du mélange étant déterminés à l'avance.*

Premier Exemple. — *Un marchand a du vin de deux différentes sortes, dont il veut composer un mélange qu'il puisse laisser à 70 centimes le litre. — Il désire savoir combien il devra y faire entrer d'une qualité à 95 centimes le litre, et d'une autre qualité à 60 centimes le litre ?*

CALCUL.

Prix supérieur. 95 c.	..... 25 c.,	différ. avec le prix moyen, et perte par litre.
Prix moyen..........	70 c.	
Prix inférieur.. 60 c.	..... 10 c.,	différ. avec le prix moyen, et gain par litre.

Le mélange total pourra être de 35 litres, dont 10 à 95 centimes, et 25 à 60 centimes, la compensation se trouvant ainsi établie.

Raisonnement. — Après avoir placé l'un sous l'autre les prix des vins à mélanger, et avoir tiré une accolade, pour les séparer du prix moyen, écrit un peu à droite entre les deux, ce qui met l'opération en tableau synoptique, cherchons d'une part la différence du prix supérieur au prix moyen, et écrivons les résultats à droite de ce dernier, vis-à-vis des chiffres qui les ont donnés : nous trouvons par là deux nombres qui nous conduisent à la solution de la question par une analyse bien simple.

En effet, si le marchand ne vendait que 70 centimes un litre de la première qualité qui coûte 95 centimes, il perdrait 25 centimes; au contraire, il gagnerait 10 centimes en vendant 70 centimes un litre de la deuxième qualité, qui lui coûte seulement 60 centimes. Donc, sur une quantité quelconque de litres de la première espèce de vin, 10 par exemple, le marchand serait en perte de 10 fois 25 centimes, ou de 2 fr.,50 c. Il faut, par conséquent, qu'il fasse compensation à sa perte, en introduisant dans son mélange, un nombre de litres de la deuxième espèce tel, qu'en le multipliant par 10 centimes, il en résulte un bénéfice égal à la perte.

On voit qu'il ne s'agit plus que de diviser 2 fr.,50 c. par 10 centimes, et le quotient, d'après la définition de la division, donnera le nombre de litres à prendre de la deuxième espèce. Effectuant, on trouve 25 litres.

Donc, pour pouvoir laisser son mélange à 70 centimes, le marchand doit y faire entrer 10 litres à 95 centimes et 25 à 60 centimes, ou d'autres quantités de litres, en rapport avec celles que nous avons trouvées.

VÉRIFICATION.

10 litres à 95 c.$=95\times10=$ 9 fr.,50 c.
et 25 litres à 60 c.$=60\times25=$15 fr.,00 c.

Total... 24 fr.,50 c. égal à celui que donnerait le produit du prix moyen, 70 centimes par 35, quantité de litres mélangée dans notre hypothèse : il est facile de s'en assurer.

Deuxième Exemple. — *Un épicier veut, avec du sucre de deux qualités différentes, l'une à 2 fr.,20 c. le kilogramme, l'autre à 1 fr.,90 c. le kilogramme, composer un mélange de 29 kilogrammes, dont il puisse laisser l'un à 2 francs. — Combien doit-il prendre de chaque sorte ?*

RAISONNEMENT. — En opérant d'après l'analyse du cas précédent, et, par conséquent, comme si la quantité totale à obtenir était indéterminée, nous trouvons que, sur 90 kilogrammes, par exemple, que l'épicier mélangerait, il devrait prendre 30 kilogrammes à 2 fr.,20 c., et 60 kilogrammes à 1 fr.,90 c. Mais il est évident que, nous n'obtenons, par suite, que le rapport des deux nombres de kilogrammes à faire entrer dans un mélange pris au hasard ; rapport qui, par la simplification des nombres, nous amène cependant à connaître que sur 3 kilogrammes de mélange, l'épicier devrait mettre un kilogramme de l'espèce supérieure, et 2 kilogrammes de l'espèce inférieure.

Donc si, à 3 kilogrammes, nous substituons la quantité 29 de l'énoncé, l'épicier aura à prendre proportionnellement plus pour son mélange définitif. D'où les deux proportions : $3:29::1:x$, et $3:29::2:y$, dont les inconnues sont 9, $\frac{2}{3}$ et 19, $\frac{1}{3}$; double solution du problème.

---

† **Troisième Exemple.** — *Un négociant, pour satisfaire une de ses pratiques, consent à opérer en sa faveur un mélange de trois qualités de cafés, l'une à 2 fr., 70 c. le kilogramme ; l'autre à 3 francs le kilogramme, et la troisième, qui est la qualité supérieure, à 4 francs le kilogramme. — Combien de chaque qualité prendra-t-il donc à cet effet, l'acheteur tenant à ce que le prix du kilogramme soit de 3 francs 40 centimes ?*

CALCUL.

4 fr., 00 c. ..... **60 c. perte sur un Kilog. de la 1re qualité, en raison du prix moyen.**

3 fr., 40 c. prix moyen.

3 fr., 00 c. ..... **40 c. gain sur un kilog. de la 2e qualité, en raison du prix moyen.**

2 fr., 70 c. ..... **70 c. gain sur un kilog. de la 3e qualité, en raison du prix moyen.**

RAISONNEMENT. — Observons, comme précédemment, que le négociant perdra, dans cette opération, 60 centimes sur un kilogramme de la qualité supérieure, tandis qu'il bénéficiera de 40 centimes sur un kilogramme de la deuxième qualité, et de 70 centimes sur un kilogramme de la troisième qualité. En admettant donc qu'il ait pris un nombre arbitraire, autant de kilogrammes, par exemple, de l'espèce supérieure, qu'il y a de centimes dans les différences des prix inférieurs au prix moyen, soit 70+40=110 kilogrammes, sa perte sera 60 c.×110=66 francs, qu'il devra chercher nécessairement à compenser par un égal gain, réparti le plus équitablement possible sur les deux qualités inférieures entrant dans le mélange.

Or, s'il prend de la deuxième qualité la moitié de ce qu'il a pris de la qualité supérieure, ou 110:2=55 kilogrammes, son gain, sur cette quantité sera 55 fois 40 c.=22 francs, lesquels, retranchés de 66 francs, laissent encore 44 francs de perte à reporter sur la troisième qualité. Donc, pour obtenir un gain égal à cette perte, il faut que le négociant fasse entrer dans le mélange un nombre de kilogrammes de la troisième qualité, qui ne soit autre que le quotient de 44 francs par 70 centimes = 62 kilog., 857 grammes, à moins d'un gramme près.

VÉRIFICATION.

110 k.	1re espèce × 4 fr.	= 440 fr.	227 k., 857 g.
55 k.	2e espèce × 3 fr.	= 165 fr.	× 3 fr., 40 c.
62 k.857	3e espèce × 2 fr.70	= 169 fr.7139	= 774 fr.7138.
Totaux. 227 k.858 gr.	....	774 fr.7139	

305. — PREMIÈRE REMARQUE. — Si l'acheteur avait spécifié un nombre de kilogrammes, 100 par exemple, au vendeur, il n'aurait plus resté à celui-ci qu'à partager 100 en parties proportionnelles aux quantités 110, 55, 62 + 6/7, obtenues dans la combinaison précédente.

306. — SECONDE REMARQUE. — On aurait encore pu faire en sorte que le nombre des prix supérieurs au prix moyen fut le même que celui des prix inférieurs, en écrivant deux fois le prix supérieur ; et, les différences ayant été préalablement établies, et considérées même comme formant les objets mélangés, celle des prix supérieurs auraient servi de multiplicateurs aux prix inférieurs et réciproquement. — Cette méthode, qui est très simple, se trouve dans tous les traités d'arithmétique, et peut être employée dans les divers cas de mélanges ou d'alliages. Nous allons l'appliquer au précédent.

4 fr.	.....60 × 3 fr.	= 180 fr.
4 fr.	.....60 × 2 fr. 70	= 162 fr.
3 fr., 40		
3 fr.	.....40 × 4 fr.	= 160 fr.
2 fr. 70	.....70 × 4 fr.	= 280 fr.

On peut mélanger... 230 kilog. pour 782 francs, savoir : 60 kilogrammes à 3 francs ; 60 kilogrammes à 2 fr., 70 centimes ; 40 kilogrammes à 4 francs, et 70 kilogrammes à 4 francs ; le résultat est le même que celui du nombre total de kilogrammes multiplié par le prix moyen. En effet, 3 fr.,40 × 230=782 francs.

Il résulte de tout ce qui précède, que plusieurs combinaisons de mélanges peuvent servir de solutions à une même question donnée.

Quatrième Exemple. — *On veut former, à l'hôtel des monnaies, pour fabriquer des pièces d'or, un lingot de 8 kilogrammes au titre de 0,900, avec trois quantités de ce métal ayant les titres de 0,920, 0,840, et 0,750. — Combien doit-on faire entrer d'or de chaque titre dans l'alliage projeté ?*

RAISONNEMENT. — En nous servant du procédé indiqué dans la seconde remarque ci-dessus, nous disposons nos calculs de la manière suivante :

0,920	20	ou plus simplement 2
0,920	20	*idem*...... 2
	0.900	
0,840	60	*idem*...... 6
0,750	150	*idem*......15

On peut mélanger en tout 250 kilog. ou, plus simplement, 25 kil. dont, alors, 2 kilog. à 0,840 ; 2 kilog. à 0,750 ; 6 kilog. à 0,920 et 15 kilog. à 0,920.

Maintenant, si pour obtenir 25 kilogrammes à 0,900 il faut prendre 2 kilogrammes à 0,840, combien, pour obtenir 8 kilogrammes à 0,900, en prendra-t-on ? Evidemment moins. D'où la proportion : $25 : 8 :: 2 : x$; et de même, pour les quantités d'or à employer des trois autres titres, $25 : 8 :: 2 : x$; $25 : 8 :: 6 : x$; enfin, $25 : 8 :: 15 : x$.

Les opérations ordinaires pour la recherche des 4 inconnues, indiquées et effectuées, nous donnent :

1° $(8 \times 2) : 25 = 64$ décagrammes à 0,840 ;

2° $(8 \times 2) : 25 = 64$ décagrammes à 0,750 ;

3° $(8 \times 6) : 25 = 1$ kilog., 92 décag. à 0,920 ;

4° $(8 \times 15) : 25 = 4$ kilog., 80 décag. à 0,920.

† **Cinquième Exemple.** — *Pour satisfaire à trois commandes de couverts du premier titre, c'est-à-dire du titre de 0,950, qu'il a reçues de trois bijoutiers de province, un fabricant de Paris prend 4 kilogrammes d'argent pur, qu'il se propose d'allier avec de l'argent étranger à 0,970, et avec de l'argent français aux titres de 0,900 et de 0,800. — Dites combien de kilogrammes des trois dernières qualités d'argent devront entrer dans ledit alliage ?*

Raisonnement. — Résolvant d'abord le problème comme si tout était indéterminé dans l'énoncé, nous disposons nos calculs comme précédemment :

1000	50	ou plus simplement	5
970	20	*idem*	2
	950		
900	50	*idem*	5
800	150	*idem*	15
Totaux.....	270 kilog.		27 kilog.

Il en résulte que le fabricant peut faire un mélange total de 270 kilogrammes, ou, plus simplement, de 27 kilogrammes ; mais toujours dans l'hypothèse de 5 kilogrammes d'argent pur, de 15 kilogrammes au titre de 0,970, de 5 kilogrammes à 0,900, et de 2 kilogram- à 0,800.

Donc, si au lieu de 5 kilogrammes d'argent pur que nous trouvons comme devant entrer dans l'alliage hypothétique de 27 kilogrammes, le fabricant s'en tient à 4 kilogrammes, le lingot ainsi obtenu subira nécessairement une diminution de poids. D'où la proportion :

$$5:4::27:x=(27\times 4):5=21 \text{ kilog. } 6 \text{ hectogrammes.}$$

Le poids réel du lingot une fois déterminé, il ne reste plus maintenant qu'à raisonner de cette manière : si sur 27 kilogrammes, poids fictif, il devait être employé 15 kilogrammes à 0,970, sur 21 kilog.,6, poids véritable, il entrera proportionnellement moins, ou $27:21,6::15:x=(21,6\times 15):27=12$ kilogrammes, et de même pour les deux autres quantités d'argent à introduire dans l'alliage ; $27 : 21,6 :: 5 : x = (21,6 \times 5) : 27 = 4$ kilogrammes ; $27 : 21,6 :: 2 : x = (21,6 \times 2) : 27 =$ 1 kilog., 6 hectogrammes.

L'alliage de 21 kilogrammes 6 hectogrammes qu'opèrera le fabricant, en y faisant entrer les 4 kilogrammes d'argent pur de l'énoncé, se composera donc en outre : 1° de 12 kilogrammes d'argent au titre de 0,970 ; 2° de 4 kilogrammes à 0,900 ; 3° de 1 kilogramme 6 hectogrammes au titre de 0,800.

PROBLÈMES.

Sur les Règles d'Escompte, d'Intérêt composé et d'Alliage.

---

341. — Mon frère désire faire escompter chez un banquier trois billets qu'il a, et dont le premier, de 620 francs, est payable à 140 jours ; le deuxième, de 720 francs, est payable dans 100 jours ; le troisième, de 800 francs, est payable dans 90 jours. Le banquier lui propose de les prendre, moyennant un escompte de 5, 1/2 pour cent l'an. — Si mon frère y consent, quel total recevra-t-il : 1° escompte en dedans ; 2° escompte en dehors. — Pourra-t-il, avec ce qu'il touchera, payer une traite de 2000 francs.

---

342. — Déterminer : 1° l'escompte en dedans ; 2° l'escompte en dehors, d'un billet de 1720 francs, payable au bout de 48 jours, le taux de l'intérêt étant de 5, 1/2 pour cent par an. — *Donné à l'examen pour l'inspection de la Marine.* — 1858.

---

343. — J'ai livré, disait un négociant de Bordeaux, 12 pièces de vin de 300 litres chacune, sur le pied de 35 francs l'hectolitre, à un de mes clients de Brest, contre un billet payable dans 8 mois, avec 3 pour cent d'intérêt par an ; mais, s'il me paie comptant, je lui accorde, sur le terme ci-dessus, un escompte en dedans de 5 pour cent. — Quelle somme aura-t-il donc à me remettre : 1° s'il ne me paie qu'à l'échéance ; 2° s'il me solde immédiatement.

344. — On propose à un riche fermier de lui céder le bien rural qu'il exploite, moyennant une somme de 30000 francs, plus les charges évaluées au quinzième, et le tout payable dans 2 ans 8 mois avec intérêts à 3 pour cent l'an. Cependant il est libre de donner des à-comptes, pour lesquels on lui accordera 4/5 pour cent d'escompte en dehors par mois. Cette dernière faculté lui ayant été garantie, il consent à faire l'achat de la propriété; et, au bout de 10 mois, il donne 12500 francs, et 6 mois après 4000 francs. — On désire savoir quelle a dû être l'époque où il a soldé le reste, si ce dernier paiement n'a été que de 14500 francs. — *Examens de Rennes pour le degré supérieur. — Septembre* 1834.

---

345. — Je trouve à faire l'acquisition d'un lot de 235 stères de bois de chauffage à 8 fr.,80 c. l'un, et à 9 mois 12 jours de crédit; mais je pose pour condition qu'il me sera facultatif de me libérer avant ce terme, et je demande, le cas échéant, un escompte de 6 pour cent, qui m'est accordé par mon vendeur. — Quelle somme aurai-je donc à débourser, si je paie comptant, ou si je ne paie que dans 3 mois 1/3. — A quelle époque devrai-je solder mon achat : 1° pour obtenir une diminution de 50 fr.,50 c.; 2° pour n'avoir à remettre à mon marchand de bois que 1999 fr.,99 c.

---

346 — Un de mes amis, qui s'était présenté à un comptoir, avec un billet payable à 200 jours de date, se vit retenir, pour l'escompte, au taux de 6 pour cent par an, une somme de 78 fr,75 c., et le banquier lui remit le reste. Mais comme il ne se rappelait plus bien, une fois rentré chez lui, le montant exact de son billet, il me pria de le lui refaire, à l'aide de l'escompte en dedans et de l'escompte en dehors. Lorsque je lui présentai mon double travail, il vit tout de suite que le banquier avait opéré à son égard d'après le deuxième de ces deux modes. — Quelle était donc la valeur réelle du billet de mon ami; de combien eût-elle été, si le banquier s'était servi du premier mode d'escompte.

---

347. — N'ayant pas dans le moment de fonds disponibles, un marchand épicier, à qui l'on demandait une somme de 1500 francs qu'il devait, en proposa le paiement par un billet de 1660 francs qu'il avait en portefeuille, et qui n'était payable que dans 6 mois 20 jours. Son créancier voulut bien y

consentir, mais à condition de ne prendre ce billet, qu'en lui faisant subir un escompte de 6, 1/2 pour cent par an en dehors, ou de 8 pour cent en dedans. — Lequel des deux modes dut préférer l'épicier, et parvint-il avec son billet à éteindre sa dette.

---

348. — M. Fritz, fabricant d'horlogerie fine à Genève, a fait passer à un de ses clients à Paris, plusieurs montres à cylindres, en or, de 350 francs l'une, et l'a en même temps informé qu'il lui accordait 11 mois 20 jours de crédit. L'horloger parisien, se trouvant en fonds, offre de satisfaire immédiatement M. Fritz, à condition, toutefois, qu'il lui soit fait, par ce dernier, un escompte de 6 pour cent par an. Cette clause ayant été acceptée par le vendeur, l'acquéreur lui expédie aussitôt 5932 fr.,50 c. — Quelle quantité de montres a-t-il donc achetée.

---

349. — Déterminer, d'un côté, l'escompte en dedans, de l'autre, l'escompte en dehors à 5 pour cent, d'un billet de 18000 francs payable dans 8 mois; et faire voir, par une troisième opération, que le second de ces deux modes d'escompte n'est autre que le premier, augmenté de ses intérêts simples pendant le temps précité. — *Examens du Commissariat.*

---

350. — Quatre marchands de vin, ayant chacun une traite à payer, se font escompter, le premier, un billet de 3280 fr., sur lequel on lui retient 198 fr.,60 c.; le deuxième, un billet de 4800 francs, sur lequel il perd 240 fr.,50 c.; le troisième, un billet de 2500 francs, sur lequel on prélève 180 fr.,90 c.; le quatrième, un billet de 1800 francs, sur lequel il lui est retenu 150 fr.,70 c. — Dites : 1° ce que chaque marchand reçoit en argent ; 2° à quel taux est prélevé l'escompte pour chacun des quatre billets ci-dessus.

---

351. — Un commis d'administration de la marine, se voyant sur le point de partir pour les colonies, réalise, moyennant 19000 francs, la vente d'une maison qu'il tenait d'un héritage. — Puis, comme il désire faire un bon placement de cette somme, il va trouver un banquier de ses amis, qui lui propose de le prendre à 4 pour cent intérêts composés. Le prêteur y consentant, combien devra-t-il recevoir en tout, à son retour des colonies, s'il y passe 5 ans.

---

352. — En partant pour faire une campagne de Chine, laquelle devra durer quatre ans, un officier de vaisseau s'adresse à son frère, qui fait le négoce, pour qu'il prenne en dépôt une somme de 50000 francs, et qu'il la fasse valoir le mieux qu'il sera possible, dans l'intérêt de ses trois neveux, qui achèvent leurs études. Au bout de 3 ans 1/2, la nouvelle de la mort de leur père étant survenue, les enfants prient leur oncle de leur remettre la somme qui leur revient, et qui est nécessaire à leur établissement. Celui-ci la partage également entre les trois ; et l'on désire connaître ce qu'il a donné à chacun, s'il a fait valoir à 5 pour cent, intérêts composés, la somme qu'il tenait de son frère.

---

353. — Une personne, à qui l'on offre de prendre pendant 3 ans à 3 fr.,50 c. pour cent, intérêts composés, une somme de 30000 francs dont elle ne prévoit pas avoir besoin avant cette époque, se demande à quel taux d'intérêt simple elle retirerait pareil bénefice de son argent pendant le même temps.

---

354. — Je viens de réaliser, à leur échéance, quatre billets, dont le premier est de 3745 francs ; le deuxième, de 5805 francs ; le troisième, 6475 francs, et le quatrième, de 4075 francs. Comme ce sont les économies que j'ai faites pendant les neuf années de mon commerce, je désire en tirer le parti le plus avantageux, et voici ce qu'il m'est facultatif de faire : 1° les placer à 4 pour cent pendant 5 ans, intérêts composés ; 2° les placer à 6 pour cent, pendant le même temps, intérêts simples. — Dites-moi donc lequel de ces deux placements vous choisiriez vous-même, si vous étiez à ma place.

---

355. — Un petit État ayant besoin d'une somme de 1000000 de francs pour divers travaux publics, en fait l'emprunt à une Maison de Banque de Paris, et convient de solder ledit emprunt en quatre paiements égaux et successifs, d'année en année, les intérêts composés, qu'on fixe à 4 pour cent, devant former une cinquième annuité. — Trouver : 1° de combien sera chaque remboursement annuel ; 2° combien il restera en tout à payer à la fin de la cinquième année; 3° combien la Maison de Banque aura encaissé, tant en capital qu'en intérêts, pour cet emprunt.

---

356. — Deux marchands de nouveautés ont chacun une

traite de même valeur à payer, mais à des époques différentes. Au premier il est accordé 3 ans pour la sienne ; et l'on sait qu'il pourra y satisfaire en plaçant, dès-à-présent, 2000 francs à 3, 1/2 pour cent, intérêts composés. Le second se demande tout naturellement combien, au taux de 4, 1/2 pour cent qui lui est offert, il devra placer aujourd'hui à intérêts composés, pour que dans un an, terme de rigueur, il puisse faire sa somme.

---

357. — Pour trouver l'intérêt composé d'une somme, voici une formule bien simple : — Prenez comme exposant le nombre des années indiqué dans l'énoncé du problème, et servez-vous en pour déterminer la puissance à laquelle il vous faut élever 1 franc, augmenté du taux de l'intérêt donné réduit en centimes. La puissance obtenue ne sera autre que le capital et l'intérêt composé de 1 franc, dont il vous restera finalement à faire le produit par la somme primitive. — *Application* : Quelle est la valeur, au bout de quatre ans, de 1200 francs placés à 6 pour cent, intérêts composés.

---

358. — Pour trouver le temps pendant lequel un capital a dû rester placé, pour rapporter, à intérêts composés, la somme que mentionne l'énoncé d'un problème, calculez le quotient du deuxième de ces deux nombres par le premier ; vous connaîtrez ainsi ce qu'a rapporté 1 franc. Il ne vous restera plus ensuite qu'à diviser ce quotient par 1 franc augmenté du taux de l'intérêt réduit en centimes, et à faire successivement sur chaque quotient que vous obtiendrez, la même opération par 1 franc plus le taux : autant de divisions il vous aura été possible d'effectuer, autant d'années le capital primitif sera resté placé. — *Application* : Au bout de combien d'années 1000 francs placés à 6 pour cent, intérêts composés, vaudront-ils 1350 francs.

---

359. — Pour trouver le taux auquel un capital primitif, placé à intérêts composés, a dû rapporter la somme indiquée dans l'énoncé d'un problème, faites le produit de cette somme par une puissance du capital dont l'exposant est la quantité des années diminuée de l'unité, et extrayez du résultat ainsi obtenu une racine dont le nombre d'années vous fournira l'indice. Cette racine vous fera connaître le capital primitif augmenté de son intérêt pendant la première année. Une soustraction facile vous donnera ensuite l'intérêt de cette pre-

mière année, et vous terminerez par le troisième cas des intérêts simples. — *Application :* A quel taux d'intérêt composé faudrait-il placer 2000 francs, pour avoir en tout, au bout de 3 ans, une somme de 2560 francs.

---

360. — Pour trouver le capital primitif qui, dans un temps déterminé a rapporté, intérêts composés, la somme figurant dans l'énoncé d'un problème, prenez comme exposant le nombre des années, et servez-vous en pour déterminer la puissance à laquelle il vous faut élever 1 franc augmenté du taux réduit en centimes. Divisez ensuite par cette puissance la somme de l'énoncé, et le quotient vous indiquera le capital primitif cherché.— *Application :* Quel est le capital qui, placé pendant 3 ans à 4, 1/2 pour 100, devient 12800 francs, intérêts composés. — *Ces quatre problèmes sur les intérêts composés ont été donnés dans une école normale.*

---

†.— 361. — Le métal des cloches s'obtient en fondant ensemble 110 kilogrammes d'étain, 390 kilogrammes de cuivre, 5 kilogrammes de zinc et 4 kilogrammes de plomb. Quel poids de ces différents métaux faudrait-il donc mettre dans le creuset, pour faire une cloche telle que celle de Moscou, la plus grosse masse qui ait jamais été coulée en ce genre, et qui avait, dit-on, une pesanteur de 184000 kilogrammes.

---

†.— 362. — Un marchand de produits coloniaux vient de recevoir, par un navire du commerce, arrivant de Chine, deux caisses de thé d'une qualité différente : l'une contient du thé à 24 francs, l'autre du thé à 30 francs le kilogramme. Il se demande combien il doit prendre de chaque sorte pour composer un mélange de 45 hectogrammes, qu'il puisse laisser à 25 francs le kilogramme.

---

†.— 363. — Un orfèvre a trois lingots d'or : le premier au titre de 0,92 ; le deuxième de 0,84 ; le troisième de 3/4. Les poids des lingots sont 7 kilogrammes 3/4 ; 9 kilogrammes 25 centièmes, et enfin 1235 décagrammes : il veut les fondre en un seul lingot. — Quel sera le titre de l'alliage ; quel sera en outre le poids du cuivre.

---

364. — Pour un travail de terrassement, un entrepreneur

emploie 7 ouvriers : le premier fait 12 mètres 1/2 par jour ; le deuxième 10 mètres 3/4 ; le troisième 9 mètres 5/8 ; le quatrième 7 mètres 11/12 ; le cinquième 7 mètres 15/16 ; le sixième 9 mètres 5/6 ; le septième 8 mètres 19/24. — Combien de temps seront-ils à terminer cet ouvrage, qui peut s'évaluer à 360 mètres, s'ils y travaillent 10 heures 1/2 par jour.

---

365. — On a mesuré à cinq reprises différentes une promenade publique qu'on veut planter d'arbres ; et, chaque fois, il s'est produit une petite différence dans le résultat obtenu. Ainsi, la première fois, le contre-maître chargé de la mesure a coté 420 mètres 60 centimètres ; la deuxième fois 420 mètres ; la troisième fois 420 mètres 80 centimètres ; la quatrième fois 419 mètres 80 centimètres, la cinquième fois 420 mètres 20 centimètres. — Quelle est donc la longueur moyenne de cette promenade, et combien faudra-t-il d'arbres pour la planter, sachant : 1° que l'on veut établir entre chaque arbre une distance de 3 mètres 56 centimètres ; 2° qu'on en veut mettre quatre rangées.

---

366. — L'analyse chimique des gaz nous fait savoir que l'air dans lequel nous vivons. est un composé de 79 parties d'azote, et de 21 parties de gaz oxygène. — Combien de chacune de ces deux substances contient donc une classe dont les dimensions sont : 12 mètres 40 centimètres de longueur, 8 mètres 60 centimètres de largeur, et 4 mètres 20 centimètres de hauteur.

---

367. — Voici deux métaux composés qu'on emploie souvent dans les arts : le bronze et le laiton. Pour obtenir le premier, on fond ensemble du cuivre avec de l'étain dans la proportion de 1000 à 110 ; quant au second, il est formé de cuivre et de zinc mélangés par la fusion, dans la proportion de 70 à 30. — Supposons actuellement que le cuivre se paie 1 fr.,95 c. le kilogramme, l'étain 2 fr.,25 c., le zinc 80 centimes ; et tâchons de découvrir : 1° à combien revient un canon pesant 829 kilogrammes ; 2° ce que coûte une rampe d'escalier pesant 250 kilogrammes.

---

368. — On a expédié à un épicier deux ballots de café pesant chacun 75 kilogrammes pour 495 francs, et il a payé l'un des ballots 45 francs de plus que l'autre. Un cafetier lui

propose d'en prendre 60 kilogrammes à 4 francs l'un. L'épicier se demande, par suite, combien en poids il doit prendre de ses deux qualités de café, pour composer un mélange qui lui permette de gagner 90 centimes sur chacun des kilogrammes qu'il cèdera au cafetier.

---

369. — Un marchand de vin en a en magasin de quatre qualités différentes : 1° à 70 centimes; 2° à 90 centimes; 3° à 1 fr.,20 c.; 4° à 1 fr.,30 c. ; il voudrait prendre, de tous ces vins, de quoi faire un mélange suffisant pour remplir une barrique de 230 litres. — Combien devra-t-il employer de chaque qualité de vin, pour pouvoir vendre le composé à 1 franc 10 centimes le litre.

370.—Un négociant français demande à un planteur de l'Ile de la Réunion de lui expédier, le plus prochainement possible, 500 kilogrammes de sucre mélangé. Celui-ci en a de quatre qualités différentes: la première qualité est de 3 francs 80 centimes le kilogramme; la deuxième est de 3 fr.,30 c. le kilogramme; la troisième est de 2 fr.,75 c. le kilogramme ; et la quatrième de 2 fr.,50 c. le kilogramme. Il fait le mélange demandé avec 99 kilogrammes de la première qualité, 156 kilogrammes de la deuxième, 179 kilogrammes de la troisième, et 66 kilogrammes de la quatrième. — Quel sera donc le prix du kilogramme de ce mélange, et combien le négociant devra-t-il le vendre pour gagner 15 pour cent sur le prix de chaque kilogramme.

Remarque. — *Pour se servir de la table (page 291), si le placement d'une somme est fait pour moins de 7 ans, il suffit de prendre, conformément au nombre d'années et au taux que l'on a, les intérêts composés de 1 franc, et de les multiplier par le capital donné : le produit de cette multiplication sera la réponse.*

Si le temps du placement dépasse 7 ans, et qu'il soit par exemple de 9 ans à 6 pour cent, l'intérêt composé de 1 franc, nécessaire à la solution du problème, s'obtient à l'aide de ceux de 6 et de 3 ans, rendus d'abord 100 fois plus forts, puis augmentés de 100, enfin, multipliés entre eux : il ne reste plus, ensuite qu'à avancer dans le produit la virgule de deux rangs vers la gauche, puis à retrancher 100 du résultat ainsi obtenu, et finalement à diviser par 100, pour terminer la recherche des intérêts composés de un franc pendant 9 ans.

RÈGLE DES CAISSES D'ÉPARGNE.

307. — *Le nom des caisses d'épargne et de prévoyance indique assez clairement leur destination. Le Gouvernement les a établies dans les villes d'une certaine population, afin qu'elles reçoivent et fassent fructifier les petites économies des classes ouvrières.*

Voici quelques-uns des principaux statuts qui, suivant la loi, régisssent ces établissements philantropiques :

Une administration, composée de notables, en surveille toutes les opérations, comme les dépôts, les remboursements, les réglements d'intérêts, etc. ; on peut donc y placer avec la plus entière sécurité les diverses sommes, fortes ou faibles, qu'on est parvenu à réserver sur ses dépenses. Ces sommes, ainsi confiées à la Caisse d'épargne, sont inscrites sur un livret qui est remis, revêtu d'un numéro d'ordre, à la personne intéressée ; et celle-ci peut, à quelque époque que ce soit, retirer, en entier ou en partie, les fonds provenant de ses versements, à la seule condition de présenter à l'administrateur sa demande de retrait, le Dimanche précédent, ou un autre jour, fixé par les statuts particuliers de l'Établissement qui a reçu l'argent de ladite personne.

Aucun dépôt ne doit être moindre que 1 franc, ni ne peut être plus fort que 300 francs, à la fois. — Toute somme versée à la Caisse d'épargne produit intérêt, à raison de 3 fr.,75 c. pour cent ; et cet intérêt est réglé par la Caisse des dépôts et consignations le 10, le 20 ou le 30 du mois, suivant la date de chaque versement. Mais il cesse, pour les fonds réclamés, le Dimanche qui précède le jour du remboursement.

Par suite, tous les calculs qui ont trait aux opérations des Caisses d'épargne, rentrent dans les cas d'intérêt simple, la semaine servant d'unité pour l'évaluation du temps.

Le résultat suivant fera connaître à l'ouvrier, mieux que tous les raisonnements possibles, quelles rsssources il peut se procurer, en mettant de côté chaque mois une faible partie de son salaire.

Tout particulier qui fait un versement mensuel de 10 francs à une caisse, dans laquelle le taux de l'intérêt est établi à 3 fr.,75 c. pour cent, se trouve possesseur, au bout de 7 ans 5 mois, d'une somme de 1000 francs, maximum de compte qui, d'après la loi de 1851, puisse, intérêts compris, se trouver inscrit au nom du même déposant ; et c'est ainsi qu'on a vu plus d'un ouvrier, plus d'un domestique se faire une position meilleure, par suite de quelques économies prélevées sur le présent, pour être placées, au profit de l'avenir, dans une caisse de prévoyance.

308. — Il est facile, ainsi que vont le prouver les deux exemples suivants, à tout individu possesseur d'un livret, de vérifier par lui même, quand il lui plaira, ce que lui doit la caisse où il a déposé ses économies.

Pour cela, admettant toujours que le taux de cette caisse est de 3,75 p. 0/0 en un an, il doit commencer par chercher l'intérêt de 100 francs pour un jour, ce qui s'obtient au moyen de la division de 3 fr.,75 c. par 365=0 fr.,0103 ; puis, l'intérêt de 100 fr. pour 7 jours ou une semaine = 0,0103×7, soit 0 fr.,0721 ; et, ces préliminaires achevés, il n'a plus qu'à calculer, conformément à son énoncé, le problème qu'il s'est posé.

Qu'il s'agisse entre autres du suivant :

Premier Exemple. — *Un contre-maître-ouvrier*

pouvait s'estimer possesseur, intérêts compris, d'une somme de 700 francs à la Caisse d'épargne, le Dimanche 4 septembre 1859. Le mercredi, 14 du même mois, il a demandé le retrait d'une somme de 80 francs, dont il avait besoin pour payer son semestre de loyer ; mais, le mercredi 26 octobre, ayant économisé sur ses ressources une somme de 70 francs, il l'a déposée à ladite caisse. — Que lui sera-t-il donc dû au 31 décembre même année ?

Raisonnement. — Une première observation que me fournit l'énoncé de ce problème, c'est que, depuis le 4 Septembre jusqu'au 1er Janvier suivant, il y a 17 semaines; par conséquent, sans me préoccuper des retraits ou des versements postérieurs, je vais tout simplement calculer d'abord les intérêts de 700 francs pendant 17 semaines par la formule 0 fr.,0721 × 17 = 8 fr.,5799. Mais, après un nouvel examen du texte précité, je suis tout naturellement conduit à me faire le raisonnement que voici : 8 fr.,58 c., que je viens d'obtenir comme intérêts de 700 francs pour 17 semaines, forment un nombre évidemment trop fort, puisqu'une partie (80 fr.) dudit capital 700 francs a cessé de porter intérêt depuis le dimanche 18 septembre, c'est-à-dire pendant un intervalle de 15 semaines. Le chiffre 8 fr.,58 c. étant donc ainsi grossi à tort de l'intérêt de 80 francs pendant 15 semaines, je dois, après avoir évalué ce dernier, le retrancher du primitif. Or, 0,0721×15=1,0815 ; et ce nombre lui-même, multiplié par 0,80, valeur en décimales de 80 francs par rapport à 100 francs, considérés comme unité de capital, donne 0 fr.,86 c. D'où 8 fr.,58—0 fr.,86=7 fr.,72 c., résultat qui, finalement, ne demande plus, pour être rendu à la juste valeur 8 fr.,17 c. que je me propose d'obtenir, qu'à être augmenté de l'intérêt de 70 francs depuis le Dimanche 30 Octobre, c'est-à-dire pour 9 semaines, soit de 0 fr.,0721 ×9×(0,70, valeur fractionnaire de 70 francs relativement à l'unité de capital 100 fr.)= 0 fr.,45 c. ; et, en effet, 7 fr.,72+0 fr.,45 donnent bien le nombre en question 8 francs 17 centimes. — L'avoir du contre-maître, fin Décembre, est, par conséquent, de 700 fr.—80 fr., ou de 620 fr.+70 fr.+8 fr.,17 c.=698 fr.,17 c.

Deuxième Exemple. — *Un commerçant a placé à la Caisse d'épargne les quatre sommes suivantes, savoir : le 12 Janvier 1859, 300 francs ; le 17 Février, 280 francs ; le 24 Mars, 95 francs ; le 21 Avril, 125 francs. — Le Jeudi 14 Juillet, il demande au caissier un remboursement intégral de ses fonds, pour un paiement qu'il a à faire le 21 du même mois ; que lui sera-t-il compté en tout, le lundi suivant, jour de solde à la caisse ?*

Solution. — Nous pouvons faire de ce problème l'objet d'un tableau synoptique, basé sur les principes ci-dessus mentionnés.

Versements.	Temps pendant lequel ils sont restés en caisse.	CALCUL des intérêts acquis.	Résultats.
300 fr.	26 semaines	0 fr.,0721 × 26 × 300/100	5 fr.,6238
280 fr.	21 semaines.	0 fr.,0721 × 21 × 280/100	4 fr.,2395
95 fr.	16 semaines.	0 fr.,0721 × 16 × 95/100	1 fr.,0959
125 fr.	12 semaines.	0 fr.,0721 × 12 × 125/100	1 fr.,0815
800 fr.	....		12 fr.,0407

On voit que le commerçant recevra un total composé de son capital 800 francs, plus des intérêts acquis 12 fr.,04 c.=812 francs 4 centimes.

Exercice à calculer. — *Combien une caisse d'épargne doit-elle en tout à un cultivateur qui y a laissé déposées les cinq sommes suivantes : 245 francs pendant 60 semaines ; 180 francs pendant 45 semaines, 140 francs pendant 30 semaines, 100 francs pendant 18 semaines, et 300 francs pendant 12 semaines ; le retrait intégral, demandé le Dimanche 30 Décembre, devant avoir lieu le Lundi suivant ?*

PUISSANCES ET RACINES.

309. — *On appelle en général puissance d'un nombre, le produit de plusieurs facteurs égaux à ce nombre.*

La quantité de facteurs employés, est ce qu'on appelle le *degré* ou l'*exposant* de la puissance. La deuxième puissance se nomme *carré*; la troisième puissance, *cube*.

L'élévation d'un nombre à une puissance quelconque n'est pas une opération nouvelle : elle se fait à l'aide de la *multiplication*, et par conséquent c'est une opération qui réussit toujours. Ainsi, pour élever 7 à la quatrième *puissance*, ce qui s'indique en écrivant au-dessus et un peu à droite l'*exposant* 4 (de cette manière 7^4), il suffit de prendre 7 quatre fois comme facteur, ce qui donne $7 \times 7 \times 7 \times 7 = 2401$. De même 2 élevé à la *cinquième* puissance, ou $2^5 = 2 \times 2 \times 2 \times 2 \times 2$, ce qui donne 32.

310. — *On appelle en général racine d'un nombre, une quantité telle, que prise un certain nombre de fois comme facteur, elle reproduise le nombre proposé.*

Ainsi 7 est la racine quatrième de 2401, parce que 7 pris quatre fois comme facteur, ou multiplié trois fois par lui-même, reproduit 2401. Le nombre de fois que la quantité doit être prise comme facteur, est le *degré* ou l'*indice* de la racine. La racine deuxième a reçu le nom de *racine carrée* ; et la racine troisième celui de *racine cubique*.

Pour indiquer l'extraction de la racine d'un nombre, on place le nombre sous ce signe $\sqrt{}$, appelé *radical*, posant à gauche, et dans l'ouverture, le chiffre qui indique le *degré* ou l'*indice* de la racine.

Ainsi cette expression :

$$\sqrt[5]{32} = 2,$$

indique que la racine cinquième de 32 est 2. Quand il s'agit de la *racine carrée*, on n'affecte le *radical* d'aucun chiffre.

511. — *L'extraction des racines est du nombre des opérations qui réussissent rarement.*

Il y a même entre cette opération et la division, une différence bien sensible ; puisque dans la division, si le résultat n'a pu être obtenu exactement en nombre entier, on peut du moins le compléter à l'aide d'une fraction, tandis que dans l'extraction des racines, au contraire, tout nombre qui n'est pas carré parfait, par exemple, ne peut pas avoir pour racine un nombre fractionnaire exact.

Pour démontrer ce principe, supposons en effet qu'il s'agisse d'obtenir la *racine carrée* de 54. Cette racine carrée n'est pas 7, puisque 7 fois 7 ne font que 49. Elle n'est pas non plus 8 ; puisque le carré de 8 est 64. La racine cherchée est donc comprise entre 7 et 8, et est par conséquent 7, plus une fraction ; mais nous allons prouver que cette fraction ne peut être assignée : car admettons un instant que la racine de 54 soit 7 $^1/_4$. Ce nombre fractionnaire peut être mis sous la forme $^{29}/_4$, et serait au besoin simplifiable, si l'expression $^{29}/_4$ n'en était pas elle-même la plus simple expression. Or, il est évident qu'une expression fractionnaire irréductible, telle que $^{29}/_4$, élevée au carré, ou à une puissance quelconque, ne pourra jamais donner pour résultat définitif un nombre entier. Car, pour élever une expression fractionnaire au carré, ou à telle autre puissance, il faut y élever successivement ses deux termes. Par cette opération, le numérateur n'acquerra pas d'autres facteurs premiers que ceux qu'il avait d'abord : il en sera de même du dénominateur. Mais avant leur élévation à une puissance, ces termes n'avaient aucun facteur commun ; donc ils n'en auront pas davantage après leur élévation. Donc, la puissance sera encore une expression fractionnaire irréductible, et ne pourra jamais être égale à un nombre entier, 54 par exemple.

312. — Ces sortes de quantités qui ne peuvent être exprimées exactement d'aucune manière, sont dites *incommensurables* ou *irrationnelles*, c'est-à-dire qu'elles n'ont point de mesure commune avec l'unité ; mais nous verrons que, si l'on ne peut les évaluer exactement, on peut en approcher aussi près qu'on veut.

FORMATION DU CARRÉ.

313. — *On sait que le carré d'un nombre est le produit de ce nombre par lui-même, et que la racine carrée d'un nombre est la quantité qui, élevée au carré, reproduit le nombre proposé.*

Lorsqu'un nombre n'a pas plus de deux chiffres, sa racine carrée peut s'extraire de mémoire, et il suffit pour cela de connaître le carré des neuf premiers nombres :

Nombres : 1, 2, 3, 4, 5, 6, 7, 8, 9.
Carrés : 1, 4, 9, 16, 25, 36, 49, 64, 81.

Si l'on demande la racine carrée de 64, c'est 8. S'il

s'agissait de déterminer celle de 72, qui n'est pas un carré parfait, on prendrait pour racine celle du plus grand carré parfait contenu dans 72, c'est-à-dire la racine de 64. La racine de 72 est donc 8, à moins d'une unité près, ce qui signifie qu'elle est comprise entre 8 et 9.

314. — Si le nombre proposé avait plus de deux chiffres, il ne serait plus possible d'extraire sa racine carrée de mémoire ; et alors, pour parvenir d'une manière théorique à connaître les principes sur lesquels est basée l'extraction de la racine carrée d'un nombre quelconque, il devient nécessaire d'étudier préalablement la formation du carré du nombre qui a deux chiffres au moins.

Soit donc proposé de former le carré de 68 :

Commençons par chercher comment les dixaines et les unités de ce nombre sont réparties dans 68^2 ; et, pour cela, décomposons d'abord 68 en $60+8$; puis, nous effectuons la multiplication de $60+8$ par $60+8$.

$$\begin{array}{r} 60+8 \\ 60+8 \\ \hline 60\times 8+8^2 \\ 60^2+60\times 8 \quad \\ \hline 60^2+2 \text{ fois } 60\times 8+8^2 \end{array}$$

Multipliant premièrement tout le multiplicande $60+8$ par le chiffre des unités 8 du multiplicateur, nous obtenons : 1° 8×8, ou 8^2 ; 2° 60×8.

Faisant ensuite le produit de ce même multiplicande par les 6 dixaines du multiplicateur, il nous vient : 3° 8×60, ou, en intervertissant l'ordre des facteurs, 60×8 ; 4° 60×60, ou 60^2.

La somme de ces quatre parties, réduites à trois par la combinaison de la deuxième partie avec la troisième, est 60^2+2 fois $60\times 8+8^2$.

Ce qui fait voir, qu'en général, *le carré d'un nombre qui contient dixaines et unités, se com-*

pose de quatre parties, lesquelles peuvent se réduire à trois, par la fusion de la deuxième avec la troisième ; en sorte que l'on arrive à cette loi : *que le carré de tout nombre, de deux chiffres au moins, se compose : 1° du carré des dixaines ; 2° du double produit des dixaines par les unités ; 3° du carré des unités.*

315. — Examinons maintenant ce que nous donne chacune de ces trois parties : *le carré des dixaines* est un nombre de centaines, puisque le carré du plus petit nombre de dixaines possibles, ou de 10, est 100. *Le double produit des dixaines par les unités* est une collection de dixaines, l'un des facteurs exprimant des dixaines. Enfin, le *carré des unités* est un nombre d'unités ; car des unités multipliées par des unités ne peuvent donner que des unités.

D'après cela, pour former le carré de 68 à l'aide des trois parties qui entrent dans sa composition, on fait d'abord le carré des 6 dixaines, qui est 36 centaines, ou 3600 ; puis, le produit 48 des dixaines par les unités qui, doublé, et terminé par un zéro, donne 96 dixaines, ou 960 ; enfin, le carré des unités, qui est 64. Additionnant ces trois produits, 3600, 960 et 64, on obtient 4624 pour carré de 68 ; et l'on peut vérifier ce résultat, en multipliant 68 par lui même (1).

(1) **Remarque.** — *Toute grandeur quelconque, décomposée en deux parties, n'étant autre chose que la somme de ces deux parties,* il en résulte conséquemment que le nombre 68, qui est aussi bien la somme de 63+5, par exemple, que celle de 60+8, peut encore avoir pour l'expression de son carré : 63^2+2 fois $63\times5+5^2$; c'est-à-dire le carré de la première partie 63, plus le double produit de cette même partie 63 par la deuxième 5, plus le carré de la deuxième partie 5. C'est ce que vient confirmer le calcul effectué ci-dessous.

En effet :	.... $62^2 = 3969$		68
	2 fois $63\times5 = 630$		68
	.... $5^2 = 25$		544
	Total.... 4624		408
			Preuve : 4624

Extraction de la Racine carrée.

316. — *Proposons-nous de revenir du carré à la racine carrée, et soit pour exemple le nombre* **4624.**

```
4624 ⎧ 68
36   ⎩ 128×8=1024
102.4
102.4
000.0
```

L'opération étant disposée comme pour la division, remarquons que le nombre proposé contenant plus de deux chiffres, sa racine en renfermera au moins deux, dixaines et unités : dès lors, le nombre 4624, qui est le carré de sa racine, devra contenir les trois parties qui constituent le carré de tout nombre plus grand que 10, savoir : le *carré des dixaines*, le *double produit des dixaines par les unités* et le *carré des unités*. La première de ces parties étant une collection de centaines, les deux derniers chiffres à droite lui sont étrangers : on les sépare, et dans la partie à gauche 46 centaines, se trouve le *carré des dixaines de la racine* ; et, de plus, les centaines qui peuvent provenir des deux dernières parties. Extrayant donc la racine carrée de 46, on doit obtenir le chiffre des *dixaines de la racine*.

La racine carrée de 46 est 6 pour 36 ; et ce ne peut être que 6 le véritable chiffre des dixaines de cette racine. En effet, le nombre proposé 4624 est compris entre le carré de 6 dixaines, qui est 3600, et le carré de 7 dixaines, qui est de 4900. Donc la racine elle-même est comprise entre 6 et 7 dixaines ; donc elle a 6 pour premier chiffre. Ayant reconnu que 6 est bien le chiffre des dixaines, si l'on en fait le carré, et qu'on le retranche du nombre proposé, qui contenait les trois parties constitutives, le reste n'en contiendra plus que deux, et l'opération sera dejà simplifiée.

Le nombre 1024, que nous obtenons pour reste, ne se compose donc plus, d'après ce qui vient d'être dit, que du *double produit des dixaines par les unités*, et du *carré des unités*. Mais la première de ces deux parties est une collection de dixaines, donc le dernier chiffre à droite 4 lui est étranger. On le sépare, et la partie à gauche 102 doit être regardée, comme formée principalement du double produit des dixaines connues par les unités inconnues. Donc, puisque ce n'est autre chose que le produit du double des dixaines 6 par les unités, il s'ensuit qu'en divisant ce produit par l'un de ses facteurs, double des dixaines, ou 12 dixaines, on aura pour quotient le chiffre inconnu des *unités*.

Le quotient est ici 8 : pour l'essayer, on le pose à la droite des dixaines 6 de la racine, et aussi à la droite du double 12 des dixaines de cette même racine, puis on multiplie par 8 le nombre 128 ainsi formé; par là, on obtient les deux dernières parties du carré, que renfermait encore le reste 1024. En effet, en multipliant les 12 dixaines par 8, on forme le produit du double des dixaines par les unités, première de ces parties ; de même, en multipliant 8 par 8, on forme le carré des unités, deuxième et dernière partie Si donc, on retranche du nombre 1024 le résultat de cette multiplication, l'opération sera terminée ; et comme ici on obtient zéro pour reste définitif, on en conclut que 68 est la racine carrée exacte du nombre 4624. Si le reste avait contenu des chiffres significatifs, la racine eût été approchée à moins d'une unité près.

317. — *Il est important de découvrir quand un reste final est assez fort, pour que la racine obtenue soit trop faible.*

Pour cela, commençons par calculer la différence qui existe entre les carrés de deux nombres consécutifs, entre 49 et 64 par exemple. Comparant ces deux nombres par la soustraction, on voit que l'excédant du carré 8 sur celui de 7 est 15; mais 15 n'est autre chose que 2 fois 7+1; et comme la même remarque peut être faite sur deux autres carrés consécutifs quelconques, on peut conclure qu'en général, *le carré du plus grand de deux nombres consécutifs surpasse celui du plus faible, de deux fois le plus petit nombre plus un.*

Cela posé, si en comparant le reste final avec la racine trouvée, on découvre qu'il surpasse ou même égale deux fois la racine plus un, c'est une preuve qu'elle n'est pas la véritable, et que le nombre donné appartient au carré consécutif plus fort, auquel cas il faut augmenter sa racine d'une unité au moins.

Donc, pour qu'une racine obtenue soit trop faible, il faut que le reste final soit au moins égal au double de la racine plus un.

318. — *De tous les raisonnemens précédens, on déduit la règle générale suivante :*

Pour extraire la racine carrée d'un nombre quelconque, après avoir disposé l'opération comme pour la division, on partage le nombre en tranches de deux chiffres chacune, de droite à gauche; le nombre de ces tranches est exactement le même que celui des chiffres de la racine. On cherche la racine du plus grand carré contenu dans la première tranche à gauche, qui peut n'avoir qu'un seul chiffre; et l'on soustrait de cette première tranche le carré du chiffre trouvé.

A la droite du reste, on abaisse la deuxième tranche, dont on sépare le dernier chiffre par un point; puis, on divise la partie séparée à gauche, par le double produit du chiffre déjà posé à la racine. Le quotient, qui donne le second chiffre de la racine, s'écrit à côté du double de cette même racine, et sert ensuite de multiplicateur au nombre ainsi formé ; le produit se retranche finalement du premier reste suivi de la deuxième tranche. A la droite du nouveau reste, on abaisse la troisième tranche, et l'on pratique sur ce second nombre la même série d'opérations que sur le précédent. Enfin, on continue de même, jusqu'à ce que toutes les tranches aient été successivement abaissées.

Si à la dernière soustraction on trouve zéro, c'est que le nombre proposé est un carré parfait; si l'on obtient un reste, le nombre n'est pas alors un carré parfait ; mais on connaît la racine du plus grand carré contenu dans ce nombre ; et on la dit, dans ce cas, approchée à moins d'une unité près. Le reste ne doit jamais égaler le double de la racine plus un ; car, autrement, les chiffres de cette racine auraient été mal déterminés.

319. — Si, après avoir abaissé une tranche quelconque, et avoir séparé le dernier chiffre, il arrivait que la partie à gauche n'égalât pas le double de la racine déjà trouvée, il faudrait en conclure que la racine ne contient pas d'unités de cet ordre ; alors on poserait zéro à la racine, et l'on abaisserait immédiatement la tranche suivante pour continuer l'opération.

320. — **Première Remarque.** — S'il était possible de distinguer sur le champ, dans quelle partie du nombre proposé se trouvent le carré des unités, et ensuite le double produit des dixaines par les unités, il serait indifférent de commencer l'extraction de la racine carrée par la droite ou par la gauche ; mais cette distinction ne peut se faire ; car le carré des unités renferme généralement des dixaines, qui se combinent avec celles que donne le double produit des dixaines par les unités : de même les centaines provenant de cette deuxième partie, viennent se fondre dans celles du carré des dixaines. On est donc obligé de commencer l'opération par la gauche, afin de pouvoir déterminer, d'une manière certaine, dans quelle partie du nombre se trouve le carré des dixaines de la racine.

321. — Deuxième Remarque. — *Voici une objection qui pourrait bien être faite : est-il certain que 68 soit bien la racine carrée exacte du nombre 4624 ?*

La réponse se trouve dans l'opération même. En effet, on a retranché successivement de 4624 : 1° le carré 3600 des dixaines ; 2° le double produit 960 des dixaines par les unités ; 3° le carré 64 des unités, c'est-à-dire les trois parties qui entrent dans la composition du carré de 68. Donc, puisque l'on trouve zéro pour dernier reste, il s'ensuit que le nombre 68 seul peut être la racine carrée exacte de 4624.

322. — Si après avoir extrait la racine carrée d'un nombre, on veut faire la preuve de l'opération, il suffit d'élever la racine trouvée au carré, et d'y ajouter le reste s'il y en a un. Le résultat, si les calculs sont exacts, donnera le nombre proposé.

323. — *Etendons le raisonnement que nous venons de faire à un nombre quelconque, et soit proposé d'extraire la racine carrée de* 728467.

72. 84. 67	853
88. 4	165 × 5
596. 7	1703 × 3
85 8	

Preuve :

853
853
2559
4265
6824
858
728467

Raisonnement. — Observons, comme dans le cas précédent, que le nombre proposé renfermant plus de deux chiffres, sa racine doit avoir dixaines et unités ; et, par conséquent, nous trouvons dans 728467 les trois parties constitutives, savoir : *carré des dixaines, double produit des dixaines par les unités, carré des unités.* La première de ces trois parties étant une collection de centaines, les deux derniers chiffres à droite ne peuvent lui appartenir. Elle est donc contenue dans les 7284 centaines exclusivement, et, par suite, nous devons extraire la racine carrée de cette partie du nombre, pour avoir les dixaines.

Mais cette partie contenant elle-même plus de deux chiffres, sa racine aura également dixaines et unités ; raisonnant sur elle, comme sur le nombre tout entier, nous sommes conduits à séparer les deux derniers chiffres 84 sur la droite, puis à extraire la racine carrée de la partie à gauche 72.

D'où l'on voit, en résumant ce que nous venons de dire, qu'il faut partager le nombre proposé 728467 en tranches de deux chiffres chacune, de droite à gauche, puis extraire la racine carrée de la première tranche à gauche (qui pourrait aussi bien n'être composée que d'un chiffre). On obtient par là le premier chiffre de la racine, qui est 8 ; et, retranchant son carré de 72, il vient pour reste 8.

Comme il ne s'agit pour le moment que d'extraire la racine carrée de 7284, abstraction faite de la dernière tranche à droite, nous n'abaisserons que les deux chiffres suivants, et, conformément au raisonnement donné au No 316, nous séparerons le dernier chiffre, puis nous diviserons la partie à gauche 88 dixaines par 16, double du chiffre déjà trouvé. Le quotient donne pour second chiffre de la racine le nombre 5, que nous plaçons à côté de 16, afin de multiplier, comme dans l'exemple précédent, le nombre 165 par ce quotient, et d'en retrancher le produit du premier reste 8, suivi de la deuxième tranche 84, ce qui donne 59 pour nouveau reste.

Observons maintenant, que quand nous avons séparé la dernière tranche à droite, nous avons dit qu'il fallait pour trouver les dixaines de la racine, extraire celle de la partie à gauche 7284 ; ainsi ce n'était pas seulement la racine de 72 qu'il fallait avoir, mais bien celle de 7284. Nous pouvons donc considérer la partie 85 trouvée à la racine, comme formant un seul nombre de dixaines, et, d'après cela, il nous faut, après avoir abaissé la tranche 67, séparer encore le dernier chiffre 7, puis diviser la partie à gauche par le double des 85 dixaines, qui est 170. Cette opération nous donne pour quotient 3, et c'est le troisième et dernier chiffre de la racine.

Si l'on veut ensuite l'essayer, il faut le placer à côté du double produit des dixaines 170, puis multiplier le nombre 1703 par 3 ; ce qui donne un produit, qu'on retranche du deuxième reste suivi de la troisième tranche, c'est-à-dire de 5967. Comme cette soustraction laisse un reste, la racine 853 n'est obtenue qu'à moins d'une unité près.

Il est facile de voir que, s'il y avait encore une ou deux tranches à abaisser, on pourrait considérer les trois chiffres de la racine comme ne faisant qu'un seul nombre de dixaines : il resterait donc à trouver les unités ; ce que l'on ferait, en continuant le raisonnement et les opérations que nous venons de faire.

Racine carrée des Fractions.

324. — Avant de rechercher le procédé à suivre pour l'extraction de la racine carrée des fractions, commençons par étudier la formation du carré de ces quantités.

Pour élever au carré la fraction 5/8 par exemple, il faut la multiplier par elle-même, ce qui conduit à faire le carré du numérateur, et celui du dénominateur. Ainsi :

$$\left(\frac{5}{8}\right)^2 = \frac{5}{8} \times \frac{5}{8} = \frac{25}{64}$$

Réciproquement, pour extraire la racine carrée d'une fraction, il suffit d'extraire la racine carrée de chaque terme. Ainsi :

$$\sqrt{\frac{25}{49}} = \frac{5}{7}$$

325. — Mais généralement, aucun des deux termes de la fraction ne se trouvera carré parfait ; en sorte que si l'on extrayait immédiatement la racine carrée du numérateur, et celle du dénominateur, il y aurait erreur de part et d'autre, et l'on ne pourrait évaluer le degré d'approximation obtenu. Or, on peut éviter l'une de ces erreurs, par une préparation que l'on fait subir à la fraction proposée, avant d'en extraire la racine carrée. Pour cela, *on multiplie les deux termes par le dénominateur, qui devient ainsi carré parfait.* On extrait alors la racine carrée de chaque terme ; celle du numérateur approximativement, et celle du dénominateur exactement ; et l'on obtient une racine approchée à moins d'une unité fractionnaire de l'ordre marqué par son dénominateur.

Soit donc proposé d'extraire la racine carrée de $^{7}|_{12}$.

Multiplions d'abord les deux termes par le dénominateur 12, la fraction devient $^{84}|_{144}$. Extrayons ensuite la racine carrée de part et d'autre, le résultat sera $^{9}|_{12}$, à moins de $^{1}|_{12}$ près. En effet, la racine carrée exacte, si nous l'avions obtenue, eût été comprise entre $^{9}|_{12}$, fraction trop petite, et $^{10}|_{12}$ fraction trop grande. Conséquemment, la racine trouvée ne diffère pas du véritable résultat de $^{1}|_{12}$, donc elle en est approchée à moins de $^{1}|_{12}$ près.

326. — *Observons que la racine carrée d'une fraction proprement dite est toujours plus grande que cette fraction.*

Il doit en être ainsi : car le carré d'une fraction s'obtient en multipliant cette fraction par elle-même.

Or, nous avons démontré (N° 138) que, dans la multiplication des fractions, le produit est toujours moindre que le multiplicande.

327. — *S'il s'agissait d'un nombre fractionnaire, on le réduirait en fraction, et on lui appliquerait la règle précédemment énoncée.*

Soit, par exemple, à extraire la racine carrée de 7, $^{12}|_{20}$.

Elle sera de 2 $^{15}|_{20}$, à moins de $^{1}|_{20}$ près.

En effet, on a :

$$\sqrt{7\frac{12}{20}}=\sqrt{\frac{152}{20}}=\sqrt{\frac{152\times 20}{20^2}}=\sqrt{\frac{3040}{20^2}}=2+\frac{15}{20}$$

328. — ***Pour extraire la racine carrée d'une fraction décimale, on commence, après l'avoir mise sous forme de fraction ordinaire, par rendre son dénominateur carré exact, s'il ne l'est pas déjà.***

Or, le dénominateur d'une fraction décimale est carré exact, toutes les fois que le nombre des chiffres décimaux de la fraction donnée est pair ; parce qu'alors ce dénominateur n'est autre que l'unité suivie d'un nombre pair de zéros, c'est-à-dire un des nombres 100, 10000, 1000000, etc, qui sont les carrés de 10, de 100, de 1000. Par conséquent, si le nombre des chiffres décimaux est impair, comme dans la fraction 0,475, que nous mettons sous la forme $^{475}|_{1000}$, on ajoute un zéro de part et d'autre, ce qui ne trouble pas la valeur de la fraction, qui devient alors $^{4750}|_{10000}$. Le nombre des chiffres décimaux étant ainsi rendu pair, et par suite le dénominateur carré parfait, il n'y a plus qu'à opérer comme dans le cas des fractions ordinaires, ce qui donne $^{68}|_{100}$ pour racine approchée à moins de $^{1}|_{100}$ près.

Dans la pratique, on se contente de placer un zéro à la suite de la fraction, lorsque le nombre de ses chiffres est impair, puis d'opérer comme si le nombre était entier. Seulement, on fait précéder la racine trouvée d'un zéro qui tient la place des entiers, comme cela avait lieu dans la fraction primitive.

Exemple. — *Quelle est la racine carrée de* 0,429 ?

Réponse : 0,65.

```
4290 | 65
 690 |------
  65 | 125×5
```

329. — On a pu remarquer que les fractions décimales que nous avons obtenues pour résultats, contiennent deux fois moins de chiffres décimaux que les fractions primitives. C'est en effet ce qui devra toujours avoir lieu, puisque la racine carrée de l'unité suivie d'un nombre pair de zéros, compte toujours deux fois moins de zéros ; ainsi la racine carrée de 1000000 est 1000, celle de 10000 est 100.

330. — *Si l'on avait à extraire la racine carrée d'un nombre fractionnaire décimal, tel que* 28,275 *par exemple, après avoir ajouté un zéro à la droite de la fraction, pour que son dénominateur soit carré parfait, on efface la virgule, et l'on opère comme si le nombre* 282750 *était entier ; mais lorsque l'opération est terminée, on doit avoir soin de séparer sur la droite du résultat deux chiffres décimaux, c'est-à-dire autant qu'il y a de tranches de deux chiffres dans* 2750 *dix millièmes.*

282750	531
327	103 × 3
1850	1061 × 1
789	

Résultat définitif : 5,31.

331. — Dans l'extraction de la racine carrée des fractions décimales, le degré d'approximation est toujours de l'ordre du dernier chiffre obtenu à cette racine. Par conséquent, si l'on veut que la racine carrée d'un nombre soit approchée à moins d'un dixième, d'un centième, d'un millième, etc., près, il faut commencer par transformer ce nombre en une expression fractionnaire telle, que sa racine soit exprimée en dixièmes, en centièmes ou en millièmes, puis extraire la racine, comme s'il s'agissait d'une fraction décimale.

332. — *Proposons-nous, par exemple, d'obtenir la racine carrée de 7 à moins d'un centième près.*

Pour cela, réduisons 7 en dix millièmes, il vient :

$$\frac{70000}{10000}$$

Extrayons ensuite la racine carrée de chaque terme, celle du numérateur est 264 approximativement, et celle du dénominateur 100 exactement. Le résultat définitif est donc $^{264}|_{100}$, ou 2, 64, à moins d'un centième près.

333. — Dans la pratique, on se contente de multiplier le nombre proposé par 10^2, 100^2, 1000^2, etc., ce qui se fait en plaçant à sa droite 2, 4, 6 zéros, ensuite on extrait la racine carrée du résultat ainsi formé, comme s'il était entier, et l'on sépare sur sa droite le nombre de décimales voulu.

Exemple. — *Trouver la racine carrée de 24, à moins d'un millième près.*

24000000	4898
800	88×8
9600	969×9
87900	9788×8
9596	

Ajoutons six zéros à la suite de 24, il vient 24000000, dont la racine carrée est 4898. Séparant trois chiffres décimaux à la droite de ce résultat, nous obtenons pour racine carrée de 24, à moins d'un millième près, le nombre 4,898.

334. — Nous déduirons, de ce qui vient d'être dit, la règle générale suivante :

Pour obtenir la racine carrée d'un nombre entier, à moins d'une unité décimale indiquée, on place à la suite de ce nombre deux fois autant de zéros que l'on veut avoir de chiffres décimaux à la racine ; ensuite, après avoir extrait la racine

carrée du nombre ainsi formé, comme s'il était entier, on sépare sur la droite du résultat le nombre de chiffres décimaux demandé.

335. — On peut également obtenir la racine carrée d'un nombre entier avec une approximation non décimale, par exemple à moins de $^1/_{13}$ près. Pour cela, il suffit de transformer le nombre proposé en une expression fractionnaire, dont le dénominateur soit le carré de 13, ce qui se fait en multipliant le nombre proposé par 13^2 ou par 169, et donnant ensuite au produit pour dénominateur 13^2. Il n'y a plus qu'à extraire la racine carrée des deux termes, et à chercher les entiers contenus dans le résultat.

Soit donc le nombre 18, dont il s'agisse d'obtenir la racine carrée à moins de $^1/_{13}$ près. Commençons par multiplier 18 par 169, carré de 13, et donnons ensuite 169 pour dénominateur au produit 3042 ; il vient : $^{3042}/_{169}$, dont la racine carrée est $^{55}/_{13}$, ou en extrayant les entiers, $4 + {}^3/_{13}$, expression fractionnaire qui est la racine carrée de 18 à moins de $^1/_{13}$ près.

Exercices raisonnés sur le Carré et la Racine carrée.

---

336. — **Premier Exercice.** — *La hauteur du Mont-Blanc contient autant de fois 601 mètres 25 centimètres, qu'elle est elle-même contenue de fois dans 38480 mètres. — Quelle est donc cette élévation, la plus forte de toutes celles des montagnes d'Europe ?*

Raisonnement. — L'énoncé donne facilement à entendre que le nombre $601^m,25$ est à la hauteur du Mont-Blanc, dans le même rapport que cette hauteur elle-même est à 38480 mètres. D'où résulte la proportion géométrique continue $601,25 : x :: x : 38480$, dans laquelle, conformément à l'analyse raisonnée du N° 209, $x = \sqrt{601,25 \times 38480} = 4810$ mètres, élévation attribuée à la montagne dont nous parlons.

337. — Deuxième Exercice. — *Le plus faible de deux nombres est 589, et la somme de leurs carrés égale 1387321. — Cherchez quel est le plus grand, et vous saurez, en le découvrant, combien de mètres d'élévation a le Mont Vésuve.*

RAISONNEMENT. — Puisque 1387321 forment le total des carrés de 589 et du nombre inconnu, il s'ensuit que cette valeur 1387321 peut être considérée comme un tout, dont le carré de 589 n'est autre que l'une des parties. Si donc, après avoir fait le carré 346921 de la partie 589, nous le retranchons de la quantité totale sus-mentionnée, le reste 1040400 sera évidemment la deuxième puissance du nombre cherché ou de la hauteur du Vésuve, laquelle égale, par suite, la racine carrée de cette dernière valeur, ou 1020 mètres.

---

338. — Troisième Exercice. — *On sait qu'entre les carrés de deux nombres entiers qui se suivent, il existe 225 unités de différence, et l'on veut découvrir ces deux nombres. — Comment doit-on s'y prendre ?*

RAISONNEMENT. — En vertu du principe expliqué au No 317, nous savons déjà que le carré du plus fort de deux nombres entiers consécutifs surpasse celui du plus faible de deux fois ce plus petit nombre plus un. Si donc, pour ce qui concerne 225, valeur mentionnée dans l'énoncé ci-dessus, nous retranchons une unité de ce nombre, le reste 224 contiendra exactement le double de la plus petite quantité entière cherchée. Or, la moitié de 224=112 ; d'où nous concluons que 112 est le plus faible des deux nombres inconnus qui font l'objet de ce problème ; et, par l'addition d'une unité, que le plus fort est 113.

---

339. — Quatrième Exercice. — *Prouver à l'aide de deux nombres quelconques, 6 et 3 par exemple, que* $6+3 \times 6-3=6^2-3^2$ *; ce qui vient confirmer en arithmétique un principe connu de géométrie, à savoir : que le produit de la somme de deux nombres par leur différence, est égal à la différence des carrés de ces nombres.*

Raisonnement. — L'analyse de ce problème se tire tout entière de l'état des nombres qui y entrent. Remarquons tout d'abord, en effet, que s'il ne s'était agi de multiplier $6+3$ que par 6, nous aurions eu $6\times6+6\times3$. Mais de ce résultat il faut immédiatement retrancher tout le produit de $6+3$ par 3 ; attendu que ce n'était pas seulement par 6 qu'il s'agissait de multiplier, mais bien par $6-3$.

Or, le produit de $6+3$ par $3=6\times3+3\times3$:

Donc $6\times6+6\times3$
Moins $6\times3+3\times3$

Égale $6\times6-3\times3$, après qu'on a : 1° supprimé les quantités communes 6×3 ; 2° changé par la nature de l'opération, le signe plus en signe moins. Finalement $6\times6=6^2$, $3\times3=3^2$; et cette conclusion provient de la multiplication de $6+3$ par $6-3$. Donc le théorème ci-dessus se trouve ainsi parfaitement démontré.

Comme conséquences nous déduirons, par transposition, de l'égalité contenue dans l'énoncé, les deux égalités suivantes :

$6^2-3^2 : 6-3=6+3$; et $6^2-3^2 : 6+3=6-3$.

Ce qui fait voir : 1° que le quotient de la différence des carrés par la différence des nombres qui ont servi à les former, est égal à la somme de ces nombres ; 2° que le quotient de la différence des carrés par la somme des nombres qui ont servi à les former, est égal à la différence desdits nombres. — *Composition raisonnée d'arithmétique, faite par un Élève d'école normale.*

---

340. — Cinquième Exercice. — *J'ai un bien petit jardin, puisque celui de mon voisin, qui n'est pas des plus grands, se trouve avoir 25 fois l'étendue du mien. — Tous les deux ayant la forme de carrés, et mon jardin étant de 16 mètres de côté, cherchez la longueur des côtés de celui de mon voisin ?*

Raisonnement. — Ce problème est basé sur une proposition de géométrie ainsi formulée : les pourtours de deux polygones semblables sont entre eux comme deux côtés semblablement disposés, et les surfaces, comme les carrés de ces mêmes côtés. Or, dans notre supposition, les polygones sont semblables comme carrés ; donc, en vertu de la proposition précitée, si j'admets que mon jardin ait une surface exprimée par 1, celui de mon voisin aura une surface exprimée par 25, et la proportion résultante sera $1 : 25 :: 16^2 : x^2$; d'où x, racine carrée de x^2, et, en même temps, longueur des côtés du jardin de mon voisin, égalera $\sqrt{16 \times 16 \times 25}$, ou $\sqrt{6400} = 80$ mètres. — On peut vérifier que 80 remplit toutes les conditions indiquées dans l'énoncé.

---

† **341. — Sixième Exercice.** — *On place une première gravure dans un cadre parfaitement carré, ayant 2 mètres de pourtour intérieur ; on se propose de mettre pareillement une seconde gravure dans un autre cadre ayant le même pourtour intérieur, bien que la superficie de cette dernière gravure ne soit que les 4/5 de celle de la précédente. — Dites la longueur et la largeur du cadre destiné à la recevoir.*

Raisonnement. — Chaque côté du pourtour intérieur du premier cadre se détermine facilement : en effet, il est égal au quart de 2 mètres, ou de 20 décimètres, c'est-à-dire à 5 décimètres ; et, quant à la superficie de la gravure qui y est placée, elle n'est autre que le carré d'un des côtés dudit pourtour, ou 25 décimètres carrés. — L'énoncé nous fait ensuite connaître que la superficie de la seconde gravure s'évalue aux 4/5 de celle que nous venons d'obtenir : elle est donc, par suite, les 4/5 de 25 décimètres carrés, ou $25 \times 4/5 = 20$ décimètres carrés. Mais cette superficie, ajoute l'énoncé, offre, dans le développement de son pourtour, la même étendue linéaire que celle que présentait la première, c'est-à-dire 2 mètres : ce ne peut conséquemment pas être un carré, autrement elle aurait, comme la première superficie, 25 décimètres carrés, chose contraire à la donnée ; c'est nécessairement un rectangle, forme la plus commune, du reste, affectée aux encadrements de gravures. Il est donc constant alors, que le développement total en ligne droite de ses quatre côtés égalant 2 mètres, deux seulement de ces quatre côtés, soit une longueur et une largeur, doivent égaler 1 mètre ou 10 décimètres. D'où il résulte, qu'il y a maintenant de découvert dans cette dernière partie du problème, d'une part, le résultat de la multiplication de deux quantités = 20 ; de l'autre, celui de leur addition = 10 (1). Or, quand on a la somme et le produit de deux quantités, pour trouver chacune d'elles, il suffit, d'après la règle générale suivante, tracée par plusieurs auteurs : 1° de prendre la moitié de leur somme, d'élever cette moitié au carré et d'en retrancher leur produit ; 2° d'extraire la racine carrée du résultat ainsi obtenu ; 3° enfin, d'augmenter et de diminuer successivement de la racine elle-même le nombre qui a servi à la faire découvrir : le total et le reste qui découlent de ces deux dernières opérations ne sont autre chose que les quantités cherchées. Ainsi, d'abord, $5 \times 5 = 25 - 20 = 5$. Ensuite, $\sqrt{5} = 2,236$, D'où $5 + 2,236 = 7,236$ pour l'une des valeurs inconnues, et $5 - 2,236 = 2,764$ pour l'autre valeur. — On peut s'en assurer par la vérification. — *Composition faite par un candidat au brevet complet.*

---

342. — Septième Exercice. — *Deux jardins carrés ont ensemble 2500 mètres carrés de superficie : on ne connait pas la longueur de leurs côtés ; tout ce que l'on sait, c'est que le plus grand a 700 mètres carrés de plus que le plus petit. — Déterminer, par suite, les dimensions linéaires de chaque jardin ?*

RAISONNEMENT. — Puisque l'énoncé nous apprend que le plus grand jardin a 700 mètres carrés de plus que le plus petit, il est évident que, si de la superficie

(1) La méthode des facteurs correspondants, que nous avons traitée au N° 168, pourrait, dans certains cas, servir à l'achèvement de problèmes dans le genre de celui-ci ; dans le cas qui nous occupe, elle n'aboutit qu'à nous faire voir que les quantités exprimant les dimensions du cadre ne sauraient être exprimées en nombres entiers.

totale, 2500 mètres carrés, nous retranchons cet excédant, le reste, 1800 mètres carrés, nous donnera en valeur la somme de deux superficies carrées, égales entre elles, et égales en même temps à deux fois celle du plus petit jardin. La moitié dudit reste, soit 1800 : 2, ou 900 mètres carrés, exprimera donc la superficie exacte de ce plus petit jardin ; et la racine carrée de 900 nous en fera connaître la dimension linéaire, ou le côté qui est de 30 mètres. Nous rappelant ensuite que 700 mètres carrés doivent, d'après le problème, concourir avec 900 mètres carrés à former la superficie du plus grand jardin, laquelle est, par conséquent, de 1600 mètres carrés, il ne nous reste plus, pour en déterminer la dimension linéaire ou le côté, qu'à extraire la racine carrée de 1600=40 mètres. — *Composition raisonnée d'arithmétique, faite par un Elève de l'École supérieure de Brest.*

---

343. — Huitième Exercice. — *La principale porte d'entrée d'une église est en chêne, et a une superficie de 23 mètres carrés 1040 centimètres carrés : elle est formée de 2 parties égales, et sa largeur totale n'est que les 5/8 de sa hauteur. — Calculez les dimensions en largeur et en hauteur d'un des vantaux, ainsi que le poids de cette porte, l'épaisseur du bois supposée de 5 centimètres.*

Raisonnement. = Commençons le problème avec les données qui figurent dans l'énoncé. Il y est dit que la largeur n'est que les 5/8 de la hauteur : donc, cette largeur étant exprimée par 5, la hauteur le serait par 8 ; et la surface, calculée d'après ces bases, serait 5×8, ou 40 mètres carrés. Mais nous sommes certains que les dimensions linéaires de la porte précitée ne sont pas aussi fortes que ces dernières, puisque la surface que donne le texte n'est que de 23 mètres carrés 1040 centimètres carrés. Tirant parti d'un principe géométrique déjà cité, à savoir : que les surfaces de deux polygones semblables sont entre elles comme les carrés des côtés semblablement disposés, nous allons donc facilement obtenir, par la proportion décroissante

40 : 23,1040 :: 5^2 ou 25 : x^2, la largeur de ladite porte, dont la hauteur s'évaluera ensuite à l'aide d'un calcul bien simple. x égale en effet $\sqrt{(23,1040 \times 25) : 40}$ ou $\sqrt{14,4400} = 3$, mètres 80 centimètres, valeur exacte. Maintenant, puisque les $^5/_8$ de la hauteur valent la largeur trouvée 3m,80, le huitième de cette hauteur doit nécessairement valoir 5 fois moins que 3m,80, ou $^{3,80}/_5$; et la hauteur elle-même, exprimée par $^8/_8$, n'est autre que $^{3,8 \times 8}/_5 = 6$ mètres 8 centimètres. — La hauteur d'un des vantaux est la même que celle là ; quant à la largeur, elle est évidemment la moitié de 3m,80, ou 1m,90. — Il reste encore à calculer le poids de la porte en question : or, en multipliant sa surface par son épaisseur, il vient $23,1040 \times 0,05 = 1$ mètre cube 1552 ; et cette solidité, multipliée elle-même par la pesanteur spécifique 1,67 du chêne desséché, nous donne finalement pour poids total 1929 kilogrammes 184 grammes.

---

344. — Neuvième Exercice. — *On peut se rendre d'une commune A dans une autre B, sans passer, ou en passant dans un village C, situé par rapport à A et à B au sommet d'un triangle rectangle, dont ces deux derniers points forment les extrémités de la base. Deux commissionnaires doivent faire ladite route en partant de A ; mais l'un a un message à remplir en C, et l'autre peut se rendre directement en B. — Combien de temps ce dernier sera-t-il arrivé avant l'autre au terme commun de leur voyage, si de A à C il y a 12 kilomètres 325 mètres, de C à B 8 kilomètres 120 mètres, et s'ils font l'un et l'autre 6 kilomètres à l'heure ?*

Raisonnement. — Ce problème est entièrement basé sur la propriété si connue du triangle rectangle, à savoir que le carré de l'hypothénuse est égal à la somme des carrés des 2 autres côtés de l'angle droit. En effet, si, conformément à cette propriété, après avoir élevé à la deuxième puissance la dimension linéaire déterminée de chaque côté de l'angle droit, soit $12325 \times 12325 = 151905625$, et $8120 \times 8120 = 65934400$, on fait la somme 217840025 des deux résultats ainsi obtenus, dans cette somme, qui reste toujours celle des carrés constraits sur les deux côtés de l'angle droit, on retrouve pareillement le carré équivalent que l'on pourrait construire sur l'hypothénuse, d'où celle-ci se déduit par la racine carrée de 217840025, qui est 14759 mètres. D'autre part, la somme des longueurs des côtés de l'angle droit =12325+8120, ou 20445 mètres. — Nous concluons donc de tout ce qui vient d'être dit, que la route de A à B par C est de 20445 mètres, tandis que de A à B directement, elle n'est que de 14759 mètres ; et, par conséquent, qu'une personne qui ferait la première, mettrait un temps exprimé par 20445:6000= 3 heures 24 minutes, au lieu qu'en suivant la seconde, elle ne mettrait que 14759:6000= 2 heures 27 minutes. — Reste à calculer enfin ce que la seconde route donne d'économie de temps sur la première : on le trouve en comparant par la soustraction 2 heures 27 minutes avec 3 heures 24 minutes, et le résultat nous fait savoir que, pour aller de A à B par C, il faudrait dépenser 57 minutes de plus que pour aller de A à B directement.

---

345. — Dixième Exercice. — *Dans une portion de parterre formant un losange, on ne connaît que les deux diagonales qui sont, savoir : la plus petite de 1 mètre, la plus grande de 2 mètres 40 centimètres, et l'on veut : 1° Calculer la surface de cette figure ; 2° évaluer le nombre de tulipes qu'un jardinier pourra planter sur les bords du losange, en supposant qu'il les place à 8 centimètres de distance l'une de l'autre ?*

RAISONNEMENT. — La géométrie nous fait savoir : 1° que le losange est une figure ayant ses quatre côtés égaux, sans avoir ses angles droits ; 2° que les diagonales s'y coupent mutuellement en parties égales et à angles droits. Il est par suite facile de concevoir cette portion de parterre divisée en deux triangles égaux, ayant pour base commune la grande diagonale, et pour hauteurs respectives chaque moitié de la petite diagonale. Or, la surface de l'un des triangles est égale à (2,40×0,50):2, ou à 60 décimètres carrés ; donc la figure entière aura une valeur double, ou 1 mètre carré

20 décimètres carrés. — Reste maintenant à exprimer en unités linéaires le contour de ce losange. Pour cela, il suffit, d'après la définition citée plus haut, de calculer un des côtés et de le quadrupler ensuite. Or, en considérant un des quatre triangles égaux dans lesquels la figure peut être partagée, nous voyons que ce triangle est rectangle, et que son hypothénuse n'est autre que l'une des quatre portions égales du contour entier ; d'ailleurs, on y connaît les deux côtés formant l'angle droit, c'est-à-dire les demi-diagonales 50 centimètres et 120 centimètres. Appliquant donc la propriété déjà connue du triangle rectangle, nous déduisons pour valeur de l'hypothénuse précitée, ou pour côté du losange, l'expression suivante $\sqrt{50^2 + 120^2}$ ou 130 centimètres = 1 mètre 30 centimètres, laquelle, quadruplée, donne pour périmètre total de la figure 5 mètres 20 centimètres. — L'énoncé nous apprend finalement que le jardinier a dessein de border son losange de tulipes distancées les unes des autres de 8 centimètres. Combien d'oignons pourra t-il y placer ? Evidemment autant que de fois 8 centimètres dans 520 centimètres, c'est-à-dire 520 : 8, ou 65 tulipes.

PROBLÈMES.

371. — Extraire la racine carrée des nombres suivants : 1° 3481 ; 2° 101124 ; 3° 3515625 ; 4° 99999800001 ; — des fractions et des expressions fractionnaires suivantes : 1° 72/128 ; 2° 379/6744 ; 3° 18, 29/1001 : 4° 155, 207/305 ; — des fractions et des expressions fractionnaires décimales suivantes : — 1° 0,1201508 ; — 2° 0,000056381 ; — 3° 17,283 ; — 4° 149,35419.

---

372. — Extraire, à moins d'un millième près, la racine carrée des nombres suivants : 1° 199 ; 2° 1204 ; 3° 17815 ; 4° 61317 ; — des fractions ordinaires et des expressions fractionnaires suivantes : 1° 75/130 ; 2° 156/720 ; 3° 56, 3/7 ; 4° 139, 1/8 ; — des fractions et des expressions fractionnaires

décimales suivantes : 1° 0,253 ; 2° 0,36101 ; 3° 111,315 ; 4° 378,9. — *Donné à Quimper pour l'examen à l'Ecole des Arts et Métiers.* — 1858.

373. — On a laissé tomber une bille du haut d'une tour de 145 mètres d'élévation, et l'on veut savoir combien se sont écoulées de secondes pendant sa chute, le carré du temps n'étant autre que le produit de 3 mètres 989 par l'espace que le corps tombant parcourt. — *Proposé aux examens du Commissariat.*

374. — Un propriétaire a acheté un terrain parfaitement carré, de 13 ares 5 centiares de superficie, pour s'y bâtir une maison avec jardin. Voulant que sa propriété soit tout-à-fait close, à l'exception d'une porte d'entrée de 2 mètres 50 centimètres, il se demande : 1° quelle sera, à un centimètre près, la longueur des murs qu'il fera construire ; 2° à combien lui reviendra cette construction, dont la hauteur doit être de 3 mètres 60 centimètres, s'il paie 1 franc 20 centimes le mètre carré.

375. — Mon voisin me propose un échange : il a trois pièces de terre, la première de 10 ares 4 centiares ; la deuxième de 48 mètres de large sur 120 mètres de long ; la troisième de 3219 mètres carrés ; moi j'ai un terrain formant un carré parfait de 110 mètres de côté, et je consens à faire plaisir à mon voisin, à condition cependant qu'il me donne pour la différence des superficies une somme de 719 francs 78 centimes.— Dites : 1° ce que valent l'are et le mètre carré de mon terrain ; 2° combien mon voisin aurait à débourser en tout, supposé qu'il eût à payer pour frais de contrats, 2, 1/2 pour cent de la valeur de l'immeuble que je lui cède.

376. — L'administration municipale d'une ville, désirant avoir une halle aux blés de forme carrée, avise un beau terrain dans un endroit central, et en propose la cession au propriétaire à des conditions avantageuses. Celui-ci refusant, et l'établissement projeté étant reconnu d'utilité publique, survient un jugement d'expropriation qui fixe à 4 fr. 50 c. le prix du mètre carré à payer par la ville. Par suite, le propriétaire reçoit 43218 francs. — Quelle superficie et quelle longueur a donc l'emplacement acquis par la ville.

377. — Une prise faite, pendant une guerre maritime, sur un navire marchand ennemi, peut être évaluée à 86700 fr., et cette prise doit être répartie entre tous les hommes présens à bord du navire capteur, de telle façon que chaque matelot reçoive autant de fois 12 francs, qu'il y a de matelots formant l'équipage. — Combien y en a-t-il donc, et quelle somme chaque matelot reçoit-il.

---

378. — La moyenne proportionnelle ou géométrique de la proportion continue suivante : 901 : x :: x : 3604, nous fait connaître l'année où l'Empereur Napoléon Ier institua la légion-d'honneur pour récompenser le mérite civil et militaire. — Faire le calcul nécessaire pour déterminer cette date.

---

379. — Un couvreur a employé 1600 ardoises de 35 centimètres de longueur sur 25 centimètres de largeur, pour couvrir un toit de 60 mètres de long sur 40 mètres de large. — Combien devra-t-il en prendre, pour couvrir un autre toit de 100 mètres de longueur sur 50 de largeur, si les ardoises qu'il se propose d'employer n'ont que 32 centimètres de long sur 23 centimètres de large.

---

380. — Un propriétaire veut clore de murs le terrain qu'il vient d'acheter, pour y construire une maison de campagne. Ce terrain, mesuré, et parfaitement carré, a une superficie de 2 hectares 67 ares 97 centiares 7/10 de centiare. Un entrepreneur lui propose de faire la clôture projetée, à raison de 0 fr. 75 centimes le mètre carré, d'après une épaisseur convenue entre eux. Les murs devant avoir 2 mètres 5 décimètres de haut, trouver ce que le propriétaire aura à payer pour la clôture entière, abstraction faite d'une longueur de 4 mètres à réserver sur l'un des murs pour la porte d'entrée.

---

380 *bis*. — Une personne perd au jeu, dans une première partie, 1/5 de l'argent qu'elle a sur elle ; dans une deuxième, 1/7 de ce qui lui reste ; dans une troisième partie, 1/10 de son second reste ; elle n'a plus alors que la racine carrée de la racine carrée de 117135 francs, 0625 dix-millièmes. Combien avait-elle donc en se mettant à jouer, et combien a-t-elle perdu à chaque partie. — *Composition donnée dans une école normale.*

Applications numériques de la Géométrie.

Mesure des Surfaces (1).

381. — On sait que pour obtenir la surface d'un triangle, il faut prendre la moitié du produit de sa base par sa hauteur. — Quel est donc en ares et en centiares la surface d'un triangle qui a 145 mètres 50 centimètres de base et 84 mètres de hauteur.

382. — Quelquefois, dans l'arpentage, on a à évaluer la superficie d'un triangle sans pouvoir y pénétrer. Voici le procédé qu'indiquent à cet effet plusieurs auteurs : Après avoir fait la somme des trois côtés, et en avoir pris la moitié, calculez successivement la différence entre cette demi-somme et chaque côté du triangle ; multipliez ensuite la même demi-somme par le résultat que donnent les trois différences multipliées entre elles, et vous n'aurez plus, pour connaître la superficie du triangle, qu'à extraire la racine carrée du produit que vous aurez obtenu. — Quelle est donc la surface d'un triangle dont les trois côtés sont : 127 mètres ; 182 mètres ; 98 mètres.

383. — On sait que le carré a pour mesure le produit d'un de ses côtés par lui-même : et que, pour calculer la surface d'un rectangle, d'un parallélogramme ou d'un losange, il suffit de multiplier la base de chaque figure par sa hauteur. — Quel est donc le total en ares, centiares et décimètres carrés d'une propriété formée de quatre pièces de terres, dont la

(1) *Voir pour toutes définitions, ainsi que pour tous détails plus circonstanciés que ceux qu'il nous a été possible de donner dans les énoncés de problèmes sur les surfaces et les volumes, un traité quelconque de géométrie, et, en particulier, l'excellent* Traité de M. Puille.

première est un carré de 137 mètres 25 centimètres de côté ; la deuxième un rectangle de 78 mètres 5 centimètres de hauteur sur 119 mètres 38 centimètres de base ; la troisième un parallélogramme de 66 mètres 66 centimètres de base sur 118 mètres de hauteur ; la quatrième un losange de 77 mètres 40 centimètres de côté sur 111 mètres 55 centimètres de hauteur, et que vaut cette propriété, à raison de 58 centimes le mètre carré.

---

384. — On sait pareillement que le trapèze a pour mesure sa hauteur multipliée par la demi-somme de ses bases parallèles; et que, pour calculer la surface d'un cercle, il faut faire le produit de sa circonférence par le quart de son diamètre, ou le produit de la quantité constante 3,1415926 par le carré du rayon : — la longueur de la circonférence étant elle-même égale au produit du diamètre par 3,1415926, ou pouvant encore se déterminer par la proportion 113 : 355 :: le diamètre connu : x, circonférence inconnue. — (Changez l'ordre des termes pour trouver le diamètre, si vous connaissez la circonférence). — Quelle est donc la surface d'un jardin présentant la forme d'un trapèze, dont les côtés parallèles ont : 1° 95 mètres 25 centimètres ; 2° 108 mètres 75 centimètres ; et dont la hauteur a 56 mètres 88 centimètres. — Quelle superficie aura un cercle : 1° si son rayon est de 8 mètres 45 centimètres ; 2° si son diamètre est de 12 mètres 1/2 ; 3° si sa circonférence est de 29 mètres.

---

385. — Quand on connaît la surface d'un cercle, et qu'on veut en déterminer le rayon, il faut d'abord diviser le nombre qui exprime ladite surface par le rapport de la circonférence au diamètre, c'est-à-dire par le nombre constant 3,1415926 ; puis extraire la racine carrée du quotient. — *Application* : On veut établir dans la grande cour d'un château un bassin circulaire de 156 mètres carrés de superficie. — Quelle est, à un millimètre près, la longueur du rayon qui devra servir à le tracer.

---

386. — En échange de quatre terrains, le premier ayant la forme d'un triangle de 63 mètres 6 décimètres de base sur 51 mètres 5 décimètres de hauteur ; le deuxième ayant la forme d'un rectangle de 86 mètres 64 centimètres de base sur 62 mètres 35 centimètres de hauteur ; le troisième ayant la forme d'un trapèze de 46 mètres et 69 mètres de bases sur

72 mètres 25 centimètres de hauteur ; le quatrième ayant la forme d'un cercle de 112 mètres 30 centimètres de circonférence, on me propose quatre terrains parfaitement carrés. — Quelle devra être, dans l'ordre précédent, la longueur des côtés de chacun d'eux, pour que je reçoive quatre pièces équivalentes aux miennes.

---

387. — La géométrie nous apprend : 1° que, pour obtenir en unités linéaires, mètres par exemple, la longueur d'un arc énoncé en degrés, il suffit de prendre comme facteurs ce nombre de degrés et l'évaluation de la circonférence en mètres, de les multiplier entre eux, puis de diviser le produit résultant par 360, expression constante des degrés de la circonférence ; 2° que pour obtenir la surface d'un secteur, il faut prendre comme facteurs l'arc qui lui sert de base et le rayon, les multiplier l'un par l'autre, puis diviser par 2 le produit obtenu. *Application*. Trouver en mètres la valeur d'un arc de 79 degrés dans un cercle dont le rayon est 35 mètres 25 centimètres, et s'en servir pour évaluer en ares et en centiares la surface du secteur auquel cet arc sert de base.

---

388. — Sachant que la surface du segment est égale à la différence qui existe entre la surface du secteur construit sur l'arc de ce segment, et celle du triangle ayant pour base la corde du segment avec deux rayons pour autres côtés, calculer en hectares, en ares et en centiares la surface d'un segment, compris entre l'arc de 60 degrés et sa corde, dans un cercle dont le rayon a 876 mètres. — *Donné par la commission de Quimper, pour l'examen d'admission à l'Ecole des arts et métiers.* — 1858.

---

389. — Il est démontré en géométrie que le carré de l'hypothénuse d'un triangle rectangle est égal à la somme des carrés des deux autres côtés ; et, comme conséquence de cette proposition, on déduit : 1° que le carré d'un des côtés de l'angle droit est égal au carré de l'hypothénuse, moins le carré de l'autre côté ; 2° que, si dans un carré on tire une diagonale, le carré construit sur cette diagonale est double du carré primitif. — Trouver, par suite : 1° quelle est la diagonale d'une place parfaitement carrée ayant 156 mètres de côté ; 2° quelle est celle d'une place rectangulaire, ayant en longueur 172 mètres et en largeur 110 mètres ; 3° de quelle quantité de mètres, dans ces deux cas, on diminue sa route, en suivant la diagonale de chaque place, au lieu de marcher

le long de deux côtés. — *Donné par un inspecteur dans une école professionnelle.*

---

390. — Sachant que la surface d'un polygone régulier est égale à la moitié du produit de son périmètre par l'apothème, on se propose de construire un hexagone régulier dans un cercle de 12 mètres de rayon, et l'on désire trouver : 1° la longueur de l'apothème, c'est-à-dire de la perpendiculaire abaissée du centre sur le milieu de chaque côté ; 2° la surface de cet hexagone régulier ; 3° la surface du cercle dans lequel il est inscrit.

---

391. — Une couronne n'étant autre chose que la portion de plan comprise entre deux circonférences concentriques, il résulte qu'elle a pour mesure le produit du nombre constant 3,1415926 par la différence des carrés des rayons des deux cercles. — *Application :* Trouver la surface de la couronne que forment deux cercles, dont les rayons respectifs sont 25 mètres 8 centimètres et 14 mètres 79 centimètres.

---

392. — Un propriétaire ayant fait creuser dans le parc de son château un bassin circulaire de 112 mètres carrés de surface, se demande quel diamètre il devra donner à une autre circonférence formant couronne avec la première, et devant servir de limite à un bord en pierres de taille qu'il veut faire poser à ce bassin, ledit bord ayant à présenter une longueur de 1 mètre 50 centimètres entre les deux circonférences. Il désire savoir, en outre, à combien lui reviendra cette construction, s'il la paie 6 francs 50 centimes le mètre carré.

---

393. — Pour obtenir la surface de l'ellipse, il faut faire le produit de son demi-grand axe par son demi-petit axe, puis multiplier le résultat obtenu par le rapport de la circonférence au diamètre 3,1415926. — *Application :* Un jardinier, chargé de tracer un parterre, commence par la pièce du milieu, et en fait une ellipse, à laquelle il donne les dimensions suivantes : 4 mètres 56 centimètres pour la longueur du grand axe et 2 mètres 88 centimètres pour celle du petit axe. — Trouver, à un centimètre carré près, quelle sera la surface de l'ellipse ainsi décrite.

---

394. — J'ai acheté à une vente un grand cadre rectangu-

laire dont l'intérieur est évidé en ellipse. Les dimensions de ce cadre sont de 3 mètres 70 centimètres en longueur sur 2 mètres 40 centimètres en largeur ; celles de l'ellipse où je je dois mettre un portrait, sont de 2 mètres 90 centimètres de grand axe sur 1 mètre 80 centimètres de petit axe. La dorure en étant tout-à-fait ternie, je m'adresse à un marchand de glaces qui, pour le redorer, me demande 315 francs 11 centimes ; je lui offre 290 francs : de combien différons-nous donc de centimes par décimètre carré.

---

395. — On obtient la surface d'un polygone irrégulier quelconque, d'un champ par exemple, en y menant une directrice, c'est-à-dire une ligne droite partant d'un des sommets du polygone pour aboutir à un autre, puis en abaissant sur cette directrice des perpendiculaires des divers angles du polygone, lequel se trouve par là divisé en triangles et en trapèzes, dont il ne reste plus ensuite qu'à évaluer les surfaces partielles ; leur total fait connaître finalement celle du polygone lui-même. — *Application* : En mesurant une pièce de terre, un arpenteur trouve qu'elle renferme quatre triangles et deux trapèzes ; les dimensions du premier triangle sont : 26 mètres de base et 24 mètres de hauteur ; celles du deuxième 30 mètres 4 décimètres de base et 28 mètres 12 centimètres de hauteur ; celles du troisième 45 mètres de base et 27 mètres 15 centimètres de hauteur ; celles du quatrième 20 mètres de base et 32 mètres de hauteur ; les dimensions du premier trapèze sont : 24 mètres et 27 mètres 15 centimètres de bases parallèles sur 56 mètres de hauteur ; celles du deuxième 28 mètres 12 centimètres et 32 mètres de bases parallèles sur 68 mètres de hauteur. — Quelle est donc la superficie totale de cette pièce de terre. — Combien la paierait-on à raison de 126 francs 15 centimes l'are. — Quelle serait la longueur du côté d'une pièce de terre carrée, ayant même superficie que le champ dont il est question dans ce problème.

---

396. — Voici deux principes géométriques importants, dont nous allons faire l'application à des calculs numériques : 1° les surfaces de deux polygones semblables sont entre elles comme les carrés des côtés opposés à des angles égaux ; 2° les surfaces de deux cercles sont dans le rapport des carrés de leurs rayons. — *Application* : On a établi sur le bord de la mer un kiosque formant hexagone régulier dans un cercle de 4 mètres de rayon ; quelle longueur de côté fau-

drait-il donner à une autre construction semblable, dont la surface ne serait que les 3/8 de celle du kiosque précédent, et dans quelle longueur de circonférence serait-elle tracée.

---

397. — Un élève trouve dans un dessin une circonférence : il doit en faire la copie de telle sorte, que la superficie de celle qu'il trace ne soit que le tiers de celle qui se trouve sur son modèle, et son frère, plus avancé que lui, lui dit de donner pour cela à son compas une ouverture de 15 millimètres. Il désire connaître ensuite lui-même, par un calcul, le rayon de la circonférence qu'il réduit ainsi. — Quelle marche a-t-il à suivre.

---

398. — Un inspecteur, visitant des travaux d'arpentage dans une école professionnelle, demandait à un élève quelle échelle il avait suivie pour tracer sur le papier le plan d'une pièce de terre que son professeur lui avait fait mesurer. Celui-ci lui répondit qu'il avait représenté un mètre sur le terrain par un millimètre dans sa construction graphique. — Dites-moi donc, mon ami, reprit M. l'inspecteur, combien de fois le tracé que vous avez si bien fait sur votre papier, est plus petit que le champ que vous avez mesuré sous les yeux de votre maître. — Que dut répondre l'enfant. — *Donné par un inspecteur aux élèves d'une école supérieure.*

---

399. — Un propriétaire possède dans une rue un terrain de 14 mètres 6 décimètres de long sur 8 mètres 2 décimètres de large, et y fait construire une maison ; son vis-à-vis, trouvant cette construction à son goût, en commande une semblable au même architecte ; mais, en comparant cette seconde surface avec la première, celui-ci reconnaît qu'elle n'en est que les 3/4. — Cherchez, par suite : 1° quelle longueur de façade sur la rue présentera la maison du deuxième propriétaire ; 2° quelle en sera la profondeur.

---

400. — Retrouver : 1° la base d'un champ rectangulaire dont la hauteur est 18 mètres 40 centimètres, et la surface 27 ares 45 centiares 9 décimètres carrés 6 dixièmes ; 2° la hauteur d'une pièce de terre triangulaire dont la base est 72 mètres 14 centimètres, et la surface 18 ares 17 centiares 2066 dix-millièmes ; 3° la longueur des côtés de deux carrés, équivalents à chacune des deux pièces de terre précédentes

prises séparément ; 4° la longueur du côté d'un carré égal en surface à toutes les figures mentionnées dans les trois premiers cas de ce problème.

401. — La surface latérale, soit du cube, soit du prisme, soit du parallélipipède, étant égale au produit de la hauteur du solide par son contour développé en ligne droite, dites : 1° quelle serait en centimètres carrés l'étendue de la surface latérale d'un cube en marbre blanc de 78 centimètres d'arête; 2° quelle serait en décimètres carrés l'étendue de la surface totale de ce cube. — (On voit sur le champ que, pour répondre à cette deuxième partie du problème, et à toutes les autres du même genre, il suffit d'augmenter de la surface totale des deux bases supérieure et inférieure le résultat déjà obtenu pour la surface latérale du solide).

402. — La surface latérale d'un cylindre est égale au produit de sa circonférence de base par sa hauteur. — Il se présente quelquefois à mesurer des surfaces latérales cylindriques, telles que colonnes, dans lesquelles les circonférences extrêmes sont inégales : alors, les considérant comme des troncs de cônes très prolongés, on opère ainsi que pour ces derniers solides, c'est-à-dire qu'on mesure la plus courte distance existante entre leurs circonférences extrêmes, et qu'on en multiplie la moitié par la somme de ces circonférences. — *Application :* On sait que le diamètre d'une pièce de 5 francs est de 37 millimètres, et que l'épaisseur en est de 2 millimètres 1/2. Quelle serait donc la surface latérale d'une pile de ces pièces, représentant une somme de 600 francs. — Quelle quantité de pièces de 5 francs mises en pile, présenterait une surface latérale équivalente à un mètre carré, et quelle somme aurait-on ainsi.

403. — La surface latérale du cône ou de la pyramide est égale à la moitié du produit du contour de la base par la ligne droite qui exprime la plus courte distance entre ce contour et le sommet du solide. — *Application :* La pyramide de Chéops en Égypte a une base carrée de 233mètres de côté, et une hauteur verticale de 150 mètres. Trouver en mètres carrés l'étendue de sa surface latérale, sachant que dans un carré les diagonales se coupent en parties égales et à angles droits ; admettant en outre ici que la hauteur verticale, ou la perpendiculaire menée du sommet de la pyramide la base, tombe sur le milieu du polygone de cette base.

404. — La surface latérale du tronc de pyramide se calcule en additionnant la longueur du contour de la base inférieure et celle du contour de la base supérieure, puis en multipliant la somme trouvée par la moitié de la perpendiculaire qui joint deux côtés correspondants pris sur ces contours. — *Application :* un tas de pierres, formant un tronc de pyramide rectangulaire, a 2 mètres 1/4 de long sur 1 mètre 1/2 de large à la base inférieure ; les dimensions de la base supérieure ne sont que les 2/3 des précédentes, et la hauteur d'une des figures de côtés est de 80 centimètres.— Trouver : 1° la surface latérale de ce tas ; 2° la surface totale.

---

405. — La surface d'une sphère étant égale : 1° au produit de 3,1415926 par le carré du diamètre ; ou bien 2° au produit de sa circonférence par le diamètre. — Calculer en hectares et en kilomètres carrés la surface du globe terrestre, dont la circonférence est de 40000000 de mètres.

---

406. — On a fait peindre, à raison de 1 fr.,75 c. le mètre carré, un marché couvert de 84 mètres de long³, dont la toiture, voûtée à l'intérieur, porte sur 32 colonnes de chacune 2 mètres 40 centimètres de base en circonférence, sur 1 mètre 80 centimètres de contour au haut, et 8 mètres d'élévation ; le profil du cintre de la voûte, développé en ligne droite, mesure 24 mètres 1/2. — Que devra-t-on payer pour ce travail, la peinture des colonnes y étant comprise.

---

407. — Un doreur veut me prendre 6 centimes du centimètre carré pour me couvrir d'or en feuilles : 1° une sphère de 48 centimètres de diamètre ; 2° un cylindre de 15 centimètres de diamètre sur 3 décimètres de hauteur ; 3° un cône de mêmes dimensions que le cylindre ; je lui offre 5 centimes 1/2. — Quelle différence y a-t-il entre nous, quant au prix total.

---

408. — Le salon d'un château a 8 mètres 80 centimètres de long sur la même largeur ; il s'y trouve 4 croisées de 2 mètres 80 centimètres de haut sur 1 mètre 80 centimètres de largeur ; 2 portes, dont l'une a 3 mètres 60 centimètres de haut sur 2 mètres 50 centimètres de large ; l'autre 2 mètres 40 centimètres de haut sur 1 mètre 20 centimètres de large, et l'appartement mesure en hauteur 4 mètres 90 cen-

timètres. — Quelle dépense a-t-on à faire pour le restaurer à neuf, si le plafond, tout ornementé, doit revenir à 2 francs 50 centimes le mètre carré, les murs à 1 franc 50 centimes, les portes à 1 franc 75 centimes, un lambris de 64 centimètres de hauteur à 1 franc 40 centimes, et les quatre fenêtres en tout à 30 francs, y compris les volets.

---

409. — Une voûte, établie en demi-circonférence, a 12 mètres de diamètre sur 30 mètres de longueur; une autre voûte, construite en demi-ellipse, a 12 mètres de grand axe, 8 mètres de petit axe et 35 mètres de longueur. — On désire savoir laquelle de ces deux voûtes coûtera le plus à plâtrer, à raison de 1 franc 90 centimes le mètre carré pour l'une comme pour l'autre surface, et à quelle somme s'élèvera la différence. — *Donné par un Inspecteur dans une école professionnelle.*

---

410. — Un peintre-décorateur est chargé de tapisser une chambre à coucher de 6 mètres 1/2 de long sur 5 mètres 3/5 de large et 3 mètres 90 centimètres de haut. A part deux croisées, une cheminée et une porte, présentant ensemble 18 mètres carrés 4 décimètres carrés de vide, le reste de la superficie des quatre murs doit être couvert en beau papier, et le propriétaire a choisi à cet effet des rouleaux de 8 mètres de long sur 50 centimètres de large. — Combien de rouleaux a-t-il dû prendre, et à combien montera la dépense de cette tenture, si le rouleau, mis en place, coûte 5 francs 80 centimes.

---

411. — Une société d'agriculture écrit à un graveur de Paris, pour l'inviter à lui frapper deux médailles, l'une en or, l'autre en argent, d'une épaisseur convenable, et présentant, savoir : la première, la même surface qu'une pièce de 2 fr. et une pièce de 1 franc réunies; la deuxième, une surface équivalente à celles d'une pièce de 5 francs et d'une pièce de 2 francs. — Quel rayon le graveur devra-t-il donner à chacune de ces deux médailles.

---

412. — Quelle quantité de ferblanc faudrait-il pour fabriquer, les couvercles de deux vases compris, 1° un décalitre cylindrique dont les dimensions légales sont : 233 millimètres 5 dixièmes de diamètre avec la même hauteur; 2° un autre vase, formant tronc de cône, et ayant 233 millimètres 5 dixièmes de côté, ou de plus courte distance entre les circon-

férences extrêmes, sur 185 millimètres 3 dixièmes de diamètre inférieur, avec 294 millimètres 2 dixièmes de diamètre supérieur. — Quel serait le prix de ces deux vases, si la matière et la main-d'œuvre sont estimées à raison de 4 francs 95 centimes par mètre carré de ferblanc employé.

---

413. — La boule en bronze doré, placée au-dessus de la coupole de l'église Saint-Pierre de Rome, a 17 mètres carrés 76 décimètres carrés 46 centimètres carrés 11 millimètres carrés de surface. — Quel est donc son rayon, sachant que, pour l'obtenir il faut, après avoir préalablement divisé par 3,1415926 le nombre exprimant la surface d'une sphère, extraire ensuite la racine carrée du quotient trouvé, et prendre finalement la moitié de cette racine.

---

414. — Un propriétaire fait construire à l'une des extrémités de son parc un belvédère en forme de prisme hexagonal régulier, ayant 1 mètre 99 centimètres de côté et 8 mètres 99 centimètres de haut. La toiture est une pyramide, dont la distance du sommet au centre du polygone de base, ou la hauteur verticale est de 3 mètres 99 centimètres. A l'autre extrémité du même parc il fait construire un moulin à vent, dont la toiture est un cône ayant la même hauteur que la pyramide ci-dessus. Le contour de la base de cet édifice cylindrique n'est autre que la circonférence dans laquelle l'hexagone précédent serait inscrit, et l'élévation de la maçonnerie est également de 8 mètres 99 centimètres. — De combien les surfaces latérales : 1° intérieures ; 2° extérieures du belvédère et du moulin différeront-elles entre elles, l'épaisseur de la maçonnerie supposée de 65 centimètres, celle des toits plâtrés à l'intérieur étant de 12 centimètres, et les dimensions ci-dessus énoncées se rapportant aux surfaces intérieures des deux constructions. — *Donné aux examens pour le degré supérieur, à Rennes, le 4 septembre 1834.*

---

415. — On a établi au bas de la toiture d'une maison deux gouttières, et à leurs extrémités quatre tuyaux de versement des eaux pluviales. Les gouttières sont des demi-cylindres de 14 centimètres de diamètre, et les tuyaux de versement, des cylindres de 9 centimètres de diamètre. La maison a 32 mètres de long et 21 mètres de haut. — Quelle dépense totale a occasionnée cette pose de gouttières et de tuyaux en ferblanc si le mètre carré, travaillé en cylindre, revient à 4 fr. 75 c.

416. — Sachant : 1° qu'une calotte sphérique ou une zone a pour mesure de sa surface le produit de sa hauteur par la circonférence d'un des grands cercles de la sphère à laquelle elle appartient ; 2° que la chaudière d'une machine à vapeur se compose ordinairement d'un cylindre fermé à chaque extrémité par une calotte sphérique, présentant une demi-sphère en développement, on demande de calculer la surface totale d'une chaudière qui a les dimensions suivantes : 3 mètres 50 centimètres pour longueur de sa partie cylindrique, avec 92 centimètres de diamètre. — *Donné à un examen de Mécaniciens à Brest.*

---

417. — Un propriétaire ayant fait daller sa cour par un entrepreneur, lui demande son mémoire, à raison de 5 francs 95 centimes le mètre carré de dallage mis en place. Celui-ci compte le nombre de dalles qu'il a fait poser, soit 62 sur la longueur et 49 sur la largeur. Seulement, au milieu de la cour il se trouve un puits de 2 mètres 25 centimètres de diamètre extérieur. — Qu'est-il dû par suite à l'entrepreneur, chaque dalle ayant 56 centimètres de long sur 45 centimètres de large.

418.— Une administration municipale décide que le grand salon de réception de l'Hôtel-de-Ville, long de 12 mètres 20 centimètres sur une largeur de 8 mètres 35 centimètres et une hauteur de 4 mètres 95 centimètres, aura son plancher ainsi que son plafond remis à neuf, et ses murs tapissés en beau papier. Il s'y trouve à déduire : 1° six fenêtres de chacune 2 mètres 1/2 de large sur 3 mètres 90 centimètres de haut ; 2° une porte de 3 mètres 10 centimètres de large sur 4 mètres 60 centimètres de haut ; 3° une cheminée ayant en largeur 3 mètres avec une hauteur égale au tiers de celle de l'appartement, lesquelles n'ont besoin d'aucune réparation. — Que coûtera ce travail, si la restauration du plafond est évaluée à 2 francs 35 centimes, celle du plancher à 4 francs 75 centimes, et celle de la tenture à 1 franc 50 centimes le mètre carré.

---

419. — Quelle différence y a-t-il entre la surface intérieure et la surface extérieure d'une bombe, ayant au dedans un diamètre de 215 millimètres, avec une épaisseur de un centimètre entre les deux parois.

---

420. — Evaluer en mètres carrés la surface totale, couver-

ture et fond compris, d'un coffre-fort en fer, assez vaste pour contenir un million en pièces de 5 francs, sachant qu'on y peut placer 80 pièces dans le sens de la longueur du fond, 50 dans celui de la largeur, et que ces pièces sont empilées les unes sur les autres ; l'épaisseur d'une pièce supposée de 2 millimètres 1/2. — Même question pour un coffre-fort qui serait capable de contenir un milliard en pièces de 5 francs ; les dimensions du fond étant données quadruples des précédentes.

FORMATION DU CUBE.

346. — *On sait que le cube d'un nombre est le produit de ce nombre pris trois fois comme facteur, ou encore le produit de ce nombre par son carré, et que le racine cubique d'un nombre est la quantité qui, élevée au cube, reproduit le nombre proposé.*

Voici quels sont les cubes des neuf premiers nombres :

Nombres : 1, 2, 3, 4, 5, 6, 7, 8, 9.
Cubes : 1, 8, 27, 64, 125, 216, 343, 512, 729.

On voit, par le tableau ci-dessus, que la racine d'un nombre qui n'a que trois chiffres, ne renferme que des unités, et peut s'extraire de mémoire. Ainsi la racine cubique de 512 est exactement 8 ; celle de 216 serait 6, etc. ; celle de 300 se trouve comprise entre 6 et 7, et est par conséquent 6, plus une fraction non assignable. Généralement, lorsqu'un nombre n'est pas cube exact, on prend pour racine celle du plus grand cube parfait qui y est contenu.

347. — Si un nombre se compose de quatre chiffres au moins, sa racine cubique contiendra nécessairement deux parties, dixaines et unités. Alors, il n'est plus possible d'extraire cette racine de mémoire : c'est pourquoi, pour parvenir d'une manière théorique à connaître les principes sur lesquels est basée l'extraction de la racine cubique d'un nombre quelconque, il devient nécessaire d'étudier préalablement la formation du cube d'un nombre qui a deux chiffres au moins.

Soit donc proposé de former le cube de 68.

Commençons par chercher comment les dixaines et les unités de ce nombre sont réparties dans 68^3 ; et, pour cela, décomposons d'abord 68 en $60+8$; puis nous effectuerons la multiplication du carré du nombre proposé ou de

$$60^2+2 \text{ fois } 60\times8+8^2$$
$$\text{Par } 60+8$$

1er produit partiel. .	60^3+2 fois $60^2\times8+8^2\times60.$
2e produit partiel.	$60^2\times8+2$ fois $8^2\times60+8^3.$
Cube total. . .	60^3+3 fois $60^2\times8+3$ fois $8^2\times60+8^3.$

Multipliant premièrement tout le multiplicande par les dixaines du multiplicateur, il nous vient $60^2\times60$, ce qui n'est autre chose que 60^3 ; plus deux fois $60\times60\times8$, ou deux fois $60^2\times8$, plus $8^2\times60$. Faisant ensuite le produit de ce même multiplicande par les 8 unités du multiplicateur, nous obtenons $60^2\times8$; plus deux fois $60\times8\times8$, ou deux fois 60×8^2, et, en intervertissant l'ordre des facteurs, deux fois $8^2\times60$; plus $8^2\times8$ ou 8^3. Enfin, la somme de ces deux produits partiels nous donne :

1º 60^3 ;

2º Deux fois $60^2\times8$, plus une fois $60^2\times8$, ou trois fois $60^2\times8$;

3º Une fois $8^2\times60$, plus 2 fois $8^2\times60$, ou trois fois $8^2\times60$;

4º 8^3.

D'où l'on déduit *que le cube d'un nombre composé de dixaines et d'unités contient six parties, qui peuvent se réduire à quatre, par l'addition de la deuxième avec la quatrième partie, et de la troisième avec la cinquième. Ces quatre parties sont : 1° le cube des dixaines ; 2° le triple carré des dixaines par les unités ; 3° le triple carré des unités par les dixaines ; 4° le cube des unités.*

348. — Examinons maintenant ce que nous donne chacune de ces quatre parties. *Le cube des dixaines* est un nombre de 1000, puisque le cube de la plus petite quantité de dixaines possible ou de 10 est 1000. *Le triple carré des dixaines par les unités* est un nombre de centaines, puisque l'un des facteurs (carré des dixaines) exprime des centaines. *Le triple carré des unités par les dixaines* est un nombre de dixaines, l'un des facteurs exprimant des dixaines. Enfin, le *cube des unités* est un nombre d'unités, car des unités multipliées par des unités ne peuvent donner que des unités.

D'après cela, pour former le cube de 68 à l'aide des quatre parties qui entrent dans sa composition, on fait d'abord le cube des 6 dixaines, qui est 216000 ; puis le triple carré des 6 dixaines par les unités 8, ce qui donne 86400 ; puis le triple carré des unités 8 par les 6 dixaines, résultat égal à 11520 ; enfin, le cube des unités 8, qui est 512. Additionnant ensuite ces quatre produits 216000+86400+11520+512, on obtient 314432, pour cube de 68, et l'on peut vérifier ce résultat en multipliant 68 par son carré (1).

(1) Appliquant au cube le principe mentionné page 316, dans la remarque relative au carré, nous pouvons dire que le nombre 68, qui est la somme de 63+5, peut, par suite, avoir pour expression de sa troisième puissance :

$$63^3 + 3 \text{ fois } 63^2 \times 5 + 3 \text{ fois } 5^2 \times 63 + 5^3,$$

En effet :

..........63^3 =	250047
3 fois $63^2 \times 5$ =	59535
3 fois $5^2 \times 63$ =	4725
..........5^3 =	125
Total..	314432

Preuve :

68^2 =	4624
	68
	36992
	27744
	314432

Extraction de la Racine Cubique.

349. — ***Proposons-nous de revenir du cube à la racine cubique, et soit pour exemple le nombre* 314432.**

314.432	68		
216	108	3e partie =	86400
984.32		2e partie =	11520
984.32		1re partie =	512
000 00		Total.....	98432

L'opération étant disposée comme pour la division, remarquons que le nombre proposé ayant plus de trois chiffres, sa racine en renfermera au moins deux : elle aura donc dixaines et unités ; et, par conséquent, le nombre 314432, qui en est le cube, renfermera les quatre parties qui constituent le cube de tout nombre plus grand que 10, savoir : le *cube des dixaines*, le *triple carré des dixaines par les unités*, le *triple carré des unités par les dixaines*, et le *cube des unités*. La première de ces parties étant une collection de mille, les trois derniers chiffres à droite lui sont étrangers ; on les sépare, et dans la partie à gauche, 314 mille, se trouvent le *cube des dixaines de la racine*, et, de plus, les mille qui peuvent provenir des trois dernières parties. Extrayant donc la racine cubique de 314, on doit obtenir le chiffre des dixaines de la racine.

La racine cubique de 314 est 6 pour 216, et ce ne peut être que 6 le véritable chiffre des dixaines de la racine cherchée. En effet, le nombre proposé 314432 est compris entre le cube de 6 dixaines, qui est 216000, et le cube de 7 dixaines, qui est 343000 ; donc la racine elle-même est comprise entre 6 et 7 dixaines, donc elle a 6 pour premier chiffre Ayant reconnu que 6 est bien le chiffre des dixaines, si l'on en fait le cube, et qu'on le retranche du nombre donné qui contenait les quatre parties constitutives, le reste n'en contiendra plus que trois, et l'opération sera déjà simplifiée.

Le nombre 98432, que nous obtenons pour reste, se compose donc encore, d'après ce qui vient d'être dit, du triple carré des dixaines par les unités, du triple carré des unités par les dixaines, et du cube des unités. La première de ces parties étant une collection de centaines, les deux derniers chiffres à droite, 32, ne sauraient lui appartenir ; on les sépare, et les 984 centaines qui restent, peuvent être regardées comme le produit de trois fois le carré des 6 dixaines connues par les unités inconnues. — Divisant donc ce produit 984 par l'un de ses facteurs, triple carré des dixaines 108, on trouvera à peu près pour quotient le chiffre des unités. Nous disons à peu près, car, dans la partie 984 centaines, il peut entrer des centaines provenant du triple carré des unités par les dixaines, du cube des unités, et même du reste final, s'il y en a un. Le dividende pouvant par conséquent se trouver ainsi grossi de parties qui lui sont étrangères, il est à craindre qu'on ne prenne pour quotient un chiffre trop fort.

Ici nous trouvons 8, et, pour essayer ce quotient, il se présente deux procédés : 1° on peut former les trois dernières parties du cube, en faire la somme, et la comparer avec 98432 ; c'est la méthode que nous avons suivie (*Voir l'opération*) ; 2° on peut faire le cube de toute la racine obtenue 68, et le comparer avec le nombre 314432. Comme, de quelque manière qu'on termine l'opération, il vient zéro pour reste, on en conclut que 68 est la racine cubique exacte de 314432. Si l'on avait trouvé un reste final, la racine n'eût pas été exacte, mais seulement approchée à moins d'une unité près.

350. — *Il est important de connaître quand un reste final est assez fort, pour que la racine cubique obtenue soit trop faible.*

Pour cela, commençons par calculer la différence qui existe entre les cubes de deux nombres consécutifs, entre 512 et 343 par exemple. Comparant ces deux nombres par la soustraction, on voit que le cube de 8 surpasse celui de 7 du nombre 169. Mais 169 n'est autre chose que trois fois le carré de 7, plus trois fois 7, plus un. Il suit donc de cette comparaison que, généralement, *le cube du plus grand de deux nombres consécutifs surpasse celui du plus faible, de trois fois le carré du plus petit nombre, plus trois fois ce même nombre, plus un.*

Cela posé, si en comparant le reste final avec la racine trouvée, on découvre qu'il surpasse ou même égale le triple carré de la racine, plus trois fois cette même racine, plus un, c'est une preuve qu'elle n'est pas la véritable, et que le nombre donné appartient au cube consécutif plus fort, auquel cas il faut augmenter sa racine d'une unité au moins.

Donc, pour qu'une racine obtenue soit trop faible, il faut que le reste final soit au moins égal au triple carré de la racine, plus trois fois la racine, plus un.

351. — *De tous les raisonnements précédents, on déduit la règle générale suivante :*

Pour extraire la racine cubique d'un nombre quelconque, après avoir disposé l'opération comme pour la division, on partage le nombre en tranches de trois chiffres chacune, de droite à gauche : le nombre de ces tranches est exactement le même que celui des chiffres de la racine ; on cherche ensuite la racine du plus grand cube contenu dans la première tranche à gauche qui peut n'avoir qu'un ou deux chiffres ; et l'on soustrait de cette première tranche le cube du chiffre trouvé.

A la suite du reste, on abaisse la deuxième tranche, dont on sépare les deux derniers chiffres à droite par un point ; puis on divise la partie séparée à gauche par le triple carré du chiffre déjà trouvé à la racine : le quotient, qui n'est autre chose que le second chiffre de la racine, se place à la suite du premier, précédemment obtenu. On fait ensuite le cube de l'ensemble de ces deux chiffres, et on le soustrait des deux premières tranches. A la droite du nouveau reste, on abaisse la troisième tranche, et l'on pratique sur ce troisième nombre la même série d'opérations, qu'on vient de faire sur le précédent (c'est-à-dire sur le premier reste suivi de la deuxième tranche). Enfin, on continue de même jusqu'à ce que toutes les tranches aient été successivement abaissées

Si à la dernière soustraction on trouve zéro pour reste, c'est que le nombre proposé est un cube parfait : si l'on obtient un reste, le nombre n'est pas alors un cube parfait ; mais on connaît la racine du plus grand cube contenu dans ce nombre, et, dans ce cas, elle est dite approchée à moins d'une unité près. Le reste ne doit jamais égaler le triple carré de la racine, plus trois fois cette racine, plus un ; car autrement il se serait glissé quelque erreur dans l'opération.

352. — Si après avoir abaissé une tranche quelconque, et avoir séparé les deux derniers chiffres, il arrivait que la partie à gauche n'égalât pas le triple carré de la racine déjà trouvée, il faudrait en conclure que la racine totale ne contient pas d'unités de cet ordre ; alors on poserait zéro à la racine, et l'on abaisserait immédiatement la tranche suivante pour continuer l'opération.

353. — PREMIÈRE REMARQUE. — S'il était possible de distinguer sur le champ dans quelle partie du nombre proposé se trouvent le cube des unités, et ensuite le triple carré des unités par les dixaines, etc., il serait indifférent de commencer l'extraction de la racine cubique par la droite ou par la gauche. Mais cette distinction ne peut se faire : car le cube des unités renferme généralement des dixaines et des centaines, qui se combinent avec celles que donne le triple carré des unités par les dixaines ; de même, les mille qui peuvent provenir de cette deuxième partie, viennent se fondre dans ceux que produit le triple carré des dixaines par les unités, et ainsi de suite : on est donc obligé de commencer l'opération par la gauche, afin de déterminer, d'une manière certaine, dans quelle partie du nombre est le cube des dixaines de la racine.

354. — DEUXIÈME REMARQUE. — Voici une objection qui pourrait se présenter : ***Est-il bien certain que*** **68** ***soit la racine cubique exacte du nombre*** **314432 ?**

La réponse à cette objection se trouve dans l'opération même : en effet, on a retranché successivement de 314432 : 1° le cube de 216000 des dixaines ; 2° le triple carré 86400 des dixaines par les unités ; 3° le triple carré 11520 des unités par les dixaines, et 4° le cube 512 des unités, c'est-à-dire les quatre parties qui entrent dans la composition du cube de 68. Donc, puisque l'on trouve zéro pour dernier reste, il s'ensuit que le nombre 68 seul peut être la racine cubique exacte de 314432.

355. — ***Étendons le raisonnement que nous venons de faire à un nombre quelconque, et soit proposé d'extraire la racine cubique de*** **596947688.**

596. 947. 688	842
512	192. | 21168
84 9. 47	$84^2 \times 84 = 592704$
592 7 04	$842^2 \times 842 = 596947688$.
4 2 436. 88	
596 9 476 88	
0	

Observons, comme dans le cas précédent, que le nombre proposé ayant plus de trois chiffres, on trouvera dans sa racine dixaines et unités, et par conséquent le nombre 596947688 renfermera les quatre parties constitutives, savoir : *cube des dixaines, triple carré des dixaines par les unités, triple carré des unités par les dixaines et cube des unités.* La première de ces parties étant une collection de mille, les trois derniers chiffres à droite ne peuvent lui appartenir : elle est donc contenue dans 596947 mille exclusivement, et, par suite, nous devons extraire la racine cubique de cette partie du nombre, pour avoir les dixaines.

Mais cette partie contenant elle-même plus de trois chiffres, sa racine aura également dixaines et unités, et, raisonnant sur elle comme sur le nombre tout entier, nous sommes conduits à séparer les trois derniers chiffres à droite de 596947, puis à extraire la racine cubique de la partie à gauche 596.

D'où l'on voit, en résumant ce que nous venons de dire, qu'il faut partager le nombre proposé 596947688 en tranches de trois chiffres chacune, de droite à gauche; puis extraire la racine cubique de la première tranche à gauche, qui pourrait aussi bien n'être composée que d'un ou de deux chiffres. On obtient ainsi le premier chiffre de la racine, qui est ici 8, et, retranchant son cube de 596, il vient pour reste 84.

Comme il ne s'agit pour le moment que d'extraire la racine cubique de 596947, abstraction faite de la dernière tranche à droite, nous n'abaisserons que les trois chiffres suivants, et, conformément au raisonnement donné plus haut, au Numéro 349, nous séparerons les deux derniers chiffres, puis nous diviserons la partie à gauche 849 centaines par 192, triple carré du chiffre déjà trouvé. Le quotient donne pour second chiffre de la racine le nombre 4; élevant au cube l'ensemble des deux chiffres 84 de la racine, et retranchant cette puissance des deux premières tranches 596947 du nombre proposé, nous trouvons pour reste 4243.

Observons maintenant que, quand nous avons séparé la dernière tranche à droite, nous avons dit qu'il fallait pour trouver les dixaines de la racine, extraire celle de la partie à gauche 596947 : ainsi ce n'était pas seulement la racine de 596 qu'il fallait avoir, mais bien celle de 596947. Nous pouvons donc considérer la partie 84 trouvée à la racine, comme formant un seul nombre de dixaines ; et, d'après cela, il nous faut, après avoir abaissé la tranche 688, séparer encore les deux derniers chiffres 88, puis diviser la partie à gauche par le triple carré des 84 dixaines, qui est 21168. Cette opération nous donne pour quotient 2, et c'est le troisième et dernier chiffre de la racine.

Si l'on veut ensuite l'essayer, il suffit d'élever au cube l'ensemble des trois chiffres trouvés 842, et de retrancher du nombre total 596947688 le résultat fourni par ce cube. La soustraction donnant zéro pour reste on en conclut que 842 est la racine cubique exacte du nombre proposé.

Il est facile de voir que, s'il y avait encore une ou deux tranches à abaisser, on pourrait considérer les trois chiffres de la racine comme ne faisant qu'un seul nombre de dixaines ; il resterait donc à trouver les unités, ce que l'on ferait en continuant le raisonnement et les opérations que nous venons de faire.

356. — Si après avoir extrait la racine cubique d'un nombre, on veut faire la preuve de l'opération, il suffit d'élever la racine trouvée au cube, et d'y ajouter le reste s'il y en a un ; le résultat, si les calculs sont exacts, donnera le nombre proposé.

Exercice à calculer. — *Une personne prend une certaine somme pour payer quatre créanciers. Au premier elle donne 1/5 de ce qu'elle a dans son porte-monnaie ; au deuxième le 1/4 de ce qui lui reste après ce premier paiement ; au troisième le 1/8 de ce qui lui reste après le second paiement ; et au quatrième, la racine cubique de 1728000 francs, somme qu'elle se trouve encore posséder après avoir payé son troisième créancier. — Dites combien elle a pris d'argent, et à combien s'élevait chacune de ses trois premières dettes.*

Racine Cubique des Fractions.

337. — Avant de rechercher le procédé à suivre pour l'extraction de la racine cubique des fractions, commençons par nous occuper de la formation du cube de ces quantités.

Pour élever au cube la fraction 5/8, par exemple, il faut la multiplier par son carré, ce qui conduit à faire le cube du numérateur et celui du dénominateur.

Ainsi :

$$\left(\frac{5}{8}\right)^3 \text{ ou } \frac{5^3}{8^3}=\frac{5^2}{8^2}\times\frac{5}{8}=\frac{125}{512}$$

Réciproquement *pour extraire la racine cubique d'une fraction, il suffit d'extraire la racine cubique de chaque terme.*

$$\sqrt[3]{\frac{8}{27}}=\frac{2}{3}$$

337. — Mais, généralement, aucun des deux termes de la fraction ne se trouvera cube parfait, en sorte que si l'on extrayait immédiatement la racine cubique du numérateur et celle du dénominateur, il y aurait erreur de part et d'autre, et l'on ne pourrait évaluer le degré d'approximation obtenu. Or, on peut éviter l'une de ces erreurs par une préparation que l'on fait subir à la

fraction proposée, avant d'en extraire la racine cubique. Pour cela, *on multiplie les deux termes par le carré du dénominateur, qui devient ainsi cube parfait.* On extrait alors la racine cubique de chaque terme, celle du numérateur approximativement, et celle du dénominateur exactement, et l'on obtient une racine approchée à moins d'une unité fractionnaire de l'ordre marqué par son dénominateur.

Soit donc proposé d'extraire la racine cubique de $^{3}|_{7}$.

Multiplions les deux termes par le carré 49 du dénominateur, la fraction devient $^{147}|_{343}$. Extrayons ensuite la racine cubique de part et d'autre, le résultat sera $^{5}|_{7}$ approché à moins de $^{1}|_{7}$ près. En effet, la racine cubique exacte, si nous l'avions obtenue, eût été comprise entre $^{5}|_{7}$, fraction trop petite, et $^{6}|_{7}$ fraction trop grande. Conséquemment, la racine trouvée ne diffère pas du véritable résultat de $^{1}|_{7}$; donc elle en est approchée à moins de $^{1}|_{7}$ près.

358. — *Observons que la racine cubique d'une fraction proprement dite, est toujours plus grande que cette fraction.*

Il doit en être ainsi : car le cube d'une fraction s'obtient en multipliant cette fraction par son carré. Or, le carré, comme nous l'avons dit plus haut, au N° 326, est déjà moindre que la fraction proposée ; donc, à plus forte raison, le cube le sera-t-il.

359. — *S'il s'agissait de la racine cubique d'un nombre fractionnaire, on le réduirait préalablement en fraction, et on lui appliquerait la règle précédemment énoncée.*

Soit, par exemple, à extraire la racine cubique de $10\ ^{4}|_{7}$.

Elle est de 2 unités $^{1}|_{7}$ à moins de $^{1}|_{7}$ près. En effet :

$$\sqrt[3]{10\frac{4}{7}} = \sqrt[3]{\frac{74}{7}} = \sqrt[3]{\frac{74 \times 7^2}{7^3}} = \frac{15}{7} = 2\ \frac{1}{7}$$

360. — *Pour extraire la racine cubique d'une fraction décimale, il faut, après l'avoir mise sous forme de fraction ordinaire, commencer par rendre son dénominateur cube exact, s'il ne l'est pas déjà.*

Or, le dénominateur d'une fraction décimale est cube exact, toutes les fois qu'il est formé de l'unité suivie d'un nombre de zéros multiple de 3. Si donc le dénominateur de la fraction donnée n'est pas composé de la manière que nous venons d'indiquer, on ajoute à sa droite un ou deux zéros ; et, pour ne pas changer la valeur de la fraction, on ajoute le même nombre de zéros à la suite du numérateur.

Soit, par exemple, proposé de faire sur la fraction 0,7286, l'opération que nous venons d'expliquer.

Mettons-la d'abord sous la forme $^{7286}|_{10000}$; puis ajoutons deux zéros de part et d'autre : le dénominateur devient 1000000, cube exact du nombre 100, et la fraction elle-même prend la forme suivante : $^{728600}|_{1000000}$. Il n'y a donc plus qu'à extraire la racine cubique comme dans le cas des fractions ordinaires, ce qui donne $^{89}|_{100}$, ou 0,89 pour résultat approché à moins d'un centième près.

361. — *Pour extraire la racine cubique d'un nombre décimal, on commence par s'assurer si la fraction qui en fait partie se compose d'un nombre de chiffres décimaux multiple de 3, caractère distinctif de toute fraction décimale dont le dénominateur est cube parfait. S'il en est ainsi, on peut effectuer sur le champ l'opération : dans le cas contraire, on ajoute un ou deux zéros à la droite de la fraction, avant d'en extraire la racine cubique ; et lorsqu'on a trouvé la racine de tout le nombre, considéré comme nombre entier, on sépare sur sa droite autant de chiffres décimaux, qu'il y avait de tranches de trois chiffres dans la fraction décimale au commencement de l'opération.*

Soit, pour exemple, le nombre 19,4812.

```
        19,481.200 | 269
   2³ = 8          | 12
        114.81
  26³ = 175 76            26² × 3 = 2028
        19 052.00         Résultat dèfinitif : 2,69.
 269³ = 194 651 09
        160 91
```

Afin de faire rentrer la fraction 4812 dixmillièmes dans la catégorie de celles qui ont leur dénominateur cube parfait, ajoutons deux zéros à sa droite ; et extrayons la racine cubique de 19481200, considéré comme nombre entier. Le résultat de l'opération est 269, sur la droite duquel nous séparons deux chiffres décimaux, d'après la règle générale que nous avons précédemment donnée.

362. — Dans l'extraction de la racine cubique des fractions décimales, le degré d'approximation est toujours de l'ordre du dernier chiffre obtenu à cette racine. Par conséquent, si l'on veut que la racine cubique d'un nombre soit approchée à moins d'un dixième, d'un centième, d'un millième, etc., près, il faut commencer par transformer ce nombre en une expression fractionnaire telle, que sa racine soit exprimée en dixièmes, en centièmes, en millièmes ; puis extraire la racine cubique comme dans le cas des fractions.

363. — *Proposons-nous, par exemple, d'obtenir la racine cubique de 7 à moins d'un centième près.*

Pour cela, réduisons 7 en millionièmes, il vient : $^{7000000}|_{1000000}$, Extrayons ensuite la racine cubique de chaque terme ; celle du numérateur est 191 approximativement, et celle du dénominateur 100 exactement. Le résultat définitif est donc $^{191}|_{100}$, ou 1,91, à moins d'un centième près,

364. — Dans la pratique, on se contente de multiplier le nombre proposé par 10^3, 100^3, 1000^3, etc., ce qui se fait en plaçant à sa suite, 3, 6, 9 zéros ; ensuite on extrait la racine cubique du résultat, que l'on considère comme s'il était entier, et l'on termine en séparant le nombre des décimales voulu, à droite de la racine trouvée.

EXEMPLE. — *Quel est à moins d'un centième près la racine cubique de 28 ?*

Ajoutons six zéros à la suite de 28, il vient 28000000 dont la racine cubique est 303. Séparant deux chiffres décimaux à la droite de ce résultat, nous obtenons pour racine cubique de 28, à moins de $1/100$ près, le nombre 3,03.

365. — Nous déduirons de ce qui vient d'être dit, la règle générale suivante :

Pour obtenir la racine cubique d'un nombre entier à moins d'une unité décimale indiquée, on place à la suite de ce nombre 3 fois autant de zéros que l'on veut avoir de chiffres décimaux à la racine; ensuite, après avoir extrait la racine cubique du nombre, comme s'il était entier, on sépare sur la droite du résultat le nombre de chiffres décimaux demandé.

366. — On peut également obtenir la racine cubique d'un nombre entier avec une approximation non décimale, par exemple à moins de $1/7$ près.

Pour cela, il suffit de transformer le nombre proposé en une expression fractionnaire, dont le dénominateur soit le cube de 7 ; ce qui se fait en multipliant le nombre en question par 7^3 ou par 343, et donnant ensuite au produit pour dénominateur la troisième puissance de 7. Il n'y a plus qu'à extraire la racine cubique des deux termes, et à chercher les entiers contenus dans le résultat.

Ainsi $\sqrt[3]{17}$ à moins de $1/7$ près, égale :

$$\sqrt[3]{\frac{17 \times 7^3}{343}} = \sqrt[3]{\frac{5831}{343}} = \frac{17}{7} = 2\frac{3}{7}$$

avec l'approximation demandée.

Exercices raisonnés sur le Cube et la Racine cubique.

† **367. — Premier Exercice.** — *Une poutre est telle, que sa largeur n'est que le $\frac{1}{8}$ de sa longueur, et son épaisseur les $\frac{3}{4}$ de sa largeur. Sa solidité est de 3 mètres cubes 72 décimètres cubes. — Chercher ses trois dimensions, et dire son poids, si elle est en sapin ?*

Raisonnement. — Quelle que soit la longueur réelle de cette poutre, je la représente par un nombre arbitraire, 1 par exemple : alors la largeur devient le $\frac{1}{8}$ de 1, ou $\frac{1}{8}$, et l'épaisseur, les $\frac{3}{4}$ de $\frac{1}{8}$, ou $\frac{1}{8} \times \frac{3}{4} = \frac{3}{32}$. Toutes ces quantités réduites en trente-deuxièmes, pour plus de facilité d'appréciation, me donnent $\frac{32}{32}$, $\frac{4}{32}$, $\frac{3}{32}$; et, comme elles figurent un volume, je les dispose, conformément au principe géométrique sur le cubage, ainsi qu'il suit ; $\frac{32}{32} \times \frac{4}{32} \times \frac{3}{32} = 2072$ décimètres cubes. Maintenant, je raisonne de cette manière : si la longueur inconnue, au lieu d'être figurée par $\frac{32}{32}$, ne l'était que par $\frac{1}{32}$ (les autres dimensions restant les mêmes), elle donnerait lieu à un volume 32 fois moindre que 2072 décimètres cubes, ou à un volume exprimé par $2072 : 32 = 96$ décimètres cubes. De même, si la largeur inconnue, au lieu d'être figurée par $\frac{4}{32}$, ne l'était que par $\frac{1}{32}$ (la longueur étant déjà $\frac{1}{32}$, et l'épaisseur ne variant pas), elle donnerait lieu à un volume 4 fois moindre que 96 décimètres cubes, ou à un volume exprimé par $96 : 4 = 24$ décimètres cubes. Enfin, si l'épaisseur, au lieu d'être figurée par $\frac{3}{32}$, ne l'était que par $\frac{1}{32}$ (la longueur et la largeur étant elles-mêmes réduites à $\frac{1}{32}$), le volume de la poutre deviendrait encore trois fois moindre que précédemment, et n'aurait pour expression définitive que $24 : 3 = 8$ décimètres cubes. Mais, attendu que les trois dimensions ont été rendues successivemsnt les mêmes, on peut considérer 8 décimètres cubes comme un cube parfait, ayant pour une de ses dimensions, en longueur par exemple, sa racine cubique ou 2 décimètres. Et, si avec une valeur représentative de $^1|_{32}$ en longueur, on obtient 2 décimètres pour longueur réelle, avec $^{32}|_{32}$, au lieu de $^1|_{32}$, cette même longueur réelle qui peut être alors attribuée à la poutre, sera 32 fois plus forte que 2 décimètres, ou 2 décimètres $\times$ 32 $=$ 64 décimètres, soit 6 mètres 4 décimètres. Quant aux autres dimensions de ladite poutre, elles sont, d'après l'énoncé, savoir : la largeur, le $^1|_8$ de 6 mètres 4 décimètres, ou 0^m,8 décimètres; et l'épaisseur, les $^3|_4$ de 8 décimètres, ou 0^m,6 décimètres. — Reste à calculer la pesanteur de la pièce de bois qui fait l'objet de ce problème. En consultant une table quelconque de poids spécifiques, je vois que celui de 1 décimètre cube de sapin égale 0^k,550: donc, le poids total de la poutre évaluée à 3072 décimètres cubes, vaudra 3072 fois 550 grammes, ou 1689 kilogrammes, 6 hectogrammes.

---

368. — Deuxième Exercice. — *Deux statues en bronze sont posées chacune sur un dé de granit. On ne connaît pas l'arête du plus petit dé : seulement on sait que le plus grand a 1 mètre 1 centimètre, et que le volume des deux dés égale 1 mètre cube 942 décimètres cubes 974 centimètres cubes.— Trouver, par suite, la dimension linéaire du plus petit bloc, et la pesanteur des deux cubes ?*

Raisonnement. — Il est évident, d'après l'énoncé, que si du cube total 1 mètre cube, 942974 centimètres cubes, lequel représente la solidité des deux dés, nous retranchons 1,030301, cube de 1 mètre 1 centimètre, ou de l'arête du plus grand des deux blocs, le reste ne sera autre chose que le cube de celle du plus petit. Or, ce reste provenant, comme on le voit, de 1,942974— 1,030301=0,912673 centimètres cubes, sa racine cubique est de 0,97 centimètres ; d'où il résulte que la moindre des deux pièces de granit a pour arête ou côté 97 centimètres.

369. — Troisième Exercice. — *Une personne à qui l'on demandait son âge, répondit : si vous voulez le connaître, cherchez-le dans la racine sixième de 729000000 d'années. — Quel était donc l'âge de cette personne ?*

Raisonnement. — On sait que 3 et 2 sont les facteurs de 6, et que ce dernier chiffre, employé comme exposant, indique la quantité de fois que le nombre sur lequel on opère, doit être pris comme facteur pour produire la puissance voulue. — Or, de même que, pour obtenir le produit d'un nombre par 6, au lieu d'additionner 6 nombres égaux au multiplicande, on peut répéter 2 fois le total d'un groupe formé de 3 fois ce multiplicande, de même, dans l'élévation d'une quantité à la sixième puissance, au lieu de multiplier d'abord cette quantité par elle-même, puis le produit par cette même quantité, puis le nouveau produit par la quantité primitive, etc., on peut en faire d'abord la troisième puissance, puis la multiplier par la deuxième puissance de cette quantité ; d'où il résulte que la puissance d'un nombre, exposant 6, n'est autre que le produit du nombre en question élevé à la puissance, exposant 3, ou au cube, par le même nombre élevé à la puissance, exposant 2, ou au carré.— Réciproquement, pour extraire la racine sixième d'un nombre, 729000000 par exemple, il suffit d'en prendre d'abord la racine cubique, puis la racine carrée de cette racine cubique. — En effectuant, nous trouvons, par suite : 1° que $\sqrt[3]{729000000} = 900$; 2° que $\sqrt[2]{900} = 30$. Trente ans forment donc bien la réponse du problème, ou l'âge de la personne.

---

370. — Quatrième Exercice. — *Une caisse parfaitement cubique est remplie de pièces de 5 francs entassées en piles. On sait que la surface du fond, multipliée par le quart de la hauteur égale 101306000 millimètres cubes, et l'on désire trouver : 1° la capacité de cette caisse ; 2° l'une de ses dimensions ; 3° le nombre des pièces de 5 francs qui s'y trouvent, l'épaisseur d'une pièce étant de 2 millimètres 1/2 ; 4° la somme d'argent que contient cette caisse ?*

Raisonnement. — Il est évident que, puisque 101306000 millimètres cubes sont le produit de la surface de base de cette caisse par le quart de sa hauteur, sa capacité entière devra être 4 fois plus forte que 101306000 millimètres cubes, ou $101306000 \times 4 = 405224000$ millimètres cubes. — Par suite, la capacité de la caisse étant telle, l'une de ses 3 dimensions égales sera $\sqrt[3]{405224000} = 740$ millimètres. — Connaissant la racine cubique de la capacité de la caisse, si nous divisons ce résultat, d'abord par 37 millimètres, diamètre d'une pièce de 5 francs, ensuite par 2 millimètres $^1/_2$, épaisseur de cette même pièce, nous trouverons : 1° le nombre de pièces de 5 francs formant rang en longueur et en largeur dans la caisse ; 2° la quantité de pièces établissant la hauteur d'une pile. Or, $740 : 37 = 20$ pièces placées bout à bout, dans le cours de la longueur ou de la largeur ; et $740 : 2,5 = 296$ pièces entassées dans chaque pile. Donc, $20 \times 20 \times 296$, ou 118400, forment la totalité des pièces que la caisse contient ; et 118400×5, ou 592000 francs, constituent la somme qui y est déposée.

---

371. — Cinquième Exercice. — *On a un tas de pierres parfaitement cubique, ayant 6 mètres cubes, 859 décimètres cubes de volume, et l'on veut en former deux autres, l'un triple, l'autre n'ayant que les 2/5 du précédent. — Dites la longueur d'arête à chacun de ces deux derniers ?*

Raisonnement. — Si nous connaissions les volumes des deux tas à arêtes inconnues, la question serait immédiatement des plus faciles à résoudre par deux extractions de racines cubiques. Or l'énoncé nous apprend que le premier de ces deux tas doit avoir trois fois plus de volume que celui qui est mentionné au problème, ou $6,859 \times 3 = 20$ mètres cubes 577 décimètres cubes ; que, de même, le deuxième tas ne doit être en volume que les $^2/_5$ du précité, ou $6,859 \times {}^2/_5 = 2$ mètres cubes, 744 décimètres cubes. Donc, les solidités une fois déterminées de part et d'autre, les arêtes s'obtiennent par le moyen que nous avons indiqué plus haut, c'est-à-dire par le calcul des racines cubiques : 1° de 20 mètres cubes 577 décimètres cubes = 2 mètres 74 centimètres 2° de 2 mètres cubes 744 décimètres cubes = 1 mètre 4 décimètres.

---

372. — Sixième Exercice. — *Un réservoir a pour base un rectangle de 3 mètres 40 centimètres de long, sur 1 mètre 80 centimètres de large, et 2 mètres 10 centimètres de profondeur; si l'on veut trouver le côté d'un cube équivalent : 1° au double ; 2° à la moitié de ce réservoir. — Que faut-il faire ?*

RAISONNEMENT. — Dans la solution de ce problème, je remarque que, si j'avais seulement eu à chercher l'arète d'un réservoir cubique, égale en capacité à celui que me donne le texte de l'énoncé, il m'eût suffi de faire le produit des trois dimensions connues, et d'en extraire la racine cubique. Mais il n'en est pas ainsi, car j'ai à chercher le côté d'un cube : 1° deux fois plus fort ; 2° deux fois plus faible que le réservoir en question. Donc, après avoir multiplié entre elles les trois dimensions précitées, il me reste encore à faire le produit du résultat, d'abord par 2 pour la capacité double, ensuite par $1/2$ pour la moitié de la capacité primitive. Finalement, $\sqrt[3]{1,80 \times 3,40 \times 2,10 \times 2}$ égale $\sqrt[3]{25,704000}$, ou 2 mètres 95 centimètres, pour côté du réservoir équivalent au double du proposé, et $\sqrt[3]{1,80 \times 3,40 \times 2,10 \times 1/2} = \sqrt[3]{6,426000}$, ou 1 mètre 85 centimètres, pour côté d'un réservoir équivalent à la moitié de celui qu'on se donne comme terme de comparaison.

---

† **373. — Septième Exercice.** — *Quelle serait la dimension linéaire à donner à un cube creux, capable de contenir le tiers du vin qui se trouve dans une barrique dont les dimensions sont : 75 centimètres de longueur, 70 centimètres de diamètre au bouge, et 60 centimètres de diamètre au fond ?*

Raisonnement. — La dimension linéaire cherchée est évidemment la racine cubique d'un cube dont le volume se compose du tiers de celui de la barrique précitée. Or, on peut trouver la capacité d'une pièce de vin par un procédé bien simple (dû à M. Maître, directeur de l'école normale de Montpellier). Il suffit, pour cela, de multiplier par 0,8 le produit effectué de la longueur par le carré du diamètre moyen de la barrique. — En conséquence, nous additionnons d'abord 70 centimètres + 60 centimètres, diamètres donnés; et nous trouvons 130 centimètres, résultat dont la moitié, formant le diamètre moyen de la pièce, égale 65 centimètres. Ce nombre élevé au carré = 4225 centimètres carrés; et son produit par 75 centimètres, longueur de la pièce, multiplié finalement par 0,8, donne pour capacité totale de la barrique 253 décimètres cubes 500 centimètres cubes, ou 253 litres 500 millilitres. Le tiers de 253 décimètres cubes 500 centimètres cubes devant ensuite former la capacité du cube que nous cherchons, cette capacité sera égale à 253,500:3, ou à 84 décimètres cubes 500 centimètres cubes; et la dimension linéaire que nous voulons connaître, ne sera autre que la $\sqrt[3]{84,500} = 4$ décimètres 38 millimètres.

---

374. — Huitième Exercice. — *Trouver le côté du cube équivalent aux 3/4 d'un bassin, dont les bords forment un carré ayant 1 mètre 20 centimètres de long, et le fond également un carré de 96 centimètres de long, la distance perpendiculaire des bords au fond étant de 1 mètre 80 centimètres ?*

Raisonnement. — On voit tout d'abord, que pour résoudre ce problème, il faut : 1° calculer la capacité du bassin précité qui a la forme d'un tronc de pyramide; 2° en prendre les trois-quarts; 3° extraire la racine cubique de ce résultat. — Or, d'après les principes géométriques, la mesure d'un tronc de pyramide n'est autre que sa hauteur multipliée par la somme de ses bases et d'une moyenne proportionnelle entre les mêmes bases, le produit ainsi obtenu étant ensuite divisé par 3. Conséquemment, la somme de la grande base $1,20 \times 1,20$ ou 1 mètre carré 4400 centimètres carrés ; plus de la petite base $0,96 \times 0,96$, ou 0,9216 centimètres carrés ; plus de la moyenne géométrique $\sqrt[2]{0,9216 \times 1,4400}$, ou 1 mètre carré 1520 centimètres carrés, nous donne, pour les trois surfaces réunies, 3 mètres carrés 5136 centimètres carrés. Ce total multiplié par le tiers de la hauteur 1,80, ou par 0,60, = 2 mètres cubes 108160 centimètres cubes, représentant la capacité totale du bassin mentionné au problème. — Les trois-quarts de ladite capacité forment celle du cube dont nous cherchons le côté, c'est-à-dire 1 mètre cube 581120 centimètres cubes ; et, finalement, ce côté est lui-même égal à $\sqrt[3]{1,581120}$, ou à 1 mètre 16 centimètres.

---

375. — Neuvième Exercice. — *On veut faire deux dés égaux avec une boule en cuivre de 48 kilogrammes. — Cherchez quelle longueur d'arête aura chaque dé, et quelle sera, en millimètres, la différence entre une arête et le rayon de la boule ?*

Raisonnement. — Sachant que le volume d'un corps n'est autre que le quotient de son poids effectif par sa pesanteur spécifique, je divise 48 kilogrammes par 8,788 donnée que me fournit ma table de densités, et qui exprime la pesanteur d'un décimètre cube de cuivre : le quotient m'apprend que la solidité de la boule en question est de 5 décimètres cubes, 461 centimètres cubes, 994 millimètres cubes. — Puisque de cette quantité de cuivre je dois former deux dés égaux, le volume de chacun sera évidemment la moitié de 5,461994, ou 2 décimètres cubes, 730 centimètres cubes, 997 millimètres cubes, expression numérique, dont la racine cubique me donne pour résultat la dimension linéaire de l'un comme de l'autre dé, c'est-à-dire une longueur d'arête de 139 millimètres, ou, en forçant le dernier chiffre, de 140 millimètres. — Il s'agit en outre d'établir la différence existant entre une des arêtes connues et le rayon primitif de la boule. Pour cela, je reprends le nombre 5 décimètres cubes, 461994 ; et, d'après le principe géométrique suivant, à savoir : que le volume d'une spère s'obtient, en multipliant par le cube de son diamètre le sixième du rapport de la circonférence à ce même diamètre, divisant le produit 5,461994 par l'un de ses facteurs (3,1416:6 ou) 0,5236, je trouve au quotient l'autre facteur 10,431616, c'est-à-dire le cube du diamètre dont la racine cubique divisée par 2, indique par suite le rayon inconnu. Or, $\sqrt[3]{10,431616}$ = 2 décimètres 18 millimètres, et la moitié de 2,18 = 1 décimètre 09 millimètres, rayon de la boule. Enfin, ce dernier nombre, comparé par la soustraction à 1 décimètre 40 millimètres, côté d'un des cubes, en est, comme on le voit, dépassé de 31 millimètres.

---

376. — Dixième Exercice. — *J'ai remarqué dans le magasin d'un marchand de vin en gros un vase en ferblanc ayant la forme d'un tronc de cône, et servant au transvasement. Ses dimensions étaient : 4 décimètres de diamètre au fond, 2 décimètres de diamètre au bord, et 51 centimètres de hauteur. — Dites quel serait le côté d'un cube creux, qui aurait la même capacité que ce vase?*

Raisonnement. — On sait qu'un tronc de cône peut être assimilé à un tronc de pyramide d'un nombre infini de côtés ; donc, comme ce dernier, il a pour mesure sa hauteur multipliée par la somme de ses bases et d'une moyenne proportionnelle entre les mêmes bases, le produit ainsi obtenu étant ensuite divisé par 3. — Or, dans le problème que nous résolvons, les bases ne sont autre chose que des circonférences, dont celle du fond a pour mesure de sa surface le carré de son rayon 2 décimètres, multiplié par le rapport connu 3,1416, ce qui égale 12 décimètres carrés, 5664 millimètres carrés : celle du bord supérieur a de même pour mesure de sa surface, le carré de son rayon 1 décimètre, multiplié par le rapport précité, ce qui équivaut à 3 décimètres carrés 1416 millimètres carrés. Quant à la circonférence moyenne, sa surface se déduit des précédentes, c'est-à-dire qu'elle a pour expression $\sqrt{12,5664 \times 3,1416} = 6$ décimètres carrés, 2832 millimètres carrés. Le total de ces trois superficies, ou 21 décimètres carrés 9912 millimètres carrés, multiplié par le tiers de la hauteur 51 centimètres du vase, ou par 17 centimètres = 37 décimètres cubes 385040 millimètres cubes. — Enfin la racine cubique de ce dernier nombre donne pour côté du cube, de même capacité que le vase du marchand de vin, une longueur de 3 décimètres 34 centimètres. — *Composition d'arithmétique raisonnée, faite par un Elève de l'Ecole supérieure de Brest.*

PROBLÈMES.

421. — Extraire la racine cubique des nombres suivants : 1° 328509 ; 2° 857375 ; 3° 2685619 ; 4° 199893780423 ; — des fractions et des expressions fractionnaires suivantes : 1° 72/128 ; 2° 379/6744 ; 3° 18, 29/1001, 4° 155, 207/305 ; — des fractions et des expressions fractionnaires décimales suivantes : 1° 0,1201508 ; 2° 0,000056381 ; 3° 17,2830 ; 4° 149,35419.

---

422. — Extraire, à moins d'un millième près, la racine cubique des nombres suivants : 1° 199 ; 2° 1204 ; 3° 7863 ; 4° 45919 ; — des fractions ordinaires et des expressions fractionnaires suivantes : 1° 75/130 ; 2° 156/720 ; 3° 56, 3/7 ; 4° 139, 1/8 ; — des fractions et des expressions fractionnaires décimales suivantes : 1° 0,253 ; 2° 0,36101 ; 3° 111,315 ; 4° 378,9. — *Ce dernier problème proposé aux examens du Commissariat.*

---

423. — Un jardinier fait construire, pour servir à l'arrosement de son vaste jardin, un réservoir parfaitement cubique, pouvant contenir 33 mètres cubes, 76 décimètres cubes, 181 centimètres cubes d'eau, lorsqu'il sera entièrement plein. — Quelle dimension en longueur doit-il donc prescrire pour chaque côté.

---

424. — Enoncer les trois parties parties qui composent la différence entre les cubes de deux nombres qui se suivent. — En ajoutant le nombre 61 à 4860, quantités d'ares que présente en superficie le Champ-de-Mars, à Paris, on obtient la différence existant entre le cube parfait 68921, et celui qui vient immédiatement auparavant. — Trouver, par suite : 1° le côté du carré équivalent en surface au Champ-de-Mars; 2° le cube dont la racine est plus petite d'une unité que celle de 68921 ; 3° la racine cubique de ce dernier nombre.

---

425. — Trouver, à moins d'un millimètre près, la dimension que devrait présenter l'arête d'une caisse cubique en fer capable de contenir : 1° un million ; 2° un milliard en pièces de 5 francs, en se basant sur les indications données au *problème* 420 ; sachant, en outre, que le volume d'un prisme ou d'un parallélipipède est égal au produit de sa surface de base par sa hauteur.

---

426. — L'élévation au-dessus du sol, que présente le fanal de deuxième ordre placé au Portzic *(entrée de la rade de Brest)*, est égale au quotient de la racine cubique du nombre 32798729601 divisée par celle du cube parfait 912673. — Quelle est donc en mètres l'élévation de ce fanal.

---

427. — Un entrepreneur fait la répartition d'une somme de 33079 fr. 49 centimes entre une certaine quantité d'ouvriers qui ont fait chacun autant de journées de travail qu'ils sont d'ouvriers, et qui doivent être payés chacun par jour, à raison d'autant de centimes qu'ils ont fait de journées de travail. Combien y a-t-il donc d'ouvriers, et combien reçoit chacun d'eux pour le total de ses journées.

---

428. — Quelqu'un demandait à un calculateur combien il avait d'argent sur lui. Celui-ci répondit : ma bourse est assez mal garnie, puisqu'elle ne contient que les 2/15 de la racine carrée extraite de la racine cubique de 315000000 de francs. L'interlocuteur, peu versé sur le calcul des racines en général, et des racines carrées ou cubiques en particulier, resta tout ébahi de cette réponse à laquelle il ne s'était pas sans doute attendu. — Depuis ce temps il s'adresse à tous ceux qui lisent ce problème, pour les prier de lui en donner la solution à un centime près, et ne manque jamais de les remercier de la peine qu'ils se sont donnée.

† 428 *bis.*—En admettant qu'un certain nombre d'ouvriers, employés dans une entreprise de chemin de fer, aient reçu pour un certain nombre de journées de travail, à raison d'un certain prix pour chaque jour, une somme de 48627125 centimes ; supposant de plus que le nombre de ces ouvriers ait été le même que celui des journées de travail ; et le nombre des dites journées également le même que celui qui, en centimes, est accordé à chaque ouvrier pour une seule journée, on désire connaître, combien il a été employé d'ouvriers, combien il y a eu de journées de travail, et à combien de centimes était payée chaque journée.

---

429. — Un entrepreneur a fourni à un propriétaire deux dés en granit poli, l'un de 1 mètre 29 centimètres de côté ; l'autre de 2 mètres 87 millimètres de côté. Si l'on suppose qu'un mètre cube ainsi travaillé vaille 468 francs 95 centimes, et que le transport soit en outre payé à l'entrepreneur moyennant 1 franc 65 centimes par quintal métrique, combien lui sera-t-il dû pour le tout, et quel sera le poids total qu'il aura à faire transporter, en admettant que le décimètre cube de cette pierre pèse 2 kilogrammes 8 décagrammes.

---

430. — Un réservoir cubique, exactement plein, contient 210000 décimètres cubes d'eau : 1° Quelles en sont intérieurement à un millimètre près, la longueur, la largeur et la profondeur en mètres ; 2° combien remplirait-on de barriques de 228 litres avec toute l'eau qui y est contenue ; 3° en combien de temps le viderait-on à l'aide de deux robinets, dont le premier laisse écouler 9 litres d'eau par minute, et le second 11 litres pendant le même temps. — Mêmes questions pour un réservoir dont la contenance ne serait que le tiers de celle qui est indiquée ci-dessus.

---

† 430 *bis.*— Un oncle, en mourant, dispose par son testament que le plus jeune de ses neveux aura les 2/5 d'une somme qu'il spécifie; que le cadet en aura les 3/9, et que l'aîné prendra pour sa part les 27000 francs qui restent. De plus, il réserve, sur son avoir, un chiffre suffisant pour qu'il soit donné 59 sous, pendant 59 semaines à chacun de 59 pauvres qu'il désigne. — Quelle est donc la valeur, en francs et en centimes, de la succession laissée par cet oncle.— Indiquer, finalement, le montant de ce qu'il destine au premier et au deuxième neveu.

Applications numériques de la Géométrie

Mesure des Volumes.

431. — Quel volume d'air y a-t-il dans une classe longue de 11 mètres 60 centimètres ; large de 7 mètres 35 centimètres, avec une hauteur de 4 mètres 95 centimètres. — Déterminer en même temps le côté d'une salle parfaitement cubique pouvant contenir la même quantité d'air. — Mêmes questions pour un appartement dont les dimensions seraient moitié moindres que les précédentes.

432.— Sachant que le volume du cylindre est égal au produit de sa hauteur par la surface de sa base, on se propose de trouver : 1° le volume du métal contenu dans un million en pièces d'or de 20 francs, empilées en cylindre les unes sur les autres, et présentant par 5 pièces une épaisseur de 6 millimètres 1/2 ; 2° la longueur de côté qu'il faudrait donner intérieurement à une caisse cubique en chêne capable de contenir cette somme.

433. — Sachant que le volume de la pyramide est égal au produit du tiers de sa hauteur par la surface de sa base, on se propose de trouver : 1° le volume de la pyramide de Chephrem, en Egypte, laquelle est établie sur un carré ayant 215 mètres de long, avec une hauteur verticale de 133 mètres ; 2° le côté du tas cubique que l'on pourrait former avec les pierres provenant de cette pyramide supposée pleine.

434. — Sachant qu'un prisme hexagonal en fer a 56 centimètres de côté à la base, avec une hauteur verticale double de cette dimension, on demande de calculer : 1° son volume ; 2° le côté d'un dé en fonte qui lui serait équivalent

en volume ; 3° le poids du prisme, la pesanteur spécifique du fer étant de 7,788 ; 4° enfin, sa valeur en francs, le quintal métrique de fer du commerce étant estimé à 18 fr., 12 c.

---

435. — La formule qui donne la mesure du volume du cône n'est autre que celle que l'on emploie pour la pyramide, seulement dans le premier de ces deux corps la base est un cercle, tandis que dans le second c'est un polygone. — Quelle est donc la solidité d'un cône ayant 39 centimètres pour rayon de base, avec une hauteur égale au double de la circonférence sur laquelle il repose. Quelle serait la longueur d'une des arêtes d'un cube équivalent en volume à ce cône.

---

436. — Les géomètres donnent pour formules de la mesure du volume d'une sphère, le produit de sa surface par le tiers de son rayon ; ou encore le sixième du produit du cube de son diamètre par 3,1416 ; ou enfin par suite d'une simplification opérée dans cette dernière expression, le produit du cube du diamètre par la quantité constante 0,5236. — Quel est donc le volume d'une boule en cuivre de 16 centimètres de rayon. — Que pèse-t-elle, la pesanteur spécifique du cuivre étant de 8,788. — Que vaut-elle, le kilogramme de cuivre étant estimé à 2 francs 75 centimes. — Quelle serait la longueur d'une des arêtes d'un cube de même volume que cette boule.

---

437. — Quelle serait en mètres cubes la quantité d'eau renfermée dans une chaudière cylindrique, avec bouts demi-sphériques, de machine à vapeur, si les dimensions de cette chaudière sont les suivantes : longueur de la partie cylindrique, 3 mètres 95 centimètres ; diamètre, 1 mètre 8 centimètres.

---

438. — Il est démontré en géométrie qu'un tronc de pyramide a pour mesure de son volume le tiers de sa hauteur multiplié par sa base inférieure, celle-ci ayant été préalablement augmentée de la base supérieure et d'une moyenne proportionnelle entre les deux bases. — *Voir, pour obtenir cette moyenne proportionnelle, la règle du paragraphe* 209 *de l'arithmétique.* — **Application** : Un tas de pierres, destiné à ferrer une chaussée, présente la forme d'un tronc de pyramide carrée, dont la base a 3 mètres 60 centimètres de côté, la surface supérieure 90 centimètres de côté, et la hauteur 1 mètre 80 centimètres. — Quelle quantité de pierres y a-t-il donc dans ce tas.

439. — De même que le tronc de pyramide, un tronc de cône a pour mesure de son volume le tiers de sa hauteur multiplié par la surface circulaire de sa base inférieure, celle-ci ayant été préalablement augmentée de celle de la base supérieure et d'une moyenne proportionnelle entre les deux bases. — Déterminer par suite quel serait le volume d'eau que pourrait contenir un seau, ayant 26 centimètres de diamètre à sa base inférieure, 32 centimètres de diamètre à son orifice supérieur, avec une hauteur de 38 centimètres.

---

440. — Voici la formule généralement adoptée par les maîtres tonneliers, pour l'évaluation des fûts qu'ils livrent au commerce : la capacité d'une barrique est égale au tiers du produit de la longueur de la pièce par deux fois la surface comprise dans la circonférence du bouge (*milieu*), cette surface double ayant été préalablement augmentée de la surface simple que renferme la circonférence du jable (*fond*). — Déterminer, par suite, la capacité d'une pièce de vin, c'est-à-dire la quantité de liquide qu'elle peut contenir, lorsqu'elle mesure 50 centimètres de diamètre au jable, 58 centimètres de diamètre au bouge, avec une longueur de 93 centimètres.

---

441. — L'élévation, au-dessus du sol, de la maçonnerie d'un puits circulaire creusé dans une cour, est de 1 mètre 20 centimètres ; le rayon de l'intérieur, ou de l'orifice proprement dit, est de 55 centimètres ; celui de l'extérieur, comprenant l'ouverture du puits et l'épaisseur de la maçonnerie, est de 90 centimètres. — Quel est donc le volume de la maçonnerie ; et à combien revient-elle, si elle est construite en pierres de taille, à raison de 59 francs 75 centimes le mètre cube.

---

442. — Un orfèvre disait qu'il ne céderait une magnifique coupe d'or, enrichie de belles ciselures et exposée dans sa montre, que pour la valeur du lingot d'argent, à 900/1000 de fin, qui la remplirait exactement. — Quelles étaient donc la capacité et l'estimation en francs de cette coupe de forme conique, dont voici les dimensions : 8 centimètres de diamètre au fond, 11 centimètres de diamètre à l'orifice, et 13 centimètres 1/2 de hauteur. — (On sait que la pièce de 5 francs a 37 millimètres de diamètre et 2 millimètres 3/10 d'épaisseur.

443.— On me propose, moyennant 300 francs, l'achat d'un baril de vin de Constance. — Avant de me décider, je désire savoir à combien me reviendra le litre, attendu que je ne veux pas le payer plus de 6 fr. : pour y parvenir, je prends donc les dimensions du baril, que je trouve être de 26 centimètres de diamètre au jable; de 34 centimètres de diamètre au bouge, et de 69 centimètres pour la longueur de la pièce. — Quel calcul me restera-t-il ensuite à faire.

---

444. — Pour une fête publique, on a construit, en taffetas gommé, l'enveloppe d'un ballon, et on lui a donné la forme d'une sphère ayant 2 mètres 18 centimètres de diamètre. — Quelle quantité et quel poids d'hydrogène faudra-t-il pour remplir entièrement cette enveloppe, un litre d'hydrogène pesant 0 gramme, 069.

---

445. — Passant un jour devant un chantier, j'admirais l'ordre et la symétrie qui y régnaient dans la disposition des bois de chauffage. Un tas surtout attira mon attention par la beauté et la grosseur des billes qu'il renfermait. Le gardien, à qui j'en parlai, me fit savoir que cette énorme quantité, formant un parallélipipède, mesurait 28 mètres 9 décimètres de long, sur 20 mètres 8 centimètres de large et 15 mètres 1/2 de haut ; qu'elle avait coûté au propriétaire 87699 francs 651 millimes ; et qu'elle ne devait être vendue qu'avec 15 p. 0/0 de bénéfice. Je voulus, par suite, savoir à combien revenait le stère au négociant, et combien l'acheteur le paierait au détail. — De quelle manière dus-je m'y prendre.

---

446. — Un tronc de pyramide triangulaire en marbre blanc placé sur un piédestal et surmonté d'un trophée, est destiné à perpétuer le souvenir d'un glorieux fait d'armes. Quels sont le volume et le poids de ce marbre : 1° si chaque côté du triangle de base est de 48 centimètres, les côtés du triangle du haut ayant chacun 21 centimètres, et l'élévation de la pyramide tronquée se mesurant par une perpendiculaire de 1 mètre 90 centimètres ; 2° si la pesanteur spécifique du marbre est de 2,717. On déterminera, en outre, quel serait, à un millième près, le côté d'un dé en marbre du même volume. — *Donné par la commission de Rennes, aux examens pour le degré supérieur.* — *Septembre* 1834.

---

447. — Quelle quantité d'eau peuvent contenir un bassin octogonal et un bassin pentagonal réguliers, ayant chacun 1 mètre 1/2 de profondeur : 1° si l'un des côtés du premier est de 2 mètres 76 centimètres, et le rayon du cercle dans lequel il est inscrit, de 3 mètres 9 décimètres ; 2° chaque côté du second mesurant 4 mètres 94 centimètres, et le rayon du cercle circonscrit, 4 mètres 872 millimètres.

---

448. — Quel est en myriamètres cubes le volume du globe lunaire, son diamètre étant 347 myriamètres 5208 dixmillièmes ; et combien de fois est-il plus petit que celui de la planète Vénus, dont le diamètre est de 1237 myriamètres 654 millièmes.

---

449. — Dans les magasins de vins on transvase souvent à l'aide de baquets en bois, ayant pour fond une ellipse allongée. Quelle est donc la capacité d'un baquet de cette forme, présentant les dimensions suivantes : longueur du grand axe de l'ellipse du fond 76 centimètres, du petit axe 32 centimètres, profondeur 30 centimètres.

---

450. — Sur la façade d'un hôtel on a établi un grand balcon en fer, revêtu d'une peinture couleur bronze, et consistant : 1° en deux traverses cylindriques de 60 millimètres de diamètre chacune ; 2° en autant de barreaux perpendiculaires cylindriques, de 30 millimètres de diamètre chacun, qu'il y a de fois 16 centimètres dans l'une des traverses. Quel est le volume du fer employé dans cet ouvrage, si l'espace qu'occupe le balcon a 20 mètres de longueur, et si les barreaux perpendiculaires, liant les deux traverses, mesurent chacun 95 centimètres. — Quel en est le poids total, si la pesanteur spécifique du fer est de 7,788. — Que doit-on à l'ouvrier qui en a fait la peinture, à raison de 3 fr.,75 c. le mètre carré.

---

451. — Toute colonne, exécutée selon les prescriptions des grands maîtres de l'architecture, peut se décomposer : 1° en un cylindre pour le premier tiers de son élévation ; 2° en un tronc de cône pour le reste de sa hauteur. — Quels sont donc le volume et le poids d'une colonne en marbre, dont l'élévation verticale est de 4 mètres 35 centimètres, les deux circonférences du bas et du haut mesurant 1 mètre 885 millimètres et 1 mètre 571 millimètres. — *Proposé par un inspecteur aux adultes d'un cours de dessin professionnel.*

452. — Voulant établir un pont-levis à la porte principale d'un château fort, l'administration de la guerre y fait creuser un fossé en forme de V, ayant 12 mètres 20 centimètres de long, 2 mètres 60 centimètres de large à la superficie du sol, et 2 mètres 80 centimètres dans sa plus grande profondeur verticale : quelle sera donc la quantité de terre à enlever par suite. Quelle serait-elle, dans le cas où le fossé prendrait la forme _/, et où toutes les données numériques précédentes restant les mêmes, le fond du fossé aurait 98 centimètres de large. — On voit que le premier de ces deux deux ouvrages constitue un prisme triangulaire, et le second un prisme quadrangulaire, dont il est facile d'apercevoir les dimensions.

---

453. — Pour cuber une poutre dont les dimensions sont plus grandes à l'une des extrémités qu'à l'autre, on évalue d'abord les surfaces extrêmes, puis on prend entre les deux une moyenne arithmétique, et l'on multiplie la longueur de la poutre par cette surface moyenne. On suit la même marche pour cuber un arbre en grume, c'est-à-dire revêtu de son écorce. — **Applications** : 1° quel est le volume d'une poutre de 5 mètres 1/2 de longueur, les deux extrémités étant des carrés, l'un de 70 centimètres, l'autre de 60 centimètres de côté ; 2° combien y a-t-il de stères de bois dans un arbre de 6 mètres 20 centimètres de longueur, et dont les circonférences extrêmes ont l'une 36 centimètres, l'autre 28 centimètres de rayon.

---

454. — Le dé en granit, sur lequel est placée une statue de bronze, pèse 10728 kilogrammes 328 grammes ; et la statue elle-même, 12749 kilogrammes 919 grammes. Sachant que la pesanteur spécifique du granit est de 2,900, et que celle du bronze est de 8,800, on demande de déterminer : 1° le volume, et à moins d'un millimètre près, le côté du dé qui supporte la statue ; 2° le volume du métal qui a servi à la couler.

---

455. — Quel est le rayon d'un boulet en fonte du poids de 48 kilogrammes, sachant 1° que la pesanteur spécifique de la fonte est de 7,207 ; 2° que, lorsqu'on connaît le volume d'une sphère, il faut, pour en déterminer le rayon, diviser ce volume par la quantité constante 0,5236, puis prendre la moitié de la racine cubique du quotient ainsi obtenu.

---

456. — Une pièce d'eau a le fond en ellipse avec les dimensions suivantes : 6 mètres 86 centimètres de grand axe, et 3 mètres 95 centimètres de petit axe ; sa profondeur est de 1 mètre 1/2. Elle est entourée d'un bord en pierres de taille de 90 centimètres de largeur. On vient de la vider pour la nettoyer, et l'on sait qu'elle est alimentée par un conduit donnant 6 décilitres à la seconde. — Trouver : 1° en combien de temps cette pièce sera de nouveau remplie ; 2° quel est le volume du bord, si son élévation du sol est de 2 décimètres. (L'eau ne monte jamais dans la pièce que jusqu'au niveau du sol).

---

457. — Voici le procédé dont se servent le plus souvent les agents-voyers, pour évaluer le volume des fragments de pierres, entassés sur les routes à l'aide de caisses en bois à bases inégales et à cotés inclinés : Ils font le produit de la largeur de la base supérieure par le double de la longueur de cette même base, augmenté de la longueur de la base inférieure ; puis ils ajoutent au résultat ainsi obtenu le produit de la largeur de la base inférieure par le double de la longueur de cette même base, augmenté de la longueur de la base supérieure ; le demi tiers du produit de cette somme par la hauteur du tas, en donne le volume. — Soient donc donnés, pour largeurs respectives des deux bases inférieure et supérieure d'un tas de pierres à ferrer les routes, 1 mètre 10 centimètres et 50 centimètres ; pour longueurs respectives de ces mêmes bases 2 mètres 60 centimètres et 1 mètre 20 centimètres ; enfin, pour hauteur du tas 66 centimètres : Trouver le nombre de mètres cubes, de décimètres cubes et de centimètres cubes qu'il renferme. — *Donné à son cours d'arithmétique appliquée, par M. Dessay ancien géomètre du cadastre, professeur à l'école normale de Rennes*, 1833.)

---

458. — Dans la Marine, les bois de construction ne sont généralement pas admis en grume, mais au volume de bois équarris. Il faut donc savoir, dans ce cas, tenir compte du déchet que, par l'équarrissage, il se produit dans un arbre. La règle constamment suivie, pour transformer le volume d'un arbre en grume en volume d'arbre équarri, est de prendre le cinquième de la circonférence moyenne de cet arbre revêtu de son écorce, de faire le carré du résultat ainsi obtenu, et de multiplier enfin ce carré par la longueur de l'arbre. — *Application* : Trouver le volume d'un chêne au cinquième réduit, c'est-à-dire équarri, dont les dimensions

sont : 1 mètre 68 centimètres de circonférence moyenne, et 6 mètres 89 centimètres de longueur ? — *Donné aux examens pour le grade de commis des directions de Travaux.*

---

459. — Quel est le poids d'une bombe creuse en fonte de fer, ayant un décimètre de rayon intérieur, et 12 centimètres de rayon extérieur ; si le poids spécifique de la fonte est de 7,207. — *Examens des directions de Travaux.*

---

460. — Sachant que le volume d'un corps est égal au quotient de son poids par sa pesanteur spécifique, et que celle du fer est de 7,788 ; admettant de plus, 1° que le poids total des deux fils électriques posés entre Paris et Quimper soit de 107653 kilogrammes, 83552 ; 2° que ces fils, qui sont cylindriques, aient 12 millimètres carrés, 5664 pour surface de leur circonférence, on demande, en kilomètres, la distance de Quimper à Paris. — On cherchera en outre quel serait, à moins d'un millimètre près, le coté du cube équivalent en volume à l'un de ces fils.

---

461. — La voûte à plein cintre n'étant autre chose à calculer qu'un demi-cylindre creux, il suffit de connaître l'épaisseur de la voûte, sa longueur et son diamètre : puis on évalue le cylindre plein qui serait formé par la surface extérieure, on en retranche le volume du cylindre limité par la surface intérieure, et la moitié du reste donne le volume de la voûte. — La voûte dite surbaissée ne diffère de la précédente, qu'en ce qu'elle offre pour courbe une demi-ellipse. On voit donc facilement ce qu'il y aurait à faire pour en calculer le volume. — *Applications* : 1° une porte cochère se termine par une voûte en pierres de taille, plein cintre, dont le diamètre est de 3 mètres, 50 centimètres : l'épaisseur de la partie saillante ayant 40 centimètres, et la longueur 70 centimètres, cuber cette voûte ; 2° faire la même opération pour une voûte surbaissée, en se servant des nombres ci-dessus ; le diamètre précédent devenant alors le grand axe de la voûte, et la longueur du petit axe supposé de 90 centimètres. — *Donné par M. Dessay.*

---

462. — En géométrie on démontre que le volume ou la solidité d'un corps est à celle d'un autre corps semblable dans le même rapport que les cubes de leurs lignes homologues.

— Quelles sont donc la circonférence et l'élévation d'un cylindre en argent, lequel n'est que les 5/8 d'un cylindre semblable du même metal, ayant 45 millimètres de diamètre à la base, et 11 centimètres de hauteur.

---

463. — On propose de déterminer : 1° le rayon d'un boulet égal en volume aux deux cinquièmes d'un autre boulet, dont la circonférence est de 0 mètre 5655 ; 2° les dimensions d'un réservoir rectangulaire régulier, triple en capacité d'un autre parfaitement semblable ; ce dernier ayant les dimensions suivantes : au fond 8 mètres 20 centimètres de long, sur 3 mètres 40 centimètres de large ; au bord, 12 mètres 12 centimètres de long, sur 5 mètres 36 centimètres de large, avec une profondeur verticale de 1 mètre, 1525 dix millièmes.
— *Examens des directions de Travaux.*

---

464. — Le piédestal de la statue de Pierre-le-Grand à Saint-Petersbourg est en granit, et pèse 1500000 kilogrammes. En supposant que cet énorme bloc soit taillé en dé, on demande son volume, la pesanteur spécifique du granit étant de 2,9. — On cherchera en outre quelle serait l'arête d'un autre dé, qui ne serait en volume que les 5/84 de ce piédestal.

---

465. — Un tonneau qui a 1 mètre 32 centimètres de long, 90 centimètres de diamètre au jable et 1 mètre 08 centimètres de diamètre au bouge, peut contenir 1 kilolitre, 86 litres, 76 millilitres ; quelles dimensions doit-on donner à un autre fût parfaitement semblable, pour que sa capacité soit : 1° 2 fois plus grande ; 2° 3 fois moindre que celle du premier ?

---

466. — On a trouvé que le soleil a pour volume 4663400388650688359638656000 mètres cubes, combien de fois cet astre est-il plus gros que la terre, dont la circonférence égale 40000000 de mètres ?

---

467. — Un vase cylindrique a 1 mètre 25664 centmillièmes de circonférence à la base, avec une hauteur de 50 centimètres : on veut construire un autre vase ayant pour fond un carré équivalent en surface à la base ci-dessus, la hauteur étant de 40 centimètres. Trouver la longueur de coté que devra avoir le fond du deuxième vase, le coté du carré équi-

valent à un cercle étant, à très-peu de chose près, égal au produit du rayon de cette dernière surface par la racine carrée de 3,1415926536. — On cherchera ensuite la différence de capacité des deux vases.

---

468. — Un marbrier a fait en marbre blanc une croix de forme prismatique, dont les dimensions sont les suivantes : coté du carré des bases 11 centimètres ; hauteur de la croix 1 mètre 5 centimètres ; longueur de chaque bas 25 centimètres. Il désire plus tard en faire une autre de forme tout-à-fait semblable, mais dont le volume ne soit que les 3/8 de celui de la première. Quelles dimensions devra-t-il donc donner à son second travail ?

---

469. — On veut : 1° connaître le coté d'un vase cubique qui soit double en capacité d'un autre vase, également cubique, lequel peut contenir 64 litres de liquide ; 2° savoir quelle longueur il faudra ajouter au diamètre d'un boulet de 125 centimètres cubes, pour obtenir un second boulet triple en volume du premier.

---

470. — Un flacon en cristal, présentant la forme d'un tronc de cône par les dimensions qu'on lui a données, savoir : 9 centimètres de diamètre à la base, 4 centimètres 1/2 de diamètre à l'ouverture, et 12 centimètres de hauteur verticale, contient du mercure jusqu'aux 2/3 de cette hauteur. Déterminer par un calcul quelle capacité a ce flacon ; quelle quantité et quel poids de mercure il renferme, la pesanteur spécifique du mercure étant de 13,598.

---

470 *bis*. — Déterminer le coté d'un réservoir cubique, ayant la même capacité : 1° qu'un tronc de pyramide rectangulaire creux, de 2 mètres et 1 mètre 80 centimètres de longueur et de largeur sur la base inférieure, 60 et 40 centimètres de longueur et de largeur sur la base supérieure, avec une profondeur verticale de 4 mètres 50 centimètres ; 2° qu'une sphère creuse, ayant une circonférence intérieure de 3 mètres 90 centimètres ; 3° qu'un tronc de cone creux, dont le diamètre de la base inférieure est de 1 mètre 50 centimètres, celui de la base supérieure étant 3 mètres, et la profondeur verticale, 3 mètres 60 centimètres ; 4° qu'un tonneau de 75 centimètres de diamètre au fond, 85 centimètres de diamètre au bouge et 90 centimètres de longueur ; 5° qu'une chaudière cylindrique, avec bouts demi-sphériques, la longueur du cylindre étant 4 mètres 20 centimètres, et le diamètre mesurant 1 mètre 15 centimètres. — *Donné dans un Lycée.*

PROGRESSIONS PAR DIFFÉRENCE.

377. — La progression *par différence*, connue aussi sous le nom de progression *arithmétique*, se définit : *une suite de termes ou de nombres tels, que la différence entre deux termes consécutifs quelconques est toujours la même.* Cette différence constante est ce qu'on appelle la *raison* de la progression.

Ainsi, la suite des nombres 3, 5, 7, 9, 11, 13.... est une *progression arithmétique croissante* dont la raison est 2. Elle est dite croissante, parce que ses termes vont en augmentant de valeur ; et pour l'écrire, on sépare chaque terme de celui qui le suit par un point, après avoir placé préalablement le signe ÷ en tête des nombres, de cette manière ÷3. 5. 7. 9. 11. 13.. Le point de séparation entre deux nombres signifie *est à*, et la progression elle-même se lit : 3 est à 5, est à 7, est à 9, est à 11, est à 13.

Voici une autre suite de nombres 12, 9, 6, 3...... qui forme une *progression arithmétique décroissante*, dont la raison est 3 ; et qui est ainsi nommée, parce que ses termes vont en diminuant de valeur. Elle s'écrit et se lit comme la précédente.

378. — En jetant les yeux sur une progression arithmétique croissante, on voit que *chaque terme est égal au terme précédent plus la raison.*

Ainsi : $5=3+2$; $7=5+2$; $9=7+2$, etc.

On en déduit : qu'*un terme quelconque est égal au*

premier, plus autant de fois la raison, qu'il y a de termes avant lui. En effet, il vient d'être établi

que 5 = 3 + 2

et que 7 = 5 + 2

Or, à la place de 5 on peut mettre son équivalent 3+2, et l'on a 7=3+2+2=3+2 fois 2. Par une mutation semblable, on ferait voir que 9=3+3 fois 2. Donc le principe est général ; et un terme quelconque de la progression croissante citée plus haut, le 200e par exemple, est égal au premier 3+199 fois 2, ce qui donne 401.

Si la progression était décroissante, *chaque terme vaudrait le précédent moins la raison ; et un terme quelconque serait égal au premier, moins autant de fois la raison, qu'il y aurait de termes avant lui.*

379. — En examinant une progression arithmétique croissante, on reconnaît : que l'avant-dernier terme égale le dernier moins la raison ; que le précédent égale l'avant-dernier moins la raison, ou le dernier moins deux fois la raison ; et l'on en déduit immédiatement qu'*un terme quelconque est égal au dernier terme, moins autant de fois la raison, qu'il y a de termes après lui.*

Si la progression était décroissante, *un terme quelconque vaudrait le dernier, plus autant de fois la raison qu'il se trouverait de termes après celui que l'on considère.*

380. — ***Dans toute progression arithmétique, la somme de deux termes pris à égale distance des deux extrêmes, est égale à la somme de ces extrêmes.***

Soit donc la progression ÷ 3.5.7.9.11.13.15.17, ayant pour raison 2, et dans laquelle il s'agit de démontrer que 7+13, par exemple, =3+17. On sait par ce qui précède, que 7=3+2 fois 2 ;

et que 13=17—2 fois 2. L'addition de ces deux égalités, tout en faisant disparaître +2 fois 2—2 fois 2, donne 7+13=3+17, ce qui est conforme à l'énoncé.

381. — *La somme des termes d'une progression arithmétique est égale à la somme des deux extrêmes multipliée par la moitié du nombre des termes de la progression.*

Soit par exemple la progression ÷3. 6. 9. 12.15.18, dont la raison est 3. Écrivons-la sous elle-même, en sens inverse, ÷18. 15.12. 9. 6. 3 ; nous pouvons remarquer tout d'abord que les termes correspondants dans les deux progressions se trouvaient dans la première à égale distance des extrêmes 3 et 18.

Cela posé, si nous faisons la combinaison par addition des termes de même rang dans l'une et dans l'autre, il nous vient les sommes partielles 3+18, 6+15, 9+12, 12+9, 15+6, et 18+3, dont chacune égale évidemment 3+18, c'est-à-dire la somme des extrêmes. La réunion de ces diverses sommes partielles peut conséquemment se remplacer par celle 3+18 des extrêmes, répétée autant de fois qu'il y a eu de combinaisons, (six fois dans notre hypothèse); et, puisque l'ensemble de toutes ces combinaisons isolées est égal au double de la somme des termes de la progression primitive, cette somme n'en sera nécessairement que la moitié,

$$\text{ou } \frac{(3+18)\times 6}{2}=63.$$

PROBLÈMES.

471. — Pour monter jusqu'à la flèche d'une tour on compte 184 marches. De combien cette tour est-elle donc élevée au-dessus du sol : 1° si la première marche n'a que 10 centimètres, toutes les autres ayant 13 centimètres de hauteur ; 2° si la flèche a 48 mètres d'élévation ?

472.— On veut vendre une maison à un prix égal au mille huit cent quatre-vingt-dix-neuvième terme d'une progression arithmétique, dont le premier terme serait 54 francs et la raison 5 : combien cette maison est-elle donc estimée ?

473. — Les dépenses d'un état, pendant le premier trimestre d'un exercice, se sont élevées à une quantité de francs marquée par la somme des termes de la progression arithmétique qui, ayant 7 pour premier terme, et pour raison 3, se composerait de 10808 termes. Quelles sont donc ces dépenses.

474. — Un marchand demande à son correspondant de Bordeaux une certaine quantité de barriques de vin. Trouver cette quantité de barriques, sachant : 1° que le marchand paiera 460 francs pour la barrique de vin de la meilleure qualité, et 100 francs pour celle du vin le plus commun ; 2° que l'expéditeur ne doit livrer qu'une barrique de chaque qualité ; 3° qu'une qualité, immédiatement supérieure à une autre, doit occasionner une augmentation de 40 francs sur le prix d'une barrique de la qualité précédente.

475. — Un enfant qui avait 5 centimes dans sa bourse à la fin de janvier, et qui voulait s'acheter des étrennes au 1er janvier de l'année suivante, se fit ce raisonnement : fin février, j'ajouterai 12 centimes à ce que j'ai aujourd'hui ; fin mars, 19 centimes à ce que j'aurai fin février ; et ainsi de suite, en augmentant toujours de 7 centimes mes économies d'un mois, comparativement à ce que j'aurai versé dans ma bourse le mois précédent. D'après sa manière d'agir, combien cet enfant mit-il de côté en décembre, et quelle somme trouva-t-il dans sa bourse au 1er janvier ?

476. — Sachant, d'une part, que, dans toute progression arithmétique, le terme du milieu est égal au demi-total des deux termes extrêmes ; que, d'autre part, une dette de 18060 francs a été soldée en sept paiements; qu'enfin, chaque paiement a été en augmentant d'un franc sur le précédent, on propose de déterminer la valeur de chaque somme, donnée avec exactitude, le 25 de chaque mois, de janvier à juillet inclusivement.

477. — Sachant que, dans toute progression arithmétique,

la raison n'est autre chose que le quotient de la différence des deux termes extrêmes, par la quantité totale des termes de la progression moins 1 : on demande à quelle distance égale les uns des autres on pourra planter en ligne droite, sur une promenade publique de 482 mètres de longueur, 120 arbres de même grosseur, si le premier et le dernier doivent être distants des deux extrémités de la dite promenade, d'une longueur de 3 mètres chacun.

---

478. — Sachant que dans une progression arithmétique, selon qu'elle va en croissant ou en décroissant, le premier terme égale le dernier moins ou plus autant de fois la raison, qu'il y a de termes à précéder celui-ci, on demande : 1° quel a été le premier paiement d'une dette, dont les autres ont augmenté successivement de 256 francs, et qu'on a achevé d'acquitter par le huitième paiement, montant à 10000 francs ; 2° quel était le chiffre total de la dite dette ; 3° quels ont été les divers paiements effectués.

---

479. — On veut acquitter une dette en dix-huit paiements, dont chacun ira en augmentant sur le précédent d'une somme de 30 francs. On sait que le premier paiement doit être de 130 francs. Trouver par suite : 1° quels seront le septième, le onzième et le quatorzième paiement ; 2° à combien s'élèvera le dernier paiement effectué ; 3° quel est le montant de la dette à acquitter ?

---

480. — Un voiturier convient avec un agent-voyer, moyennant une somme fixée d'avance, de transporter 405 voitures de pierres, et de les arranger en autant de tas également espacés sur une longueur de route de 4500 mètres. Sachant que la carrière est distante du premier tas d'un parcours d'environ 180 mètres, on désire connaître la longueur totale de chemin que devra faire le voiturier, pour transporter ses 405 voitures de pierres.

---

480 *bis*. — Un ouvrier a déposé à la caisse d'épargne dix sommes qui ont entre elles même différence : la première étant 2 francs et la dixième 29 francs, chercher la différence entre chaque dépôt, et l'avoir total de cet ouvrier à la caisse.

Progressions par Quotient.

382. — La progression *par quotient*, connue aussi sous le nom de progression *géométrique*, se définit : *une suite de termes ou de nombres tels, que chacun est égal au produit du terme précédent par une quantité constante, qui est la raison de la progression.*

Ainsi la suite des nombres 2, 4, 8, 16, 32, 64.... est une *progression géométrique croissante*, dont la *raison* est 2. Elle est dite croissante, parce que la raison est plus grande que l'unité ; et, pour l'écrire, on sépare chaque terme de celui qui le précède par deux points, après avoir préalablement placé le signe ∺ en tête des nombres, de cette manière :

∺ 2 : 4 : 8 : 16 : 32 : 64....

Les deux points de séparation entre deux nombres signifient *est à*, et la progression elle-même se lit : 2 est à 4, est à 8, est à 16, est à 32, est à 64.

Voici une autre suite de nombres ; 324, 108, 36, 12, 4....... qui forme une *progression géométrique décroissante*, dont la raison est $1/3$, et qui est ainsi nommée, parce que la raison est plus petite que l'unité. Elle s'écrit et se lit comme la précédente (1).

383. — En jetant les yeux sur une progression

(1) Nous ne parlerons désormais que des progressions géométriques croissantes.

géométrique, on voit que *chaque terme est égal au terme précédent multiplié par la raison.*

Ainsi : $4=2\times2$, $8=4\times2$, $16=8\times2$, etc.

On en déduit : *qu'un terme quelconque est égal au premier, multiplié par une puissance de la raison, dont l'exposant est marqué par le nombre des termes placés avant celui que l'on considère.*

En effet, il vient d'être établi que $4=2\times2$, et que $8=4\times2$. Or, à la place de 4 on peut mettre son équivalent 2×2, et l'on a $8=2\times2\times2=2\times2^2=2^3$. Par une mutation semblable, on ferait voir que $16=2\times2^3=2^4$; et, par conséquent, un terme quelconque de la progression croissante citée plus haut, le dixième, par exemple, est égal au premier 2×2^9, ce qui donne 1024.

384. — En examinant une progression géométrique, on reconnaît que l'avant-dernier terme égale le dernier divisé par la raison ; que le précédent égale l'avant-dernier divisé par la raison, ou le dernier divisé par la raison élevée à la deuxième puissance ; et l'on déduit immédiatement qu'*un terme quelconque est égal au dernier, divisé par une puissance de la raison, dont l'exposant est marqué par le nombre des termes placés après celui que l'on considère.*

385. — *Dans toute progression géométrique, le produit de deux termes pris à égale distance des deux extrêmes est égal au produit de ces extrêmes.*

Soit donc la progression $\div\div 2:4:8:16:32:64:128:256$, ayant pour raison 2, et dans laquelle il s'agit de démontrer que 8×64, par exemple, égale 2×256. On sait, par ce qui précède, que $8=2\times2^2$, et que $64=256:2^2$. Si nous multiplions ces deux égalités membre à membre, 2^2 employé comme multiplicateur et comme diviseur disparaît ; et il reste $8\times64=2\times256$, égalité conforme à l'énoncé.

386. — REMARQUE. — Si le nombre des termes était impair dans une progression géométrique, le terme du milieu serait toujours égal à la racine carrée du produit des extrêmes ; tandis que, dans une progression arithmétique, il serait égal à la demi-somme des deux extrêmes.

387. — Soit proposé de trouver la somme des termes de la progression géométrique ∺2:8:32:128:512. Cette somme, désignée par S, ne serait autre que 2+8+32+128+512; mais nous allons voir qu'on peut l'obtenir à l'aide d'une formule abrégée.

En effet, multipliant S, ainsi que les diverses parties de la somme par la raison 4, nous trouvons :

$$4\,S=2\times4+8\times4+32\times4+128\times4+512\times4,$$

égalité qui, tout en reproduisant les divers termes moins le premier, nous donne en outre le produit du dernier terme par la raison. Nous pouvons donc remplacer cette égalité par celle-ci :

$$4\,S=512\times4+S-2\,;$$

mais puisque telle est la valeur de 4 S, si nous retranchons S de part et d'autre, il restera :

$$3\,S,\quad \text{ou}\ 4-1\,S=512\times4-2.\quad \text{d'où}\quad S=\frac{512\times4-2}{4-1}$$

ce qui fait voir que *pour obtenir la somme de tous les termes d'une progression par quotient, il faut multiplier le dernier terme par la raison, soustraire du produit le premier terme de la progression, et diviser le reste par la raison moins un.*

PROBLÈMES.

481. — On sait qu'une personne doit déposer dans une tirelire 2 centimes en janvier ; en février, 2 fois 1/2 plus que le mois précédent ; en mars, 2 fois 1/2 plus qu'en février, et ainsi de suite pour les autres mois de l'année : quelle sera la valeur de son dépôt pour le douzième mois, et de quelle somme se trouvera-t-elle en possession au 1er janvier suivant ?

482. — Un spéculateur, tant soit peu original, consentit à faire partie d'une association financière, à condition qu'on lui permettrait de verser ses fonds comme il lui plairait : il adopta 7 termes, de deux en deux mois chacun ; on ne sait pas ce qu'il versa à la fin du deuxième mois de sa participation à la dite société ; mais, le dernier jour du quatorzième mois, il fit apporter au caissier une somme de 36450 francs. Quel avait été son premier versement, si chaque apport successif fut 3 fois plus fort que le précédent ; et quelle somme finit-il par confier ainsi à l'association qui l'avait admis à partager ses bénéfices.

483. — Sachant que la raison d'une progression géométrique n'est autre qu'une racine, dont l'exposant est indiqué par la quantité moins 1 des termes de la progression, et qui provient du quotient du dernier terme par le premier, on se propose de combler la lacune existant entre un premier terme 8 et un dixième 30501,953125 ; lesquels, avec leurs intermédiaires, doivent former une progression par quotient.

484. — Dans une progression géométrique on ne connait que le terme du milieu 729, lequel y occupe la septième place ; mais on sait que ce nombre, par suite de son rang, est la racine carrée du produit des deux extrêmes. A l'aide de ces données, on propose de déterminer : 1° la raison ; 2° tous les termes qui composent la dite progression géométrique, commençant par l'unité.

485. — Le produit de tous les termes d'une progression géométrique n'étant autre que la racine carrée d'une puissance, ayant pour exposant le nombre de ces termes, et pour base le produit du dernier terme par le premier de la progression ; on demande : 1° ce que couterait un habit ayant 17 boutons, le premier évalué à 1 centime, le deuxième à 2 centimes, le troisième à 4 centimes, et ainsi de suite : le tailleur se contentant, pour paiement, du prix du dix-septième bouton ; 2° combien celui-ci estimerait son habit, s'il réclamait pour paiement le produit des 9 premiers nombres de centimes figurant dans la progression ci-dessus.

486. — Un petit marchand commence à 14 ans un commerce de peu de valeur, puisqu'il n'a que pour 12 francs de marchandises sur son étalage ; mais la Providence bénit ses

efforts, et, à sa vingt-septième année, après s'être suffi à lui même pendant tout le temps qu'il a été hors de la maison paternelle, il y rentre avec une somme de 98304 francs, qu'il place en rentes 4 1/2 pour cent sur l'État, afin de vivre désormais tranquille avec son vieux père, à qui il assure ainsi une position heureuse pour le reste de ses jours. Comment le petit avoir qu'il possédait à 14 ans a-t-il crû, et de quelle rente annuelle jouit-il en cessant son commerce ?

487. — Sept pièces d'étoffe sont telles, que la deuxième contient une fois et demie plus de mètres que la première ; la troisième, une fois et demie plus de mètres que la deuxième, et ainsi de suite jusqu'à la septième, qui se compose de 22 mètres, 78125 cent millièmes. Combien de mètres renferme donc la première pièce ? Quelle est en outre la longueur exacte de la quatrième pièce d'étoffe ?

488. — Un entrepreneur consent à se charger d'une construction importante, avec une clause favorable ou défavorable pour lui selon le cas : s'il finit avant le temps, son marché porte qu'il aura droit, outre ses honoraires, à une somme de 12 francs, pour le jour précédant le terme fixé ; et que la somme à laquelle il pourra prétendre, selon qu'il devancera de plus de jours le dit terme, ira croissant, à partir de 12, en progression géométrique. Ce sera au contraire lui qui paiera, sur ses honoraires et dans les mêmes conditions que ci-dessus, pour chaque jour de retard qui se produira après celui où doit se faire la livraison. Il a le bonheur de finir 7 jours avant le délai inscrit au cahier des charges, et reçoit 8748 francs. De quelle manière a crû la gratification qui lui est comptée, sachant que le montant n'en est que le dernier terme de la progression acceptée de part et d'autre, tant pour l'avantageux que pour l'onéreux ?

489. — Si je fais douze paiements en progression par quotient, le premier étant de 3 francs et le deuxième de 12 francs, et ainsi de suite jusqu'au douzième inclusivement, comment pourrai-je découvrir, sans passer par tous les paiements intermédiaires, de combien est le dernier à effectuer, et quel est le montant de la somme totale que j'ai à payer ?

490. — Un roi, satisfait de l'invention du jeu d'échecs,

demanda au savant qui en avait découvert les combinaisons diverses, quelle récompense il voulait pour les lui avoir expliquées et apprises. Celui-ci, n'ambitionnant autre chose que la continuation de la faveur et du crédit dont il jouissait auprès de son souverain, demanda à dessein, et comme rémunération qu'il savait impossible, un grain de blé pour la première case de l'échiquier, 2 grains pour la deuxième case, 4 grains pour la troisième case, etc., doublant toujours le nombre de grains jusqu'à la dernière case de l'échiquier, c'est-à-dire jusqu'à la soixante-quatrième case inclusivement. On désire savoir : 1° combien de grains de blé demandait en totalité l'inventeur du jeu d'échecs ; 2° combien le roi se serait vu obligé de lui fournir de mètres cubes de blé, s'il avait pu accéder à sa demande, en supposant qu'un mètre cube contienne 24999890 grains.

Quelques notions pratiques sur les Logarithmes.

DÉFINITION.

388. — Afin d'arriver à une définition élémentaire des logarithmes, comparons entre elles deux progressions, savoir :

L'une *géométrique*, *ayant l'unité pour premier terme*, et ainsi graduée :

∺ 1 : 10 : 100 : 1000 : 10000 : 100000 : 1000000

L'autre *arithmétique*, *ayant zéro pour premier terme*, et ainsi graduée :

÷ 0 . 1 . 2 . 3 . 4 . 5 . 6...

Chaque nombre de la seconde progression est ce qu'on appelle le logarithme du nombre correspondant de la première.

Or, il est aisé de voir que la progression arithmétique n'est autre chose que la suite des exposans des puissances successives de la base 10, lesquelles forment les termes de la progression géométrique ; puisque $10=10^1$, $100=10^2$, $1000=10^3$, etc., et qu'à la rigueur celle-ci s'écrirait :

$$\div\div 1 : 10^1 : 10^2 : 10^3 : 10^4 : 10^5 : 10^6$$

Donc, on peut définir le *logarithme d'un nombre quelconque : l'exposant de la puissance à laquelle il convient d'élever une base déterminée, pour produire le nombre en question.*

D'après cela, le chiffre 6, indiquant la puissance à laquelle il faut élever la base 10 pour obtenir 1000000, est conséquemment le logarithme de 1000000, et ainsi de même des autres chiffres.

REMARQUES.

389. — On appelle *Tables de logarithmes*, un livre qui contient la succession, par tableaux, des logarithmes des nombres consécutifs, depuis 1 jusqu'à une certaine limite, 10000 par exemple.

En jetant les yeux sur les *Tables de logarithmes* de M. LALANDE, on peut remarquer que le logarithme de 1 est 0 ; que celui de 10 est 1 ; que celui de 100 est 2 ; que celui de 1000 est 3, et, qu'en général, *l'unité suivie d'un nombre quelconque de zéros, a pour logarithme un nombre égal à celui de ces zéros.*

Par suite, les logarithmes des nombres compris entre 1 et 10 sont formés de fractions décimales ; ceux des nombres compris entre 10 et 100, sont formés de l'unité suivie d'une fraction décimale ; ceux des nombres compris entre 100 et 1000, sont formés d'une partie entière 2, accompagnée d'une fraction décimale, etc., ce qui fait voir en même temps que *la partie entière d'un logarithme est toujours égale à autant d'unités moins une, qu'il y a de chiffres dans le nombre correspondant, s'il est entier; ou dans sa partie entière, s'il est fractionnaire.*

390. — On nomme *caractéristique* le chiffre qui compose la partie entière d'un logarithme. Ainsi, 3 est la caractéristique du logarithme 3,58760, correspondant au nombre 3869.

Lorsqu'on rend un nombre entier quelconque 10, 100, 1000 fois plus fort ou plus faible, la caractéristique seule de son logarithme augmente ou diminue de 1, 2, 3 unités, mais la partie décimale ne change pas. Il résulte de ce principe, que *le logarithme d'un nombre décimal, et celui du nombre entier formé des mêmes chiffres après la suppression de la virgule, sont absolument les mêmes, quant à la fraction; il n'y a de différence que dans les caractéristiques.*

Ainsi le logarithme de 38.69 étant 1.58760, celui de de 3869 sera 3.58760, et réciproquement.

USAGES DES LOGARITHMES.

391. — Le but des logarithmes est la *simplification* des calculs de l'arithmétique. En effet, on démontre :

1° Que le logarithme d'un produit est égal à la somme des logarithmes de ses facteurs;

2° Que le logarithme d'un quotient est égal à la différence du logarithme du dividende à celui du diviseur;

3° Que le logarithme d'une puissance de degré déterminé est égal au produit du logarithme du nombre primitif par l'exposant de la puissance;

4° Que le logarithme d'une racine de degré déterminé est égal au quotient qu'on obtient, endivisant par le degré de la racine le logarithme du nombre donné.

Donc : 1° Pour faire une multiplication par logarithmes, *il faut prendre dans la table les logarithmes des deux facteurs ; puis, chercher à quel nombre correspond leur somme, et ce nombre est le produit demandé ;*

2° Pour faire une division par logarithmes, *il faut prendre dans la table les logarithmes du dividende et du diviseur; puis, chercher à quel nombre correspond leur différence, et ce nombre est le quotient demandé ;*

3° Pour élever par logarithmes un nombre à une puissance quelconque, *il faut prendre dans la table le logarithme du nombre donné, et le multiplier par l'exposant de la puissance ; puis, chercher à quel nombre correspond le produit, et ce nombre est la puissance demandée ;*

4° Pour extraire par logarithmes la racine d'un degré déterminé d'un nombre, *il faut prendre dans la table le logarithme du nombre donné, et le diviser par le degré de la racine à extraire ; puis, chercher à quel nombre correspond le quotient, et ce nombre est la racine demandée.*

Il ne nous reste plus qu'à indiquer les procédés en usage :

1° *Pour trouver le logarithme d'un nombre quelconque ;*

2° *Pour déterminer à quel nombre correspond un logarithme donné.*

Un nombre étant donné, trouver son logarithme.

392. — *Si le nombre proposé ne dépasse pas* 10000, limite des petites Tables, il suffit de l'y chercher à son ordre de numération, et à côté on aperçoit immédiatement son logarithme. C'est ainsi que l'on reconnaît que log. 2543=3.40535.

393. — 2° *Lorsqu'on veut trouver le logarithme d'un nombre plus fort que* 10000, on commence par séparer sur sa droite assez de chiffres, pour que la partie à gauche soit dant les tables, et l'on cherche le logarithme de cette partie (celle de droite étant momentanément regardée comme fraction décimale). On remarque de plus la différence qui existe entre ce logarithme et le suivant; et l'on s'en sert pour calculer, à l'aide d'une proportion (1), la partie de cette différence qu'il faudra ajouter au logarithme obtenu, afin de représenter le groupe de chiffres qu'on avait séparé sur la droite du nombre primitif. Il ne reste plus ensuite qu'à augmenter la caractéristique d'autant d'unités que l'on a séparé de chiffres décimaux, et l'on connaît alors le véritable logarithme de tout le nombre en question. C'est en suivant cette règle générale, que l'on obtient pour logarithme de 462540 le nombre 5.66515.

394. — 3° *Pour déterminer le logarithme d'un nombre décimal*, on cherche ce logarithme comme si le nombre donné était entier; et, après l'avoir trouvé par le procédé que nous venons d'indiquer (393), on on diminue la caractéristique d'autant d'unités, que le nombre primitif contenait de décimales.

Ainsi log. 58,2464=1.76527.

395. — 4° *S'il s'agit de trouver le logarithme d'un nombre fractionnaire quelconque*, après l'avoir réduit en expression fractionnaire on cherche le loga-

(1) Cette proportion sera formée des éléments suivants : si pour 1, différence des deux nombres consécutifs, dont a pris le logarithme du plus petit, il y a N différence entre leurs logarithmes; pour la fraction décimale séparée sur la droite du nombre proposé, il y en aura proportionnellement moins. — La différence tabulaire entre deux logarithmes est toujours établie en cent millièmes, quand les derniers chiffres de ces logarithmes sont eux-mêmes de l'ordre des cent millièmes.

rithme du dénominateur, que l'on retranche de celui du numérateur, et le reste n'est autre que le logarithme demandé.

C'est ainsi que l'on apprend que log. 346, 8/9 =2.54049.

Un logarithme quelconque étant donné, trouver le nombre correspondant.

396. — 1° *Soit proposé de trouver le nombre correspondant à un logarithme dont la caractéristique est* 3, c'est-à-dire la plus forte de celles que contiennent les petites tables. Voici la règle générale à suivre : on commence par chercher ce logarithme parmi les nombres de quatre chiffres, et il arrive toujours de deux choses l'une : ou que tous les chiffres du logarithme en question soient écrits dans le même ordre dans les tables; ou qu'il y ait une petite différence en moins dans les derniers chiffres décimaux, entre le logarithme du livre et le logarithme donné. Dans le premier cas, le nombre cherché est le nombre même qu'on voit à gauche du logarithme dans les tables ; dans le deuxième cas, c'est encore ce nombre entier, mais avec une fraction décimale. Afin de parvenir à déterminer cette fraction d'une manière précise, on remarque, d'une part, la différence indiquée dans la petite colonne à droite du logarithme que l'on a pris ; et, de l'autre, la différence entre ce logarithme et celui en question ; puis, à l'aide d'une proportion (1), on obtient la fraction décimale cherchée, que l'on ajoute finalement au nombre entier, pour la solution complète du problème.

(1) Cette proportion sera formée des éléments suivants : si pour N, différence entre le logarithme que l'on a pris dans les tables et le suivant, il y a une unité de différence entre leurs nombres respectifs; pour la différence entre ce même logarithme et le proposé, il y en aura proportionnellement moins.

397. — 2° *Si l'on veut découvrir le nombre correspondant à un logarithme dont la caractéristique est moindre que* 3, il faut d'abord augmenter celle-ci d'une quantité suffisante d'unités, pour que le logarithme en question ait cette caractéristique ; puis, opérer comme précédemment (396) ; enfin, diviser le nombre obtenu par 10, par 100, ou par 1000, suivant que l'on a augmenté la caractéristique d'une, de deux, ou de trois unités.

398. — 3° *Si l'on veut découvrir le nombre correspondant à un logarithme dont la caractéristique est plus forte que* 3, il faut d'abord retrancher de celle-ci une quantité suffisante d'unités, pour que le logarithme en question ait cette caractéristique ; puis, opérer comme précédemment (396) ; enfin multiplier le nombre obtenu par 10, par 100, ou par 1000, etc., suivant que l'on a retranché une, deux, trois, etc., unités de la caractéristique.

399. — Nous terminerons en mentionnant seulement que le *logarithme d'une fraction quelconque est égal à l'excès du logarithme du dénominateur sur celui du numérateur*, lequel excès étant précédé du signe moins, c'est-à-dire constituant une quantité négative. Or, le calcul des quantités négatives suppose des connaissances algébriques, et ne peut par conséquent être traité utilement ici.

PROBLÈMES.

491. — 1° Multiplier 786256 par 789334 ; 2° élever 7 à la vingt-quatrième puissance ; 3° diviser 374825694 par 59512 ; 4° trouver la racine neuvième de 36758246389, le tout en opérant au moyen des logarithmes.

---

492. — On demande : 1° le logarithme de 602740, quantité de lieues que parcourt chaque jour la terre, dans l'ellipse qu'elle décrit par année, autour du soleil ; 2° le logarithme

de 34500000, distance moyenne de cet astre à notre globe, exprimée en lieues ; 3° le logarithme du contour de la terre, que nous savons être de 40000000 de mètres ; 4° le logarithme du nombre de mètres qui en exprime le diamètre ; 5° le logarithme du nombre de mètres qui en exprime le rayon.

---

493. — Dans des opérations que l'on a à faire, on a besoin de connaître : 1° le logarithme de 22.0690 nombre qui exprime la densité du platine laminé ; 2° le logarithme de 19.2581, poids spécifique de l'or fondu ; 3° le logarithme de 7.7880, densité du fer en barre ; 4° le logarithme de 5.2400, pesanseur spécifique de la terre ; 5° le logarithme de 13.5980, dentité du mercure. Quels sont donc ces différents logarithmes ?

---

494. — 1° On veut connaître le poids total de 146 ballots 2/5 d'étoffe, si chacun pèse 549 kilogrammes 7/9 ; 2° 17 barriques 7/12 de vin contiennent 3995 litres 11/13. Déterminer par suite la capacité d'une seule de ces barriques. Ces deux opérations devront être effectuées par le moyen des logarithmes.

---

495. — Rechercher à quels nombres correspondent les 7 logarithmes suivants : 1° 12.45817 ; 2° 9.19457; 3° 5.00458 ; 4° 15.33337 ; 5° 0.19181 ; 6° 3.89111 ; 7° 1.45679. On effectuera ensuite par logarithmes le problème suivant : 42 ouvriers ont fait 456 mètres d'ouvrage ; combien 130 ouvriers en feront-ils pendant le même temps ?

---

496. — Résoudre par logarithmes les deux questions suivantes : 1° 17 ouvriers, travaillant 9 heures par jour, ont fait en 17 jours 256 mètres d'ouvrage : combien faudra-t-il d'ouvriers, travaillant 11 heures par jour, pendant 13 jours, pour faire 475 mètres du même ouvrage ; 2° quelle est la cinquantième puissance du nombre 3 ?

---

497. — Un mathématicien, à qui l'on demandait quelle heure il était, répondit : je pourrais vous le faire savoir ; mais j'aime mieux vous le laisser chercher, à l'aide des tables de logarithmes, pour vous familiariser de plus en plus avec cette ingénieuse manière d'effectuer un calcul, je vous dirai donc seulement qu'il est les 11/12 des 17/24 des 19/21 des 25/27 de midi 1/2. Votre opération vous fera connaître l'heure

qu'il est à présent. — Quelle est, à un millième près, la racine onzième de 12345678987654321 ?

---

498. — Un enfant qui ne se rendait pas très-bien compte de l'accroissement rapide qui se produit dans les termes d'une progression par quotient, voulut s'assurer, au moyen des logarithmes, si le dix-huitième terme d'une progression de cette nature était beaucoup plus fort que le terme de même rang dans une progression par différence. A cet effet, il prit pour point de départ de son opération les deux séries ∺ 4 : 16 : 64.... et ÷ 4. 8. 12.... ayant même raison et mêmes premiers termes. Etablir ces deux termes ; et chercher, toujours par logarithmes, combien de fois l'un contient l'autre.

---

499. — Un amateur de fleurs veut savoir, au moyen des logarithmes : 1° combien de graines il devra semer au commencement, pour avoir, à sa récolte de la huitième année, 279936 graines ; chacune de celles que, pendant tout ce temps, il aura mise en terre, étant supposée lui rapporter 6 graines propres à la semence, et la récolte entière de chaque année devant être enfouie ; 2° combien de fois leur valeur primitive auront rapporté, au bout de la huitième année, les 5/12 de centime qu'il a dépensés pour sa première semence. — On établira ensuite la progression géométrique, résultant de la valeur croissante des récoltes successives ; et l'on dira en francs ce que vaut la dernière,

---

500. — Le nombre dont les 7/9 des 11/12 des 2/5 égalent 29 plus 89/135, n'est autre, si on le fait suivre de six zéros, que la quantité totale de mètres cubes de déblais, qu'occasionneront les travaux de percement de l'isthme de Suez, dont le canal est destiné à joindre la Méditerranée à la Mer Rouge, et à abréger ainsi, de quelques milliers de lieues la navigation entre l'Europe et les Indes Orientales. Chercher, à l'aide des logarithmes, combien cette si importante et si magnifique opération, due à la persévérance de M. de Lesseps, enlèvera de miilons de mètres cubes de terre au dit isthme. — Trouver la vingt-neuvième puissance du chiffre 5.

---

501. — D'après les démonstrations algébriques, il est établi que le logarithme d'une fraction n'est autre que l'excès du

logarithme de son dénominateur sur celui de son numérateur, le résultat étant précédé du signe moins. — Trouver par suite : 1° le logarithme des trois fractions suivantes 77/236, 124/1834, 7/1245 ; 2° le logarithme des 17/20 des 19/30 des 28/135 de 78/1653.

---

502. — Il est encore établi que la quantité, dont on a le logarithme précédé du signe de la soustraction, n'est autre que le quotient, suffisamment développé, de l'unité par le nombre que représente le dit logarithme, considéré sans son signe. — Trouver par suite : 1° quels sont les nombres représentés par les logarithmes suivants — 0.92750 ; — 0,01234 ; —0,00567 ; — 0.00089 ; — 0.99887 ; 2° quel est le nombre correspondant au logarithme donné par la multiplication des fractions, mentionnée au 2° du problème précédent.

---

503. — Un enfant disait à l'un de ses camarades, qu'il avait à dépenser pour ses menus plaisirs la treizième puissance de 28/29 de franc. Ce dernier voulant savoir si la bourse de son ami était bien garnie, s'amusa à calculer ce que cela faisait de centimes : comment dut-il s'y prendre.

---

504. — Dans un calcul on est amené à extraire, en faisant usage des logarithmes, la racine dix-neuvième de 79/728. En admettant que l'unité, à laquelle se rapporte cette fraction, soit le kilogramme, on se demande combien le résultat de l'opération devra donner de grammes et de milligrammes.

---

505. — On proposait, dans une séance publique, la question suivante à M. henri Mondeux, le pâtre calculateur : quelle est l'excès de la racine dix-septième de 37/140, sur la dix-septième puissance de la même fraction ? La réponse, parfaitement conforme à celle qu'avait obtenue préalablement, par le calcul, la personne qui la provoquait, ne se fit attendre que quelques secondes. Quelle dut être cette réponse, qu'on couvrit d'applaudissements.

---

506. — Pour la solution de deux problèmes, on devrait à la rigueur insérer : 1° 12 moyens géométriques entre 3 et 9856 ; — 2° dix-neuf moyens géométriques entre 7 et 8. Seulement on n'a besoin de connaître indispensablement que le huitième moyen proportionnel inséré dans la première

série de nombres, et le douzième moyen proportionnel inséré dans la seconde. Quelle marche suivra-t-on donc à l'aide des logarithmes : 1° pour trouver la raison dans les deux progressions ; 2° pour découvrir ensuite les deux moyens proportionnels dont on a besoin. — On indiquera les quatre résultats obtenus.

---

506 *bis*. — Une personne, qui prévoit devoir être mise en retraite dans 15 ans, place aujourd'hui, à 4 p. 0/0, intérêts composés, et dans le but de se faire une petite rente à l'époque sus-mentionnée, une somme de 8580 francs. De quel capital jouira-t-elle donc alors ? — On cherchera en outre combien ce capital ajoutera de rente annuelle au chiffre de sa retraite, en le supposant placé, intérêts simples, à 4 1/2 pour cent. La première partie de ce problème devra être résolue par les logarithmes.

---

507. — Trouver, en se servant des logarithmes, ce que deviendrait au bout de 20 ans une somme de 9890 francs placée à 5 pour cent, intérêts composés, cette opération n'étant autre que la détermination d'un terme de rang indiqué dans une progression géométrique. On évaluera ensuite la différence existant entre les intérêts composés et les intérêts simples de la dite somme pendant le temps sus-mentionné.

---

508. — On désirerait savoir : 1° en combien d'années on parviendrait à doubler un capital de 4860 francs, en le plaçant à 4 pour cent, si les intérêts étaient composés ; s'ils étaient simples. — 2° A quel taux d'intérêt composé, puis d'intérêt simple, un capital de 8000 francs pourrait être doublé, s'il restait placé pendant huit ans. — 3° Quel capital il faudrait placer, intérêts composés ou intérêts simples, pour avoir 12000 francs au bout de 4 ans à 6 pour cent, les intérêts étant supposés, de part et d'autre, joints aux deux capitaux.

---

508 *bis*. — Un commis négociant vient d'hériter d'une somme de 6485 francs que son patron, qui veut le favoriser, consent à prendre, intérêts composés, à 4 1/2 pour cent. Chercher, en se servant des logarithmes, pendant combien de temps ce capital devra rester entre les mains du négociant, pour acquérir une valeur triple de celle qu'il a actuellement.

---

509. — Quelle est la valeur actuelle d'un billet de 10000 francs, lequel n'est payable que dans 9 ans, supposé que le taux soit prélevé à 4 francs 50 centimes pour cent l'an, et que l'escompte soit composé. — On cherchera ensuite la valeur actuelle de la somme ci-dessus, payable au bout du même temps, l'escompte en dedans et simple étant prélevé au taux précédent, enfin on établira la différence entre les deux résultats obtenus.

---

510. — Un épicier qui avait pour l'état militaire la plus grande antipathie, résolut d'assurer son fils contre les chances du recrutement. A cet effet, il plaça chaque année, chez un négociant de ses amis, une somme de 50 francs que celui-ci consentit à recevoir en dépôt au taux de 4 0/0, les intérêts devant eux-mêmes en produire d'autres. Put-on, avec la totalité des placements ainsi constitués, le premier s'étant fait le jour même de la naissance du jeune homme, parvenir à solder pour lui un remplaçant, au prix de 2400 francs, lorsqu'à ses vingt ans révolus il tira de l'urne un numéro qui l'appelait au service. Ce problème devra se résoudre par les logarithmes.

---

510 *bis*. — Dire : 1° à combien pour cent, intérêts composés, une somme de 5000 francs, placée sur la tête d'un enfant naissant, deviendrait 15000 francs, lors de sa vingtième année révolue ; 2° quel capital il faudrait placer aujourd'hui, intérêts composés, au taux que fournira la question précédente, pour avoir 15000 francs au bout de 13 ans : 3° pendant combien de temps il faudrait laisser 5 francs, placés à 8 pour cent, intérêts composés, pour se trouver possesseur d'une somme de 100 francs ; 4° que deviendraient 9 francs, au bout de 9 ans à 9 pour cent, intérêts composés. — Dans tous ces calculs, on fera usage des logarithmes.

SUPPLÉMENT A LA NUMÉRATION.

Tableau synoptique de Nombres écrits en Chiffres Romains, Depuis 1 jusqu'à 100 et au-delà.

1..I.	26..XXVI.	51..LI.	76..LXXVI.
2..II.	27..XXVII.	52..LII.	77..LXXVII.
3..III.	28..XXVIII.	53..LIII.	78..LXXVIII.
4..IV.	29..XXIX.	54..LIV.	79..LXXIX.
5..V.	30..XXX.	55..LV.	80..LXXX.
6..VI.	31..XXXI.	56..LVI.	81..LXXXI.
7..VII.	32..XXXII.	57..LVII.	82..LXXXII.
8..VIII.	33..XXXIII.	58..LVIII.	83..LXXXIII.
9..IX.	34..XXXIV.	59..LIX.	84..LXXXIV.
10..X.	35..XXXV.	60..LX.	85..LXXXV.
11..XI.	36..XXXVI.	61..LXI.	86..LXXXVI.
12..XII.	37..XXXVII.	62..LXII.	87..LXXXVII.
13..XIII.	38..XXXVIII.	63..LXIII.	88..LXXXVIII.
14..XIV.	39..XXXIX.	64..LXIV.	89..LXXXIX.
15..XV.	40..XL.	65..LXV.	90..XC.
16..XVI.	41..XLI.	66..LXVI.	91..XCI.
17..XVII.	42..XLII.	67..LXVII.	92..XCII.
18..XVIII.	43..XLIII.	68..LXVIII.	93..XCIII.
19..XIX.	44..XLIV.	69..LXIX.	94..XCIV.
20..XX.	45..XLV.	70..LXX.	95..XCV.
21..XXI.	46..XLVI.	71. LXXI.	96..XCVI.
22..XXII.	47..XLVII.	72..LXXII.	97..XCVII.
23..XXIII.	48..XLVIII.	73..LXXIII.	98..XCVIII.
24..XXIV.	49..XLIX.	74..LXXIV.	99..XCIX.
25..XXV.	50..L.	75..LXXV.	100.C.
200..CC.	600..DC.	1000..M.	200000..$\overline{CC}$.
300..CCC.	700..DCC.	10000..$\overline{X}$.	500000..$\overline{D}$.
400..CD.	800..DCCC.	20000..$\overline{XX}$.	1000000..$\overline{M}$.
500..D.	900..CM.	40000..$\overline{XL}$.	1860. MDCCCLX
1000000000. $\overline{\overline{M}}$.	5029..$\overline{V}$XXIX.	50041..$\overline{L}$XLI.	50000000..$\overline{\overline{L}}$.

OBSERVATIONS.

400. En examinant attentivement le tableau synoptique que nous mettons ci-contre sous les yeux des Élèves, on se convaincra sans peine qu'il est basé sur quelques règles fixes et invariables. Nous allons les exposer brièvement, en faisant remarquer que la représentation des nombres par des *Caractères Romains* n'a qu'une importance tout-à-fait secondaire, et qu'elle n'est guère employée aujourd'hui que pour des inscriptions de monuments, de médailles et de cadrans, ainsi que pour des numéros d'ordre de rois, de chapitres d'un livre, de siècles, etc. (*Aucune opération d'arithmétique ne se fait du reste sur les chiffres romains*).

On voit tout d'abord, dans ce tableau, que la numération Romaine n'admettait que 7 chiffres (ou plutôt 7 lettres majuscules de l'alphabet), auxquels on attribuait les valeurs suivantes : au caractère I, la valeur 1 ; à V, la valeur 5 ; à X, la valeur 10 ; à L, la valeur 50 ; et à C la valeur 100 ; quant à la lettre D, elle équivalait à 500, et la lettre M à 1000. Un trait simple, placé au-dessus d'un ou de plusieurs caractères dans un nombre, les rendait mille fois plus forts ; un trait double, un million de fois plus forts ; et un trait triple, un billion de fois. $\overline{\text{M}}$, d'après ces conventions, représentait conséquemment 1000 fois 1000 ou un million ; et $\overline{\overline{\overline{\text{M}}}}$, 1000 fois 1000000, ou un billion. — Par suite, et en conformité des dits principes parvenus jusqu'à nous, voici comment s'écriront : 1° 3,856 ; 2° 1,000,412 ; 3° 319 ; 4° 4,000,107,019.

1° MMMDCCCLVI ; — 2° $\overline{\text{M}}$CDXII ; — 3° CCCXIX ; — 4° $\overline{\overline{\overline{\text{IV}}}}$CVIIXIX.

On observe en second lieu : 1° que dans un nombre, quel qu'il soit, le même chiffre ne peut être écrit au plus que 3 fois de suite ; 2° que dans nul cas les caractères V, L, D ne s'écrivent deux fois de suite au milieu ou à la fin d'un nombre ; et qu'ils ne sont susceptibles de se doubler au commencement d'une expression, qu'autant que les premiers d'entre eux représentent des mille, des millions ou des billions.

Exemple : 500518 = D̄DXVIII.

Il n'a été dérogé à la première partie de cette observation qu'une seule fois, pour le nombre XIV, et voici dans quelle circonstance : Le comte Vilain, après avoir été anobli par le roi Louis quatorze, reçut du Monarque l'autorisation d'ajouter à son nom la distinction honorifique de XIIII, mais sous la condition expresse que ni lui ni ses descendants n'écriraient jamais autrement que ci-dessus le chiffre faisant partie de leur nom. Cette clause a toujours été scrupuleusement respectée depuis; et, en Belgique, il existe encore aujourd'hui un haut personnage qui, comme le premier de ses aïeux ainsi dénommé, s'appelle le comte Vilain XIIII. — *D'après un Journal.*

La troisième et dernière remarque à faire sur notre tableau synoptique des nombres écrits en chiffres Romains, est relative aux caractères I, X, C, qu'on peut y voir placés à la droite ou à la gauche d'autres caractères. Nous nous contenterons de dire que ces chiffres, lorsqu'ils se trouvent à la gauche d'un autre, le diminuent de toute la valeur dont ils l'auraient augmenté s'ils s'étaient trouvés à sa droite. Ainsi I placé avant V ou avant X, diminue d'une unité la valeur de ces caractères ; et l'ensemble doit se lire 5—1 ou 4, et 10—1 ou 9. De même le nombre XL signifie 50—10 ou 40 ; XC indique 100—10 ou 90 ; enfin, CD représente 500—100 ou 400. — Il est à peine besoin d'ajouter que, lorsqu'on place à la droite d'un chiffre un autre d'une valeur égale ou inférieure, celui-ci doit toujours faire somme avec le premier.

Ainsi : 1° VIII=5+1+1+1=8.... 2° XIX=10+10—1 ou +9=19.... 3° MMCCII=1000+1000+100+100+1+1 = 2202.... 4° MMIM = 1000+1000+1000— 1 ou +999=2999 ; et de même des autres nombres.

De toutes les observations précédentes, on peut donc conclure maintenant que la numération romaine est des plus faciles à comprendre et à mettre en pratique.

Supplément aux Nombres Entiers et Décimaux.

EXERCICES RAISONNÉS
Sur les quatre premières opérations.

401. — Premier Exercice. — *Un notaire, chargé de procéder à la vente d'un bien rural, en a retiré, savoir : ferme et dépendances, 17529 francs ; terres arables, 28788 fr. ; prés, 17456 francs ; landes, 7277 francs ; bois taillis, 12556 francs. — Dites la valeur totale qu'il a remise au vendeur ?*

Raisonnement. — Cette valeur totale est nécessairement formée des cinq prix partiels que le notaire a retirés des portions de propriété vendues par lui, soit de 17529 francs, 28788 francs, 17456 francs, 7277 fr., et 12556 francs. — D'où l'on voit qu'il n'y a autre chose à faire que l'addition des cinq quantités précédentes, et que leur somme indiquera, comme conclusion du problème, le montant que le vendeur a touché de son bien rural, c'est-à-dire 83606 francs. — Les questions de cette nature ramèneront toujours leur solution à une addition, attendu qu'il s'agit d'y réunir plusieurs quantités en une seule de même espèce.

402. — Deuxième Exercice. — *Un marchand vient de recevoir une pièce de soierie, haute nouveauté. A peine l'a-t-il déballée, qu'il en cède à trois dames 12 mètres, 13 mètres et 14 mètres ; et l'on sait que ce qu'il a encore en magasin surpasse de 51 mètres tout ce qu'il a vendu. — Dites la longueur de cette pièce ?*

Raisonnement. — Il est d'abord évident que ce

marchand a diminué, par les trois ventes qu'il a faites, sa pièce de soierie de 12+13+14 mètres, ou d'une somme de 39 mètres. Mais l'énoncé nous fait savoir de plus que ce qu'il lui en reste encore, surpasse de 51 mètres le total ci-dessus, c'est-à-dire 39 mètres. Donc, la quantité qu'il a désormais de disponible, n'est nécessairement autre que 39+51, ou 90 mètres. En tout, il avait, par conséquent, reçu de fabrique 39+90, ou 129 mètres.

---

403. — Troisième Exercice. — *Une propriété, formée de deux pièces de terre, présente une superficie totale de 136 hectares 11 ares 15 centiares; l'une des deux pièces entre dans ladite évaluation pour 78 hectares 19 ares 28 centiares. — Quelle surface mesure l'autre pièce ?*

Raisonnement. — La contenance entière de cette propriété s'élève, comme nous l'apprend l'énoncé, à 13611 ares 15 centiares, et peut être considérée comme une somme, dont l'évaluation connue, 7819 ares 15 centiares, forme l'une des parties; et, le nombre que l'on ne connaît pas, l'autre. Or, lorsque dans le total de deux quantités, l'une se trouve déterminée et l'autre inconnue, celle-ci n'est autre chose que l'excès du total sur la quantité dont on a la valeur; donc, par suite, en retranchant de la superficie 13611 ares 15 centiares, les 7819 ares 28 centiares que mesure la première pièce de terre, le reste 5791 ares 87 centiares que nous obtenons, n'est autre que la surface de la seconde pièce. — Dans ces sortes de problèmes, la solution dépend toujours d'une soustraction, l'un des nombres donnés pouvant, dans tous les cas, être regardé comme une somme, et l'autre comme une des deux parties de cette somme.

---

404. — Quatrième Exercice. — *Dans le règlement d'un compte d'association entre trois spéculateurs A, B, C, A s'est trouvé, avec les 18000 francs qui lui revenaient, avoir reçu 119 francs de plus que B; et C, 286 francs de moins que ce deuxième associé. — Déterminer, par suite, le bénéfice particulier de B et de C, ainsi que le bénéfice total ?*

Raisonnement. — Puisque, d'après l'énoncé, le deuxième associé B reçoit 119 francs de moins que A, sa part sera évidemment égale à 18000—119, ou à 17881 francs. De même C, dont la part est moindre que celle de B, de 286 francs, devra recevoir une valeur de 17881—286, ou de 17595 francs. — Les sommes revenant aux trois associés étant ainsi déterminées, il ne reste plus qu'à les additionner, et le bénéfice total se trouve, en définitive, être de 18000+17881+17595 ou de 53476 francs.

---

405. — Cinquième Exercice. — *Trouver le poids d'une balle de coton, dans laquelle il entre 165 paquets de 29 kilogrammes chacun, si l'emballage pèse en outre 18 kilogr.?*

Raisonnement. — Je commence par remarquer que si un paquet pèse 29 kilogrammes, 2 paquets pèseront 2 fois 29 kilogrammes, 3 paquets 3 fois 29 kilogrammes, et ainsi de suite. Donc le total des kilogrammes que je dois obtenir pour le poids de la balle, abstraction faite de l'emballage, me viendra en répétant 165 fois 29 kilogrammes, c'est-à-dire en multipliant 29 par 165. Mais, conformément au principe du N° 34, je multiplierai, pour abréger, 165 par 29; et le produit sera 165×29, ou 4785 kilogrammes, auxquels ajoutant ensuite les 18 kilogrammes que pèse l'emballage, je trouve finalement, pour poids brut de la balle de coton, 4803 kilogrammes. — Qu'il s'agisse donc, la valeur d'une seule unité étant donnée, d'obtenir celle de plusieurs unités ou de plusieurs parties d'unités de même espèce, je vois qu'il n'y a qu'une multiplication à faire; et le produit est toujours la réponse à la question qu'on veut résoudre. — *Les cinq problèmes précédents, donnés en composition d'arithmétique, ont été raisonnés par un Elève de l'Ecole supérieure de Brest.*

---

406. — Sixième Exercice. — *Le litre d'une certaine liqueur revenant à 7 francs 80 centimes, trouver quel sera le prix de 85 centilitres de ladite liqueur?*

Raisonnement. — Regardant le centilitre comme

unité, j'en cherche d'abord le prix, pour la solution raisonnée de mon problème ; et, à cet effet, je me fais le raisonnement suivant : puisque un litre de liqueur coûte 7 francs 80 centimes, 1 centilitre, quantité 100 fois moindre que le litre, ne vaudra que la centième partie de ce prix, c'est-à-dire 7 fr.,80 c. : 100, opération dont le résultat s'obtient, conformément au N° 20, en avançant la virgule de deux rangs vers la gauche, et qui donne, par suite, pour la valeur cherchée 0 fr.,0780. Mais, si un seul centilitre revient à 0 fr.,0780, 85 des mêmes unités coûteront 85 fois plus ou 0 fr.,0780×85=6 francs 63 centimes, réponse du problème.

---

407. — Septième Exercice. — *On sait que 146 mètres d'étoffe coûtent 1314 francs, et l'on veut connaître le prix d'un mètre : comment doit-on s'y prendre ?*

Raisonnement. — Pour résoudre ce problème, et une foule d'autres semblables, dans lesquels, connaissant la valeur de plusieurs unités ou parties d'unité, on se propose de trouver la valeur d'une seule de même espèce, il faut procéder au moyen de la division. — En effet, il est évident que si nous avions le prix inconnu du mètre, ce prix devrait être tel qu'en le multipliant par 146, nous reproduirions 1314 francs. Nous voyons donc que 1314 francs n'est autre que le produit d'une multiplication, dont 146, que nous avons dans l'énoncé, est l'un des facteurs; et le prix cherché, l'autre facteur. Donc, par suite, en divisant le produit 1314 par le facteur connu 146, nous obtiendrons au quotient 9 francs, facteur inconnu, lequel est le prix du mètre, et la réponse à la question précitée.

---

408. — Huitième Exercice. — *Le prix de 45 centimètres de satin, nécessaire à la confection d'un gilet, étant de 7 francs 50 centimes, qu'aurait-on à débourser si l'on voulait faire l'acquisition d'un mètre de ce satin ?*

Raisonnement. — Remarquons, en commençant,

que, si 45 centimètres de satin coûtent 7 francs 50 centimes, un seul centimètre coûtera évidemment 45 fois moins, ou la quarante cinquième partie de 7 fr.,50 c. = 0 fr.,1667 dixmillièmes par excès. Mais, puisqu'un centimètre coûte 0 fr.,1667, le mètre du même satin, quantité 100 fois plus forte dont on se propose d'obtenir le prix, coûtera nécessairement 100 fois plus, ou le nombre 0,1667 rendu 100 fois plus fort, ce qui, d'après le principe du N° 19, se fait en avançant la virgule de deux rangs vers la droite, et donne pour prix du mètre, en même temps que pour la réponse à la question ci-dessus, 16 francs 67 centimes.

---

409. — Neuvième Exercice. — *Si pour un achat de 56 kilogrammes de café on paie 224 francs ; pour 119 kilogrammes de sucre, 238 francs ; enfin, pour 35 kilogrammes de riz, 28 francs, combien aura-t-on de kilogrammes de ces épiceries, en en prennnt autant de l'une que de l'autre, pour la somme de 510 francs.*

Raisonnement. — Pour résoudre ce problème, je cherche d'abord le prix d'un kilogramme de café, d'un kilogramme de sucre et d'un kilogramme de riz, ce que j'obtiens par les divisions suivantes : 1° de 224 francs par 56=4 francs ; 2° de 238 francs par 119=2 francs ; 3° de 28 francs par 35=0,80 centimes. Puis, je réunis en total les prix de ces trois marchandises, comme si elles étaient de même espèce ; ce qui me donne 6 francs 80 centimes, pour valeur d'une unité ou d'un groupe formé de trois portions égales de marchandises, c'est-à-dire de trois kilogrammes. — Donc, puisqu'une seule unité ainsi constituée vaut 6 francs 80 centimes, autant de fois ce dernier nombre sera contenu dans 510 francs, somme que que je veux dépenser, autant je pourrai avoir des dites unités, ou 510 : 6,80 = 75, quotient qui me représente, d'après l'exposé ci-dessus, 75 groupes comprenant chacun trois kilogrammes, l'un de café, l'autre de sucre, le troisième de riz. Par suite, pour mes 510 francs j'aurai droit à 75×3, ou à 225 kilogrammes, qui se fractionneront ainsi : 75 kilogrammes de café, 75 kilogrammes de sucre, et 75 kilogrammes de riz ; et le calcul lui-même me le prouve surabondamment : en effet, 75 kilogrammes de la première épicerie à 4 francs l'un =300 francs ; 75 kilogrammes de la deuxième à 2 francs l'un = 150 francs ; 75 kilogrammes de la troisième, à 80 centimes l'un = 60 francs. — Total égal 510 francs.

---

410. — Dixième Exercice. — *Deux courriers partent en même temps de deux villes éloignées l'une de l'autre de 54 myriamètres 8 hectomètres, et doivent parcourir la même route. Si le premier courrier peut faire en une heure 856 décamètres, et le second 834 décamètres, on désire connaître dans combien d'heures, et à quelle distance de leurs points de départs respectifs se fera leur jonction?*

Raisonnement. — Puisque le premier courrier fait en une heure 856 décamètres, et le second 834 décamètres, ils se rapprocheront donc l'un de l'autre, dans ce laps de temps, de 856+834, ou de 1690 décamètres ; et, attendu que leur marche est supposée uniforme, il est évident qu'autant de fois 1690 sera contenu dans 54 myriamètres 8 hectomètres, ou dans 5408 hectomètres, ou enfin dans 54080 décamètres, longueur totale de la route, autant d'heures ils mettront à se rencontrer. La solution de la première partie de la question consiste donc uniquement, par suite, dans la division de 54080 par 1690, opération qui nous apprend que les courriers se rencontreront au bout de 32 heures. — Maintenant, puisque le premier courrier parcourt 856 décamètres en une heure, lorsqu'il arrivera au point de jonction il aura nécessairement fait 32 fois 856, ou 27392 décamètres de la route. Le deuxième courrier aura, par la même raison, parcouru de la route entière 32 fois 834, ou 26688 décamètres, lorsqu'il se trouvera à la rencontre de l'autre. — *Preuve* : 27392+26688=54080 décamètres, distance donnée entre les deux villes. — *Les cinq problèmes précédents ont été faits en composition d'arithmétique raisonnée, par un Elève de l'Ecole supérieure de Brest.*

---

411. — Onzième Exercice. — *En achetant un panier de 12 douzaines d'oranges à 20 centimes pièce, on a une treizième orange en sus par douzaine. — Quel prix devra-t-on vendre chaque orange : 1° pour gagner 14 francs 88 centimes sur le tout; — 2° pour gagner 15 centimes par orange ?*

Raisonnement. — Les 144 oranges, c'est-à-dire les 12 douzaines qui se trouvent dans le panier, reviennent à 20 centimes ×144, ou à 28 francs 80 centimes. Mais, en réalité, ce ne sont pas seulement 144 oranges que l'on a eues par cet achat; ce sont 144+12, ou 156 oranges, la treizième par douzaine étant donnée gratis à l'acheteur. Donc, puisque le prix effectif de 156 oranges est de 28 francs 80 centimes, si l'on veut en outre gagner à la vente 14 francs 88 centimes sur ce prix, il faudra que la quantité totale d'oranges produise une somme de 28 francs 80 centimes + 14 francs 88 centimes, ou de 43 francs 68 centimes. Par suite, chaque orange ne pourra être laissée qu'au prix de 43 francs 68 centimes : 156, ou de 28 centimes. — Il est de plus indiqué dans l'énoncé, que l'on désire connaître quelle serait au détail la valeur d'une orange, avec le gain particulier de 15 centimes pour le vendeur. — A cet effet, puisque 28 fr.,80 c. représentent réellement le prix, non de 144 oranges, mais bien de 156, je me dis qu'une seule orange ne vaudra que la cent cinquante-sixième partie de 28 francs 80 centimes, ou 28,80 : 156=18 centimes. Donc 18 centimes + 15 centimes de gain que le marchand veut réaliser sur la vente de chaque orange, donnent 33 centimes pour prix d'une orange vendue au détail.

---

† **412. — Douzième Exercice.** — *Un marchand fait le mélange de 245 litres de vin avec un hectolitre 25 décilitres d'un autre vin, et avec 35 décalitres 75 centilitres d'un troisième vin. — Dites ce qu'il y a de chaque vin dans un décalitre et dans un décilitre de ce mélange ?*

Raisonnement. — Je commence par réduire en litres toutes les quantités de vin mélangées. Pour cela je me dis que, un hectolitre valant 100 litres, si j'y ajoute les

2 litres provenant des 25 décilitres, attendu qu'une dixaine de décilitre égale un litre, j'aurai définitivement, pour deuxième quantité de vin, une valeur de 102 litres 5 décilitres. De même, un décalitre égalant 10 litres, les 35 décalitres 75 centilitres de vin, qui forment la troisième partie du mélange, vaudront 350 litres 75 centilitres. — Or, 245 litres + 102 litres, 5 + 350 litres 75 centilitres = 698 litres 25 centilitres, total des quantités mélangées. Et, puisque dans 698 litres 25 centilitres il entre 245 litres du premier vin, dans un seul litre du mélange il entrera évidemment 698 fois moins, ou le quotient de 245 par 698,25 = 0 lit.,350877. Par une raison analogue, le litre du mélange sera en outre composé de 102,5 : 698,25, ou de 0 litre, 146796 du deuxième vin ; et de 350,75 : 698,25 ou de 0 litre, 502327 du troisième vin. — Donc : 1° dans un décalitre de vin mélangé, le marchand devra faire entrer 10 fois plus de vin de chaque sorte que dans un litre, ou 3 litres 50877 du premier vin, 1 litre 46796 du deuxième vin, et 5 litres 02327 du troisième vin ; 2° Dans un décilitre du même mélange, mesure 10 fois plus petite que le litre, devront entrer également des quantités de vin 10 fois moindres que celles que le calcul nous a données pour le litre, ou : du premier vin, 0 litre 0350877 ; du deuxième vin, 0 litre 0146796 ; du troisième vin, 0 litre 0502327.

---

415. — Treizième Exercice. — *Une personne qui a séjourné en Californie, et qui y a bien travaillé, retourne en Europe avec une certaine quantité de petits morceaux d'or, laquelle, pesée, équivaut à 4 kilogrammes 500 grammes. Elle se demande combien on fera de pièces de 5 francs avec cette partie de métal précieux, et à combien s'élève, par suite, sa petite fortune ?*

Raisonnement. — On sait que l'alliage, ou le cuivre qui, concurremment avec l'or et l'argent, compose la monnaie de France, s'y trouve en poids pour le neuvième de celui du métal précieux employé. Ainsi, eu égard à la quantité d'or fin que rapporte cette personne, il entrera dans le lingot destiné à être converti en monnaie, la neuvième partie de 4500 grammes, soit 4500:9 =500 grammes. Donc, préparé pour l'usage que nous venons d'indiquer, le lingot précité donnera un poids total de 4500+500, ou de 5000 grammes. Mais le poids d'une pièce de 5 francs en or est de 1 gramme 6129 dixmillièmes : par suite, autant de fois cette pesanteur sera contenue dans les 5000 grammes d'alliage monétaire que nous avons formés ci-dessus, autant de pièces de 5 francs on pourra en retirer ; raisonnement qui nous conduit à la division de 5000 par 1,6129, et nous donne au quotient 3100 pièces de 5 francs. La petite fortune amassée par cette personne en Californie, s'élèvera donc finalement à 3100×5, ou à 15500 francs.

---

414. — Quatorzième Exercice. — *Un bassin cylindrique ayant 2 mètres 4 décimètres de rayon à sa circonférence de base, et 1 mètre 80 centimètres de hauteur, est alimenté par un robinet qui fournit 3 litres 90 centilitres par minute ; mais il se vide par un autre robinet, laissant couler, également par minute, 1 litre 64 millilitres. — En combien d'heures ce bassin pourra-t-il être rempli, les deux robinets fonctionnant simultanément ?*

Raisonnement. — Je cherche tout d'abord la capacité dudit bassin, lequel, d'après les dimensions données, je sais être de forme cylindrique. Or la capacité d'un cylindre creux, s'obtient suivant la formule géométrique, en multipliant sa base par sa hauteur. Je vais donc commencer par calculer la base ; et, puisque c'est un cercle, la formule πR^2 m'enseigne que je dois d'abord faire le carré du rayon 2 mètres 4 décimètres, ou le multiplier par lui-même = 5 mètres carrés 76 centimètres carrés, puis multiplier ce résultat par 3,1416, valeur de π, ce qui me donne définitivement pour la surface cherchée 18 mètres carrés, 095616. Par suite, la capacité du bassin sera 18,095616×1,80=32 mètres cubes, 572109 centimètres cubes, ou en litres, =32572 litres 109 millilitres.

D'après l'énoncé, l'un des robinets fournit à ce bassin 3 litres 90 centilitres par minute ; l'autre en retire également par minute 1 litre 64 millilitres ; donc, les deux robinets étant ouverts, la quantité d'eau qui couvrira la surface du fond, après une minute d'écoulement, ne sera autre que 3,90—1,064, ou 2 litres 836 millilitres. Et, puisque le même excédant doit se produire au bout de chaque minute d'écoulement, il est évident qu'autant de fois la capacité du bassin, c'est-à-dire 32572 litres 109 millilitres, contiendra 2 litres 836 millilitres, autant le robinet fournissant l'eau mettra de minutes à remplir ledit bassin ; ou 32572,109:2,836=11485 minutes 14 secondes, valeur qui, exprimée en heures, minutes, secondes, est de 191 heures 25 minutes 14 secondes.

---

415. — Quinzième Exercice. — *Un fermier a récolté 120 quintaux 45 hectogrammes, par parties égales, en froment et en avoine. S'il estime l'avoine à 15 francs le quintal, et que 5 quintaux de froment vaillent autant que 8 quintaux d'avoine, cherchez en francs et en centimes ce que lui aura rapporté sa récolte ?*

Raisonnement. — Puisque la récolte de ce cultivateur, laquelle est de 120 quintaux 45 hectogrammes, ou de 120 quintaux, 0450 dixmillièmes, se trouve formée de deux parties égales, en froment et en avoine, chaque espèce a dû lui donner la moitié de la quantité totale précitée, ou 120,0450:2=60 quintaux,0225 dixmillièmes. L'énoncé nous faisant connaître en outre que le quintal d'avoine est estimé 15 francs, il en résulte que les 60 quintaux, 0225 de ce blé, livrés au commerce, auront procuré au fermier une somme de 15 francs ×60,0225=900 francs 34 centimes (*par excès*). — Il ne reste plus maintenant qu'à calculer le prix du froment fourni par ladite récolte. Pour cela, observons que, si 5 quintaux de cette dernière espèce en valent 8 d'avoine, un quintal de froment vaudra 5 fois moins ou les 8/5 d'un quintal à 15 francs, ou enfin les 8/5 de 15 francs, =24 francs ; par suite, les 60 quintaux, 0225 de ce blé, également livrés au commerce, se seront traduits pour le cultivateur en un chiffre de 24 francs ×60,0225=1440 francs 54 centimes. Toute sa récolte lui aura donc rapporté 900 francs 34 centimes + 1440 francs 54 centimes ou 2340 francs 88 centimes. — *Ces cinq derniers problèmes ont été faits, en composition d'arithmétique raisonnée, par un Elève de l'Ecole supérieure de Brest.*

SUPPLÉMENT AU SYSTÈME MÉTRIQUE.

Questions pratiques sur le système légal des poids et mesures, recueillies, avec les réponses aux examens d'instruction primaire à Quimper, et à ceux du commissariat de la marine à Brest.

---

416. — Première Question. — *Comment doit-on écrire 26 hectolitres 1 centilitre d'eau distillée ? — Capacité en mesures cubiques. — Poids.*

RÉPONSE. — 1° 26 hectolitres, 0001. — 2° 2600 décimètres cubes, 10 centimètres cubes ; ou 2 mètres cubes, 600 décimètres cubes, 10 centimètres cubes. — 3° 2600 kilogrammes 10 grammes, ou 2 tonneaux 6 quintaux 10 grammes.

---

417. — Deuxième Question. — *Dites la capacité d'un flacon qui peut contenir une pesanteur de 11225 décigrammes d'eau distillée ?*

RÉPONSE. — 1 décimètre cube, 122 centimètres cubes, 500 millimètres cubes ; ou 1 litre 122 millilitres et demi.

---

418. — Troisième Question. — *Dites quelle valeur en poids d'argent pur il y a dans une somme de 600 francs ?*

RÉPONSE. — 600 francs, avec l'alliage, = 600 fois 5 grammes, = 3000 grammes, dont les $^9|_{10}$, ou 2 kilogrammes 700 grammes en argent pur.

---

419. — Quatrième Question. — *Faites-nous connaître le poids du cuivre contenu dans une somme de 1000 fr.*

RÉPONSE. — 1000 francs, avec l'alliage, = 1000 fois 5 grammes, = 5000 grammes, dont le $^1|_{10}$, ou 500 grammes en cuivre.

---

420. — Cinquième Question. — *Combien y a-t-il de litres dans un stère d'eau distillée ?*

RÉPONSE. — Un stère = 1 mètre cube : il contient donc 1000 décimètres cubes, ou 1000 litres d'eau. — Dans un décistère, il y aurait, par la même raison, 100 litres. (La première quantité de liquide, pèse en conséquence un tonneau de mer; la deuxième quantité, un quintal métrique).

---

421. — Sixième Question. — *Quelle différence y a-t-il entre un décimètre simple et un décimètre carré ; entre un centimètre simple et un centimètre cube ?*

RÉPONSE. — Un décimètre simple est une longueur de 1 décimètre, au lieu qu'un décimètre carré est une surface, ayant un décimètre en longueur et un décimètre en largeur. — De même, un centimètre simple est une longueur de 1 centimètre, tandis qu'un centimètre cube est un petit solide, de la forme d'un dé à jouer, ayant un centimètre de longueur, un centimètre de largeur et un centimètre d'épaisseur.

---

422. — Septième Question. — *Combien y-a-il dans le contour de la terre, de myriamètres et de millimètres; combien de kilomètres; combien d'hectomètres et de centimètres ; combien de décamètres et de décimètres ?*

RÉPONSE. — D'après la définition du mètre, le méridien terrestre contient 40000000 de mètres. Or, un myriamètre valant 10000 mètres, il doit donc se trouver dans le méridien dix mille fois moins de myriamètres que de mètres, c'est-à-dire 4000 myriamètres. De même un mètre valant 1000 millimètres, on doit compter dans le méridien mille fois plus de millimètres que de mètres, ou 40000000000 de millimètres. Les autres valeurs figurant dans l'énoncé s'obtiennent aussi aisément : ainsi le contour de la terre est égal : 1° à 40000 kilomètres ; 2° à 400000 hectomètres ; 3° à 4000000000 de centimètres ; 4° à 4000000 de décamètres ; et 5° à 400000000 de décimètres.

---

423. — Huitième Question. — *Quelle portion du kilomètre cube et de l'hectomètre cube serait un solide ayant 1972 mètres cubes ?*

RÉPONSE. — Le kilomètre cube ayant pour volume 1000×1000×1000, ou un billion de mètres cubes, 1972 mètres cubes ne valent conséquemment que 0,000001972 de kilomètre cube. — Par une raison analogue ils ne valent que 0,001972 d'hectomètre cube.

---

424. — Neuvième Question. — *Dans une ville on a payé* 9360 *francs pour* 19 *ares* 1/2 *de terrain propre à bâtir, à combien peut par suite s'évaluer chaque mètre carré ?*

RÉPONSE. — 19 ares 1/2 égalant 19 ares 50 centiares, ne sont, par suite, autre chose que 1950 mètres carrés, d'après la définition même du centiare. Chaque mètre carré coûtera donc la 1950e partie de 9360 fr., c'est-à-dire 4 francs 80 centimes. — L'are de ce terrain peut de même être évalué à une somme 100 fois plus forte que le mètre carré, soit à 480 francs ; et l'hectare, quantité 100 fois plus forte que l'are, ou 10000 fois plus forte que le mètre carré, à 48000 fr.

---

425. — Dixième Question. — *On a employé, pour*

une préparation pharmaceutique dans un hôpital, 65 *grammes d'eau distillée : quelle est la capacité de la fiole nécessaire pour contenir cette eau ? — Exprimer en outre cette capacité en mesure cubique ?*

RÉPONSE. — Un kilogramme d'eau distillée, pouvant être contenu dans un décimètre cube ou litre, un gramme dudit liquide, qui est la millième partie du kilogramme, pourra être contenu dans un vase mille fois moindre qu'un décimètre cube, c'est-à-dire dans un centimètre cube ou millitre. Donc, par suite, 65 grammes d'eau distillée représentent une capacité de 6 centilitres et demi, ou de 65 centimètres cubes.

---

426. — Onzième Question. — *Dans la définition du mètre on trouve les mots Pôle, Equateur, Méridien. — Donnez l'explication géographique de chacun de ces termes ?*

RÉPONSE. — D'après M. Letronne, les pôles sont les deux extrémités de l'axe, autour duquel la terre exécute, d'Occident en Orient, son mouvement de rotation dans l'espace de 24 heures : on les distingue l'un de l'autre par les dénominations d'Arctique ou Nord, et d'Antarctique ou Sud. — L'équateur est un cercle qui entoure la terre à égale distance des deux pôles, en sorte qu'il la partage en deux parties égales appelées hémisphères, c'est-à-dire moitiés de sphère : l'un, du côté du pôle arctique, se nomme hémisphère boréal ; l'autre, du côté du pôle antarctique, se nomme hémisphère austral. — Le méridien d'un lieu, de Paris par exemple, est un cercle qui partage, pour le lieu par où il passe, la circonférence du globe en deux hémisphères, l'un oriental, l'autre occidental. Il est perpendiculaire à l'équateur.

---

427. — Douzième Question. — *Un propriétaire fait creuser dans un bloc de granit une auge de* 1 *mètre* 5 *centimètres de large, sur* 1 *mètre* 50 *centimètres de long et* 90 *centimètres de profondeur. — Dites la capacité de cette auge en litres et centilitres ?*

Réponse. — Le calcul de la capacité de cette auge est $1^m,05 \times 1^m,50 \times 0^m,90$, et donne 1 mètre cube, 417500 millionièmes. Mais 1 mètre cube = 1 kilolitre ; les trois premiers chiffres 417 de la fraction précédente, lesquels pourraient pareillement s'énoncer 417 décimètres cubes, deviennent donc alors 417 litres, et la capacité totale de l'auge est, finalement, 1417 litres 50 centilitres.

---

428. — Treizième Question. — *Quel est en décagrammes le poids d'une masse d'eau distillée donnant un quintal métrique ? — Quel volume cela fait-il en centimètres cubes ? — Enoncez-le en décilitres ?*

Réponse. — Le quintal métrique égalant 100 kilogrammes, vaut par cela même 100 fois cent, ou 10000 décagrammes. Cette masse d'eau pèse donc 10000 décagrammes. — Un kilogramme d'eau distillée n'étant autre chose que le poids d'un décimètre cube de ce liquide, le quintal métrique donné représentera en conséquence un volume de 100 décimètres cubes, ou de 100000 centimètres cubes. — D'après ce qui vient d'être dit, un quintal métrique peut enfin s'énoncer le poids de 1000 décilitres d'eau.

---

429. — Quatorzième Question. — *Pour le transport d'un tonneau de charbon de terre, une voie ferrée prend 10 centimes par kilomètre ; combien paiera donc un chef d'usine qui en fait venir 50000 kilogrammes d'une distance de 20 myriamètres ?*

Réponse. — Puisqu'il faut 1000 kilogrammes pour faire un tonneau, les 50000 kilogrammes que le chef d'usine fait venir, feront donc une pesanteur totale de 50 tonneaux de charbon. De même, les 20 myriamètres de parcours forment une distance de 200 kilomètres. — Or, pour 50 tonneaux, toutes choses égales, il est clair que l'on doit payer 50 fois plus que pour un seul, ou 50 fois 10 centimes = 5 francs ; et si, pour 50 tonneaux le prix de transport à un kilomètre est de 5 francs, pour la même charge à 200 kilomètres, la dépense devra être 200 fois plus forte, ou 5×200=1000 francs. Telle est en effet la somme que déboursera le chef d'usine.

430. — Quinzième Question. — *Dans un grand chantier il y a un décamètre cube de bois de chauffage, que le marchand a acheté à 1 franc 15 centimes le décistère : il trouve à le céder en bloc à 120 francs le décastère : quel gain total lui propose-t-on ainsi ? — Quelle partie le décamètre cube et le mètre cube sont-ils de l'hectomètre cube considéré comme unité ?*

Réponse. — Un décamètre cube valant 1000 mètres cubes, vaut aussi 1000 stères, mesure dont le volume =1 mètre cube. Le marchand ayant acheté tout son bois à raison de 1 franc 15 centimes le décistère, ou la dixième partie du mètre cube, a dû le payer 1 franc 15 centimes ×10000 (puisqu'il y a 10000 décistères dans un décamètre cube)=11500 francs. — On dit ensuite qu'il veut le vendre 120 francs le décastère : il en recevra par conséquent 120 francs ×100; le décamètre cube contenant 10 fois moins de décastères que de stères, =12000 francs.— Son gain sera donc de 12000—11500 ou de 500 francs. — L'hectomètre cube étant pris pour unité, le décamètre cube en est la millième partie, et le mètre cube la millionième partie.

431. — Seizième Question. — *En supposant qu'un cheval parcoure un kilomètre en 7 minutes, combien mettra-t-il de temps à franchir les 3 myriamètres 1/4 qui séparent deux villes ?*

Réponse. — Si, pour franchir un kilomètre, ou 1000 mètres, il faut 7 minutes à un cheval, pour parcourir un seul mètre, il lui faudra 1000 fois moins de temps, ou 7/1000 de minute ; et, pour la distance qui sépare les deux villes, c'est-à-dire pour 3 myriamètres 1/4, équivalant à 32500 mètres, il mettra 32500 fois plus de temps, soit (7×32500):1000 = 227 minutes 1/2 : 60 = 3 heures 47 minutes 30 secondes.

432. — Dix-septième Question. — *Qu'entendez-vous par cette locution si usitée en marine : tel navire est du port de 500 tonneaux, ou jauge 500 tonneaux ?*

RÉPONSE. — Cette façon d'évaluer la grandeur d'un navire, peut s'appliquer, soit au poids qu'il est susceptible de recevoir, soit à sa capacité intérieure. Ainsi : 1° lorsqu'on l'emploie pour le poids, dans le cas de l'énoncé ci-dessus par exemple, on veut exprimer que le navire en question peut porter une charge de 500 fois un tonneau de mer, ou de 500000 kilogrammes ; 2° lorsqu'on l'attribue à la capacité du vaisseau, se rappelant que, d'après les calculs hydrographiques, celle d'un tonneau de mer est de 1 mètre cube, 371 décimètres cubes, on multiplie ce chiffre par celui qui exprime le tonnage du navire (500 dans notre hypothèse), et l'on obtient la capacité totale du bâtiment, laquelle est donc ici de 1 mèt. cube,371 × 500, ou de 685 mètres cubes, 500 décimètres cubes.

---

433. — Dix-huitième Question. — *Donnez la solution des sept questions suivantes : 1° 7 hectog. 1/2 coûtant 1 franc 80 centimes, à combien le myriagramme et l'hectogramme ? — 2° Quelle quantité de décalitres et de litres y a-t-il dans 18 mètres cubes 1/4 ? — 3° Quelle est en pièces d'argent la somme qui pèse un hectogramme 5 grammes ? — 4° Quelle valeur de cidre y a-t-il, à raison de 20 centimes le litre dans un tonneau de 1 mètre cube 1/8 ? — 5° J'ai donné, disait un rentier, un sac d'argent pesant 15 kilogrammes, 190 millièmes, pour l'achat d'un terrain que j'ai payé à raison de 28 centimes le mètre carré : que contient-il d'hectares, d'ares et de centiares ? — 6° Dites ce que c'est que 13 grammes de liquide, comparativement au décimètre cube et au litre ? — 7° A 5 centimes le décimètre carré de terrain à bâtir, combien 1 hectare 28 ares ?*

Nous donnons seulement les réponses, laissant à l'Elève le travail du raisonnement à faire.

RÉPONSES.

1.re — Le myriagramme coûte 24 francs, et l'hectogramme 0 franc 24 centimes.

2.e — 1825 décalitres, ou 18250 litres.

3.e — 21 francs.

4.e — Il y a pour 225 francs de cidre.

5.e — Ce terrain contient 1 hectare 8 ares 50 centiares.

6.e — 13 grammes en décimètres cubes valent 0 décimètre cube 13 centimètres cubes ; et en litres, 0 litres 13 millitres.

7.e — Ce terrain coûte 64000 francs.

---

434. — Dix-neuvième Question. — *En admettant que les deux étalons (longueurs modèles en platine) du mètre, que l'on conserve avec très grand soin, l'un aux archives, l'autre à l'observatoire de Paris, vinssent, par impossible, à s'altérer ou à s'égarer aujourd'hui, serait-on obligé de nouveau obligé, comme en 1792, de mesurer l'arc du méridien, pour déterminer la vraie dimension de l'unité fondamentale de notre système métrique ?*

Réponse. — Non : car on a établi, au moyen d'un de ces étalons, la longueur exacte du pendule qui bat les secondes à l'Observatoire de Paris, longueur qui est de $0^{m},99385$, et à laquelle, comme on le voit, il y aurait fort peu de chose à ajouter, pour retrouver, en toute circonstance, la véritable étendue linéaire du mètre.

---

435. — Vingtième Question. — *Un bijoutier-orfèvre a une certaine masse d'argent pur : il en prend d'abord 1/8, puis 1/4 du reste, enfin 1/10 du nouveau reste pour faire de la vaisselle. Il ne possède plus alors que 378 hectogrammes. 1° combien avait-il d'abord de kilogrammes et de grammes, et combien en a-t-il employé chaque fois ; 2° quel volume représente la quantité qui lui en reste encore ?*

Réponse. — Nous ne donnerons, pour la première partie de ce problème, que le calcul ; la démonstration qui peut y être appliquée, existant déjà ailleurs, notamment à la page 131.

Première partie du problème.

$^8|_8 - ^1|_8 = ^7|_8$.

$^7|_8 \times ^1|_4 = ^7|_{32}$.

$^7|_8$ ou $^{28}|_{32} - ^7|_{32} = ^{21}|_{32}$.

$^{21}|_{32} \times ^1|_{10} = ^{21}|_{320}$.

$^{21}|_{32}$ ou $^{210}|_{320} - ^{21}|_{320} = ^{189}|_{320}$.

$^{189}|_{320} = 378$ hectogrammes $^1|_{320} = ^{378}|_{189} = 2$ hectogrammes.

$^{320}|_{320} = 2 \times 320 = 640$ hectogrammes ou 64 kilogrammes.

$64 \times ^1|_8 = 8$ kilogrammes.

$64 - 8 = 56$.

$56 \times ^1|_4 = 14$ kilogrammes.

$56 - 14 = 42$.

$42 \times ^1|_{10} = 4$ kilogrammes 2 hectogrammes.

$42 - 4{,}2 = 37$ kilogrammes 800 grammes.

Deuxième partie du problème.

La table qui se trouve à la page 97, nous faisant connaître ensuite que la pesanteur spécifique de l'argent est de 10,474, il en résulte qu'un décimètre cube de ce métal pèse 10 kilogrammes 474 grammes. Donc, attendu qu'il reste à l'orfèvre 37 kilogrammes 800 grammes, nous devons admettre qu'autant 37,800 contiennent de fois l'expression 10,474, autant il y a de décimètres cubes d'argent dans 37 kilogr.,800 grammes. — Or, 37,800 : 10,474 = 3 décimètres cubes 609 centimètres cubes par excès. Le volume de la masse que l'orfèvre possède encore est conséquemment de 3 décimètres cubes 609 centimètres cubes.

---

436. — Vingt-unième Question. — *En supposant qu'un navire pût aller de l'équateur jusqu'au pôle, dites combien il parcourrait ainsi : 1° de degrés ; 2° de myriamètres ; puis vous nous ferez connaître combien il y a de myriamètres dans un degré, combien de mètres dans une minute et dans une seconde de degré?*

Réponse. — La circonférence de la terre, si l'on admet qu'elle soit (comme toute autre circonférence grande ou petite) divisée, d'après l'ancien mode, en 360 parties égales ou degrés, se trouve coupée, par les pôles et l'équateur terrestres, en quatre arcs de même dimension, et comptant, par suite, chacun, le quart de 360 ou 90 degrés. D'un autre côté, d'après la définition du mètre, nous savons que l'un de ces arcs renferme 10000000 de mètres : le navire en question franchirait donc, dans les conditions du problème, un espace de 90 degrés ou de 10000000 de mètres.

Maintenant, puisque 90 degrés correspondent à 10000000 de mètres, un degré vaudra 90 fois moins, soit 10000000 : 90=111111 mètres 111 millimètres, ou 11 myriamètres 1111111 dixmillionièmes.

La valeur en mètres de la minute de degré est aussi facile à déterminer ; en effet, elle n'est autre que le quotient de la division de 111111m,111 par 60, nombre de minutes comprises dans le degré, ou 1851 mètres 852 millimètres *par excès*. De même, 1851m,852 divisés par 60, valeur de la minute en secondes, donnent, pour longueur de la seconde de degré, 30 mètres 864 millimètres à moins d'un millimètre près.

---

437. — Vingt-deuxième Question. — ***Les villes de Jérusalem et de Pékin étant situées, la première à 33 degrés 41 minutes, la seconde à 114 degrés 7 minutes de longitude Est par rapport à Paris, quelle heure est-il dans chacune de ces villes, quand il est midi dans la capitale de la France?***

Réponse. — Pour résoudre cette question, il est nécessaire de savoir que la terre, exécutant en 24 heures, d'occident en orient, un tour entier sur elle-même et autour de son axe, les 360 méridiens, que l'on suppose tracés sur le globe, et qui servent à indiquer les longitudes, passent successivement devant le soleil dans cette même durée de 24 heures, ou de 24 × 60 = 1440 minutes. Il en résulte que la petite portion de l'équateur, comprise entre deux méridiens consécutifs et formant un degré de longitude, mettra, à passer devant le soleil, un temps 360 fois moindre que 1440 minutes, ou exprimé par $1440/360 = 4$ minutes. Si donc on admet qu'il soit midi à Paris, tout lieu situé par le premier degré de longitude Est, aura eu son midi depuis 4×1 ou 4 minutes. D'où l'on peut conclure que le problème de la recherche de l'heure qu'il est dans un lieu quelconque, quand il est midi à Paris, ne consiste plus, (tout ce qui précède une fois bien compris,) qu'à multiplier 4 minutes par le nombre des degrès de longitude, qui séparent le méridien de ce lieu de celui de Paris considéré comme premier méridien. Ainsi, eu égard à l'énoncé ci-dessus, Jérusalem aura pour heure $4' \times 33°41' = 4' \times 33°,68 = 135'$ environ, divisées par 60 = enfin 2 heures 15 minutes ; et Pékin, $4' \times 114°7' = 4' \times 114°,12 = 456' : 60 = 7$ heures 36 minutes du soir à peu près quand il sera midi à Paris.

---

438. — Vingt-troisième Question. — *Les villes de Quito et de New-York, en Amérique, étant situées, la première à 81 degrés 5 minutes, la seconde à 76 degrés 18 minutes de longitude Ouest par rapport à Paris, quelle heure est-il dans chacune de ces villes, quand il est midi à l'Observatoire de notre capitale ?*

Réponse. — Remarquons, avant de nous occuper du calcul auquel donne lieu ce problème : 1° que la longitude qui part du méridien de Paris sous le nom de longitude Est, comprend l'arc de l'équateur coté sur un globe ou sur une Mappemonde depuis 0° jusqu'à 180° ; 2° que toute longitude, à partir du cent-quatre-vingtième degré jusqu'au trois cent soixantième, qui est encore celui de Paris, porte la dénomination de longitude Ouest. — Cela posé, il est évident que, d'après le sens du mouvement diurne ou de rotation de la terre, tout lieu qui se trouve, par exemple, sur le trois cent cinquante-neuvième degré de longitude, (lequel n'est autre que le premier degré de longitude Ouest), ne peut pas avoir midi, lorsqu'il est cette heure à l'observatoire de Paris : l'endroit précité n'a en effet midi que lorsque l'heure de Paris est midi 4 minutes. D'où l'on voit qu'un degré de longitude Ouest diminue, pour tous les lieux qui y sont placés, midi, ou son équivalent 12 heures, de 4 minutes de temps. Mais, si pour un seul degré on doit retrancher 4' de 12 heures, pour 81 degrés 5 minutes (ou 81°,08) de longitude Ouest, lesquels forment celle de Quito, on devra diminuer du midi de Paris un nombre de minutes exprimé par $4' \times 81,08 = 324'32 = 5$ heures 24 minutes à peu près. Il ne sera donc que $12^h - 5^h\ 24^m$, ou 6 heures 36 minutes du matin à Quito, lorsque l'horloge de l'observatoire de Paris marquera midi. — Un calcul analogue fait savoir qu'il est environ 6 heures 55 minutes du matin à New-York, toutes les fois qu'il est midi à Paris.

---

439. — Vingt-quatrième Question. — *On a mesuré, au rapporteur, un angle dans lequel l'arc de cercle de l'instrument vient aboutir à une longueur de côtés égale à 68 millimètres. Ledit arc comprenant 56°30', dites quelle est sa dimension en millimètres ?*

Réponse. — La portion de circonférence du rapporteur aboutissant de part et d'autre à une longueur de côtés d'angle égale à 68 millimètres, c'est comme si l'on disait que la circonférence totale à laquelle appartient cet arc, est décrite avec un rayon de 68 millimètres. Par suite, le terme géométrique $2\pi R$ nous fait savoir qu'elle a pour mesure $68 \times 2 \times 3,1415926 = 427$ millimètres 2566 dixmillièmes. Mais nous avons vu plus haut que toute circonférence grande ou petite se divise en 360 degrés, ou en $360 \times 60 = 21600$ minutes. D'un autre côté, les 56 degrés 30 minutes que mentionne l'énoncé, nous donnent une valeur de 3390 minutes. Si donc, 21600 minutes représentent en longueur 427 millimètres 2566, une minute vaudra 21600 fois moins, ou $427,2566 : 21600 = 0$ millimètre 01978 ; et 3390 minutes, développement de l'arc que nous voulons connaître en unités linéaires, vaudront 3390 fois plus qu'une seule minute, ou $0,01978 \times 3390 = 67$ millimètres, 05 nombre qui satisfait parfaitement à la question précitée.

---

440. — Vingt-cinquième Question. — *Un mé-*

canicien veut construire une roue d'engrenage ayant 108 dents de 1 centimètre chacune, avec les creux également de 1 centimètre. Il se demande en conséquence : 1° quelle sera la longueur de la circonférence extrême ; 2° quelle sera celle de son rayon ; 3° combien de degrés mesureront l'angle au centre, dont l'arc formera 15 dents et autant de creux sur ladite circonférence ?

RÉPONSE. — 1° la longueur de la circonférence extrême n'est autre que 2 centimètres×108 ; c'est-à-dire, 2 mètres 16 centimètres. — 2° la longueur du rayon de cette circonférence=(2,16:3,1416):2=34 centimètres, 577 millièmes. — 3° la circonférence précitée ayant une dimension linéaire de 216 centimètres ; et la quantité de dents, ainsi que de creux mentionnés dans l'énoncé, y comprenant une longueur de 15×2, ou de 30 centimètres, on est conduit tout naturellement à se faire le raisonnement que voici : puisque 216 centimètres représentent une courbe de 360 degrés, 30 centimètres représenteront nécessairement une courbe moindre, 'où la proportion décroissante,

$$216:30::360:x=(360\times30):216=50 \text{ degrés},$$

pour mesure de l'angle au centre en question.

---

441. — Vingt-sixième Question. = *Etablissez les formules les plus usuelles, indiquant, au moyen de quelques lettres, l'ensemble des calculs à faire pour l'évaluation des surfaces et des solides.*

RÉPONSE. — Admettant, dans ce qui va suivre, que B signifie base, H hauteur, π rapport de la circonférence au diamètre, C circonférence, D diamètre, R rayon, P périmètre, A arc, S surface, voici les principales formules : 1° pour la surface du triangle $(B\times H):2$; pour celle du cercle πR^2 ; pour le carré B^2 ; pour le rectangle, le parallélogramme ou le losange $B\times H$; pour le trapèze $(B+B')\times H:2$; pour le polygone régulier $(P\times H):2$; pour le secteur $(R\times A):2$; pour la couronne, $\pi R^2 - \pi R'^2$. — 2° Pour la surface latérale du prisme $P\times H$; pour celle du cylindre $C\times H$; pour la pyramide

$(P\times H):2$; pour le cône $(C\times H):2$; pour le tronc de pyramide $(P+P')H:2$; pour le tronc de cône $(C+C')\times H:2$; pour la sphère $C\times D$. — 3° Pour le volume du cube B^3 ; pour celui du prisme S de $B\times H$; pour le cylindre πR^2H ; pour la pyramide (S de $B\times H$) : 3 ; pour le cône $(\pi R^2H):3$; pour la sphère $1/6\,\pi\times D^3$; pour le tronc de pyramide ou le tronc de cône $1/3\,H\times(B+B')+\sqrt{B\times B'}$.

Problèmes de Récapitulation générale.

511. — Une personne propose un ouvrage de 360 mètres à trois ouvriers : on sait que le premier pourrait le faire en 18 jours, le deuxième en 30 jours, le troisième en 36 jours. Combien les trois ouvriers mettront-ils donc de jours à le terminer, s'ils travaillent ensemble ; et que reviendra-t-il à chacun, si la somme convenue pour l'ouvrage total s'élève à 900 francs.

512. — Dans une année commune on compte 525600 minutes, et dans une année bissextile 527040. Trouver : 1° combien il y a de jours et d'heures dans chacune de ces deux espèces d'années ; 2° combien de jours et d'heures a un enfant de 12 ans, sachant que depuis sa naissance jusqu'à la fin de sa douzième année il y a eu trois années bissextiles.

513. — Pour me solder d'une somme de 698 francs 25 centimes, qui m'était due depuis deux ans et demi, un débiteur me remet une pièce de drap de 95 mètres, que j'utilise en la faisant servir à la confection de 45 pantalons d'uniforme. Combien devra-t-on me payer chaque pantalon, y compris la façon, qui me revient en tout à 78 francs 75 centimes, sachant : 1° que je veux avoir 70 francs de profit sur la livraison des dits vêtements ; 2° que je veux rentrer, pour le temps mentionné plus haut, dans les intérêts de ma somme, a raison de 4 1/2 pour cent. — On cherchera ensuite ce que me coute la façon d'un pantalon, et le prix auquel mon débiteur estimait le mètre de son drap.

514. — Si un marchand de bois de chauffage a payé 2333 francs 80 centimes 245 stères, achetés par lui en trois lots, mais à divers prix ; et que, par exemple, le premier lot lui soit revenu à 807 francs 50 centimes, le prix du stère étant de 8 francs 50 centimes, que, de même le deuxième lot lui ait été cédé pour 629 francs 30 centimes, le prix du stère étant de 10 francs 85 centimes, à combien de stères se monte chaque lot? Quelles sont la valeur totale des stères et la somme que coute chacun au troisième lot? Combien le marchand vendra-t-il le stère de chaque lot, pour gagner 236 francs sur le premier, 180 francs sur le deuxième, 275 francs sur le troisième.

515. — Une caisse de marchandises pesant 175 kilogrammes, poids net, coute 3325 francs ; une autre caisse, contenant des marchandises de même espèce et de même qualité, mais en moindre nombre, n'a couté que 2622 francs : combien renfermait-elle de kilogrammes de marchandises, poids net? Quelle somme paiera-t-on pour une troisième caisse, remplie de marchandises semblables, et pesant, poids net, 97 kilogrammes.

516. — Un marchand en gros vend à un premier débitant 54 litres d'une barrique de rhum, contenant 360 litres ; et, sur la demande du client, il ajoute encore à cette quantité la cinquante-unième partie du reste de la pièce qu'il entame. A un deuxième débitant, il en livre 48 litres, et la vingt-unième partie de ce qu'il lui reste de rhum ; à un troisième, 42 litres, et la onzième partie du reste ; à un quatrième, 36 litres, et la sixième partie du reste ; à un cinquième, 30 litres, et le tiers du reste ; enfin, à un de ses amis, il cède ce qu'il y a encore, après les 5 ventes ci-dessus, de litres dans la barrique. On désire connaître : 1° à combien de litres s'est monté chaque lot, et ; 2° ce que le négociant a retiré de la vente totale de cette pièce de rhum, à raison de 2 francs 95 centimes le litre.

517. — Une personne avait acheté, pour se faire deux robes, une pièce d'étoffe de 18 mètres 40 centimètres de longueur, au prix de 4 francs 50 centimes le mètre. Elle s'aperçoit ensuite que l'étoffe n'est pas assez large, et elle propose au marchand de l'échanger contre une autre de même qualité, mais ayant en largeur 15 centimètres de plus. En payant la même somme, combien aurait-elle de mètres? En prenant le même nombre de mètres, quelle somme aurait-elle à payer ;

et à combien revient le mètre de cette seconde étoffe, la largeur de la première étant supposée de 1 mètre. — *donné par la commission d'examen de Quimper.* — 1858.

---

518. — Les piles que l'on compose avec des bombes ou des boulets, dans les parcs d'artillerie, ont généralement pour base, soit un triangle équilatéral, soit un carré, soit un rectangle. Dans les deux premiers cas, elles affectent la forme d'une pyramide triangulaire, ou d'une pyramide quadrangulaire, selon la base adoptée. — Sachant donc : 1° que le nombre des projectiles qui se trouvent dans la pile triangulaire, est égal au produit de la quantité que l'on en compte dans un des cotés du triangle de base, par cette même quantité plus 1, le résultat ainsi obtenu étant de nouveau multiplié par la quantité primitive plus 2, puis finalement divisé par 6 ; 2° que le nombre des projectiles qui se trouvent dans la pile quadrangulaire, est égal au produit de la quantité que l'on en compte dans un des cotés du carré de base, par cette même quantité plus 1, le résultat ainsi obtenu étant de nouveau multiplié par le double de la quantité primitive plus 1, puis finalement divisé par 6, on demande de calculer le nombre de boulets qu'il y a dans une pile triangulaire, dont les cotés de la base sont composés chacun de 19 projectiles ; et le nombre de bombes qu'il y a dans une pile quadrangulaire, dont chaque coté de la base est de 13 projectiles.

---

519. — La pile rectangulaire ou oblongue est toujours terminée à sa partie supérieure par une arête, dans laquelle le nombre des projectiles égale celui plus 1 qui figure au grand coté, moins celui qui compose le petit coté. — Sachant donc que le total des projectiles contenus dans une pile rectangulaire n'est autre que le produit de la quantité que l'on en compte au petit coté par cette même quantité plus 1, le résultat ainsi obtenu, après avoir été multiplié par deux fois la quantité qui se trouve au grand coté augmentées de celle qui forme l'arête supérieure, étant finalement divisé par 6, on désire connaître combien il y a de bombes dans un tas, dont la base est un rectangle contenant 46 de ces projectiles au grand coté, et 16 au petit coté.

---

520. — Le nombre des projectiles contenus dans la face triangulaire d'une pile quelconque, est toujours égal à la

moitié du produit de la quantité que l'on en compte à la base par cette même quantité plus un. — Pour trouver la base d'une pile oblongue, à former d'un certain nombre de projectiles placés sans ordre dans un parc à boulets, on commence par soustraire du nombre total la quantité contenue dans une pile carrée, formée arbitrairement à la base, de 12 boulets par exemple ; puis on divise le reste par 78, face triangulaire de la dite pile carrée : le quotient n'est autre que le nombre de boulets qu'il faudra ajouter à la suite de la base de cette pile carrée, pour former en tout le grand coté du rectangle de base cherché, le petit coté continuant de rester au chiffre 12. — La division dont il est parlé ci-dessus laissant un reste, indiquerait que l'on devrait ajouter une nouvelle face triangulaire à la pile ; seulement cette face demeurerait incomplète. — *Applications.* — 1° Quel est le nombre des bombes contenues dans l'une des faces latérales d'une pile quadrangulaire ayant 25 projectiles à la base ? 2° au retour d'une expédition maritime, dont le but a été atteint sans coup férir, trois vaisseaux versent à un parc d'artillerie, savoir : le premier 7948 boulets, le deuxième 9300 boulets, le troisième 7816 boulets, tous du même calibre. Un garde d'artillerie est chargé de les faire empiler : s'il veut les mettre en trois piles, selon les quantités versées par le premier, le deuxième et le troisième vaisseau séparément, quels seront les grands cotés des rectangles aux bases ; si au contraire il ne fait établir qu'une pile du tout, quel sera encore le grand coté de la base, le petit, dans chacun des quatre cas, étant formé de 12 boulets.

---

521. — On achète 100 ares de terrain, aux environs d'une grande ville, pour y établir des jardins d'agrément, et l'on paie pour cet achat une somme de 18284 francs. A combien revient le mètre carré du dit terrain ; et, si l'on veut gagner 25 0/0 sur deux de ces jardins, préalablement mis en plein rapport, et ayant 16 ares 4 centiares chacun, à quel prix les vendra-t-on.

---

522. — Pour l'établissement d'un chemin de fer, une compagnie acquiert au prix de 64800 francs un terrain de 32 hectares 7 ares 8 centiares. Combien paie-t-elle l'are et le mètre carré. Combien reviendra-t-il de la dite somme aux propriétaires au nombre de quatre, si le premier doit en avoir le quart, le deuxième le 1/3, le troisième le 1/5 et le quatrième le reste.

---

523. — Les frais nécessaires pour extraire le cuivre d'un quintal de minerai, s'élèvent à 5 francs 75 centimes : on a acheté, à raison de 18 francs le quintal, une certaine quantité de minerai, dont la teneur en cuivre est 12 0/0 ; quand on extrait le cuivre de ce minerai, il se perd les 2/100 du cuivre que le dit minerai contient; à quel prix revient donc le quintal du cuivre. — *Donné par la commission de Quimper aux candidats pour l'école des arts et métiers.* — 1858.

---

524. — Par un navire arrivant des colonies, un négociant du Havre reçoit deux parties de rhum de différentes qualités, et formant un total de 210 litres. On sait qu'un litre de la première qualité a été payé 9 francs 50 centimes, et qu'il faut 10 des 120 litres de la deuxième qualité pour valoir autant que 8 de la première. Combien le négociant a-t-il déboursé pour son acquisition ; et combien devra-t-il vendre le litre de l'une et de l'autre qualité, si, en détaillant ce rhum, il veut retirer de son argent 8 p. 0/0 de profit.

---

525. — Alfred ayant obtenu en rhétorique le premier prix d'académie au concours de tous les établissements universitaires du Ressort, son père lui fit cadeau, moyennant 360 francs de déboursé, d'une belle montre, d'une chaîne et d'une clef en or. Seulement, avant de les lui remettre, il lui posa cette question : peux-tu me dire le prix de cette montre, achetée à ton intention, quand je te ferai savoir : 1° que la chaîne vaut trois fois plus que la clef que tu vois, et ; 2° que la montre vaut deux fois autant que la clef et la chaîne. — Que dut répondre notre rhétoricien.

---

526. — 24 ouvriers et 9 apprentis viennent de terminer un ouvrage, pour lequel ils ont reçu 625 francs 35 centimes. Le contre-maître surveillant, chargé de la répartition de cette somme, s'est assuré qu'un apprenti faisait six fois et demie moins d'ouvrage qu'un ouvrier, et règle le compte de chacun en conséquence. — Combien un apprenti et un ouvrier reçoivent-ils donc.

---

527. — Partager 800 francs entre deux personnes, de telle façon que la part de la seconde surpasse celle de la première de 123 francs 46 centimes.

---

† 528. — Le métal des cloches s'obtient en fondant ensemble 110 kilogr. d'étain, 390 kilogr. de cuivre, 5 kilogr. de zinc; et 4 kilogr. de plomb. Quel poids de ces différents métaux faut-il mettre dans le creuset pour faire une cloche pesant 15270 kilogrammes.

---

† 529. — Une substance liquide vaut 4 fr., 10 centimes le litre. En admettant qu'un litre de cette substance pèse 0 kilogr., 99, on demande : 1° combien on en aurait de tonneaux (tonneaux de mer) et de kilogrammes pour 38765 francs; 2° combien on en aurait de quintaux métriques et de kilogrammes pour 10720 francs; 3° quel serait le prix et le poids de 27 décimètres cubes 5 centimètres cubes de cette substance; 4° que pèserait une barrique renfermant 230 litres 5 centilitres de cette substance, si le poids du fût est de 25 kilogrammes; 5° que coûterait cette barrique.

---

† 530. — On demande à combien reviendra la tenture d'un appartement de 7 mètres 30 centimètres de longueur sur 4 mètres 25 centimètres de hauteur et 6 mètres 5 centimètres de largeur, sachant : 1° que cet appartement a deux fenêtres de 1 mètre 2 centimètres de large, sur 1 mètre 95 centimètres de haut chacune ; et une porte de 1 mètre 50 centimètres de large, sur 2 mètres 05 centimètres de haut ; que le papier a 0 mètre 50 centimètres de largeur, et que chaque rouleau de 20 mètres coûte 4 francs 25 centimes.

---

531. — Quelle serait la valeur : 1° en or ; 2° en argent ; 3° en cuivre, de trois sommes dont la première pèse autant que 230 litres d'eau ; la deuxième autant qu'un tonneau de mer ; la troisième autant qu'un hectolitre d'eau.

---

† 532. — On sait : 1° que le diamètre d'une pièce de 5 francs est de 37 millimètres ; 2° que le budget de l'année 1845 montait à 1872538140 francs ; 3° que la distance du pôle à l'équateur est de 10000000 de mètres. — Evaluer, par suite, quelle serait en lieues de 4 kilomètres, la longueur d'une suite de pièces de 5 francs équivalant à ce budget, étant placées à la file et au contact les unes des autres. — Quelle serait la hauteur d'une pile composée des mêmes pièces, sachant que l'épaisseur d'une d'elles est de 0,0025. — Quelles seraient la quantité des pièces de 5 francs et, par-là même,

la somme d'argent, nécessaires pour joindre le pôle à l'équateur. — Combien de voitures attelées d'un cheval seraient nécessaires pour porter en or, en argent, en cuivre, le budget sus-mentionné, supposant que chaque voiture soit chargée de 2024 kilogrammes 9 grammes.

---

† — 533. — On a 2 pièces de terre, l'une qui a 2 hectares, 3 ares, 4 centiares, et qui vaut 50 francs l'are; l'autre qui a 3 hectares, 58 ares, 74 centiares, et qui vaut 0 franc 45 centimes le mètre carré. Ces deux pièces de terre sont échangées contre 408 ares, 24 centiares d'une prairie qui vaut 6000 francs l'hectare. Le surplus de la valeur des deux pièces de terre est acquitté en bois de construction, de la valeur de 57 francs 60 centimes le mètre cube; on demande combien le propriétaire des deux pièces de terre recevra de mètres cubes, décimètres cubes et centimètres cubes de ce bois de construction.

---

534. — Le testament d'un oncle porte que ses quatre neveux se partageront, de la manière suivante, une partie de son héritage, consistant en 10 hectares 4 ares 20 centiares de terre labourable : le quatrième aura 84 ares 4 centiares de plus que le troisième; celui-ci, 1 hectare 1 centiare de plus que le second; et le premier, 72 ares 8 centiares de plus que ce même second. Faire le dit partage, conformément à la volonté du testateur; et dire à quelle valeur en argent est équivalente la part de chaque héritier, si un centiare de terre est estimé 35 centimes.

---

535. — Un fournisseur a livré en deux différentes fois à la Marine 135 quintaux métriques 95 décagrammes de blé froment. Sachant que l'excès de la seconde livraison sur la première est de 9887 kilogrammes 7 décagrammes, on demande à connaître la quotité de chacune. — Il n'a pas encore été payé pour la seconde : que lui est-il donc dû; et qu'aura-t-il reçu en tout, après ce dernier paiement, pour ses deux livraisons, le kilogramme de blé lui étant payé 23 centimes.

---

536. — Si l'on plaçait bout à bout des pièces de 5 francs en or, combien en faudrait-il pour entourer notre globe d'un méridien de ce métal. — Quelle somme représenterait le cercle ainsi formé. — Combien de dés de 1 décimètre cube

pourrait-on faire avec tout l'or pur contenu dans la dite quantité de pièces, sachant que le volume de tout corps, sous quelque forme qu'on veuille l'établir, n'est autre que le quotient de son poids connu par la densité qui lui est propre.

---

†. — 537. — Un spéculateur, pour fonder une usine, achète un établissement pour les 4/7 d'une certaine somme qu'il destine à son entreprise ; avec les 3/9 de ce qui lui reste après sa première dépense, il pourvoit l'usine du matériel nécessaire à son exploitation ; les 7/11 de ce second reste lui servent à acheter des matières premières, et à payer des ouvriers pendant un certain temps ; de plus, il dépense quelque temps après, en supplément d'achat de matières premières, une somme de 2730 francs. Désirant alors se rendre compte de ce qu'il possède encore de son capital primitif, il trouve, par un calcul, n'en avoir plus que le vingt-unième. Quel était donc ce capital.

---

538. — Un inspecteur du matériel des constructions navales, passant devant l'atelier de la mâture, aperçoit deux mâts dont il veut connaître la longueur. A cet effet, il invite un contre-maître à les mesurer devant lui, et se contente d'inscrire sur son carnet que le premier est de 2 mètres 2/3 plus long que le deuxième, qui est les 7/8 du premier. Il remet ensuite dans son bureau ce renseignement à un écrivain, en lui disant d'évaluer la longueur exacte de chaque mât. Faire le travail de ce dernier. — *Donné aux examens pour l'inspection de la Marine.* — 1858.

---

539. — Un particulier a donné une première fois, sur la valeur totale d'une maison, dont il vient de faire l'acquisition, une somme de 9870 francs qui n'est que les 3/5 de la moitié des 5/7 de ce qu'elle lui a été adjugée ; plus tard, par un deuxième à-compte, il solde les 2/3 de la moitié des 7/8 du reste. Si, dans un troisième paiement il finit par se libérer, on demande : 1° le capital qui représente la valeur de cette maison ; 2° le montant du deuxième et du troisième paiement ; 3° ce qu'il faudra louer annuellement cette maison, pour en retirer 5 p. 0/0.

---

540. — Un père qui avait deux enfants jumeaux, un fils et une fille, consacra une rente annuelle, qu'il partagea par moitiés, pour pourvoir à leur instruction ; et mit, dans un

pensionnat de demoiselles, sa fille à l'âge de 10 ans, tandis qu'il confia en même temps son fils aux bons soins du proviseur d'un Lycée. Les frais d'instruction et d'entretien de la jeune demoiselle n'absorbèrent chaque année, pendant 5 ans, que les 6/7 de la part de rente à elle affectée ; tandis que les frais de toute nature, pour le jeune garçon, s'élevèrent à 180 francs au-dessus de ceux de sa sœur, de sorte que le père se vit dans la nécessité, à la fin de la cinquième année d'internat de son fils, d'ajouter 485 francs à tout ce qu'il avait dépensé pour lui pendant ce temps. Dites quelle fut la part de rente attribuée à chaque enfant, et ce que coûtèrent au père les frais d'instruction et d'entretien de son fils et de sa fille, pendant le temps sus-mentionné. — *Donné par un inspecteur dans une école professionnelle.*

---

541. — J'ai reçu par le roulage une caisse de marchandises pesant 299 kilogrammes 7/13, au prix de 4 francs 95 centimes le kilogramme poids net ; que dois-je payer pour mon achat, si l'emballage fait les 2/59 du poids total.

---

542. — Un testament porte que les trois héritiers survivant se partageront, de la manière suivante, l'héritage d'un défunt évalué en totalité à 198945 francs 75 centimes : le premier aura les 13/45 du tout ; le second les 11/15 de la part du premier ; et le troisième, le reste dudit héritage. On demande d'établir la part de chaque héritier d'après les intentions du testateur.

---

543. — Une personne, ayant besoin de trois coupons d'étoffe de même qualité, l'un de 8 mètres 3/4, l'autre de 13 mètres 1/2, et le troisième de 9 mètres 4/5, en fait l'achat dans un magasin de nouveautés. Il arrive que, par inadvertance, le commis lui a mesuré et livré 1 mètre 1/8 de moins que son compte, comme il résulte d'une vérification qu'elle fait chez elle. Se rendant donc de nouveau au magasin, elle informe de cette erreur le commis, qui regrette de ne pouvoir lui en donner le complément, attendu qu'il a vendu le reste de la pièce. Si elle consent à garder les coupons tels quels, on demande : 1° combien le commis aura à lui remettre sur la somme de 459 francs 50 centimes qu'elle lui a comptée ; 2° combien elle pourra faire de vêtements avec l'étoffe qu'elle a, s'il lui faut 8 mètres 1/6 pour confectionner chacun.

---

† 544.— Deux fontaines coulent dans le même bassin. L'une peut le remplir en 5 heures 1/2, et l'autre en 6 heures 20 minutes ; mais ce bassin a deux robinets, dont le premier le vide en 7 heures 35 minutes, et le deuxième en 9 heures 1/4. Si l'on suppose le bassin a moitié plein, combien faudrait-il d'heures pour le remplir totalement.

---

545. — Dans une association, à laquelle plusieurs personnes avaient contribué par parts égales, il s'est trouvé un bénéfice tel, que chacun des partageants a eu 3059 francs 85 centimes, qui sont les 5/12 des 3/14 des 7/10 de ce bénéfice. Combien y avait-il donc d'associés, et à combien s'élève la somme partagée entre eux.

---

† 546.— En visitant un panier de poires, on trouve que les les 3/80 de la quantité totale qu'il renferme sont gâtés ; puis on vend les 37/40 du tout à 2 centimes 1/2 l'une, et l'on garde pour soi 3 douzaines 1/3. — Combien y avait-il donc de poires dans ce panier ; combien en a-t-on vendu, et quel a été le produit de cette vente.

---

† — 547. — Un terrain, pour constructions diverses, est en vente dans une ville, et quatre personnes se présentent pour l'acheter en bloc, moyennant un rabais de 4, 1/4 pour cent sur le prix d'estimation. Le propriétaire y consentant, reçoit 3 francs 75 centimes du mètre carré ; et, dans le partage qui se fait ensuite, A prend les 2/5 dudit terrain, B les 2/5 de ce qui en reste, C les 2/5 du nouveau reste, et D les 8 ares 10 centiares restants. — Dites : 1° quelle est la surface totale de ce terrain ; — 2° de combien d'ares et de centiares se compose le lot de chaque acquéreur ; — 3° combien il l'a payé ; — 4° combien le vendeur estimait sa propriété ; — 5° combien il en a retiré.

---

548. — Deux robinets coulent dans un bassin : le premier peut le remplir en 2 heures 3/4, le second en 3 heures 2/5. Un troisième robinet, adapté au bassin, peut le vider en 2 heures 3/7. — On demande donc, les robinets étant ouverts, en combien de temps le bassin sera rempli : 1° s'il est entièrement vide ; — 2° si le 1/8 du bassin est plein. — *Donné aux examens, pour l'admission d'élèves boursiers à l'école des arts et métiers d'Angers, par la commission de Quimper, le 5 août 1859.*

549. — **Pour** pouvoir satisfaire à une forte commande de pantalons d'uniforme qu'il venait de recevoir, un tailleur emprunta d'un de ses confrères les 4/5 des 5/7 d'une pièce d'étoffe ; mais, s'étant trouvé en avoir ensuite trop, il réintégra dans les magasins du premier la moitié, moins les 2/9 de l'emprunt sus-mentionné. — Que resta-t-il donc à devoir encore. — Après avoir opéré sur les fractions, sachant qu'avec ce qu'il garda, il peut faire 39 pantalons de 1 mètre 80 centimètres l'un, on cherchera de combien de mètres était la pièce totale sur laquelle il avait emprunté ; combien il en prit d'abord, et combien il en rendit ensuite.

---

550. — Trouver la différence des quotients de 140/343 par 531/612, et de 1640/1800 par 132/440, les fractions données ayant été préalablement simplifiées par la méthode du plus grand commun diviseur.

---

551. — La superbe frégate russe l'*Amiral-Général*, du port de 6000 tonneaux, a été construite à New-York, et coûte 6250000 francs. Son hélice, entièrement en bronze, pèse une quantité de tonneaux telle, qu'en ajoutant à son double sa moitié, son cinquième et un, elle deviendrait égale à 82 tonneaux. — Exprimer ce poids en kilogrammes. — *Sujet de composition dans une école professionnelle.*

---

†. — 552. — 1° On a expédié à un épicier une caisse d'oranges : il s'y trouve 1/17 de gâtées ; l'épicier en vend les 11/13 à 15 centimes l'une, et il lui en reste 42. — Dites : le nombre d'oranges que contenait la caisse, la quantité que le marchand a été obligé de jeter, celle dont il a effectué la vente, enfin, le prix qu'il en a retiré. — 2° La moitié des 2/3 des 3/4 des 4/5 de ce que coûte une pièce de toile, donne une somme de 360 francs. — Quel est donc le prix de cette pièce.

---

†. — 553. — 1° Additionner, en se servant du plus petit dénominateur commun possible, les fractions suivantes : 4/5, 5/6, 6/7, 7/8, 9/10, 3/4, 19/40, 17/21, 11/12, 25/28, 2/3 et 1/2. 2° Deux sacs de noix sont tels que les 4/5 du premier, si l'on en retranche les 11/16 du second, lequel n'est en contenance que les 3/4 du premier sac, font un total de 4550 noix. — Dites la quantité de noix renfermée dans chaque sac.

---

554. — Un propriétaire possédait une propriété d'une contenance de 25 hectares 5 ares 8 mètres carrés, et d'un revenu de 4345 francs 50 centimes, sur laquelle il payait 265 francs 20 centimes d'impôts. Il vend cette propriété sur le pied de 45 francs 70 centimes l'are. Certaines obligations payées, il lui reste seulement les 6/7 du prix de vente qu'il place à 4, 1/2 p. 0/0. — De combien a-t-il augmenté ou diminué son revenu. — *Examens de Quimper, Mars* 1860. — *Instituteurs.*

---

555. — Dans un ménage d'employé, composé de 7 personnes, on dépense 150 francs 75 centimes par mois pour la nourriture, 2 francs 75 centimes par semaine pour le blanchissage, 1 franc 50 centimes par jour pour l'éclairage et le chauffage, 300 francs par an pour le loyer et 450 francs 50 centimes pour frais divers. On fait, au profit de la caisse de retraite, une retenue de 1/20 sur le traitement de cet employé, qui place chaque année en rentes sur l'Etat 1/15 de son traitement. — Quel est le traitement de cet employé. — Quel est, dans son ménage, la dépense par jour et par personne. — *Examens de Quimper, Mars* 1860. — *Institutrices.*

---

556. — 780 francs étant le prix de 6 hectolitres 5 décalitres de vin, trouver : 1° combien coûteraient 1800 litres du même vin ; — combien on en aurait de décalitres pour 1200 francs.

---

557. — En 11 heures 3/4 un cheval parcourt 10 myriamètres 2 kilomètres. — Combien parcourra-t-il en 15 heures 50 minutes. — Combien mettra-t-il d'heures à parcourir 1825 hectomètres.

---

558. — Une maison est assurée à raison de 1/2 pour 1000 francs ; elle vaut 186420 francs. — Quelle est la prime à payer chaque année aux assureurs. — Combien ceux-ci auront-ils à rembourser au propriétaire, si un incendie a consumé la valeur des 7/15 de la dite maison.

---

559. — Un commis voyageur a 4 3/4 du cent sur la valeur des marchandises qu'il place ; dans l'année il fait trois voyages, et rapporte à son patron savoir : au premier voyage, 12 commandes de 1800 francs 75 centimes chacune ; au deuxième, 19 commandes de 1195 fr 45 centimes chacune ;

au troisième, 23 commandes de 1000 francs 95 centimes chacune. A quelle somme a-t-il donc droit pour ses honoraires. Que devrait-il recevoir, si, au lieu du traitement ci-dessus, on lui laissait les 4/71 du montant des marchandises, dont il a occasionné la vente. — On terminera le problème, en cherchant la valeur d'un placement unique de marchandises fait par le dit employé, et lui ayant assuré, d'après l'une et l'autre convention précédente, 1200 francs 35 centimes de remises.

---

560. — Un tailleur, pour faire 29 habits, emploie 60 mètres de drap de 4/5 de large : combien, pour faire le même nombre d'habits, emploiera-t-il de mètres, si le drap a 8/9 de mètre de largeur. — Combien, pour confectionner 45 habits de même taille que les précédents, emploiera-t-il de mètres d'étoffe, si le drap a la même largeur que celui qui a servi d'abord, ou que celui que le tailleur a employé ensuite.

---

561. — Un marchand de vin a une barrique de Bordeaux de 2 hectolitres 5 litres 8 centilitres, dont il fait servir le sixième à son usage personnel ; puis il vend les 3/4 du reste avec un bénéfice de 12 0/0, et ce qu'il y a encore dans la pièce après cette première vente, avec un bénéfice de 9 0/0. De cette manière, peut-il parvenir, déduction opérée bien entendu de la valeur de ce qu'il a consommé lui-même, à former la somme de 300 francs qui lui est nécessaire pour le paiement de la totalité de la pièce. — On dira en outre, à combien revient au consommateur le litre de ce vin, lorsque le marchand fait : 1° 12 0/0 ; 2° 9 0/0 de bénéfice.

---

562. — Douze ouvriers terrassiers, pour faire 28 mètres cubes 8 décimètres cubes d'ouvrage, ont employé 10 jours : quelle quantité de jours le même nombre d'ouvriers mettra-t-il à faire 49 mètres cubes, 17 décimètres cubes de cet ouvrage. — Combien faudrait-il d'ouvriers pour faire 60 mètres cubes d'un ouvrage semblable, dans le même temps que la première et la seconde troupe d'ouvriers, citées plus haut, mettent séparément à faire le leur.

---

563. — Un bateau à vapeur, auquel les ingénieurs, chargés de procéder à la vérification de sa machine, ont assigné une distance de 50 myriamètres à franchir, file 11 nœuds à l'heure,

pendant les 7 premières heures de sa marche. En combien d'heures encore, conservant la même vitesse, aura-t-il fini de parcourir sa distance d'essai. On sait que le nœud, en marine, vaut 1853 mètres 935 millimètres.

---

564. — On estime que 3 litres 1/2 de vin de Bordeaux pèsent 3 kilogrammes, 47865 cent millièmes, et qu'un navire est chargé de 95 barriques, contenant chacune 2 hectolitres 28 litres. Dans la recherche de pesanteur qui en résultera nécessairement, ne saurait être compris le poids des fûts, dont un seul pèse 56 kilogrammes. Quelle est donc la charge totale du dit navire, expédié à l'adresse d'un négociant en vins ; et combien celui-ci aura-t-il à débourser si, outre le prix total, à raison de 95 centimes par litre, il doit supporter quelques frais évalués à 5 0/0 de la valeur totale du vin. — On cherchera ensuite combien le négociant vendra le litre de ce vin, pour gagner 19 pour cent sur son déboursé.

---

565. — Je voudrais savoir : 1° quel serait, à moins d'un millième d'unité près, le côté d'une salle carrée, devant offrir la même étendue en surface qu'une autre salle rectangulaire, laquelle a 28 mètres 9 décimètres de long, sur 11 mètres 5 décimètres de large ; et 2° combien il me faudrait de planches de 4 mètres 1/4 de long sur 2 décimètres de large, pour planchéier l'une ou l'autre salle.

---

566. — On a acheté une pièce de vin de 2 hectolitres 15 décilitres à 85 centimes le litre : combien faudrait-il vendre le litre, après avoir mis 9 litres d'eau parmi ce vin, pour en retirer un gain semblable à celui que l'on ferait si l'on plaçait son argent à 8, 3/4 p. 0/0.

---

567. — 850 hommes, renfermés dans un fort, ont des vivres pour 18 jours ; mais le commandant est ensuite prévenu qu'il ne pourra lui en être expédié de nouveaux que dans 24 jours, et se demande : 1° de combien il doit diminuer la ration journalière, pour faire durer ses vivres jusqu'à la limite qui vient de lui être assignée : 2° combien il aurait à faire sortir d'hommes, dans le cas où il voulût conserver à sa garnison la ration primitive.

---

†. — 568. — Dans un moulin mû par une machine à vapeur, il se trouvait 52 tonnes de blé à moudre : on sait que 1800 myriagrammes 2/3 en ont été moulus en 3 jours 1/2. — Que faudra-t-il donc de temps au minotier pour réduire en farine le reste de cette quantité de blé, la même vitesse continuant à être imprimée à la machine. — Combien, avec tout ce blé, en admettant que, transformé en farine, il fasse également 52 tonnes, les boulangers d'une ville pourront-ils faire de pains de 12 kilogrammes, si 18 kilogrammes 3/4 de farine suffisent pour 24 kilogrammes 1/5 de pain.

---

† 569. — On a employé, pour faire 93 mètres de tresse, 12 ouvriers, qui ont travaillé 8 jours à 7 heures par jour. — On demande combien il faudra employer d'ouvriers pour faire 150 mètres du même genre de tresse, en les employant 9 jours à 10 heures par jour.

---

† 570.—900 ouvriers travaillant 44 jours et 12 heures par jour, ont creusé un fossé de 1200 mètres de long sur 8 mètres de large et 3 mètres de profondeur ; combien faudra-t-il de jours à 1500 ouvriers, travaillant 10 heures par jour, pour creuser un autre fossé de 800 mètres de long sur 9 mètres de large et 5 mètres de profondeur, dans un terrain deux fois plus difficile que le premier ; la force relative des ouvriers pouvant être exprimée dans le premier cas par 2, et dans le second par 3.

---

† 571. — Le volant d'une machine, en faisant 345 tours en 6 minutes 3/4, met en mouvement une filière qui donne 240 mètres de fil de fer en 1 heure 40 minutes. — On demande le temps qu'il faudrait pour passer 640 mètres du même fil, si le volant avait une vitesse de 375 tours en 4 minutes 1/2.

---

572. — Un marbrier a taillé et poli en 12 jours, travaillant 12 heures et demie par jour, 72 dalles en losange de 2 décimètres de coté, sur 3 centimètres d'épaisseur ; il est en outre chargé de tailler et de polir 156 autres dalles, de forme rectangulaire, ayant chacune 2 décimètres et demi de long, sur 1 décimètre 3/4 de large et 23 millimètres d'épaisseur, la difficulté de ce second travail, comparativement à celle du premier, étant de plus dans le rapport de 5 à 6. Combien emploiera-t-il donc de jours à le faire, s'il y consacre 11 heures par jour.

573. — Un tisserand, à qui je présentais 40 kilogrammes 7/9 de fil, avec prière de m'en faire de la toile de 1 mètre 1/7 de large, me répondit : ordinairement, en fabrique, nous employons terme moyen 26 kilogrammes 24 décagrammes de fil, pour 125 mètres 14/25 de toile de 5/6 de mètre de largeur. Il vous est donc facile d'évaluer la quantité que je pourrai vous en tisser avec le vôtre. — Ayant fait mon calcul, je compris que je n'aurais pas assez de toile pour l'usage que je me proposais, et j'ajoutai 14 kilogrammes 1/2 de fil, en invitant le tisserand à me faire avec le tout, une certaine quantité de mètres d'une largeur de 7/8 seulement. Combien en aurais-je eu dans le premier cas. Combien en eus-je dans le second.

---

574. — La façade d'un établissement public présente 264 carreaux, à répartir sur 11 croisées, pour la vitrerie desquelles on a payé 66 francs ; à combien reviendrait la pose des carreaux sur un autre édifice, dont la façade présenterait 17 fenêtres, ayant en tout 238 vitres, une fois 1/2 plus grandes que les précédentes et d'une épaisseur double. — Quelle serait par rapport aux premiers carreaux, la grandeur des seconds, les épaisseurs respectives restant les mêmes, si, pour la vitrerie de ces derniers, on payait 680 francs.

---

575. — L'élévation de l'entresol d'une maison est à celle du rez-de-chaussée dans le même rapport que 2 est à 5 ; celle-ci n'est que les 6/8 de l'élévation du premier étage, qui est au second étage, quant à la hauteur, dans le rapport de 6 à 4 ; et ce dernier est de 1 mètre 1/2 plus élevé que les mansardes, dont l'élévation est de 3 mètres 10 centimètres. Déterminer, par suite, l'élévation de l'entresol ; puis, successivement, celles du premier étage et du rez-de-chaussée.

---

576. — Un militaire, en congé dans sa famille, se voit presque au terme de sa permission, et se met en route pour rejoindre son corps, dont la garnison est distante de sa demeure de 100 myriamètres. On sait qu'il a devant lui 15 jours, et qu'il peut marcher 9 heures par jour. Au bout du huitième jour de marche, il se trouve dans une ville qu'il désire visiter, et y reste à cet effet deux jours ; mais, comme c'est autant de perdu sur l'économie de sa marche ordinaire, il se demande de quelle vitesse, comparée à la première, il doit accélérer cette marche, pendant les jours qui lui restent encore, pour

se trouver au lieu de sa garnison, sur la fin du quinzième jour. — *Donné à un examen pour l'Administration des douanes.*

---

577. — Un négociant qui avait soumissionné pour une fourniture à faire à la Marine, de 26 planches de cuivre rouge coulé, ayant chacune 3 mètres 50 centimètres de long, sur 1 mètre 25 centimètres de large et 2 centimètres d'épaisseur, voulut connaître quel en était le poids total : pour cela il se rappela qu'un parallèlipipède du même métal, et semblablement préparé, qu'il possédait, pesait 89 kilogrammes 6376 décigrammes, sous les dimensions suivantes, savoir : 85 centimètres de longueur sur 15 centimètres de largeur et 8 centimètres d'épaisseur. Quel résultat obtint-il. — *Donné à un examen pour les directions de travaux.*

---

578. — Un entrepreneur a 12 ouvriers et 2 apprentis, faisant chacun les 5/7 de l'ouvrage d'un ouvrier. Il les emploie pendant 8 jours, 10 heures 1/2 par jour, à creuser un fossé de 56 mètres de long, sur 1 mètre 75 centimètres de large et 1 mètre et demi de profondeur, dans un terrain dont la difficulté est représentée par 1 3/4, la force des travailleurs étant 0,90. Quelle sera la difficulté du terrain, dans un autre ouvrage du même genre, ayant 80 mètres de long, 95 centimètres de large et 2 mètres 1/4 de profondeur, si 20 ouvriers, et 2 apprentis faisant chacun les 3/4 de l'ouvrage d'un ouvrier, y travaillent pendant 10 jours, à raison de 9 heures par jour, leur force, relativement à celle des premiers, étant représentée par 1. — Le résultat une fois obtenu, on fera la preuve de la règle, en regardant comme inconnu le second nombre de jours.

---

579. — Un négociant ayant une traite de 780 francs à payer dans huit mois, place un capital de 29250 francs, et obtient la somme précitée en intérêts au bout de ce temps : voulant ensuite, sans toucher à ses fonds, acheter un cabriolet et un cheval estimés 1350 francs, il se demande quelle somme il serait obligé de placer à cet effet pendant 15 mois, et dans les mêmes conditions que précédemment.

---

†. — 580. — Un marchand en gros a dans ses magasins quatre sortes de liqueurs. En consultant ses factures, il voit

qu'il peut céder : 1° 8 litres 3/4 de la quatrième qualité, cotée 3 francs 50 centimes le litre, au même prix que 6 litres 1/2 de la troisième qualité; 2° 7 litres 1/5 de la troisième qualité, au même prix que 5 litres 5/8 de la deuxième qualité; 3° 12 litres de la deuxième qualité, au même prix que 10 litres de la première qualité. — Que vaut donc le litre de cette première liqueur que le marchand regarde comme supérieure.

---

581. — Une cuve, de la forme d'un parallélipipède rectangle, présente les dimensions suivantes : 2 mètres 80 centimètres de longueur, 90 centimètres de largeur, et 70 centimètres de profondeur ; elle peut contenir 1 kilolitre 764 litres d'eau. — Quelle serait la profondeur d'une autre cuve, qui aurait 1 mètre 90 centimètres de longueur sur 95 centimètres de largeur, si l'on voulait qu'elle fût de 1 kilolitre 173 litres 25 centilitres en capacité.

---

582. — Une tante a économisé sur ses revenus une somme de 170000 francs, qu'elle destine à l'établissement de 4 de ses nièces, et décide que la part de la première sera à la part de la deuxième comme 1 est à 2 ; que celle de la deuxième sera à celle de la troisième comme 3 est à 4 ; enfin, que la part de la troisième sera à la part de la quatrième comme 5 est à 6. Faire la répartition de la somme précitée, conformément à la volonté de la donatrice. — Chercher ce qui reviendrait à chaque nièce, au cas où la vieille tante aurait introduit dans l'acte de donation la clause que voici : je veux que sur la somme dont je dispose, la première ait 1/2, la deuxième 1/3, la troisième 1/4 et la quatrième 1/5.

---

583. — Quatre brocanteurs ont fait un fonds de 3606 francs pour acheter de concert un mobilier en bloc dans une vente publique. On sait : 1° que le deuxième a mis dans cette association 3 fois autant que le premier, et 5 francs en sus ; 2° que le troisième y a apporté 2 fois autant que le deuxième, et 4 francs en sus ; 3° que le quatrième a contribué à la mise totale pour la moitié de la mise du troisième, et pour 1 franc en sus. L'acquisition terminée, ils vendent au détail le dit mobilier, et font, sur le prix d'achat, un bénéfice total de 25 francs 35 centimes p. 0/0, qu'il s'agira de répartir proportionnellement entre eux, après qu'on aura préalablement déterminé le chiffre exact de la mise de chacun. — *Donné*

par une Commission d'instruction primaire, pour des examens du degré supérieur.

584. — Un propriétaire, satisfait des services de ses quatre domestiques, leur remet au premier jour de l'an, à titre d'étrennes, une bourse de 300 francs et les invite à se la partager de la manière suivante : le premier, qui est le plus jeune, devra avoir les 3/4 de la part du second, lequel aura droit aux 5/6 de celle du troisième ; et celui-ci prendra les 7/8 de la part du quatrième qui est le plus âgé. Quel est donc le cadeau fait à chaque domestique.

585. — Deux capitalistes et un entrepreneur font entre eux une société qui doit durer 3 ans. Le premier y apporte tout de suite une mise de 18000 francs; le second verse un capital de 15000 francs par 5000 francs d'année en année, l'un de ces versements s'effectuant le jour même de la constitution de la société ; l'entrepreneur ne peut fournir que 12000 francs, mais en quatre termes égaux, tous les six mois, et l'un au commencement des trois années. Une clause de l'acte de société porte : 1° que, sur les gains disponibles, les intérêts simples à 6 p. 0/0 seront d'abord garantis, eu égard à tout le temps que les capitaux auront figuré en réalité dans l'association, pour être joints à ces capitaux au jour de sa cessation ; 2° qu'ensuite, sur le reste des dits gains, les 2/5 seront acquis chaque année à l'entrepreneur, qui prendra une part beaucoup plus active que ses co-associés à toutes les opérations ; 3° que les 3 autres cinquièmes seront partagés, à la fin de chaque année, entre les trois membres, proportionnellement à leur avoir dans la société pendant la dite année. Quels seront donc les bénéfices acquis à chacun des trois ayant droit pendant la première, la deuxième et la troisième année ; et quelle valeur totale, capital et intérêts réunis, chacun retirera-t-il lorsqu'on se séparera, si les gains annuels ont été successivement de 6000 francs, de 8000 francs, de 10000 francs. Que vaudront en outre, chaque année, les 2/5 accordés à l'entrepreneur. — *Sujet de composition donné dans une école normale.*

586. — Le directeur des catéchismes d'une paroisse dit un jour aux enfants venus pour lui réciter l'évangile de la Passion, qu'il leur avait donné à apprendre comme concours de mémoire : — « Mes petits amis, il est bien juste de récompenser vos efforts selon leur mérite. Vous saurez donc que

j'ai 165 bons points à répartir entre les six de vous qui feront le moins de fautes, et voici la règle que je suivrai à cet effet : A , c'est-à-dire le premier , obtiendra 5 points de plus que B, ou le deuxième ; celui-ci en recevra également 5 de plus que C, qui doit être troisième ; et ainsi de suite jusqu'à F, lettre par laquelle je désigne le sixième du concours. Je ne proclamerai aujourd'hui que les noms par ordre de mérite, et je vous laisse à calculer, d'ici jeudi prochain, ce que le sixième aura gagné de bons points, et combien il devra en recevoir de moins que le premier. »

---

587. — Une propriété de 1000 ares a été adjugée à quatre acquéreurs, et l'on sait que le lot du premier est à celui du troisième comme 5 est à 8 ; que le lot du troisième est à celui du deuxième comme 7 est à 12 ; enfin, que le lot du quatrième n'est autre que la demi-somme des lots adjugés aux trois premiers acquéreurs : le prix du mètre carré étant resté à 3 francs 85 centimes , et les frais de la vente s'élevant à 5 1/2 p. 0/0, dire : 1° la valeur nette de cette propriété ; — 2° la somme pour laquelle elle a été adjugée, frais de vente compris ; — 3° le nombre d'ares et de mètres carrés qui se trouve dans chaque lot ; — 4° la somme payée par chaque acquéreur.

---

588. — Quatre commis en nouveautés , après le décès de leur patron , sachant que le magasin dans lequel ils sont employés est bien achalandé, se sont associés pour l'acheter, moyennant 40000 francs , de la veuve qui ne voulait plus continuer le commerce. Pour ce premier déboursé, la part de Jules a été de 12000 francs , celle de Louis de 9000 francs, celle d'Auguste de 11000 francs , et Léon a donné le reste. Huit mois après, ce dernier a fourni 7000 francs pour achat de marchandises ; 15 mois après leur entrée en association , Louis a fait un apport de 6000 francs pour les nouvelles opérations de la société, laquelle a reçu encore d'Auguste 5000 francs, 22 mois après sa formation ; et de Jules 3000 francs, 29 mois après la signature de l'acte. Au bout de quatre ans, ils sont désireux de connaître exactement leur situation financière qui n'a cessé de prospérer, et trouvent, après inventaire ainsi que vérification de fonds , que leur avoir , à ce moment, se compose , non-seulement des sommes partielles qu'ils ont mises en commun dans leur commerce , mais encore d'un bénéfice de 18 pour cent , produit par ces sommes pour tout le temps qu'elles ont figuré dans la société. De ce

bénéfice ils retranchent 12000 francs dépensés pour paiement de 4 années de loyer et de contributions, puis ils se partagent le reste proportionnellement à leurs mises particulières, et au temps qu'elles ont servi à leurs opérations commerciales. — Quel est donc le gain de chaque commis.

---

589. — Quatre négociants se sont associés pour une fourniture de blé à faire pendant 3 ans aux magasins de la marine. Le premier a mis en commençant 12000 francs et 8 mois après 20000 francs sur lesquels il a retiré au bout de 2 ans 1/2 8000 francs. Le second a mis d'abord 30000 francs sur lesquels il a pris 6000 francs au bout de 15 mois, pour remettre 10000 francs 6 mois après. Le troisième a fourni en commençant 2000 hectolitres de blé à 22 francs l'hectolitre, et a retiré de sa mise totale 10000 francs au bout de 20 mois, et 10 autres mille francs au bout de 30 mois. Le quatrième a mis 8000 francs le premier mois de l'association, et tous les 5 mois jusqu'au trentième inclusivement, il a ajouté 5000 francs à sa mise précédente. On demande ce que chacun de ces négocians aura pour sa part d'un bénéfice de 20000 francs qu'a produit leur association.

---

590. — Une personne, en mourant, décide, par son testament, que son bien patrimoine, composé de 4 fermes, la première d'une valeur de 12 hectares, 4 ares, 5 centiares ; la deuxième d'une valeur de 18 hectares 15 centiares; la troisième d'une valeur de 22 hectares, 30 ares ; la quatrième d'une valeur de 7 hectares 5 centiares, le tout estimé à raison de 24 francs 57 centimes l'are, sera partagé entre ses quatre héritiers de la manière suivante : le premier devra avoir les 7/8 de la part du troisième, le deuxième la 1/2 somme de la part de tous les autres, le troisième les 12/13 de la part du quatrième ; quelle sera en argent la part de chaque héritier, si le mobilier et l'argent du défunt s'élèvent à 80000 francs. Une clause du testament porte qu'une somme suffisante devra être prélevée sur le tout, pour être placée à 3, 1/2 p. 0/0, de façon à faire une rente perpétuelle de 800 francs à un établissement de bienfaisance; enfin, les héritiers devront solder les frais funéraires évalués à 956 francs 55 centimes.

---

591. — On propose de partager le nombre 120 en quatre parties telles, que la première soit à la deuxième, comme

4 : 5; que la première soit à la troisième, comme 7 : 3; et que la deuxième soit à la quatrième, comme 2 : 6. — *Donné pour sujet de composition, au concours des écrivains du Commissariat, à Brest, le 2 novembre* 1854.

---

592. — Je veux, fit mettre un oncle dans son testament, que les 100000 francs que je laisserai à mon décès soient partagés entre mes cinq neveux, de telle sorte que le premier ait la 1/2, le deuxième le 1/3, le troisième le 1/4, le quatrième le 1/5, et le cinquième le 1/6. — Comment le notaire, après la mort du testateur, et en vue de se conformer le plus exactement possible à ses intentions, dut-il donc procéder au partage de ladite somme entre les intéressés.

---

† — 593. — Une pièce de terre, dont la moitié, le tiers et le quart, plus 90 ares, égalent 9 hectares, est à partager entre cinq personnes; et l'on sait que la part de la première doit être à celle de la deuxième comme 11 est à 7, que celle de la deuxième est les 3/4 de la part de la troisième; que celle de la troisième doit être à la part de celle de la cinquième comme 2/3 est à 3/5; enfin, que la part de la quatrième doit être le cinquième des trois dernières, c'est-à-dire des parts réunies de la deuxième, de la troisième et de la cinquième personne. — Faire ledit partage en conséquence.

---

†. — 594. — Une personne commence une entreprise avec 25000 francs; quatre mois après un capitaliste lui prête 7500 francs; deux mois après ce premier emprunt, un autre capitaliste lui prête 15000 francs. Au bout d'un an, il y a un bénéfice égal à 18450 francs. — Que revient-il à chacun, l'entrepreneur prélevant une prime, à raison de 8 pour cent. — *Donné par la commission d'instruction primaire de Quimper, le* 3 *août* 1859.

---

595. — Les bons du trésor rapportent 3, 1/2 p. 0/0 par an : à ce taux, quel intérêt produiraient 65160 francs, placés pendant 5 mois. — *Proposé aux candidats pour l'administration des contributions indirectes. — Avril* 1860. *Brest.*

---

596. — Un négociant en vins cède à un marchand de bois plusieurs pièces de Bordeaux, pour une valeur de 2800 fr.,

payable dans 7 mois, avec les intérêts à 5 p. 0/0 par an. D'un autre côté, celui-ci vend un lot de bois de chauffage pour 2784 francs 50 centimes, payables dans 8 mois au même taux. Le négociant en vins consentant plus tard à n'être payé qu'au bout du huitième mois, sans augmentation d'intérêts, que manquera-t-il encore au marchand de bois pour acquitter sa dette.

---

597. — L'intérêt qu'a rapporté au bout de 8 mois, dans une opération commerciale, un capital de 6000 francs, est égal à la quatrième partie proportionnelle de ce capital, supposé divisé en quatre parts telles que la première soit les 7/8 de la deuxième, que cette même première soit les 9/5 de la troisième, et que la deuxième soit les 3/4 de la quatrième. — Quel est donc l'intérêt cherché, et à quel taux a-t-il été obtenu. — On supposera ensuite cet intérêt égal successivement à chacune des trois autres parties du capital précité, et l'on en calculera le taux d'après le temps indiqué ci-dessus.

---

598. — On sait que 28500 francs sont le bénéfice, qui peut être estimé comme un intérêt à 15, 1/2 pour cent, produit en 2 ans 5 mois par les sommes réunies de trois négociants français, lesquels ont souscrit en commun pour une fourniture de drap à la marine anglaise. — On demande à connaître : 1° le capital total ; — 2° le capital fourni par chaque associé, sachant que celui du premier est à celui du deuxième comme 7 à 9, et que celui du premier est à celui du troisième comme 8 est à 5 ; — 3° la part d'intérêt de chaque négociant, calculée d'après la même proportion que son capital.

---

599. — Un homme a perdu dans une mauvaise spéculation, la première année, 1/8 de sa fortune ; la deuxième année 1/12 de ce qu'il a perdu d'abord ; la troisième année 1/5 de ce qu'il a perdu pendant les deux premières années : comme il possède encore 15400 francs, il veut reconstituer son avoir primitif en plaçant cette somme à 6 pour cent d'intérêts. — Combien de temps sera-t-il obligé d'attendre pour obtenir, par les intérêts auxquels il se garde de toucher, le montant de ce qu'il a perdu — On désire savoir, en outre : 1° quelle a été sa perte pendant chacune des trois années où il a éprouvé des revers ; — 2° combien il devait attendre d'années pour refaire sa fortune primitive, en plaçant ce qui lui reste à 5 pour cent intérêts composés. — *Sujet de composition donné dans un Lycée.*

600. — Etablir mon compte-courant et d'intérêts sur le pied de 5 pour cent, au 31 décembre, l'année étant comptée à 365 jours, avec M. Devillers, banquier à Rouen, si j'ai versé dans sa caisse les sommes suivantes, savoir : 4800 francs le 10 février ; 5800 francs le 20 avril ; 6400 francs le 7 juillet d'une part ; et si, d'autre part, j'en ai retiré les valeurs ci-après, savoir : 1000 francs le 10 mars, 1500 francs le 25 mai, 1200 francs le 2 juillet ; enfin 900 francs le 4 novembre.

---

601. — Un homme qui avait un certain capital disponible, s'en sert pour acheter une maison, dont il retire 4, 1/2 du cent. Sa fortune par ailleurs lui permet de ne pas toucher aux rentes produites par cette propriété, et il les réserve pendant 7 ans. Vendant alors ladite maison avec 2 pour cent de gain sur ce qu'elle lui a coûté, il en place le montant augmenté de ses intérêts dans une entreprise commerciale, qui, dès la première année, arrive à produire 6 pour cent de bénéfice, et lui assure conséquemment, à titre d'intérêt de son argent, 8400 francs de rente. — Déterminer, par suite, la valeur de son capital primitif. — *Donné par une commission d'instruction primaire.*

---

602. — Trois amis, se rendant au Trésor pour percevoir leurs rentes, font la remarque que les sommes qui leur sont dues sont entre elles comme les nombres 2, 3/4; 3, 7/8 et 5 1/12. On sait que la moindre de ces sommes est de 1729 fr., 55 centimes, et l'on désire connaître les deux autres, ainsi que les capitaux qui les produisent, le taux étant de 4,50 pour cent. — *Donné par une commission d'instruction primaire.*

---

603. — Deux associés dans un commerce de vins ont gagné au bout d'un certain temps 25000 francs, qui représentent 32 pour cent produits par un capital, pour constituer lequel la part du premier est à celle du second comme 5 est à 8. — Quels sont, par suite, la mise et le gain de chacun. — On sait de plus qu'ils ont acheté avec leurs parts de bénéfice des rentes sur l'Etat, savoir : le premier du 4, 1/2 p. 0/0 au cours de 98 fr. ; le deuxième du 3 p. 0/0 au cours de 72,90 — A quel taux réel chacun a-t-il donc placé son argent, et combien en retire-t-il.

---

604. — Lorsque le cours de la Bourse était de 82,50 pour

de 4, 1/2, un négociant pria un banquier de lui faire acheter par son correspondant à Paris, une inscription donnant droit au chiffre annuel de 3000 francs de rente. Plus tard, le cours s'étant élevé progressivement, le négociant donna audit banquier les ordres nécessaires, pour la vente de son inscription, et compta à ce dernier, à titre d'honoraires, une somme de 598 francs, représentant 1/2 pour cent, tant sur le capital employé dans la première opération, que sur celui que produisit la seconde. — Dire : 1° quelle somme coûta au négociant son inscription de rente ; — 2° combien il la vendit ; — 3° quel était le cours de la Bourse lorsqu'il rentra dans son nouveau capital ; — 4° ce qu'il eut de bénéfice, les honoraires du banquier étant acquittés.

605. — Un fermier récolte dans une année : 1° 75 hectolitres 5 décalitres de blé ; 23 hectolitres 7 litres d'orge et 18 hectolitres d'avoine ; 2° 54 tonneaux de vin, contenant chacun 2 hectolitres 28 litres et 6 fûts de cidre, contenant chacun 120 litres. — Il a vendu le blé 4 francs 75 centimes le double décalitre ; l'orge 1 franc 05 centimes le décalitre ; l'avoine 6 francs 80 centimes l'hectolitre ; le vin 36 francs le tonneau ; et le cidre 7 franc l'hectolitre. On demande : 1° ce qu'il a reçu pour chaque produit séparément, et combien en totalité ; 2° quel est son bénéfice, sachant qu'il a payé les 2/3 de ce qu'il a reçu pour fermages et autres dépenses ; 3° combien il pourra acheter d'ares de terrain à 25 francs l'un, avec les 3/4 de ce bénéfice ; 4° quel sera l'intérêt qu'il pourra se procurer avec le reste pendant 1 an 7 mois, s'il le place à 4 1/2 p. 0/0 l'an.

606. — J'ai, au 1er Janvier 1854, une somme de 1500 fr. placée à intérêts composés, à raison de 4 p. 0/0 par an, et je désire connaître ce que sera devenue cette somme au 1er Janvier 1874.

†. — 607. — Un marchand a placé dans une spéculation une certaine somme qui, au bout de 4 ans et 20 jours, lui a produit 10000 francs intérêts et capital réunis. Il estime que le taux était de 5, 3/4 pour cent. — Dites : 1° quel est le capital par lui confié à cette spéculation ; — 2° quel eût dû être le taux, pour que le capital du marchand pût devenir 12000 francs pendant le temps précité.

608. — On a placé, pour des mineurs, un certain capital à intérêts composés, chez une personne qui témoigne le plus grand intérêt à la famille, et qui consent à faire valoir sur le pied de 5 pour cent, le dépôt qu'elle a reçu. Au bout de 7 ans, elle rembourse au tuteur une somme de 45169 francs 32 centimes. — Dites le montant de l'argent laissé par les parents à leur décès. — Le capital, lorsque vous l'aurez trouvé, ne représentant que les 25/69 de la valeur des terres qui forment l'héritage, calculez en outre l'avoir de chacun des enfants au nombre de quatre.

---

609. — On a placé, pour 9 ans, trois capitaux, dont les deux premiers à intérêts simples, savoir : l'un de 7200 francs qui est devenu au bout de ce temps 10000 francs ; l'autre de 12000 francs, devenu 15000 francs. Quant au troisième, de 6000 francs, placé à intérêts composés, il est devenu, pendant ce nombre d'années, égal à 8000 francs. — Dites à quel taux les placements avaient été faits.

---

610. — J'avais trouvé au 20 janvier le placement, pour le reste de l'année, d'une somme de 11000 francs à 4, 1/2 pour cent ; mais, ne croyant pas avantageuses les conditions qui m'étaient faites, j'ai préféré attendre. Au 12 juin, ayant été de nouveau sollicité de prêter mon capital à 5, 3/4 p. 0/0, j'ai fini par céder. — Que devrai-je recevoir en tout au 31 décembre. — Ai-je bien fait d'attendre.

---

† — 611. — Un marchand achète en magasin pour 15200 francs de marchandises, payables dans 9 mois ; mais on lui laisse la faculté de se libérer avant cette époque, et, dans ce cas, il doit obtenir 4, 1/2 pour cent d'escompte. Il profite de cette clause de son marché, et n'est obligé de remettre à son créancier qu'une somme de 15090 francs. — Trouver, par suite, combien de temps avant l'échéance il s'est acquitté. — Dire en même temps, combien il aurait eu à remettre, les conditions ci-dessus devenant alors onéreuses pour lui, s'il n'eût pu payer que dans 13 mois.

---

612. — 3 capitaux, dont le total est 12800 fr., ont acquis à leur propriétaire une somme d'intérêts égale à 1926 francs, le premier étant placé à 4 pour cent, le deuxième à 5 pour cent, le troisième à 3 pour cent. — Déterminer : 1° le pre-

mier, le deuxième et le troisième capital, sachant que le premier d'entre eux est au deuxième :: 3 : 5, et au troisième :: 5 : 8 ; — 2° le troisième intérêt total, sachant que les deux premiers sont, par ordre, 600 francs et 750 francs ; — 3° le temps qu'il a fallu à chacun des trois capitaux pour rapporter son intérêt, en supposant que le placement, dans les trois cas, se soit fait : 1° à intérêts simples ; 2° à intérêts composés.

---

613. — Un maître cordonnier, pour recevoir de fabrique la quantité de cuirs qui lui était nécessaire, avait fait un billet de 5700 francs payable dans 11 mois. Le jour même, ayant opéré de fortes rentrées de fonds, il solde sa dette pour une valeur de 5400 francs. — Combien pour cent a-t-il donc obtenu d'escompte : 1° en dedans ; 2° en dehors.

---

614. — Ayant besoin de fonds, pour satisfaire aux promesses de paiement que j'ai faites, je prends en portefeuille un billet de 9000 francs que je viens de recevoir par le courrier de ce jour, et je me rends chez mon banquier qui, après avoir calculé la valeur réelle de cet effet, me propose 8456 francs comptant, escompte en dehors à 6 pour cent. Il m'assure qu'il a opéré au plus juste, vu la date de l'échéance dudit billet. — Quelle est-elle donc, et quelle somme eût-il eu à me remettre, s'il eût opéré au même taux, escompte en dedans.

---

615. — Un négociant de Brest, venant de recevoir de son fournisseur de Bordeaux 90 barriques de vin à 125 francs l'une, et n'ayant pas de fonds disponibles pour le moment, fait un billet payable dans 15 mois. — Quel devra être le montant de ce billet, pour que son correspondant, au cas où il voulut le faire escompter sur le champ, pût recevoir, escompte en dehors à 6 pour cent, la valeur réelle de la livraison spécifiée ci-dessus. — A combien la somme portée au billet s'élèverait-elle, au cas où le vendeur aurait écrit que, le cas échéant, il se contenterait du capital rationnel, c'est-à-dire ne comprenant, en plus de la valeur réelle, que l'escompte en dedans au taux précité.

---

616. — Pour un chargement de 70 barriques de vin, dont la moitié à 150 francs et le reste à 180 francs l'une, je puis faire un billet payable dans 10 mois et 20 jours; mais mon

fournisseur veut bien m'accorder un escompte de 11 p. 0/0, si je le solde avant l'échéance : qu'aurai-je donc à débourser : 1° escompte en dedans ; 2° escompte en dehors, si je paie en recevant la livraison. Que devrai-je solder, de l'une ou de l'autre manière, si je ne m'acquitte que dans 6 mois. Combien de temps avant l'échéance serai-je obligé d'effectuer le paiement : 1° pour n'avoir à donner que 10800 francs ; 2° pour obtenir une diminution de 900 francs. — *Donné en devoir dans un Lycée.*

---

617. — Un jeune homme trouve, pour entreprendre un commerce, une somme de 15000 francs à emprunter, mais à 5 p. 0/0, intérêts composés. La personne qui lui prête des fonds n'en ayant pas besoin, et sachant que le jeune homme offre toute garantie de solvabilité, consent à n'être remboursée que quand il lui sera dû 20000 francs. Combien de temps après le prêt sera-ce, et quel sera alors l'avoir du jeune marchand, si les 15000 francs avec lesquels il a commencé, lui ont rapporté annuellement un bénéfice de 35 p. 0/0 auquel il n'a pas touché, ayant des moyens d'existence par ailleurs, mais qu'il a placé chaque année en intérêts simples à 5 p. 0/0.

---

618. — Pour une livraison de 60 balles de café, contenant chacune 80 kilogrammes, un négociant avait reçu, il y a 3 mois et 8 jours, un billet payable après cet intervalle. Il se présente donc à l'échéance dans la caisse du banquier chargé d'en opérer le paiement ; et celui-ci, après avoir prélevé sur le dit effet un escompte de 5, 1/2 p. 0/0, remet à la partie prenante une somme de 13440 francs. On désire connaître par suite quel était le montant primitif du billet que le négociant avait en portefeuille, et combien il a vendu le kilogramme de son café. Ce problème devra être résolu par les deux modes d'escompte usités dans le commerce.

---

619. — Prévoyant que le 4, 1/2 va bientôt être supprimé, et qu'il n'y aura plus en France qu'un seul taux pour les rentes sur l'Etat, celui du 3 p. 0/0, un industriel de la province fait vendre à Paris par un agent de change, moyennant 1/12 pour cent de commission sur le capital acquis, une rente de 1899 francs en 4, 1/2, au cours de 97,25, pour la convertir ensuite en 3 pour cent, au cours de 69,15 ; et, comme c'est le même agent qui est chargé des deux opérations, il se contente de 1/4 pour cent sur la nouvelle rente

achetée. — A combien s'élèvera cette rente, et de combien seront les honoraires de l'agent de change.

620. — On a trois inscriptions de rentes 4, 1/2, savoir : la première de 620 francs, achetée lorsque le cours était de 84,60 ; la deuxième de 800 francs, achetée au cours de 92,75; la troisième de 1000 francs, acquise le 4, 1/2 étant à 96,10. On veut les échanger contre un titre unique en 3 pour cent, attendu que cette rente est à un cours avantageux, c'est-à-dire à 63,10 ; mais, d'autre part, le 4, 1/2 n'est qu'à 92,60. — 1° Gagnera-t-on ou perdra-t-on sur l'échange, et combien. — 2° le mandataire de Paris demandant 1, 1/2 pour cent sur le montant de la rente consignée au titre unique, calculez ses honoraires.

621. — Un de mes amis m'a assuré qu'ayant placé des fonds dans une spéculation commerciale, en 8 ans il avait vu sa somme de 10000 francs doublée. J'ai été un peu moins heureux que lui, et mon capital de 12000 francs placé dans une association, n'est arrivé au chiffre de 24000 francs, avec de beaux bénéfices, qu'à la fin de la douzième année. A quel taux d'intérêt composé s'est donc trouvé placé l'argent de mon ami. A quel taux le mien. Quels taux aurait-il fallu en intérêts simples, pour doubler nos capitaux dans les temps précités.

622. — Un marchand ayant fait à une administration une fourniture de drap pour une somme de 6000 francs, n'en est remboursé que par un mandat payable dans 6 mois et 15 jours. Comme il a lui-même actuellement besoin de 5400 fr. pour payer une traite, il se rend chez un banquier qui après calcul lui offre, en échange de son mandat, la valeur qu'il vient réclamer. En admettant que le marchand y consente, on cherchera de quel taux s'est servi le banquier pour son opération, selon que l'on considère la partie de la somme totale qui lui restera du mandat, comme le produit d'un escompte en dedans, ou comme celui d'un escompte en dehors.

623. — Dans le but d'assurer à l'une et à l'autre de ses deux demoiselles, pour le jour où elles compteront leur vingtième année, une somme de 20000 francs, de laquelle chacune puisse disposer comme dot par exemple, le cas échéant, un père de famille place à 5 p. 0/0, intérêts composés, deux

sommes, dont on désire connaître la valeur, sachant que l'aînée des filles a 12 ans, et la plus jeune 8. — Si au lieu d'intérêts composés les sommes ne devaient produire que des intérêts simples, combien le père serait-il obligé de placer de part et d'autre.

624. — Un négociant reçoit par la poste dans une seule lettre trois billets payables à diverses dates, et envoie le jour même son garçon chez le banquier, afin d'en percevoir le montant. Pour sa gouverne il a soin de lui expliquer, qu'il ne doit pas s'attendre à toucher les sommes réelles figurant sur ces billets, savoir : sur le premier 900 francs; sur le deuxième 1100 francs; sur le troisième 1500 francs; mais qu'on lui en fera l'escompte à 6 p. 0/0. Et c'est en effet ce qui a lieu; car le banquier prélève 33 francs 75 centimes sur le premier billet; 50 francs 60 centimes sur le deuxième; 23 francs 75 centimes sur le troisième. A quelles dates, partant du jour de leur réception par le négociant, ces billets seront-ils donc payables, selon que l'on considère les sommes acquises au banquier comme le résultat : 1° d'un escompte en dehors; 2° d'un escompte en dedans. Quelle somme chaque billet rapporte-t-il comptant au négociant.

625. — Quelqu'un veut racheter la maison qui a autrefois appartenu à ses parents. Le propriétaire actuel, qui, d'abord en demandait 30000 francs, s'intéressant aux bons sentiments de la personne qui désire rentrer ainsi dans l'ancien bien de sa famille, le lui offre pour 28000 francs, et lui laisse la possibilité de s'acquitter du tout en 7 annuités ou sommes annuelles égales, se contentant de 4 p. 0/0 intérêts composés. Trouver, par suite, la valeur de chaque annuité, et la somme totale déboursée pour le rachat de la dite maison. Celle-ci dépassera-t-elle le chiffre de 30000 francs; et de combien, le cas échéant.

626. — Un industriel, pour monter un atelier de machines, a emprunté une somme telle que, pour la payer, il sera obligé de donner 5 annuités de 6000 francs chacune, les intérêts composés ayant été consentis par lui à 6 p. 0/0 dans l'acte de prêt. Quel capital emploie-t-il donc à la fondation de son atelier; et si, 8 jours après la signature de l'acte précité, il était en mesure de rembourser son créancier avec les intérêts simples au taux ci-dessus, combien aurait-il à donner. On admet nécessairement dans ce cas que la faculté de

solder, par un seul paiement, la somme entière à long ou à court délai lui a été accordée par une clause.)

627. — Il a été vendu 1926 hectolitres de froment, au prix de 20 francs 25 centimes l'hectolitre; 2889 hectolitres, au prix de 21 francs 60 centimes; 3852 hectolitres, à 21 francs 95 centimes l'un; on demande le prix moyen de l'hectolitre. — *Proposé aux candidats pour l'administration des contributions indirectes. — Avril 1860. Brest.*

628. — Un marchand a trois espèces de cafés, savoir : 57 kilogrammes à 1 franc 50 centimes l'un ; 18 myriagrammes à 2 francs le kilogramme : 6348 grammes à 7 centimes le décagramme : il les mélange, et veut gagner 39 francs 75 centimes sur le tout. — Combien doit-il revendre 15 hectogrammes de ce mélange. — *Donné par un inspecteur dans une école professionnelle.*

629. — Un fabricant d'orfèvrerie fine de Paris veut composer un lingot d'or de 6 kilogrammes 935 grammes, au premier titre commercial français, pour servir à différentes pièces qui lui ont été commandées. — Il a à sa disposition, à défaut d'or des mines, une grande quantité de monnaies étrangères provenant de changes, et prend entre toutes : 1° des triples sequins toscans en or pur, pesant 10 grammes,464 chacun ; 2° des roupies indoues (*Alem*), du poids de 12 grammes,340 chacune, et du titre de 0,980 ; 3° des pièces de quatre pistoles de Parme, ayant au poids 28 grammes,576 chacune, et au titre 0,875 ; 4° des sequins égyptiens pesant 2 grammes,600 chacun, et ayant pour titre 0,750. — Combien devra-t-il d'abord faire entrer de grammes d'or de chaque titre dans son alliage ; et ensuite, combien cela fera-t-il approximativement de pièces de chaque catégorie.

630. — Un épicier doit, au premier janvier à son fournisseur, savoir : 5 tierçons de sucre pesant brut 120 kilogrammes chacun, au prix de 1 franc 80 centimes le kilogramme, et payables le 10 avril suivant ; 4 balles de café, pesant chacune 125 kilogrammes à 3 francs le kilogramme, et payables au premier juin ; une pièce d'huile d'olive, contenant 200 litres, à 2 francs 95 centimes le litre, et payable au 15 juillet. Désirant s'acquitter en un seul paiement, le détaillant s'a-

dresse à cet effet au vendeur qui lui en laisse toute liberté. — A quelle date ce paiement unique devra-t-il donc se faire.

---

†. — 631. — Voulant fabriquer une petite statue en argent du deuxième titre commercial français, on a allié à 3 kilogrammes 125 grammes de ce métal, ayant pour titre 0,600, trois autres quantités d'argent, aux titres de 0,750, de 0,870 et de 0,910. On désire savoir par suite : 1° combien il faudra prendre de chacune des trois espèces d'argent, dont les titres seuls sont déterminés; — 2° quel sera le poids total de la statue, — 3° quelle sera sa valeur réelle en francs, si l'artiste chargé de l'exécuter réclame, pour son travail, une somme égale à celle que représente le métal employé.

---

632. — Que coûterait un canon pesant 1820 kilogrammes, si, dans un gramme du bronze qui doit le former, on fait entrer 89 centigrammes de cuivre et 11 centigrammes d'étain, le premier de ces métaux valant 1 franc 75 centimes, et la deuxième 2 francs 80 centimes le kilogramme.

---

633. — On a un hexagone régulier, dont le côté est égal à 1 mètre ; et, sur chacun des 6 côtés, on construit un carré extérieur à l'hexagone : joignant ensuite les sommets extérieurs de ces carrés, on obtient six triangles équilatéraux intermédiaires, dont les bases, avec les côtés extrêmes des carrés, concourent à former le périmètre d'un dodécagone régulier, dont il s'agit d'évaluer la surface. — Comment vous y prendrez-vous. — *Partie à calculer d'un problème géométrique donné à Quimper, le 5 août 1859, aux examens pour l'admission d'élèves-boursiers à l'Ecole des Arts et Métiers d'Angers.*

---

634. — Quel diamètre faudra-t-il donner à un manége circulaire, qui doit occuper une superficie de 99 ares 1/2. — *Donné par un inspecteur dans une école professionnelle.*

---

†. — 635. — Un riche propriétaire, venant d'acheter une magnifique terre domaniale, se propose de faire creuser, devant la façade principale de son château, un bassin octogone régulier, à chaque côté duquel sera donnée une longueur de 12 mètres, et, au bassin lui-même, une profondeur

de 95 centimètres. — Dites : 1° quelle est la superficie totale intérieure, laquelle sera couverte en marbre blanc, le bord du bassin devant être orné d'un beau gazon ; — 2° quelle sera la capacité de ce bassin ; — 3° combien de temps mettra à le remplir un robinet donnant 182 litres en 14 minutes.

---

636. — Un jardinier est chargé, dans la disposition d'un parterre, de donner à la pièce du milieu la forme d'un losange tel, qu'en le décomposant en deux parties, l'un des côtés soit à la base commune comme 7 est à 5. L'espace disponible permet de donner à cette figure une longueur totale de 14 mètres en contour. — De combien de centiares sera donc la surface.

---

637. — Dans une succession, une personne hérite de deux pièces de terre présentant, l'une la forme d'un losange allongé dont chaque côté a 52 mètres et la petite diagonale 40 mètres, l'autre la forme d'un hexagone régulier ayant pour côté 58 mètres 8 décimètres : elle trouve à changer son lot contre un vaste champ de la forme d'un trapèze, ayant 120 mètres et 165 mètres 7 décimètres de bases parallèles sur 90 mètres 50 centimètres de hauteur. Combien sera-t-elle obligée de donner en retour, si l'are de terrain est estimé 42 francs 50 centimes, la qualité étant la même de part et d'autre.

---

638. — La nouvelle salle, dite des Etats, que S. M. l'Empereur a fait disposer au palais du Louvre, pour les réunions solennelles des grands Corps de l'empire, a en superficie un nombre de mètres carrés que vous découvrirez facilement, en extrayant la racine cubique du nombre 75204 unités, 885861 millionnièmes. La partie entière que vous aurez obtenue, vous indiquera la longueur de cette magnifique salle, la plus vaste probablement de toutes celles que renferment les palais des Souverains européens : dans la partie décimale, que vous considérerez également comme nombre entier, vous en aurez la largenr ; et le produit des deux dimensions ne sera autre que la réponse du problême.

---

639. — On prend sur une circonférence de 3 mètres de rayon un arc de 60 degrés, et l'on construit dans cet arc, avec sa corde pour base, un triangle isocèle, dont le sommet vient toucher la circonférence. Trouver : 1° la valeur en degrés

de chacun des angles de ce triangle; 2° la longueur totale de la circonférence; 3° sa surface; 4°, la surface du triangle construit dans le segment ci-dessus; 5° la surface de ce segment; 6° la surface du secteur, au triangle duquel la corde du segment précité sert de base. — Admettant ensuite : 1° que la circonférence dont il est parlé plus haut, serve de limite extérieure à un revêtement en marbre blanc de 1 mètre de largeur, placé autour d'un réservoir à jet d'eau; 2° que la profondeur considérée dans son obliquité, ait 90 centimètres, et la circonférence du fond du bassin 1 mètre de rayon; enfin, que le tout soit couvert de marbre blanc, on demande la quantité totale qu'il en a fallu pour le dit revêtement.

---

640. — Dans une partie de plaisir, consacrée à la visite des curieuses grottes de Morgat près Crozon (*Finistère*), et entreprise pendant les vacances par une société composée de 30 personnes, professeurs et élèves, il fut convenu que, pour les vivres et les frais de passage en bateau, chaque professeur donnerait 3 francs 25 centimes, et chaque élève 1 franc 75 centimes. De cette manière, il y eut de disponible une somme de 64 francs 50 centimes, laquelle fut suffisante pour payer toutes les dépenses faites en commun. Déterminer, par suite, le nombre des professeurs et des élèves qui s'étaient réunis pour cette excursion tout à la fois instructive et amusante, ayant pour but un point situé en dehors de la rade de Brest.

---

641 — Il y a 12 ans que, venant d'atteindre sa soixantième année, et ne se connaissant pas d'héritiers, le propriétaire de la maison où je demeure, m'en offrit, à fonds perdus, l'acquisition, moyennant : 1° que je lui compterais immédiatement une somme de 20000 francs; 2° que je lui servirais, à la fin de la première année de notre contrat, une rente de 3000 fr. à la fin de la deuxième année, une rente de 3180 francs; et ainsi de suite, la dite rente augmentant chaque année, sur la précédente, de 180 francs au profit du bénéficiaire, jusqu'à son décès. Trouvant la proposition avantageuse, j'y souscrivis; et aujourd'hui, c'est-à-dire le premier jour de la treizième année, (le vieillard étant mort hier), je reste libre de tout engagement, et entièrement possesseur de la maison que j'ai ainsi acquise. Echelonnez donc les diverses rentes que j'ai eues à servir, puis vous calculerez tout ce que le vendeur a reçu pour cette propriété d'un rapport annuel de 2800 francs. Enfin, tenant compte, d'une part, des intérêts simples payés

par moi à 5 p. 0/0, pour le capital 20000 francs qu'il m'a fallu emprunter, et que je n'ai pu solder qu'à la fin de la onzième année ; d'autre part, de ceux, au même taux, dont j'aurais pu profiter pour chaque somme annuelle, qu'afin de servir la rente, je devais ajouter aux 2800 francs donnés par la maison, vous évaluerez le prix réel que je l'ai payée, et le taux auquel mon argent se trouve placé dans cette acquisition.

---

642. — Un marchand de denrées coloniales vient d'être déclaré adjudicataire d'une fourniture de 560 kilogrammes de café, à faire à un hôpital maritime, au prix de 2 francs 80 centimes le kilogramme, et il n'en a dans ses magasins que de deux qualités, savoir : à 3 francs 20 centimes et à 2 francs 50 centimes le kilogramme ; il veut donc savoir combien il devra mélanger de l'une et de l'autre espèce, pour ne pas perdre sur la quantité totale qu'il a à livrer. Comment devra-t-il s'y prendre. — Même question pour 813 kilogrammes de riz qu'il doit fournir au même établissement, à 75 centimes le kilogramme ; sachant qu'il n'en a qu'à 95 centimes et à 65 centimes le kilogramme.

---

643. — Un orfèvre qui a 2 lingots d'or, l'un au titre de 920 millièmes, l'autre au titre de 750 millièmes, veut faire un alliage tel, que le résultat de son opération donne un métal au titre de 840 millièmes. Sachant qu'il se propose d'y faire entrer 4 hectogrammes au plus bas titre, on demande quel poids d'or il devra prendre au titre le plus élevé ; de combien d'hectogrammes sera le lingot total ainsi obtenu et quelle sera sa valeur en francs.

---

644. — Combien est-il dû pour la maçonnerie d'un puits, dont l'ouverture a 2 mètres 75 centimètres de circonférence intérieure, et 3 mètres 55 centimètres de circonférence extérieure, si la profondeur du puits est de 10 mètres 25 centimètres, et que le mètre cube de maçonnerie se paie 36 francs 75 centimes. — *Donné par un inspecteur dans une école professionnelle.*

---

645. — On a recueilli, au bout d'un certain temps, dans une des nombreuses mines du Pérou, une valeur d'or fin en lingots, égale à 1000000 de francs ; et l'on veut en fabriquer

une sphère pour la transporter en Europe. — Sachant qu'un kilogramme d'or fin vaut 3444 francs 44 centimes ; de plus, adoptant le procédé usité pour la recherche du rayon de la sphère, qnand on en connaît le volume, calculez la longueur du rayon à donner à celle qui nous occupe en ce moment.

646. — Comme épreuve de concours pour l'obtention de bourses dans une école spéciale de sciences appliquées, on a posé les trois questions suivantes : 1° quel est le volume d'un tronc de cône, dont les diamètres des bases sont 7 mètres et 4 mètres 80 centimètres, la hauteur étant de 4 mètres 20 centimètres ; — 2° quel est le volume d'un tronc de pyramide hexagonale, dont la base inférieure a pour côté 1 mètre 20 centimètres, le côté de la base supérieure étant de 80 centimètres, et la hauteur de 3 mètres 60 centimètres ; — 3° quelle est l'arête d'un cube, du même volume qu'un boulet de canon ayant 180 millimètres de diamètre. — Donnez les solutions raisonnées de chacune de ces trois questions. — *Proposé à un concours de professeurs sollicitant la direction d'une école supérieure.*

647. — On a un certain nombre de boules en fer fondu, toutes du même calibre. La première a en diamètre 2 centimètres, et 1/8 du reste de la longueur de ces lignes droites placées bout à bout ; la deuxième 4 centimètres et 1/8 du reste de la longueur des mêmes lignes ; la troisième 6 centimètres de diamètre et 1/8 du reste : ainsi de même jusqu'à la dernière. On voudrait de toutes ces boules en faire une seule. — Dites : 1° combien il y a de boules en tout ; — 2° quel est le diamètre de chacune ; — 3° quelle serait la longueur du rayon de la grande boule, façonnée avec toutes celles qu'on a ; — 4° ce qu'elle pèserait, la densité du fer fondu se trouvant dans la table.

648. — Un receveur des finances, nommé en cette qualité aux colonies, se fait faire, avant son départ de Brest, un coffre-fort en chêne, doublé de ferblanc à l'intérieur et à l'extérieur. On sait que l'épaisseur du bois entrant dans la confection de ce coffre, est de 3 centimètres ; qu'en outre, ses dimensions pour le dedans sont : 1 mètre 665 millimètres en longueur, 1 mètre 110 millimètres en largeur ; et en hauteur, celle que présente une pile de 2000 francs en pièces de 5 francs. Trouver, par suite : 1° combien, en la supposant entièrement pleine de pièces, cette caisse peut contenir de piles

de 2000 francs ; 2° quelle somme représente cette quantité totale d'argent ; 3° quel volume de sable fin il serait possible d'intercaler encore entre les piles ; 4° combien il faudra de mètres carrés de ferblanc pour la doubler, couverture comprise, d'abord intérieurement, puis extérieurement, enfin en tout ; 5° quelle sera la dépense totale de cette doublure, le mètre carré de ferblanc étant payé, avec la main-d'œuvre, à raison de 5 francs 90 centimes.

---

649. — Calculer l'une des arètes d'un cube qui présenterait le même volume que les trois solides suivants réunis : 1° une sphère de 60 centimètres de rayon; 2° un cylindre, ayant à la base pour diamètre le rayon de la sphère, et les 2/3 de ce diamètre en hauteur ; 3° un cône, ayant les 3/4 des dimensions corrospondantes du cylindre, pour rayon de base et pour hauteur. — Evaluer ensuite le poids du cube trouvé, en le considérant comme un dé en marbre, substance dont le poids spécifique est de 2,838.

---

650. — Quelqu'un demandait à un mathématicien si, en vendant sa maison, sur la façade de laquelle il y avait 24 fenêtres, au prix de 3 francs pour la première fenêtre, de 9 francs pour la deuxième, de 27 francs pour la troisième et ainsi de suite, triplant toujours, jusqu'à la vingt-quatrième inclusivement, le prix déjà obtenu afin de découvrir la valeur de la fenêtre suivante, il ferait un bénéfice sur les 180000 fr. qu'elle lui avait coûté ; admettant : 1° qu'il se contentât du prix de la vingt-quatrième fenêtre ; 2° qu'il exigeât de l'acquéreur la valeur totale des 24 fenêtres. Que dut répondre le mathématicien. Trouva-t-il un gain pour l'un ou l'autre mode de vente ; et de combien, le cas échéant.

---

651. — Les trois questions suivantes forment le devoir donné dans la classe d'arithmétique d'un Lycée : 1° évaluer le coté du cube en marbre, dont le volume équivaut à celui d'une pyramide verticale, ayant pour base un hexagone régulier de 40 centimètres de coté, et pour hauteur une perpendiculaire de 50 centimètres ; 2° Trouver, d'abord la racine carrée, ensuite la racine cubique de 147, à moins de 1/9 près ; 3° déterminer, à moins de 1/7 près, la racine carrée ainsi que la racine cubique de la fraction 19/71. — Dites les solutions raisonnées que chaque élève doit présenter au professeur sur ces trois questions.

652. — Quel serait le rayon d'une sphère construite : 1° avec la quantité totale d'or pur contenu dans 1000000 de francs; 2° avec la quantité totale de cuivre, formant l'alliage légal de la même somme; 3° avec tout le métal (or et cuivre alliés) représentant un million. — Résoudre les trois mêmes questions, supposé qu'il s'agisse ensuite de la somme ci-dessus en argent monnayé, et sachant que l'on a pour poids spécifique de l'or 19,2581; pour poids spécifique de l'argent 10,4743; pour poids spécifique du cuivre 8,7880.

---

653. — Un fermier fait un mélange de 28 quintaux de blé avec 7 quintaux à 32 francs, 9 quintaux à 28 francs et 12 quintaux à 25 francs l'un : il désire obtenir un bénéfice de 3 francs 25 centimes par chaque quintal de blé mélangé; combien doit-il donc vendre le quintal. — Un autre fermier se propose de ne céder qu'à 27 francs l'un 30 quintaux de blé, pour former lesquels il en a pris et mélangé à 23 francs à 25 francs et à 30 francs le quintal. Combien de quintaux de chaque qualité a-t-il fait entrer dans ce mélange.

---

654. — On a donné comme sujet de composition à des élèves avancés en arithmétique, les 3 questions suivantes dont ils doivent présenter les solutions : 1° calculer l'excès de la racine cubique de 1,2084 sur celle 0,0039, et obtenir ensuite en millionièmes la racine carrée du résultat de cette soustraction; — 2° un propriétaire veut faire construire un réservoir cubique, capable de contenir autant d'eau que peuvent en renfermer 1000 barriques dont les dimensions sont : 52 centimètres au jable, 60 centimètres au bouge et 95 centimètres de longueur. Quel sera donc le coté de ce réservoir; — 3° trouver la racine treizième de la fraction 71/128.

---

655. — On sait : 1° que le volume d'air compris entre deux sphères concentriques est de 3 mètres cubes 5 décimètres cubes; 2° que le volume de la plus petite des sphères est de 4 mètres cubes 30 décimètres cubes : quels sont donc le rayon de la plus petite, le rayon de la plus grande et la surface concave de cette dernière. — Insérer entre deux termes donnés, 12 et 18 par exemple 19 moyens proportionnels.

— Trouver le logarithme, et par suite la valeur du produit de $5/9 \times 7/11 \times 19/29 \times 37/43$.

---

656. — Sur l'une des faces d'un bloc de granit, formant un cube parfait, et ayant 98 centimètres pour longueur d'arète, on prend 76 centimètres, devant servir de diamètre à une cuve demi-sphérique, à tailler dans ce bloc. Quelle sera sa pesanteur avant et après la dite construction, sachant que le poids spécifique du granit est de 2,9. — Quel sera le poids du vin que pourra contenir la cuve précitée, la pesanteur spécifique du vin étant de 0,9939. — On désire connaître le volume d'air que contient la salle des Etats au Louvre, sachant, qu'avec les deux dimensions que nous avons indiquées plus haut, elle a 16 mètres de hauteur. — On demande : 1° d'insérer entre 2 et 1848 neuf moyens proportionnels ; 2° de trouver ensuite la somme de tous les termes de la progression ainsi formée ; 3° d'élever à la dix-septième puissance la fraction 19/31.

---

657. — 1° Elever la fraction 13/19 à la dix-neuvième puissance ;

2° Extraire la racine dix-septième de la fraction 7/17.

3° Trouver une moyenne proportionnelle entre les deux fractions 7/17 et 13/19 ci-dessus énoncées.

---

658. — Un père, voulant s'assurer si son fils, qui suivait la classe de mathématiques d'un Lycée, comprenait bien la théorie des carrés et des cubes, lui proposa les deux questions suivantes : 1° la différence de deux nombres fractionnaires est 1 ; la différence de leurs carrés est 50 3/11, quels sont ces 2 nombres ; 2° on a oublié deux nombres fractionnaires ; mais on sait que le plus grand surpasse le plus petit d'une unite, et qu'il manque 49 16/27 au cube de ce dernier pour égaler celui du plus grand : quels sont ces deux nombres, — Raisonner la double réponse que le fils dut remettre par écrit à son père.

---

659. — Un charretier est chargé par un propriétaire de transporter sur la partie du chemin avoisinant son chateau, et de la carrière où on les prépare, une quantité de pierres à ferrer, suffisante pour former 6 tas, ayant chacun 1 mètre 15 centimètres et 55 centimètres de largeur à la base inférieure et à la base supérieure, 2 mètres 55 centimètres et 1 mètre 15 centimètres en longueurs respectives à ces mêmes bases, et 65 centimètres de hauteur. Le tombereau du charretier présente les dimensions suivantes : Longueur 1 mètre 70 centimètres, largeur 85 centimètres, profondeur 50 cen-

timètres. On sait en outre que la carrière d'où l'on extrait et où l'on brise les pierres, est à 60 mètres de l'endroit où doit être formé le premier tas; et, qu'entre chaque tas, il devra se trouver une distance de 20 mètres. Enfin le charretier reçoit 1 franc 50 centimes pour le chargement et le transport de chaque charretée de pierres. — Trouver, par suite : 1° le volume des 6 tas ; 2° la quantité que peut en contenir le tombereau du charretier ; 3° la quantité de charretées qu'il sera obligé de prendre à la carrière ; 4° la quantité de mètres qu'il aura à parcourir en tout, pour remplir sa tache ; 5° la quantité de francs que le propriétaire devra lui payer.

---

660. — Une personne, voulant être en possession, au 31 décembre, d'une somme d'argent dont elle aura besoin à cette date, dépose le premier janvier à la caisse d'Epargne un certain nombre de francs ; le deux janvier, 50 centimes de plus que la veille ; le trois, 50 centimes de plus que le deux, et ainsi de même chaque jour, jusqu'au 30 novembre inclusivement, époque où elle fait un versement de 298 francs et où elle cesse ses dépôts. Elle désire savoir, d'une part, combien elle devra, d'après sa règle de conduite, porter à la caisse le premier juillet, le quinze août et le vingt septembre ; d'autre part, on veut connaître combien elle a déposé le premier jour, et combien elle aura d'argent placé à la caisse d'Epargne, fin décembre, sans y comprendre les intérêts auxquels elle a droit pour ses dépôts, et qu'elle regarde comme un boni en dehors de ses arrangements.

---

660 *bis*. — 1° On connait le premier et le dernier paiement qu'un financier a faits pour se libérer d'une dette ; et l'on sait en outre que ces paiements, au nombre de 13, ont crû, l'un par rapport à l'autre en progression géométrique. La première somme donnée étant de 7 francs et la dernière s'élevant à 3720087 francs, on demande de calculer : 1° les paiements intermédiaires ; 2° la dette totale de ce financier. — 2° Un riche spéculateur a promis son concours à une entreprise commerciale pour une somme de 96520 francs. Son premier versement de fonds a été de 760 francs; quant aux autres, qu'il a faits de 3 mois en 3mois , ils se sont trouvés, tels, que le suivant formait toujours le double du précédent. Déterminer la quantité de ces versements. — 3° Un commerçant a fait 13 achats qui ont trait à son commerce, et dont le treizième est une maison où il se propose de s'installer. On

sait que chacun de ces achats vaut 3 fois plus que le précédent, et que la maison lui a coûté 26572 francs 05 centimes. On désire savoir à combien lui revient le premier objet qu'il s'est procuré, et à quelle somme s'élève son déboursé total.

CONVERSION EN FRANCS

De sommes exprimées en Monnaies étrangères.

661. — Un marchand de produits maraîchers de Roscoff s'étant rendu en **Angleterre** avec un chargement, en rapporte d'une part 7 guinées et 9 livres sterlings en or ; de l'autre, 15 couronnes et 26 shillings en argent. — Quelle est la valeur de sa vente en francs, la guinée étant de 26 fr., 47 c. ; la livre sterling de 25 fr., 21 c. ; la couronne de 5 fr., 81 c. ; et le shilling de 1 fr., 16 c.

662. — Un riche hongrois s'étant transporté à Paris pour voir une exposition, n'a dans sa bourse que des monnaies d'**Autriche**, savoir : en or, 45 ducats et 25 souverains ; en argent, 125 rixdales et 39 florins. — Combien a-t-il en monnaie française, sachant que le ducat autrichien vaut 11 fr., 81 c. ; le souverain, 35 fr., 17 c. ; le rixdale, 5 fr., 19 c. ; et le florin 2 fr., 60.

663. — Trouver la valeur des sommes suivantes, monnaie de **Bade** en monnaie de **Bavière**, savoir : 19 pièces de 10 florins or, valant l'une 21 fr., 37 c., en carolins d'or de 25 fr., 66 c. ; 29 pièces de 5 florins or, valant l'une 10 fr., 68 c., en Maximiliens d'or de 17 fr., 18 c. ; 84 florins argent, valant l'un 2 fr., 10 c., en couronnes d'argent de 5 fr., 71 c. ; 43 Guldens argent, valant l'un 6 fr., 35 c., en Kopfstucks d'argent de 0 fr., 86 c.

664. — Il est expédié de Bordeaux, pour **Brême** et le **Hanovre** un chargement de vins fins, immédiatement payé sur place en monnaies des deux pays, lesquelles sont les mêmes, de la manière suivante : or, 200 ducats et 199 pièces de 4 florins ; argent, 90 rixdales et 356 florins. — Quelle est en francs la somme correspondante que le négociant bordelais devra recevoir, le ducat étant de 11 fr.,89 c. ; la pièce de 4 florins, de 34 fr.,95 c. ; le rixdale, de 5 fr.,70 c. ; le florin, de 2 fr.,90 c.

---

665. — Quelle serait : 1° en sequins or, d'**Egypte**, 2° en piastres de 40 paras, argent, du même pays, la valeur de 1289 rixdales, argent, de **Brunswick**, payés pour des marchandises prises sur la place d'Alexandrie : 1 sequin valant 6 fr.,71 c. ; une piastre, 0 fr.,30 c. ; 1 rixdale, 5 fr.,19 c.

---

666. — Pendant l'expédition de la Baltique et le séjour de notre flotte à Kiel, un officier français, voulant convertir en espèces de **Danemarck** les économies qu'il avait pu faire, changea une certaine somme contre : 1° 7 chrétiens et 13 ducats en or ; 2° 35 thalers et 21 marks en argent. — Combien dut-il donner de francs et de centimes en échange de la totalité desdites espèces, 1 chrétien étant de 20 fr.,95 c. ; 1 ducat, de 9 fr.,47 c. ; 1 thaler, de 5 fr.,66 c. ; 1 mark, de 0 fr.,94.

---

667. — La dette d'un négociant de Marseille, à son correspondant de Cadix, pour une fourniture de vin de Xérès, s'élève, suivant note de ce dernier, à 1° 36 pistoles de 8 écus, 19 pistoles de 2 écus, et 89 demi-pistoles en or ; 2° 35 piastres fortes et 9 réaux en argent. — Quelle somme le premier aura-t-il à expédier en francs et centimes, par le prochain départ du courrier d'**Espagne**, pour satisfaire son créancier, sachant que la pistole forte vaut 81 fr.,51 c. ; la pistole ordinaire, 20 fr.,37 c. ; la demi-pistole, 10 fr.,18 c. ; la piastre forte, 5 fr.,43 c. ; et le réal, 0 fr.,54 c.

668. — Transformer en pistoles ou en sequins d'or des **Etats-Romains** une somme de 500000 francs, et dire en outre quelle somme, en monnaie française, font 500 écus et 1000 lires de 20 bayoques, argent du même pays, si la pistole romaine vaut 17 fr.,28 c. ; le sequin 11 fr.,80 c.; l'écu 5 fr.,38 c., et la lire de 20 bayoques 1 fr.,80 c.

---

669. — Un banquier de **Francfort-sur-le-Mein**, ayant un paiement à faire, écrit à son collègue de Besançon, pour le prier de lui expédier au plus tôt, en monnaies françaises, une somme équivalente à 7246 ducats, à 729 thalers, et à 306 gouldes. — De combien de francs et de centimes sera l'envoi à opérer par celui-ci, si le ducat (*or*) de Francfort-sur-le-Mein vaut 11 fr., 85 c. ; le thaler (*argent*) 3 fr.,90 c.; le goulde 2 fr.,60.

---

670. — J'ai à toucher sur la place de **Hambourg** 591 ducats en or, 719 rixdales et 315 marcks d'argent. — Dites la somme en francs et centimes, si le ducat de Hambourg égale 11 fr.,76 c. ; le rixdale 5 fr.,78 c. ; le marck 1 fr.,53 c.

---

671. — Pour des fournitures à la Marine, un négociant de Brest s'est fait livrer, en quatre différentes fois, par son correspondant d'Amsterdam, **Hollande**, savoir : une certaine quantité de fromage représentant 239 florins, et une autre quantité de même espèce s'élevant au chiffre de 356 ducats (*or*) ; deux parties de toile valant, l'une, 588 pièces de 3 florins, l'autre 1111 florins (*argent*). — Combien doit il en tout, monnaie française, le florin (*or*) égalant 20 fr.,85 c. ; le ducat (*or*) 11 fr.,95 c.; la pièce de 3 florins (*argent*) 6 fr.,41, et le florin (*argent*) 2 fr.,14 c.

---

672. — On a trouvé une bourse appartenant à un voyageur du **Royaume Lombard-Vénitien**, et contenant, savoir : 18 souverains, 20 sequins et 22 ducats en or d'une part ; de l'autre, 36 écus et 24 livres en argent. — Quelle est la valeur totale de cette bourse, si le souverain égale 35 fr.,13 c.; le sequin 11 fr.,90 c.; le ducat 7 fr.,50 c. ; l'écu 5 fr.,20 c. ; et la livre 0 fr.,86 c.

---

673. — La note d'un restaurateur parisien, pour vins du Rhin, achetés à Mayence, **Hesse-Darmstadt**, monte, savoir : 1° à 47 ducats et à 50 carolins en or ; 2° à 72 écus et à 18 kreutzers en argent.— De combien est-elle donc en tout, le ducat valant 11 fr.,85 c. ; le carolin 25 fr.,87 c. ; l'écu 5 fr.,71 c. ; et la pièce de 6 kreutzers 0 fr,,18 c.

674.— Transformer en florins du **Mecklembourg**, c'est-à-dire en pièces d'argent de 2 fr.,86 c., les valeurs suivantes de **Modène** et de **Lucques** : 512 doublons en or; 19 écus de 15 livres, 17 lires et 24 écus de Lucques en argent, sachant que le doublon égale 17 fr., 37 c. ; l'écu de 15 livres 5 fr.,54 c. ; la lire 0 fr.,71 c.; l'écu de Lucques 5 fr.,35 c.

---

675. — La Banque de **Naples** voulant emprunter 5000 onces (*or*), plus 4000 ducats de 10 carlins et 20000 carlins (*argent*), un spéculateur en propose la réalisation, espèces françaises. Quelle somme aura-t-il donc à tirer de sa caisse, si l'once de Naples égale 12 fr.,99 c. ; le ducat de dix carlins 4 fr.,25 c. ; le carlin 0 fr.,42 c.

---

676. — Combien faudra-t-il de moera-douros et de cruzades en or, de cruzades et de demi-cruzades en argent, si l'on en prend une égale quantité de chaque espèce, pour effectuer un paiement de 317700 francs, les monnaies de **Portugal** dont il est question ci-dessus, et dans l'ordre précité, valant chacune : 1° 45 fr.,25 c.; 2° 3 fr.,35 c.; 3° 2 fr.,90 c.; 4° 1 fr.,45.

---

677. — Solder avec les monnaies de **Prusse** suivantes, une somme de 22109 francs, en prenant 2 thalers contre 1 gros; 4 ducats contre 2 thalers; 8 Frédérics contre 4 ducats. — Combien faudra-t-il de pièces de chaque espèce ? — On sait que le Frédéric (*or*) vaut 20 fr.,80 c. ; le ducat (*or*) 11 fr.,77 c.; le thaler (*argent*) 3 fr.,72 c. ; le gros (*argent*) 0 fr.,17 c.

---

678. — Lors de la prise de Sébastopol, il fut abandonné, dans une maison démolie par les bombes des alliés, un sac contenant les monnaies **Russes** suivantes : 4 roubles en platine, 7 demi-impériales et 15 ducats en or, 19 roubles et 28 kopecks en argent. — Quelle quantité de francs et de centimes représentait ce petit trésor, le rouble en platine étant de 18 francs ; la demi-impériale de 20 fr.,36 c. ; le ducat de 11 fr.,60 ; le rouble en argent de 4 fr.; le kopeck de 0 fr.,41 c.

---

679. — Les principales monnaies de **Suède** étant le ducat (*or*) de 11 fr.,70 c.; le demi-ducat (*or*) de 5 fr. 85 c. ; le rixdale (*argent*) de 5 fr.,75 c. ; et le tiers de rixdale 1 fr.,91 c.; dire la valeur en espèces françaises de la somme totale, représentée par 115 ducats, 39 demi-ducats, 600 rixdales, 15 demi-rixdales.

---

680. — Trois jeunes gens de **Toscane** voulant visiter la France, réunissent leurs fonds. Le premier dispose de 189 ruspones en or ; le deuxième de 581 sequins même métal, le troisième de 1240 piastres en argent. De retour dans leur pays, ils se trouvent encore possesseurs de 4215 demi-piastres. On sait que chacun est entré pour part égale dans la dépense ; combien devra-t-il donc avoir sur le restant ? Cette répartition se fera en espèces françaises, le ruspone valant 36 fr.,04 c. ; le sequin 12 fr.,02 c. ; la piastre 5 fr.,61 c. ; la demi-piastre 2 fr.,80 c.

---

681. — Un officier français, à son retour de l'expédition de Sébastopol, voulant emporter dans son pays des souvenirs de la **Turquie**, achète à Constantinople : 1° pour sa femme, un châle 58 sequins en or ; 2° pour lui, une belle pipe 32 almitchels en argent ; 3° pour un ami, un bonnet 18 piastres en argent ; 4° pour ses enfants, des jouets turcs 800 aspres. — Combien dépense-t-il de francs et de centimes, si le sequin vaut 8 fr.,72 c. ; l'almitchel 3 fr.,53 ; la piastre 2 fr. ; l'aspre 2 centimes et demi.

---

682. — Un marchand français, s'étant rendu à la foire de la Saint-Michel, à Leipsig, **Saxe,** y fait les emplettes suivantes : des jouets d'enfants pour 712 ducats, 1200 rixdales et 2000 florins ; 2° des dentelles fines pour 500 pièces de 5 thalers. Désirant savoir à combien de francs et de centimes se montent tous ses achats, il consulte un annuaire du bureau des longitudes, et y voit qu'un ducat de Saxe en or égal 11 fr. 85 c. ; une pièce de 5 thalers (*or*) 20 fr.,75 c. ; 1 rixdale (*argent*) 5 fr.,19 c. ; 1 florin 2 fr.,59 c. — Combien a-t-il donc dépensé.

---

683. — Un banquier de Stuttgard, **Wurtemberg**, est chargé de payer à un comptoir de Paris une certaine somme, avec les intérêts de deux ans. A cet effet, il transmet à la maison française 172 ducats et 800 florins d'or d'une part ; de l'autre 400 rixdales et 319 gros écus en argent. — Quel était donc le montant de la dette Wurtembergeoise, les intérêts à 6 p. 0[0, monnaie française, étant compris dans l'envoi précité. On sait que le ducat égale 11 fr.,85 c. ; le florin 25 fr.,87 ; le rixdale 5 fr.,19 c. ; le gros écu 5 fr.,70 c.

---

684. — Aux **Etats-Unis** on compte par doubles-aigles, aigles et demi-aigles en or, l'aigle valant 27 fr.,605 ; ainsi que par dollars, demi-dollars et quarts de dollar en argent, le dollar valant 5 fr.,42 c. — Quel est donc, en espèces françaises, le montant de mon compte avec une maison de New-York, si je lui dois 72 doubles-aigles, 159 aigles et 85 demi-aigles d'une part; de l'autre 78 dollars, 59 demi-dollars et 15 quarts de dollar,

---

685. — Un voyageur en **Grèce** achète une tête de Socrate en marbre blanc, modelée sur l'antique, moyennant 120 pièces de 5 drachmes, 3 drachmes et 2 demi-drachmes. On sait qu'une pièce de 5 drachmes en argent égale 4 fr., 48 c.— Quelle est donc en francs et centimes la valeur de cet achat.

---

686. — Un vrai châle cachemire acheté dans un comptoir de l'**Inde**, a été payé 80 roupies aux signes du Zodiaque, plus 18 pagodes au Croissant, en or, d'une part; et, d'autre part, 25 roupies du Mogol et de Pondichéry, plus 15 roupies de Madras, en argent. — Combien faudra-t-il le revendre, pour gagner 50 ducats en or, plus 10 pièces en argent de la compagnie hollandaise, si la roupie au zodiaque égale 37 fr.,51 c.; la pagode au Croissant 9 fr.,46 c.; la roupie du Mogol et de Pondichéry 2 fr.,42 c.; celle de Madras, 2 fr.,40; le ducat de la compagnie hollandaise 11 fr.,62 c.; la pièce en argent de la même compagnie 2 fr.,40 c.

---

687. — Combien de francs et de centimes faudra-t-il ajouter à la roupie en or, dite du Schah 41 fr.,65; et au Fanon 31 centimes, monnaies indoues, pour faire une somme équivalente au Kobang en or 39 fr.,69 c., et au Tigo-gin en argent 14 fr.,40 c., monnaies Japonnaises.

---

688. — La roupie en or de **Perse** valant 36 fr.,75; le Toman, même métal, 29 fr.,64 c.; la double roupie en argent 4 fr.,90 c.; et le larin 1 fr.,03 c. — Quel serait en espèces françaises le traitement d'un ambassadeur Persan, qui toucherait annuellement 1100 roupies, 1200 tomans, 1300 doubles-roupies et 1400 larins.

689. — Dans le royaume de **Siam** les principales monnaies sont le tical d'or et le tical d'argent. La pièce en or vaut 25 fr.,15 c., et la pièce en argent 2 fr.,99 c. Combien en donnera-t-on donc de chaque métal, supposant le même nombre de pièces de l'un que de l'autre, en paiement de 2504 fr., 46 c. de dents d'éléphants.

---

690. — Un de mes amis, grand amateur de pièces étrangères dont il fait collection, a acquis, dans une vente publique un Boudjou (*argent*) d'Alger, 3 fr.,72 ; un Lion (*argent*) de Belgique, 6 fr.,38 c. ; un Talaro (*argent*) de Dalmatie, 3 fr.,90 c. ; un Dollar anglais (*argent*) de Guinée, 4 fr.,81 c. ; un Écu (*argent*) de Malte, 5 fr.,49 c.; un Ducat (*argent*) de Parme, 5 fr.,18; une Lisbonine (*or*) de Portugal, 33 fr.,96 c. ; un Ducat (*or*) de Pologne, 11 fr.,85 c. ; un Rixdale (*argent*) du même pays, 3 fr.,65 c.; un Ducat (*or*) de Zurich, 11 fr., 77 c. ; une Pistole (*or*) de Bâle, 23 fr.,47 c. ; un Écu (*argent*) de Berne, 5 fr.,90 c.; un Patagon (*argent*) de Genève, 5 fr.,17 c. ; une pièce en argent de la Fédération Suisse, 6 francs ; une pièce à la Rose (*or*) de Toscane, 21 fr.,54 c.; et une pièce Turque de 5 piastres en argent, 4 fr.,14 c. On suppose que le bénéfice produit par la vente est du *huitième* de la valeur totale en francs de ces diverses pièces, et que l'acquéreur a en outre à payer un droit de vente de 3 fr.,50 pour cent. — A combien lui revient donc en tout cette collection de pièces de monnaie.

NOTA. — *Les monnaies de Belgique, de Parme et de Sardaigne sont de la même valeur que celles de France. Les monnaies espagnoles ont cours au Chili, dans la Colombie, au Guatemala, au Pérou, dans la Bolivie, à la Plata et au Mexique; et les espèces Portugaises, au Brésil. Les piastres d'Espagne sont aussi admises, comme monnaie courante, en Grèce, dans la Guinée, à Malte, au Maroc et aux Iles Ioniennes.*

FIN.

ERRATA.

Page 40, ligne 38. *Au lieu de* : 120, *lisez* 140.

Au problème 32. — *Au lieu de* : 68000000, — *lisez* (deux fois) 62000000.

Page 55, ligne 18. — *Ajoutez* 1/3 du tout étant revenu à l'Etat.

Page 134, ligne 7. — *Au lieu de* : on dit que deux fractions sont, *lisez* deux fractions sont considérées comme.

Page 140, ligne 7. — *Au lieu de* : 723, *lisez* 793.

Page 147, dernière ligne. — *Lisez* : Alors la décomposition, etc.

Page 269, ligne 37. — *Au lieu de* : poids, *lisez* prix.

Page 433, ligne 19, *au lieu de* : où, *lisez* : d'où, etc.

Table des Matières.

Récapitulation.

L'Ouvrage contient en tout : 720 Problèmes à résoudre, et 127 Problèmes démontrés et résolus.

Brest. — Imprimerie E. ANNER, Rampe, 55.

BREST. — IMPRIMERIE E. ANNER.

www.ingramcontent.com/pod-product-compliance
Ingram Content Group UK Ltd.
Pitfield, Milton Keynes, MK11 3LW, UK
UKHW012145240726
13966UKWH00001B/151

9 782011 920904